高等院校 EDA 系列教材

# Altium Designer（Protel）原理图与 PCB 设计教程

江思敏　胡　烨　编著

机械工业出版社

本书从实用角度出发，全面介绍了使用 Altium Designer 8.0 进行电路设计和 PCB 制作的基本方法。全书详细讲解了电路原理图、印制电路板的设计方法以及电路仿真和 PCB 信号完整性分析。

本书以讲解实例为主，将 Altium Designer 8.0 的各项功能结合起来，以便读者能尽快掌握电路设计的方法。

本书内容详实、条理清晰、实例丰富，可以作为大中专院校的教材，以及广大电路设计工作者的参考用书。

### 图书在版编目（CIP）数据

Altium Designer（Protel）原理图与 PCB 设计教程/江思敏，胡烨编著. —北京：机械工业出版社，2009.7（2025.1 重印）
（高等院校 EDA 系列教材）
ISBN 978-7-111-27743-9

Ⅰ. A… Ⅱ. ①江… ②胡… Ⅲ. 印刷电路－计算机辅助设计－应用软件，Altium Designer－高等学校－教材 Ⅳ. TN410.2

中国版本图书馆 CIP 数据核字（2009）第 119544 号

机械工业出版社（北京市百万庄大街 22 号　邮政编码 100037）
策划编辑：时　静
责任编辑：郝建伟
责任印制：邓　敏
北京富资园科技发展有限公司印刷
2025 年 1 月第 1 版·第 16 次印刷
184mm×260mm · 22.5 印张 · 552 千字
标准书号：ISBN 978-7-111-27743-9
定价：59.00 元

电话服务　　　　　　　网络服务
客服电话：010-88361066　机　工　官　网：www.cmpbook.com
　　　　　010-88379833　机　工　官　博：weibo.com/cmp1952
　　　　　010-68326294　金　书　网：www.golden-book.com
封底无防伪标均为盗版　机工教育服务网：www.cmpedu.com

# 前　言

Altium Designer 是 Altium 公司的最新产品，它是由 Protel 发展而来的，与以前的 Protel 版本相比，Altium Designer 的功能得到了进一步增强。Altium Designer 的自动布线规则大大地提高了布线的成功率和准确率。另外，Altium Designer 全面支持 FPGA 设计技术。Altium Designer 8.0 于 2009 年初推出，即为 Altium Designer Winter 09 版本。Altium Designer 8.0 初始目的就是为了支持整个设计过程，它可以选择最适当的设计途径来按用户指定的方式工作。Altium Designer 构建于一整套板级设计及实现特性上，其中包括原理图设计、印制电路板设计、混合信号电路仿真、布局前/后信号完整性分析、规则驱动 PCB 布局与编辑、改进型拓扑自动布线及全部计算机辅助制造（CAM）输出能力等。Altium Designer 的 PCB 电路图设计系统完全利用了 Windows XP 和 Windows Vista 平台的优势，具有改进的稳定性、增强的图形功能和友好的用户界面。

Altium Designer 将设计从概念到完成所需的全部功能（包括那些合并在 FPGA 器件中的功能）合并在一个应用中的产品上。基于 Altium Designer，可以完成从原理图设计到 PCB 板级设计的整个过程，并且可以实现 VHDL 和 FPGA 设计。Altium Designer 还提供了良好的与 FPGA 芯片制造商无缝连接的 FPGA 设计库。另外，完整的 PCB 信号完整性分析为电路设计工程师提供了正确设计的保证。目前，Protel 仍然是电路工作者进行电子设计的最有用的软件之一。但 Altium Designer 凭借其强大的功能，大大提高了电子线路的设计效率，今后必然成为广大电路设计工作者首选的计算机辅助设计软件。

本书从实用角度出发，详细介绍了 Altium Designer 最主要的两个部分，即原理图设计和印制电路板设计，并相应讲述了电路仿真和信号完整性分析方面的技巧。在讲解过程中，以实例贯通全书，在每个知识点的讲解中，均结合相应的实例，而且在每讲完一个相关的章节后，还以一个典型的实例进行深化。全书以多个典型的工程设计实例讲述如何在 Altium Designer 环境下，完成电路原理图设计和 PCB 的制作，以及电路仿真和信号完整性分析。

全书共 12 章，第 1 章主要讲述 PCB 设计的基础知识；第 2 章讲述 Altium Designer 软件的基本操作；第 3～6 章为电路原理图设计部分；第 7～10 章是 PCB 设计知识与实例讲解；第 11～12 章讲述电路仿真和 PCB 信号完整性分析。每章均结合典型设计实例进行讲解，使读者可以轻松掌握 Altium Designer 各功能模块的应用。

本书由江思敏和胡烨共同编写。主要面向大中专院校师生以及广大电路设计工作者，同时本书又具有一定的深入性，可以作为有一定经验的 Protel 使用人员的参考用书。

由于作者水平有限，书中缺点和不足在所难免，敬请广大读者批评指正。

编　者

# 目　录

前言
第1章　印制电路板基础知识 ··················································································· 1
　1.1　印制电路板概述 ····························································································· 1
　　　1.1.1　印制电路板结构 ··················································································· 1
　　　1.1.2　元件封装 ···························································································· 1
　　　1.1.3　铜膜导线 ···························································································· 3
　　　1.1.4　助焊膜和阻焊膜 ··················································································· 3
　　　1.1.5　层 ······································································································ 3
　　　1.1.6　焊盘和过孔 ························································································· 4
　　　1.1.7　丝印层 ······························································································· 4
　　　1.1.8　敷铜 ·································································································· 5
　1.2　印制电路板设计流程 ····················································································· 5
　1.3　印制电路板设计的基本原则 ············································································· 6
　　　1.3.1　布局 ·································································································· 6
　　　1.3.2　布线 ·································································································· 7
　　　1.3.3　焊盘大小 ···························································································· 8
　　　1.3.4　印制电路板的抗干扰措施 ······································································· 9
　　　1.3.5　去耦电容配置 ······················································································ 9
　　　1.3.6　各元件之间的接线 ·············································································· 10
　1.4　印制电路板的叠层设计 ················································································· 10
　　　1.4.1　多层板 ····························································································· 11
　　　1.4.2　六层板 ····························································································· 12
　　　1.4.3　四层板 ····························································································· 13
　　　1.4.4　单面和双面板 ···················································································· 13
　　　1.4.5　叠层设计布局快速参考 ········································································ 17
　1.5　PCB的布线配置 ·························································································· 17
　　　1.5.1　微带线 ····························································································· 17
　　　1.5.2　带状线 ····························································································· 18
　1.6　差模和共模电流 ·························································································· 19
　　　1.6.1　差模电流 ·························································································· 19
　　　1.6.2　共模电流 ·························································································· 19
　1.7　PCB走线 ··································································································· 20
　　　1.7.1　走线长度 ·························································································· 20
　　　1.7.2　走线长度的计算 ················································································· 21
　　　1.7.3　走线层的影响 ···················································································· 22

1.7.4 过孔的使用 ································································ 24
　　　1.7.5 信号走线 ···································································· 25
　　　1.7.6 地保护走线 ································································ 30
　　　1.7.7 分流走线 ···································································· 31
　　　1.7.8 走线的 3-W 法则 ························································ 32
　　　1.7.9 拐角走线 ···································································· 33

# 第 2 章 Altium Designer 基础 ································································ 34
## 2.1 Altium Designer 设计环境 ······················································· 34
　　2.1.1 Altium Designer 主界面 ················································ 34
　　2.1.2 新建文件菜单介绍 ······················································ 38
　　2.1.3 文件工作区面板介绍 ·················································· 40
## 2.2 设置 Altium Designer 系统参数 ············································· 40
## 2.3 Altium Designer 的原理图编辑模块 ······································· 44
## 2.4 Altium Designer 的 PCB 模块 ················································· 46
## 2.5 Altium Designer 文件管理 ······················································· 48
## 2.6 设置和编译项目 ······································································· 51
　　2.6.1 检查原理图的电气参数 ·············································· 52
　　2.6.2 类设置 ·········································································· 53
　　2.6.3 比较器设置 ·································································· 54
　　2.6.4 ECO 设置 ······································································ 54
　　2.6.5 输出路径和网络表设置 ·············································· 55
　　2.6.6 多通道设置 ·································································· 56
　　2.6.7 搜索路径设置 ······························································ 56
　　2.6.8 设置项目打印输出 ······················································ 57
　　2.6.9 编译项目 ······································································ 58

# 第 3 章 Altium Designer 原理图设计基础 ············································ 59
## 3.1 原理图的设计步骤 ································································· 59
　　3.1.1 电路设计的一般步骤 ·················································· 59
　　3.1.2 原理图设计的一般步骤 ·············································· 59
## 3.2 创建新原理图文件 ································································· 60
## 3.3 Altium Designer 原理图设计工具 ··········································· 62
　　3.3.1 原理图设计工具栏 ······················································ 62
　　3.3.2 图纸的放大与缩小 ······················································ 64
## 3.4 设置图纸 ················································································· 65
　　3.4.1 设置图纸大小 ······························································ 65
　　3.4.2 设置图纸方向 ······························································ 67
　　3.4.3 设置图纸颜色 ······························································ 68
　　3.4.4 设置系统字体 ······························································ 68
## 3.5 网格和光标设置 ····································································· 68

V

- 3.5.1 设置网格的可见性 ································································ 68
- 3.5.2 电气网格 ···································································· 69
- 3.5.3 设置光标 ···································································· 69
- 3.5.4 设置网格的形状 ································································ 70
- 3.6 文档参数设置 ··········································································· 71
- 3.7 设置原理图的环境参数 ··································································· 72
  - 3.7.1 设置原理图环境 ································································ 73
  - 3.7.2 设置图形编辑环境 ······························································ 76
  - 3.7.3 设置默认的基本单元 ······························································ 77
  - 3.7.4 OrCAD 选项 ···································································· 78

# 第4章 原理图设计 ················································································· 79
- 4.1 元件库管理 ············································································· 79
  - 4.1.1 浏览元件库 ···································································· 79
  - 4.1.2 装载元件库 ···································································· 81
- 4.2 放置元件 ··············································································· 83
  - 4.2.1 放置元件的方法 ································································ 83
  - 4.2.2 使用工具栏放置元件 ······························································ 86
- 4.3 编辑元件 ··············································································· 86
  - 4.3.1 编辑元件属性 ·································································· 86
  - 4.3.2 设置元件的封装 ································································ 89
  - 4.3.3 设置仿真属性 ·································································· 90
  - 4.3.4 编辑元件参数的属性 ······························································ 90
- 4.4 元件位置的调整 ········································································· 91
  - 4.4.1 对象的选取 ···································································· 92
  - 4.4.2 元件的移动 ···································································· 93
  - 4.4.3 单个元件的移动 ································································ 94
  - 4.4.4 多个元件的移动 ································································ 95
  - 4.4.5 元件的旋转 ···································································· 96
  - 4.4.6 取消元件的选取 ································································ 96
  - 4.4.7 复制粘贴元件 ·································································· 97
  - 4.4.8 元件的删除 ···································································· 97
- 4.5 元件的排列和对齐 ······································································· 98
- 4.6 放置电源与接地元件 ····································································· 101
- 4.7 连接线路 ··············································································· 102
- 4.8 手动放置节点 ··········································································· 103
- 4.9 更新元件流水号 ········································································· 103
- 4.10 绘制原理图的基本图元 ································································· 106
  - 4.10.1 画导线 ······································································· 107
  - 4.10.2 画总线 ······································································· 108

4.10.3　画总线出入端口 ···································································· 110
　　　4.10.4　设置网络名称 ······································································ 112
　　　4.10.5　放置输入输出端口 ································································ 114
　　　4.10.6　放置电路方块图 ·································································· 116
　　　4.10.7　放置电路方块图的端口 ························································· 118
　　　4.10.8　放置线束连接器 ·································································· 120
　　　4.10.9　放置线束连接器端口 ···························································· 121
　　　4.10.10　放置信号线束 ···································································· 123
　4.11　绘制图形 ························································································· 123
　　　4.11.1　绘图工具栏 ·········································································· 123
　　　4.11.2　绘制直线 ············································································· 124
　　　4.11.3　绘制多边形 ·········································································· 124
　　　4.11.4　绘制圆弧与椭圆弧 ································································ 125
　　　4.11.5　放置注释文字 ······································································· 126
　　　4.11.6　放置文本框 ·········································································· 127
　　　4.11.7　绘制矩形 ············································································· 128
　　　4.11.8　绘制圆与椭圆 ······································································· 130
　　　4.11.9　绘制饼图 ············································································· 131
　　　4.11.10　绘制 Bezier 曲线 ·································································· 131
　4.12　FPGA 应用板原理图设计实例 ···························································· 132
　　　4.12.1　FPGA 应用板的介绍 ······························································ 132
　　　4.12.2　原理图设计的基本步骤 ··························································· 133
　　　4.12.3　FPGA 应用板原理图的绘制过程 ··············································· 134
　　　4.12.4　建立层次原理图 ···································································· 138
　4.13　译码电路的设计 ················································································ 140
　4.14　检查原理图的电气连接 ······································································· 142
　　　4.14.1　设置电气连接检查规则 ··························································· 142
　　　4.14.2　检查结果报告 ······································································· 144
　4.15　生成原理图的报表 ············································································· 145
　　　4.15.1　网络表 ················································································· 145
　　　4.15.2　元件列表 ············································································· 146
　　　4.15.3　元件交叉参考表 ···································································· 147
　　　4.15.4　项目层次表 ·········································································· 149
　　　4.15.5　原理图的打印输出 ································································· 149

# 第 5 章　层次原理图设计 ··············································································· 152
　5.1　层次原理图的设计方法 ········································································· 152
　5.2　建立层次原理图 ·················································································· 153
　5.3　由方块电路符号产生新原理图的 I/O 端口符号 ········································· 159
　5.4　由原理图文件产生方块电路符号 ···························································· 160

## 5.5 建立多通道原理图 ········ 161

## 第6章 制作元件与创建元件库 ········ 165
### 6.1 元件库编辑器 ········ 165
### 6.2 元件库的管理 ········ 166
#### 6.2.1 元件库编辑管理器 ········ 166
#### 6.2.2 利用 Tools 菜单管理元件 ········ 169
### 6.3 元件绘图工具 ········ 171
#### 6.3.1 一般绘图工具 ········ 171
#### 6.3.2 绘制引脚 ········ 172
#### 6.3.3 IEEE 符号 ········ 173
### 6.4 创建一个新元件 ········ 175
### 6.5 生成项目的元件库 ········ 183
### 6.6 生成元件报表 ········ 183
#### 6.6.1 元件报表 ········ 184
#### 6.6.2 元件库报表 ········ 184
#### 6.6.3 元件规则检查报表 ········ 184
#### 6.6.4 产生元件库报告 ········ 186
### 6.7 转换元件库 ········ 187

## 第7章 Altium Designer PCB 设计基础 ········ 190
### 7.1 在项目中创建 PCB 文件 ········ 190
### 7.2 印制电路板设计编辑器 ········ 196
#### 7.2.1 印制电路板编辑器界面缩放 ········ 196
#### 7.2.2 工具栏的使用 ········ 196
### 7.3 设置电路板工作层 ········ 198
#### 7.3.1 层的管理 ········ 198
#### 7.3.2 设置内部电源层的属性 ········ 199
#### 7.3.3 定义层和设置层的颜色 ········ 199
#### 7.3.4 印制电路板选项设置 ········ 201
### 7.4 印制电路板电路参数设置 ········ 203

## 第8章 制作印制电路板 ········ 215
### 8.1 印制电路板布线工具 ········ 215
#### 8.1.1 交互布线 ········ 215
#### 8.1.2 放置焊盘 ········ 217
#### 8.1.3 放置过孔 ········ 220
#### 8.1.4 设置补泪滴 ········ 221
#### 8.1.5 放置填充 ········ 222
#### 8.1.6 放置多边形敷铜平面 ········ 223
#### 8.1.7 分割多边形 ········ 225
#### 8.1.8 放置字符串 ········ 226

|       | 8.1.9  | 放置坐标 ································································· 226 |
| ----- | ------ | ----------------------------------------------- |
|       | 8.1.10 | 绘制圆弧或圆 ························································ 227 |
|       | 8.1.11 | 放置尺寸标注 ························································ 229 |
|       | 8.1.12 | 设置初始原点 ························································ 230 |
|       | 8.1.13 | 放置元件封装 ························································ 230 |

- 8.2 单面板与多层板制作简介 ·········································································· 233
- 8.3 规划电路板和电气定义 ·············································································· 234
  - 8.3.1 手动规划电路板 ············································································ 234
  - 8.3.2 使用向导生成电路板 ······································································ 235
- 8.4 准备原理图和印制电路板 ·········································································· 237
- 8.5 元件封装库的操作 ······················································································ 238
  - 8.5.1 装入元件库 ·················································································· 238
  - 8.5.2 浏览元件库 ·················································································· 239
  - 8.5.3 搜索元件库 ·················································································· 239
- 8.6 网络与元件的装入 ······················································································ 240
- 8.7 元件的自动布局 ·························································································· 242
- 8.8 手工调整元件的布局 ·················································································· 244
  - 8.8.1 选取元件 ······················································································ 244
  - 8.8.2 旋转元件 ······················································································ 244
  - 8.8.3 移动元件 ······················································································ 245
  - 8.8.4 排列元件 ······················································································ 246
  - 8.8.5 调整元件标注 ··············································································· 248
  - 8.8.6 剪贴复制元件 ··············································································· 248
  - 8.8.7 元件的删除 ·················································································· 249
- 8.9 添加网络连接 ······························································································ 249
- 8.10 设计规则的设置 ························································································ 252
  - 8.10.1 布线基本知识 ············································································· 252
  - 8.10.2 布线设计规则的设置 ·································································· 254
  - 8.10.3 设置对象类 ················································································ 263
- 8.11 交互手动和自动布线 ················································································ 263
  - 8.11.1 交互手动布线 ············································································· 264
  - 8.11.2 自动布线 ···················································································· 266
- 8.12 手工调整印制电路板 ················································································ 271
  - 8.12.1 手工调整布线 ············································································· 271
  - 8.12.2 对印制电路板敷铜 ····································································· 272
  - 8.12.3 电源/接地线的加宽 ···································································· 274
  - 8.12.4 文字标注的调整 ········································································· 275
  - 8.12.5 印制电路板补泪滴处理 ······························································ 278
- 8.13 设计规则检查 ···························································································· 278

8.14 完成FPGA应用板的印制电路板 ............ 279
    8.14.1 印制电路板布线设计 ............ 280
    8.14.2 印制电路板的3D显示 ............ 283

## 第9章 制作元件封装 ............ 284
9.1 元件封装编辑器 ............ 284
    9.1.1 启动元件封装编辑器 ............ 284
    9.1.2 元件封装编辑器介绍 ............ 285
9.2 创建新的元件封装 ............ 285
    9.2.1 元件封装参数设置 ............ 286
    9.2.2 层的管理 ............ 287
    9.2.3 放置元件 ............ 288
    9.2.4 设置元件封装的参考点 ............ 291
9.3 使用向导创建元件封装 ............ 291
9.4 元件封装管理 ............ 295
    9.4.1 浏览元件封装 ............ 295
    9.4.2 添加元件封装 ............ 295
    9.4.3 重命名元件封装 ............ 295
    9.4.4 删除元件封装 ............ 296
    9.4.5 放置元件封装 ............ 296
    9.4.6 编辑元件封装引脚焊盘 ............ 296
9.5 创建项目元件封装库 ............ 296

## 第10章 印制电路板报表 ............ 298
10.1 生成电路板信息报表 ............ 298
10.2 生成网络状态报表 ............ 299
10.3 生成材料明细表 ............ 300
    10.3.1 生成材料明细表的一般方法 ............ 300
    10.3.2 生成材料明细表的简单方法 ............ 302
10.4 生成NC钻孔报表 ............ 303

## 第11章 电路仿真分析 ............ 306
11.1 仿真元件库描述 ............ 306
    11.1.1 仿真信号源元件库 ............ 306
    11.1.2 仿真专用函数元件库 ............ 308
    11.1.3 仿真数学函数元件库 ............ 308
    11.1.4 信号仿真传输线元件库 ............ 308
    11.1.5 常用元件库 ............ 309
    11.1.6 编辑元件仿真属性 ............ 309
    11.1.7 仿真源工具栏 ............ 310
11.2 初始状态的设置 ............ 310
    11.2.1 节点电压设置 ............ 311

  11.2.2　初始条件设置 ……………………………………………………………… *311*
 11.3　仿真器的设置 ……………………………………………………………………… *312*
  11.3.1　进入分析主菜单 …………………………………………………………… *312*
  11.3.2　一般设置 …………………………………………………………………… *312*
  11.3.3　瞬态特性分析 ……………………………………………………………… *312*
  11.3.4　傅里叶分析 ………………………………………………………………… *313*
  11.3.5　交流小信号分析 …………………………………………………………… *314*
  11.3.6　直流分析 …………………………………………………………………… *315*
  11.3.7　蒙特卡罗分析 ……………………………………………………………… *315*
  11.3.8　参数扫描分析 ……………………………………………………………… *316*
  11.3.9　温度扫描分析 ……………………………………………………………… *317*
  11.3.10　传递函数分析 ……………………………………………………………… *317*
  11.3.11　噪声分析 …………………………………………………………………… *318*
  11.3.12　极点-零点分析 …………………………………………………………… *318*
 11.4　设计仿真原理图 …………………………………………………………………… *319*
 11.5　电路仿真实例 ……………………………………………………………………… *320*
  11.5.1　模拟电路仿真实例 ………………………………………………………… *320*
  11.5.2　数字电路仿真实例 ………………………………………………………… *327*

## 第12章　信号完整性分析 ………………………………………………………………… *330*
 12.1　PCB 信号完整性分析概述 ………………………………………………………… *330*
 12.2　设置信号完整性分析规则 ………………………………………………………… *331*
 12.3　PCB 信号完整性分析器 …………………………………………………………… *335*
  12.3.1　启动信号分析器 …………………………………………………………… *335*
  12.3.2　信号完整性分析器设置 …………………………………………………… *336*
 12.4　PCB 信号波形分析 ………………………………………………………………… *342*

# 第 1 章  印制电路板基础知识

在学习使用 Altium Designer 进行原理图设计和印制电路板（PCB）制作之前，先讲述一下 PCB 的基础知识。因为原理图的设计目标主要是进行后面的 PCB 设计，所以在学习具体的原理图设计和 PCB 制作之前，掌握基本的 PCB 知识很重要。

## 1.1 印制电路板概述

在用 PCB 系统进行设计前，先了解一下印制电路板的结构，理解一些基本概念，尤其是涉及到布线规则时，这些概念很重要。

### 1.1.1 印制电路板结构

一般来说，印制电路板的结构有单面板、双面板和多层板三种。

（1）单面板

单面板是一种一面敷铜，另一面没有敷铜的电路板，用户只可在敷铜的一面布线并放置元件。单面板由于其成本低，不用打过孔而被广泛应用。由于单面板走线只能在一面上进行，因此，它的设计往往比双面板或多层板困难得多。

（2）双面板

双面板包括顶层（Top Layer）和底层（Bottom Layer）两层，顶层一般为元件面，底层一般为焊锡层面，双面板的两面都可以敷铜和布线。双面板的电路一般比单面板的电路复杂，但布线比较容易，是制作电路板比较理想的选择。

（3）多层板

多层板就是包含了多个工作层的电路板。除了上面讲到的顶层、底层以外，还包括中间层、内部电源或接地层等。随着电子技术的高速发展，电子产品越来越精密，电路板也越来越复杂，多层板的应用也越来越广泛。

### 1.1.2 元件封装

通常设计完印制电路板后，需将它拿到专门制作电路板的公司去制作。取回制好的电路板后，要将元件焊接上去。那么如何保证取用元件的引脚和印制电路板上的焊盘一致呢？这就需要元件封装来定义。

元件封装是指元件焊接到电路板时所显示的外观和焊盘位置。既然元件封装只是元件的外观和焊盘位置，那么纯粹的元件封装仅仅是空间的概念，因此，不同的元件可以共用同一个元件封装；另一方面，同种元件也可以有不同的封装，如 RES 代表电阻，它的封装形式可以是 AXIAL-0.4、C1608-0603、CR2012-0805 等，所以在取用焊接元件时，不仅要知道元件名称，还要知道元件的封装。元件的封装可以在设计原理图时指定，也可以在装入网络表时指定。

**注意**：通常在放置元件时，应该参考该元件生产单位提供的数据手册，选择正确的封装形式，如果 Altium Designer 没有提供这种封装的话，可以自己按照数据手册制作。

### 1. 元件封装的分类

元件的封装可以分成两大类，即针脚式元件封装和 SMT（表面贴装技术）元件封装。针脚式封装元件焊接时先要将元件针脚插入焊盘通孔，然后再焊锡。由于针脚式元件封装的焊盘和过孔贯穿整个电路板，所以其焊盘的属性对话框中，PCB 的层属性必须为 Multi Layer（多层）。SMT 元件封装的焊盘只限于表面层，在其焊盘的属性对话框中，Layer 层属性必须为单一表面，如 Top layer 或者 Bottom layer。

下面讲述最常见的两种封装，它们分别属于针脚式元件封装和 SMT 元件封装。

（1）DIP 封装

双列直插封装，简称 DIP（Dual In-line Package），属于针脚式元件封装，如图 1-1 所示。DIP 封装的结构具有以下特点：适合于 PCB 的穿孔安装、易于对 PCB 布线、操作方便。

DIP 封装结构形式有：多层陶瓷双列直插式 DIP，单层陶瓷双列直插式 DIP，引线框架式 DIP（含玻璃陶瓷封接式、塑料包封结构式和陶瓷低熔玻璃封装式）。

（2）芯片载体封装

属于 SMT 元件封装。芯片载体封装有陶瓷无引线芯片载体封装 LCCC(Leadless Ceramic Chip Carrier)（如图 1-2 所示）、塑料有引线芯片载体封装 PLCC（Plastic Leaded Chip Carrier）（如图 1-3 所示，与 LCCC 相似）、小尺寸封装 SOP（Small Outline Package）（如图 1-4 所示）、塑料四边引出扁平封装 PQFP（Plastic Quad Flat Package）（如图 1-5 所示）和球栅阵列封装 BGA（Ball Grid Array）（如图 1-6 所示）。与 PLCC 或 PQFP 封装相比，BGA 封装更加节省电路板的面积。

**说明**：SOP 和 PQFP 一般采用 SMT 元件封装技术。

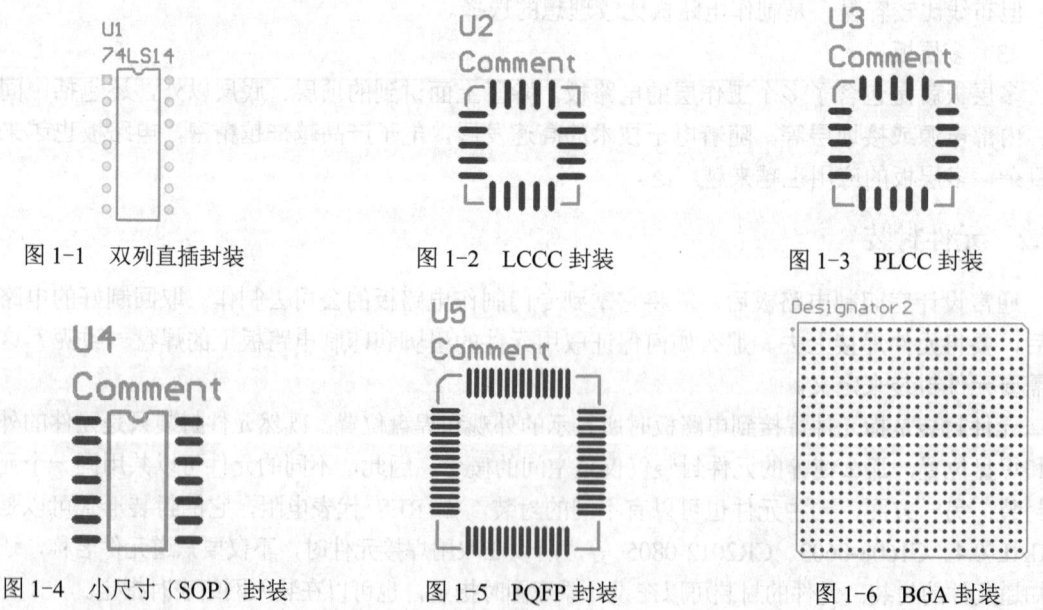

图 1-1　双列直插封装　　图 1-2　LCCC 封装　　图 1-3　PLCC 封装

图 1-4　小尺寸（SOP）封装　　图 1-5　PQFP 封装　　图 1-6　BGA 封装

2. 元件封装的编号

元件封装的编号一般为元件类型+焊盘距离（焊盘数）+元件外形尺寸。可以根据元件封装编号来判别元件封装的规格。如 AXIAL-0.4 表示此元件封装为轴状的，两焊盘间的距离为 400mil（约等于 10mm）；DIP16 表示双排引脚的元件封装，两排共 16 个引脚；RB.2/.4 表示极性电容类元件封装，引脚间距离为 200mil，元件直径为 400mil。这里.2 表示 200mil。

说明：Altium Designer 可以使用两种单位，即英制和公制。英制单位为 inch（英寸），在 Altium Designer 中一般使用 mil，即毫英寸，1/1000 in。公制单位一般为 mm（毫米），1 inch 为 25.4mm，而 1 mil 为 0.0254mm。本书中可能会出现 mil 和 mm 两种单位，请注意换算。

## 1.1.3 铜膜导线

铜膜导线也称铜膜走线，简称导线，用于连接各个焊盘，是印制电路板最重要的部分。印制电路板设计都是围绕如何布置导线来进行的。

与导线有关的另外一种线，常称之为飞线，即预拉线，飞线是在装入网络表后，系统根据规则自动生成的用来指引布线的一种连线。

飞线与导线有本质的区别，飞线只是一种形式上的连线。它只是在形式上表示出各个焊盘间的连接关系，没有电气连接意义；导线则是根据飞线指示的焊盘间的连接关系而布置的，是具有电气连接意义的连接线路。

## 1.1.4 助焊膜和阻焊膜

各类膜（Mask）不仅是 PCB 制作工艺过程中必不可少的，而且更是元件焊装的必要条件。按"膜"所处的位置及其作用，"膜"可分为元件面（或焊接面）助焊膜（TOP or Bottom Solder）和元件面阻焊膜（TOP or Bottom Paste Mask）两类。助焊膜是涂于焊盘上，提高可焊性能的一层膜，也就是在绿色板子上比焊盘略大的浅色圆。阻焊膜的情况正好相反，为了使制成的板子适应波峰焊等焊接形式，要求板子上非焊盘处的铜箔不能粘锡，因此在焊盘以外的各部位都要涂覆一层涂料，用于阻止这些部位上锡。可见，这两种膜是一种互补关系。

## 1.1.5 层

Altium Designer 的"层"不是虚拟的，而是印制电路板材料本身实实在在的铜箔层。现今，由于电子线路的元件密集安装、抗干扰和布线等特殊要求，一些较新的电子产品中所用的印制电路板不仅上下两面可供走线，在板的中间还设有能被特殊加工的夹层铜箔，例如，现在的计算机主板所用的印制电路板材料大多在 4 层以上。这些层因加工相对较难而大多用于设置走线较为简单的电源布线层（Ground Dever 和 Power Dever），并常用大面积填充的办法来布线（如 Fill）。上下位置的表面层与中间各层需要连通的地方用"过孔（Via）"来沟通。要提醒的是，一旦选定了所用印制电路板的层数，就务必关闭那些未被使用的层，以免布线出现差错。

### 1.1.6 焊盘和过孔

（1）焊盘（Pad）

焊盘的作用是放置焊锡、连接导线和元件引脚。焊盘是 PCB 设计中最常接触也是最重要的概念，但初学者却容易忽视它的选择和修正，在设计中千篇一律地使用圆形焊盘。选择元件的焊盘类型要综合考虑该元件的形状、大小、布置形式、振动和受热情况、受力方向等因素。Altium Designer 在封装库中给出了一系列不同大小和形状的焊盘，如圆形、方形、八角形、圆方形和定位用焊盘等，但有时这还不够用，需要自己编辑。例如，对发热且受力较大、电流较大的焊盘，可自行设计成"泪滴状"。一般而言，自行编辑焊盘时除了以上注意事项，还要考虑以下原则：

- 形状上长短不一致时，要考虑连线宽度与焊盘特定边长的大小其差异不能过大。
- 需要在元件引脚之间走线时，选用长短不对称的焊盘往往事半功倍。
- 各元件焊盘孔的大小要按元件引脚粗细分别编辑确定，原则是孔的尺寸比引脚直径大 0.2～0.4mm。

（2）过孔（Via）

为连通各层之间的线路，在各层需要连通的导线的交汇处钻上一个公共孔，这就是过孔。过孔有三种，即从顶层贯通到底层的穿透式过孔、从顶层通到内层或从内层通到底层的盲过孔以及内层间的隐藏过孔。

过孔从上面看上去，有两个尺寸，即通孔直径和过孔直径，如图 1-7 所示。通孔和过孔之间的孔壁，用于连接不同层的导线。

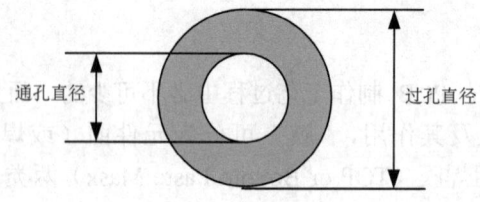

图 1-7　过孔尺寸

一般而言，设计线路时对过孔处理有以下原则：

- 尽量少用过孔，一旦选用了过孔，务必处理好它与周边各实体的间隙，特别是容易被忽视的中间各层与过孔不相连的线与过孔的间隙。
- 需要的载流量越大，所需的过孔尺寸越大，如电源层和接地层与其他层连接所用的过孔就要大一些。

### 1.1.7 丝印层

为方便电路的安装和维修，在印制电路板的上下两表面印上所需要的标志图案和文字代号等，例如元件标号和标称值、元件外廓形状和厂家标志、生产日期等，这层就称为丝印层（Silkscreen Top/Bottom Overlay）。不少初学者设计丝印层的有关内容时，只注意文字符号放置得整齐美观，而忽略了实际制出的 PCB 效果。在其设计的印制电路板上，字符不是被元件挡住就是侵入了助焊区而被抹除，还有的把元件标号打在相邻元件上，如此种种的设计都将会给装配和维修带来很大不便。正确的丝印层字符布置原则是:"不出歧义,见缝插针,美观大方"。

## 1.1.8 敷铜

对于抗干扰要求比较高的电路板,常常需要在 PCB 上敷铜。敷铜可以有效地实现电路板的信号屏蔽,提高电路板信号的抗电磁干扰能力。通常敷铜有两种方式,一种是实心填充方式,另一种是网格状的填充方式,如图 1-8 所示。在实际应用中,实心式的填充比网格状的填充更好,建议使用实心式的填充方式。

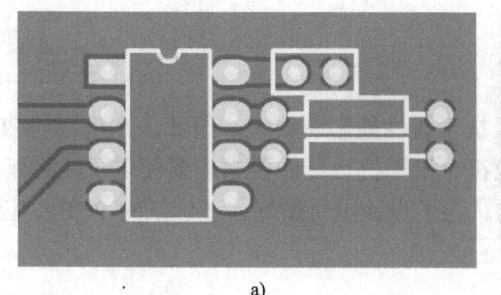 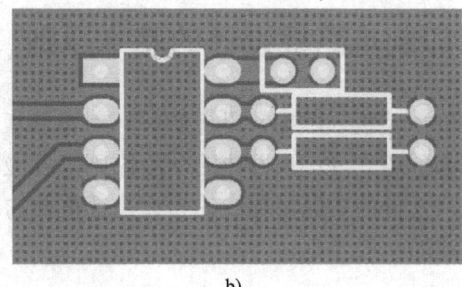

图 1-8 敷铜的填充方式

a) 实心填充方式 b) 网格状填充方式

 注意:建议对抗干扰要求比较高的 PCB 进行敷铜处理。

## 1.2 印制电路板设计流程

印制电路板设计的一般步骤如下:

1)绘制原理图。这是电路板设计的先期工作,主要是完成原理图的绘制,包括生成网络表。当然,有时也可以不进行原理图的绘制,而直接进入 PCB 设计系统。

2)规划电路板。在绘制印制电路板前,用户要对电路板有一个初步的规划,比如说电路板采用多大的物理尺寸、采用几层电路板(如单面板还是双面板)、各元件采用何种封装形式及其安装位置等。这是一项极其重要的工作,是确定电路板设计的框架。

3)设置参数。参数的设置是电路板设计的非常重要的步骤。设置参数主要是设置元件的布置参数、层参数、布线参数等。一般说来,有些参数用其默认值即可,有些参数被第一次设置后,几乎无须修改。

4)装入网络表及元件封装。网络表是电路板自动布线的灵魂,也是原理图设计系统与印制电路板设计系统的接口。因此这一步也是非常重要的环节。只有将网络表装入之后,才可能完成对电路板的自动布线。元件的封装就是元件的外形,对于每个装入的元件必须有相应的外形封装。才能保证电路板布线的顺利进行。

5)元件的布局。元件的布局可以让 Altium Designer 自动进行。规划好电路板并装入网络表后,用户可以让程序自动装入元件,并自动将元件布置在电路板边框内。Altium Designer 也可以让用户手工布局。元件布局合理,才能进行下一步的布线工作。

6）手动预布线。对比较重要的网络连接和电源网络的连接应该手动预布线。

7）锁定手动预布的线，然后进行自动布线。Altium Designer 采用世界上最先进的无网格、基于形状的对角线自动布线技术。只要将有关的参数设置得当，元件的布局合理，自动布线的成功率几乎是 100%。

8）手工调整。自动布线结束后，往往存在不令人满意的地方，需要手工调整。

9）文件保存及输出。完成电路板的布线后，保存完成的电子线路图文件。然后利用各种图形输出设备（如打印机或绘图仪），输出电路板的布线图。

## 1.3 印制电路板设计的基本原则

印制电路板（PCB）设计的好坏对电路板抗干扰性能影响很大。因此，在进行 PCB 设计时，必须遵守 PCB 设计的一般原则，并应符合抗干扰设计的要求。要使电子线路获得最佳性能，元件的布局及导线的布设是很重要的。为了设计出质量好、造价低的 PCB，应遵循下面讲述的一般原则。

### 1.3.1 布局

首先，要考虑 PCB 的尺寸大小。PCB 尺寸过大时，印制线路长，阻抗增加，抗噪声能力下降，成本也增加；过小，则散热不好，且邻近线条易受干扰。在确定 PCB 尺寸后，再确定特殊元件的位置。最后，根据电路的功能单元，对电路的全部元件进行布局。

1）在确定特殊元件的位置时要遵循以下原则：

- 尽可能缩短高频元件之间的连线，设法减少它们的分布参数和相互间的电磁干扰。易受干扰的元件不能相互挨得太近，输入和输出元件应尽量远离。
- 某些元件或导线之间可能有较高的电位差，应加大它们之间的距离，以免放电引出意外短路。带强电的元件应尽量布置在调试时手不易触及的位置。
- 重量超过 15g 的元件，应当用支架加以固定，然后焊接。那些又大又重、发热量多的元件，不宜装在印制电路板上，而应装在整机的机箱底板上，且应考虑散热问题。热敏元件应远离发热元件。
- 对于电位器、可调电感线圈、可变电容器、微动开关等可调元件的布局，应考虑整机的结构要求。若是机内调节，应放在印制电路板上方便于调节的位置；若是机外调节，其位置要与调节旋钮在机箱面板上的位置相适应。
- 应留出印制电路板的定位孔和固定支架所占用的位置。

2）根据电路的功能单元对电路的全部元件进行布局时，要符合以下原则：

- 按照电路的组成安排各个功能单元的位置，使布局便于信号流通，并使信号尽可能保持一致的方向。
- 以每个功能电路的核心元件为中心，围绕它来进行布局。元件应均匀、整齐、紧凑地排列在 PCB 上，尽量减少和缩短各元件之间的引线和连接。
- 在高频下工作的电路，要考虑元件之间的分布参数。一般电路应尽可能使元件平行排列。这样不但美观，而且焊接容易，易于批量生产。
- 位于电路板边缘的元件，离电路板边缘一般不小于 2mm。电路板的最佳形状为矩形，长宽比为 3:2 或 4:3。电路板面尺寸大于 200mm×150mm 时，应考虑电路板所受的机械强度。

另外，板厚也可以按照推荐指定。如对于 FR4 材料来说，一般标准的板厚为 0.062"（1.575mm）。其他典型的板厚有 0.010"（0.254mm）、0.020"（0.508mm）、0.031"（0.787mm）和 0.092"（2.337mm）。

### 1.3.2 布线

布线的方法以及布线的结果对 PCB 的性能影响也很大，一般布线要遵循以下原则：

1）输入和输出端的导线应避免相邻平行。最好添加线间地线，以免发生反馈耦合。

2）印制电路板导线的最小宽度主要由导线与绝缘基板间的粘附强度和流过它们的电流值决定。导线宽度应以能满足电气性能要求而又便于生产为宜，它的最小值由承受的电流大小而定，但最小不宜小于 0.2mm（8mil），在高密度、高精度的印制线路中，导线宽度和间距一般可取 0.3mm；导线宽度在大电流情况下还要考虑其温升，单面板实验表明，当铜箔厚度为 50μm、导线宽度为 1~1.5mm、通过电流 2A 时，温升很小，因此，一般选用宽度约 1~1.5mm 的导线就可能满足设计要求而不致引起温升；印制导线的公共地线应尽可能的粗，可能的话，使用大于 2~3mm 的导线，这点在带有微处理器的电路中尤为重要，因为当地线过细时，由于流过的电流变化，地电位变动，微处理器定时信号的电平不稳，会使噪声容限劣化；在 DIP 封装的 IC 引脚间走线，可应用 10-10 与 12-12 原则，即当两引脚间通过 2 根线时，焊盘直径可设为 50mil（1mil=0.0254mm）、线宽与线距都为 10mil；当两引脚间只通过 1 根线时，焊盘直径可设为 64mil、线宽与线距都为 12mil。

表 1-1 列出了线宽和流过电流大小之间的参考关系。读者可以在后面章节学习 PCB 布线时参考。

表 1-1 线宽和流过电流大小之间的关系

| 电流/A | 1oz 铜的线宽/mil | 2oz 铜的线宽/mil | 毫欧/英寸/(mΩ/in) |
|---|---|---|---|
| 1 | 10 | 5 | 52 |
| 2 | 30 | 15 | 17.2 |
| 3 | 50 | 25 | 10.3 |
| 4 | 80 | 40 | 6.4 |
| 5 | 110 | 55 | 4.7 |
| 6 | 150 | 75 | 3.4 |
| 7 | 180 | 90 | 2.9 |
| 8 | 220 | 110 | 2.3 |
| 9 | 260 | 130 | 2.0 |
| 10 | 300 | 150 | 1.7 |

3）印制电路板导线拐弯一般取圆弧形或 45°拐角，直角或夹角在高频电路中会影响电气性能。此外，尽量避免使用大面积铜箔，否则长时间受热，易发生铜箔膨胀和脱落现象。必须用大面积铜箔时，最好用栅格状。这样有利于排除铜箔与基板间粘合剂受热产生的挥发性气体。

4）印制导线的间距。相邻导线间距必须能满足电气安全要求，而且为了便于操作和生产，间距也应尽量宽些，只要工艺允许，可使间距小于 0.5~0.8mm。最小间距至少要能满足承受的电压，这个电压一般包括工作电压、附加波动电压以及其他原因引起的峰值电压。如果有关技术条件允许导线之间存在某种程度的金属残粒，则其间距就会减小。因此设计者在考虑电压时应把这种因素考虑进去。在布线密度较低时，信号线的间距可适当地加大，对高、低电平悬殊的信号线应尽可能短且加大间距。

表 1-2 列出了推荐的导线以及导体之间的间距，根据电压和导线所在位置的不同，其间距也不同。

表 1-2 推荐的导线以及导体之间的间距

| 电压 (DC 或 AC 峰值) | PCB 内部 | PCB 外部 (<3050m) | PCB 外部 (>3050m) |
|---|---|---|---|
| 0~15V | 0.05mm | 0.1mm | 0.1mm |
| 16~30V | 0.05mm | 0.1mm | 0.1mm |
| 31~50V | 0.1mm | 0.6mm | 0.6mm |
| 51~100V | 0.1mm | 0.6mm | 1.5mm |
| 101~150V | 0.2mm | 0.6mm | 3.2mm |
| 151~170V | 0.2mm | 1.25mm | 3.2mm |
| 171~250V | 0.2mm | 1.25mm | 6.4mm |
| 251~300V | 0.2mm | 1.25mm | 12.5mm |
| 301~500V | 0.25mm | 2.5mm | 12.5mm |

## 1.3.3 焊盘大小

焊盘的内孔尺寸必须从元件引线直径、公差尺寸以及焊锡层厚度、孔径公差、孔金属电镀层厚度等方面考虑，焊盘的内孔直径一般不小于 0.6mm，因为小于 0.6mm 的孔开模冲孔时不易加工，通常情况下以金属引脚直径值加上 0.2mm 作为焊盘内孔直径，如电阻的金属引脚直径为 0.5mm 时，其焊盘内孔直径对应为 0.7mm，焊盘直径取决于内孔直径。

1）当焊盘直径为 1.5mm 时，为了增加焊盘抗剥强度，可采用长不小于 1.5mm，宽为 1.5mm 的长圆形焊盘，此种焊盘在集成电路引脚焊盘中最常见。对于超出上述范围的焊盘直径可用下列公式选取：

- 直径小于 0.4mm 的孔：D/d=0.5~3 （D——焊盘直径，d——内孔直径）。
- 直径大于 2mm 的孔：D/d=1.5~2 （D——焊盘直径，d——内孔直径）。

2）有关焊盘的其他注意事项：

- 焊盘内孔边缘到印制电路板边的距离要大于 1mm，这样可以避免加工时导致焊盘缺损。
- 焊盘的开口。有些器件是在经过波峰焊后补焊的，但由于经过波峰焊后焊盘内孔被锡封住，使器件无法插下去，解决办法是在印制电路板加工时对该焊盘开一小口，这样波峰焊时内孔就不会被封住，而且也不会影响正常的焊接。
- 焊盘补泪滴。当与焊盘连接的走线较细时，要将焊盘与走线之间的连接设计成泪滴状，这样的好处是焊盘不容易起皮，而是走线与焊盘不易断开。
- 相邻的焊盘要避免成锐角或出现大面积的铜箔，成锐角会造成波峰焊困难，而且有桥接的危险，大面积铜箔因散热过快会导致不易焊接。

## 1.3.4 印制电路板的抗干扰措施

印制电路板的抗干扰设计与具体电路有着密切的关系，这里仅就 PCB 抗干扰设计的几项常用措施作一些说明。

（1）电源线设计

根据印制电路板电流的大小，尽量加粗电源线宽度，减少环路电阻。同时，使电源线、地线的走向和电流的方向一致，这样有助于增强抗噪声能力。

（2）地线设计

地线设计的原则是：

- 数字地与模拟地分开。若电路板上既有逻辑电路又有线性电路，应使它们尽量分开。低频电路的地应尽量采用单点并联接地，实际布线有困难时可部分串联后再并联接地。高频电路宜采用多点串联接地，地线应短而粗，高频元件周围尽量用栅格状的大面积铜箔。
- 接地线应尽量加粗。若接地线用很细的线条，则接地电位随电流的变化而变化，使抗噪声能力降低。因此应将接地线加粗，使它能通过三倍于印制电路板上的允许电流。如有可能，接地线应在 2~3mm 以上。
- 接地线构成闭环路。只由数字电路组成的印制电路板，其接地电路构成闭环能提高抗噪声能力。

（3）大面积敷铜

印制电路板上的大面积敷铜具有两种作用：一是散热；二是可以减小地线阻抗，并且屏蔽电路板的信号交叉干扰以提高电路的抗干扰能力。注意：初学者设计印制电路板时常犯的一个错误是大面积敷铜上不开窗口，而由于印制电路板板材的基板与铜箔间的粘合剂在浸焊或长时间受热时，会产生挥发性气体而无法排除，热量不易散发，以致产生铜箔膨胀、脱落现象。因此使用大面积敷铜时，应将其开窗口设计成栅格状。

## 1.3.5 去耦电容配置

PCB 设计的常规做法之一是在印制电路板的各个关键部位配置适当的去耦电容。去耦电容的一般配置原则是：

1) 电源输入端跨接 10~100μF 的电解电容器。如有可能，接 100μF 以上的更好。

2) 原则上每个集成电路芯片都应布置一个 0.01pF 的瓷片电容，如遇印制电路板空隙不够，可每 4~8 个芯片布置一个 1~10pF 的钽电容。

3) 对于抗噪能力弱、关断时电源变化大的元件，如 RAM、ROM 存储元件，应在芯片的电源线和地线之间直接接入去耦电容。

4) 电容引线不能太长，尤其是高频旁路电容不能有引线。此外应注意以下两点：

- 在印制电路板中有接触器、继电器、按钮等元件时，对其操作均会产生较大火花放电，必须采用 RC 电路来吸收放电电流。一般 R 取 1~2kΩ，C 取 2.2~47μF。
- CMOS 的输入阻抗很高，且易受干扰，因此在使用时对不使用的端口要接地或接正电源。

### 1.3.6 各元件之间的接线

按照原理图，将各个元件位置初步确定下来，然后经过不断调整使布局更加合理，最后就需要对印制电路板中各元件进行接线，元件之间的接线安排方式如下：

1）印制电路中不允许有交叉电路，对于可能交叉的线条，可以用"钻"、"绕"两种办法解决。即让某引线从别的电阻、电容、三极管脚下的空隙处"钻"过去，或从可能交叉的某条引线的一端"绕"过去。在特殊情况下，如果电路很复杂，为简化设计也允许用导线跨接，解决交叉电路问题。

2）电阻、二极管、管状电容器等元件有"立式"和"卧式"两种安装方式。立式指的是元件体垂直于电路板安装、焊接，其优点是节省空间；卧式指的是元件体平行并紧贴于电路板安装、焊接，其优点是元件安装的机械强度较好。对这两种不同的安装元件，印制电路板上的元件孔距是不一样的。

3）同一级电路的接地点应尽量靠近，并且本级电路的电源滤波电容也应接在该级接地点上。特别是本级晶体管基极、发射极的接地不能离得太远，否则因两个接地间的铜箔太长会引起干扰与自激，采用这样"一点接地法"的电路，工作较稳定，不易自激。

4）总地线必须严格按高频—中频—低频逐级按弱电到强电的顺序排列原则，切不可随便乱接，级间宁可接线长点，也要遵守这一规定。特别是变频头、再生头、调频头的接地线安排要求更为严格，如有不当就会产生自激以致无法工作。调频头等高频电路常采用大面积包围式地线，以保证有良好的屏蔽效果。

5）强电流引线（公共地线、功放电源引线等）应尽可能宽些，以降低布线电阻及其电压降，可减小寄生耦合而产生的自激。

6）阻抗高的走线尽量短，阻抗低的走线可长一些，因为阻抗高的走线容易发射和吸收信号，引起电路不稳定。电源线、地线、无反馈元件的基极走线、发射极引线等均属低阻抗走线。

7）电位器安放位置应当满足整机结构安装及面板布局的要求，因此应尽可能放在板的边缘，旋转柄朝外。

8）设计印制电路板图时，在使用 IC 座的场合下，一定要特别注意 IC 座上定位槽放置的方位是否正确，并注意各个 IC 脚位置是否正确，例如第 1 脚只能位于 IC 座的右下角或者左上角，而且紧靠定位槽（从焊接面看）。

9）在对进出接线端布局时，相关联的两引线端的距离不要太大，一般为（2~3）/10in 左右较合适。进出接线端尽可能集中在 1~2 个侧面，不要过于分散。

10）在保证电路性能要求的前提下，设计时应力求合理走线，少用外接跨线，并按一定顺序走线，力求直观，便于安装和检修。

11）设计应按一定顺序方向进行，例如可以按由左往右或由上而下的顺序进行。

## 1.4 印制电路板的叠层设计

PCB 的叠层常常由板的目标成本、制造技术和所要求的布线通道数所决定。对于大部分工程设计，存在许多相互冲突的要求，通常最后的设计策略是在考虑各方面的折衷后决定的。PCB 可以从最低成本的 1 层到高性能系统所要求的 30 层或更多层。

## 1.4.1 多层板

具有许多层的 PCB 板常常用于高速、高性能的系统,其中的多层用于 DC 电源或地参考平面。这些平面通常是没有任何分割的实体平面,因为具有足够的层用作电源层或地层,因此没有必要将不同的 DC 电压置于一层上。无论一个层的名称是什么(例如 "Ground"、+5V、VCC 或 Digital power 等),该平面将会用作与它们相邻的传输线上信号的返回电流通路。构造一个好的低阻抗的返回电流通路是这些平面层最重要的 EMC 目标。

信号层分布在实体参考平面层之间,它们可以是对称的带状线或非对称的带状线。在大部分设计中,会使用到这些配置的组合。

下面以一个 12 层板为例来说明多层板的结构和布局。如图 1-9 所示为一个流行的 12 层 PCB 结构,其分层结构为 T-P-S-P-S-P-S-P-S-S-P-B,这里"T"为顶层;"P"为参考平面层;"S"为信号层;"B"为底层。顶层和底层用作元件焊盘,信号在顶层和底层内不会传输太长的距离,以便减少来自走线的直接辐射。该设计考虑可以用于其他任何叠层配置的设计。

下一个考虑就是确定哪个参考平面层将必须包含用于不同的 DC 电压的多个电源区。对于这个实例,假设第 11 层具有多个 DC 电压。这就意味着设计者必须将高速信号尽可能远离第 10 层和底层,因为返回电流不能流过第 10 层以上的参考平面,并且需要使用缝合电容(Stitching Capacitor)。在该实例中,第 3、5、7 和 9 层分别为高速信号的信号层。

接下来就要规划最重要信号的布线。在大多数设计场合中,走线尽可能以一个方向进行布局,以便优化层上可能的布线通道数。第 3 和第 7 层可以设定为"东西"走线,而第 5 和第 9 层设置为"南北"走线。走线布在那一层上,要根据其到达目的的方向。

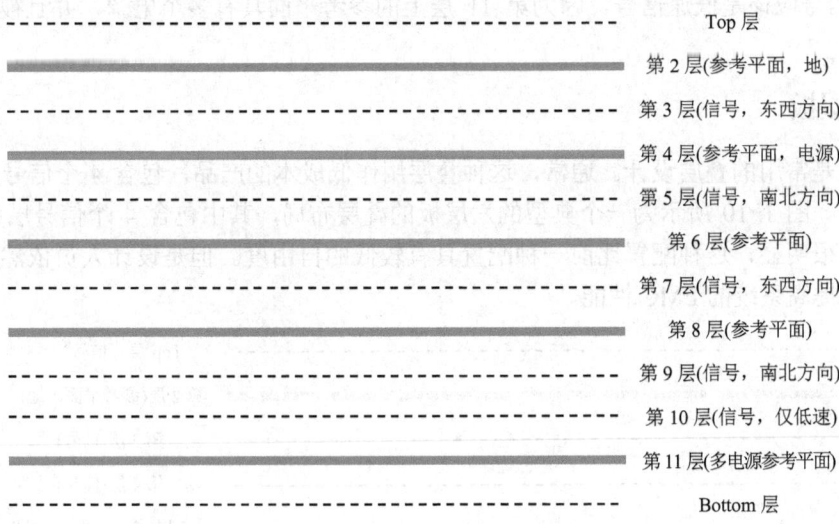

图 1-9  12 层 PCB 的配置

另外,一个重要的考虑就是对于高速信号走线时层的变化,并且哪些不同的层将用于一个独立的走线,确保返回电流可以从一个参考平面流到需要流过的新参考平面。实际上,最好的设计并不要求返回电流改变参考平面,而是简单地从参考平面的一侧改变到另一侧。例如,下面信号层的组合可以一起用作信号层对:第3层和第5层;第5层和第7层;第7层和第9层。这就允许一个东西方向和一个南北方向的层形成一个布线组合。但是像第3层和第9层这样的组合就不应该使用,因为这会要求一个返回电流从第4层流到第8层。尽管一个解耦电容可以放置在过孔附近,但是在高频时,由于存在引线和过孔电感而使电容失去作用。这种增加电容的布线策略也会增加元件的数量和产品的成本。

还有一个重要的考虑就是为参考平面层选定 DC 电压。假设该实例中,一个处理器因为内部信号处理的高速特性,所以在电源/地参考引脚上存在大量的噪声。因此,在为处理器提供的相同 DC 电压上使用解耦电容非常重要,并且尽可能有效地使用解耦电容。在后面有关解耦的章节中,将会讨论板上解耦电容性能会严重地受到所连接的过孔、焊盘和连接走线所限制。降低这些元件电感的最好方法就是使连接走线尽可能短和宽,并且尽可能使过孔短而粗。如果第2层分配为"Ground"并且第4层分配为处理器的电源,则过孔离放置处理器和解耦电容的顶层的距离应该尽可能短。延伸到底层的过孔剩余部分不包含任何重要的电流,并且非常短从而不会具有天线作用。图1-9所示就是这种叠层设计的描述,如果将一个电容放置在板的底层,则可以看到这样会产生更长的过孔,比放置电容在顶层产生更大的电感。

最后如果将高速信号布在第3层和第5层,则建议将一个有效器件所驱动的信号走线具有相同的电源作为参考平面。也就是说,来自处理器(例如存储单元的总线和其他高速总线)的信号应该布在第3层和第5层,因此它们可以共享相同的电源,并且返回电流可以更加容易返回到它们的源。

尽管上面的讲述着重于最重要的信号和 IC,但这些考虑也适用于其他信号和 IC。在第10层上的信号应该是低速信号,因为第11层上的参考平面具有多个电源,并且被切分为多个部分。

### 1.4.2 六层板

六层板是常用的叠层设计。通常,这种叠层用作低成本的产品,包含4个信号层和2个参考平面层。图1-10所示为一个典型的六层板的叠层布局,其中包含4个信号层和2个参考平面层。很明显,这种配置比前一种配置具有较低的自由度。但是设计人员依然可以使用一些方法,提高系统的 EMC 性能。

图1-10 六层 PCB 的配置

与前面的 12 层配置一样，可以使用一个东西方向和一个南北方向的布线。另外，建议使用不要求返回电流改变参考平面的布线层对。在这种情况下，可以选择第 1 层和第 3 层作为布线层对，第 4 层和第 6 层作为另一个布线层对。顶层和底层必须用作信号布线。为了得到好的 EMC 性能，建议将返回电流置于一个参考平面上，而不要将信号埋于两个参考平面之间。因此第 3 层和第 4 层不能用于高速信号的布线层对。

第 2 层和第 5 层为电源和地参考平面层。通常，在 PCB 上会有多个不同的 DC 电压，因此电源平面有可能会分割为许多个电源岛。如果第 2 层被用作地参考平面层，则设计人员必须保证所有高速信号布在第 1 层和第 3 层上，以便它们不会跨过分割的参考平面。当然，如果一个特定的信号通路不会跨过电源参考平面的分割区，则也可以把这些信号布在第 4 层和第 6 层上。

### 1.4.3 四层板

四层板通常用于低成本的系统。通常，四层板只有 2 个信号层和 2 个参考平面层。图 1-11 描述了四层板的叠层配置。

布线通道数量的优化对于四层板来说至关重要，因为可以使用东西方向和南北方向的布线策略。无论如何，在此时为返回电流保持相同的参考平面是不可能的。一个解耦电容必须放置在过孔附近，以便提供一个返回电流通路。连接电容焊盘和过孔的走线必须保持尽可能短且宽，以便使电感/阻抗最小化。

参考平面一般分配为地和电源参考平面。同样，电源参考平面也可能会分割为许多个不同的电压参考区。当电源参考平面用作一走线的信号参考时，则非常重要的考虑就是将走线布在实体参考区上，从而走线不会跨过那些分割区。如果必须跨过分割区，则需要在靠近走线跨过分割区的位置放置一个缝合电容（Stitching Capacitor）。另外，连接电容焊盘和过孔的走线必须保持尽可能短且宽，以便使电感/阻抗最小化。

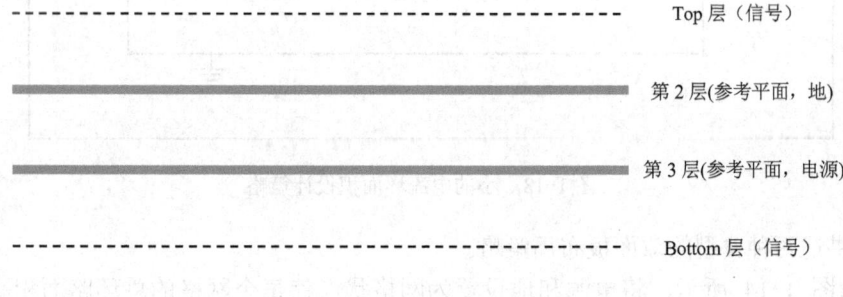

图 1-11 四层 PCB 的配置

### 1.4.4 单面和双面板

单面和双面板对 EMC 设计不是很容易的。尽管不推荐使用这种叠层设计，但是这种设计还是经常被选用。对于这种叠层设计，通常没有实体参考平面，并且所有信号和所有电源，以及电流的返回均通过走线的方式进行布置。在这种设计策略中，主要考虑就是使信号电流的环面积尽可能最小，不允许大的电流环面积存在，如图 1-12 所示。

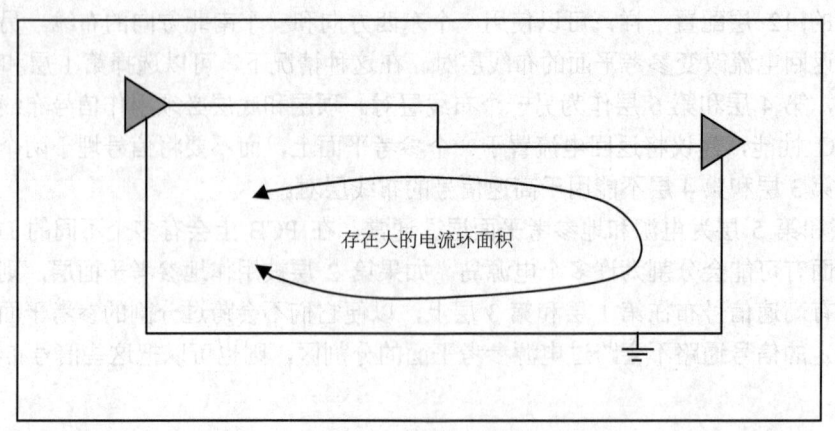

图 1-12 大的电流环面积在 PCB 中存在

尽管在这种叠层设计中,信号的速度要小于前面所讲述的几种叠层设计,但是依然会产生 EMC 问题。一个信号返回走线应尽可能平行靠近信号走线,以便使环面积最小,从而最小化 RF 辐射。图 1-13 所示为这种设计策略的描述。另外,应该使信号走线尽可能短以最小化环面积。解耦电容应该尽可能放置在 IC 的附近,并且连接在电源和地引脚之间。

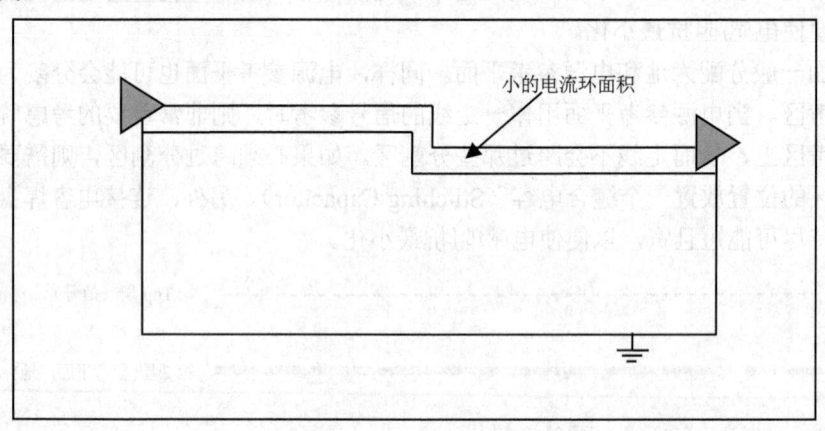

图 1-13 小的电流环面积设计策略

下面讲述两种典型的双面板布局策略。

1)如图 1-14 所示,将电源和地设置为网格状,使每个网格的总环路面积小于 1.5in$^2$(968mm$^2$)。电源和地的走线以 90° 角度分布,电源在一层,而地在另一层。地的走线以垂直方向置于顶层,而电源的走线以水平方向置于底层。在每个地和信号走线的交汇处及每个 IC 处,均放置解耦电容。这种布局方式目前已经不常用。

2)如图 1-15 所示,返回走线必须放置在靠近最容易受干扰的走线,以使 RF 能量返回到它的源。电源和返回走线也必须相互平行布局,并且在电源和地之间,以及在产生开关能量的每个元件处均放置解耦电容。使用这种布局方法,可能会产生布线的困难。但是最大的优点就是能实现 EMC 兼容。

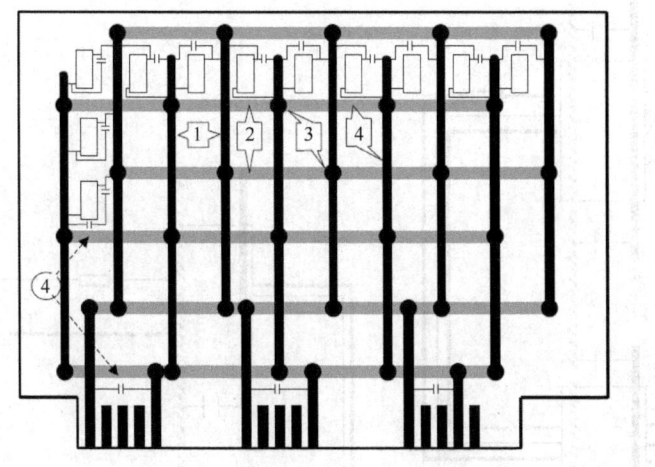 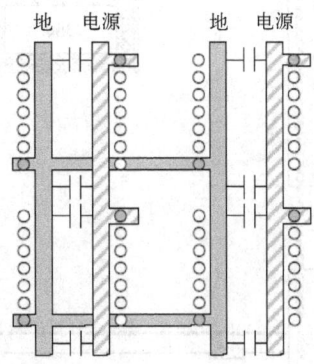

图 1-14 电源和地网格状结构的双面板布线策略

1—板子的上层为垂直走线。
2—板子的下层为水平走线。
3—水平和垂直走线相交处有贯穿孔。
4—每个 IC 和相交的电源、地之间具有解耦电容。

当使用网格状电源和地的布局结构时，必须考虑确保网格尽可能多的地方连接在一起。如果缺少一个网格，则来自元件的 RF 环电流找不到一个可靠的低阻抗返回通路，因此会加剧 RF 辐射。对电源和返回走线布线要使用平行方式，并且相互靠近。这样就可以获得低阻抗、小环面积的传输线结构或天线。由于环面积小，则产生的 RF 能量将是非常高的频率，因此在更高的频率范围（MHz）才可以测得信号，因此不会产生 EMC 兼容问题。如果走线和 0V 参考之间的距离很大，则对于参考到 0V 的信号走线与返回走线之间依然可能会产生大的环面积。

当一个电源和地网格存在时，双面板的一个问题是如何实现元件之间的信号走线。几乎每一个应用场合，在一个双面板上完全实现网格化是不现实的。最优化的布局技术就是使用地填充作为一个返回通路，可以控制环面积并降低 RF 返回电流的阻抗。该地填充必须在尽可能多的位置和 0V 参考点相连接。

图 1-15 所示的第二种双面板的布局方法和图 1-14 是一致的。唯一的不同就是在顶层和底层的电源和地走线布局。通过使用顶层和底层进行电源和地的布局，使环面积尽可能小的布线就变得更加容易。

当分析一个具有标准厚度 0.062in（1.6mm）的双面叠层设计 PCB 的 EMC 兼容性时，顶层（放置元件）和底层（具有地平面和 0V 参考）的物理距离常常认为给顶层存在的 RF 电流提供了一个返回通路。图 1-16 描述了这种情况。实际上，信号走线和返回平面之间的空间距离在物理上同走线之间的距离相比要大，这个走线和返回平面之间大的物理距离不会获得最优的磁通量的消除。对于这个实例，在信号走线的磁场分布近似为一条走线宽度。走线之间磁场分布的物理距离数量上小于 PCB 两面的走线和参考平面之间的物理距离。这就意味着任何大于一条走线宽度的 RF 返回通路距离信号源太远，以致于不能执行最优的返回磁通量的消除。

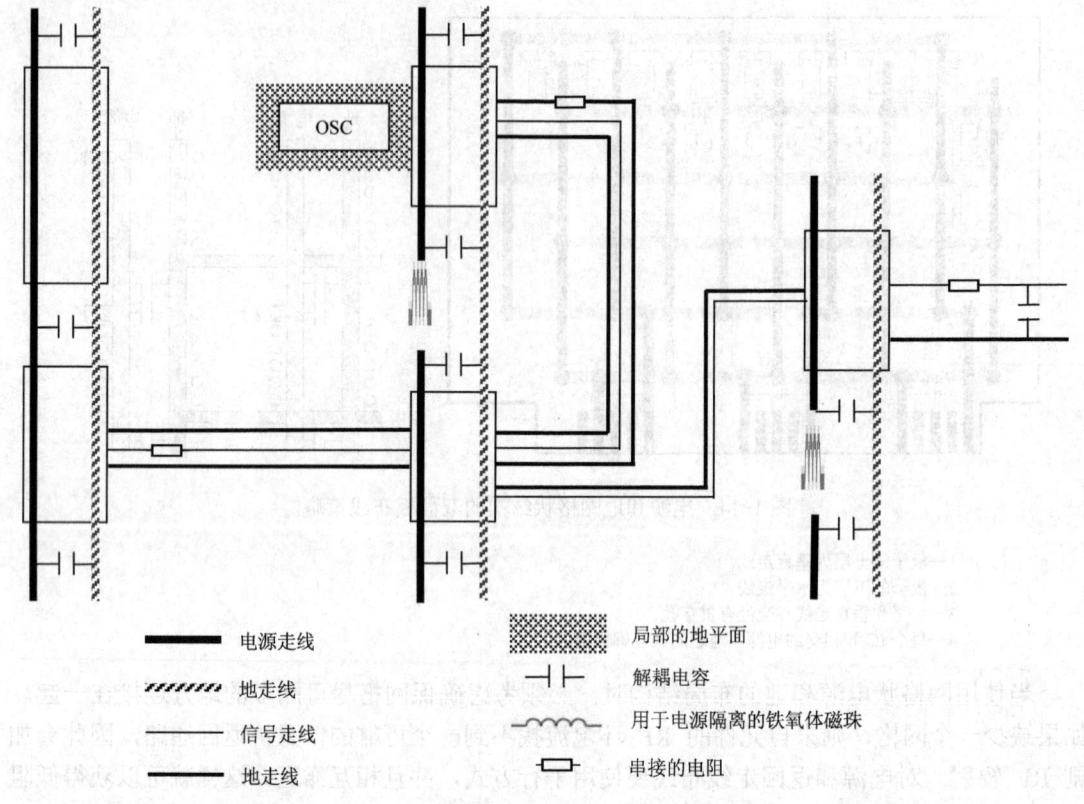

| | |
|---|---|
| ▬▬▬ 电源走线 | ▓▓▓ 局部的地平面 |
| ▨▨▨ 地走线 | ┤├ 解耦电容 |
| ─── 信号走线 | ⌇⌇⌇ 用于电源隔离的铁氧体磁珠 |
| ━━━ 地走线 | ▭ 串接的电阻 |

图 1-15 具有较好 RF 返回电流的双面板布线

最好的双面 PCB 设计方法是将板子看作两个单面板，应用适合于单面板设计的设计规则和技术，对 PCB 的顶层和底层进行布线。按照 RF 返回电流存在的规定，必须在任何时候都保持地环路控制。

图 1-16 左边的图例中，信号走线在参考平面上方的距离为 8 倍的走线宽度，因为参考平面距离走线太远，所以不能实现最优化的磁场消除效果。图 1-16 右边的图例中，信号走线临近一个 0V 参考的走线，这两个走线的距离远远小于走线到参考平面的距离，因此增强了磁场消除效果。

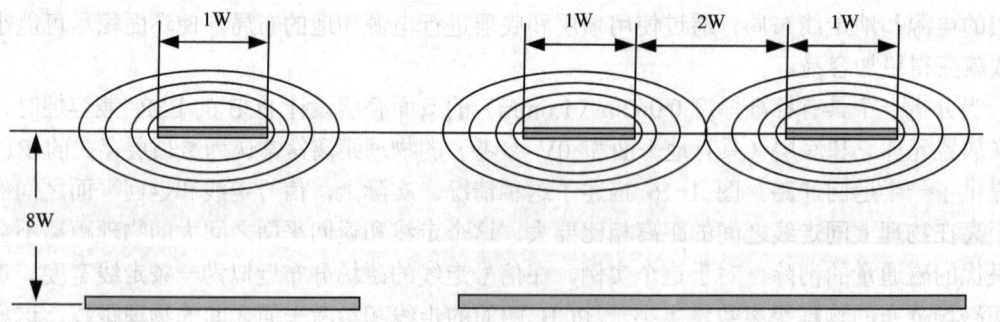

图 1-16 两层叠层设计在消除 RF 辐射能的无效实例

## 1.4.5 叠层设计布局快速参考

表 1-3 列出了叠层设计布局的参考配置,其中包括最常用的叠层配置。

表 1-3 叠层设计布局的参考配置

| 叠 层 | 1 | 2 | 3 | 4 | 5 | 6 | 7 | 8 | 9 | 10 |
|---|---|---|---|---|---|---|---|---|---|---|
| 2 层 | S1 和地 | S2 和电源 | | | | | | | | |
| 4 层 | S1 | 地 | 电源 | S2 | | | | | | |
| 4 层 | 地 | S1 | S2 | 电源 | | | | | | |
| 6 层 | S1 | S2 | 地 | 电源 | S3 | S4 | | | | |
| 6 层 | S1 | 地 | S2 | S3 | 电源 | S4 | | | | |
| 6 层 | S1 | 电源 | 地 | S2 | 地 | S3 | | | | |
| 8 层 | S1 | S2 | 地 | S3 | S4 | 电源 | S5 | S6 | | |
| 8 层 | S1 | 地 | S2 | 地 | 电源 | S3 | 地 | S4 | | |
| 10 层 | S1 | 地 | S2 | S3 | 地 | 电源 | S4 | S5 | 地 | S6 |
| 10 层 | S1 | S2 | 电源 | 地 | S3 | S4 | 地 | 电源 | S5 | S6 |

## 1.5 PCB 的布线配置

设计 PCB 时,有两种基本的布线配置:微带线(Microstrip)和带状线(Stripline)。图 1-17 描述了这两种布线的结构。

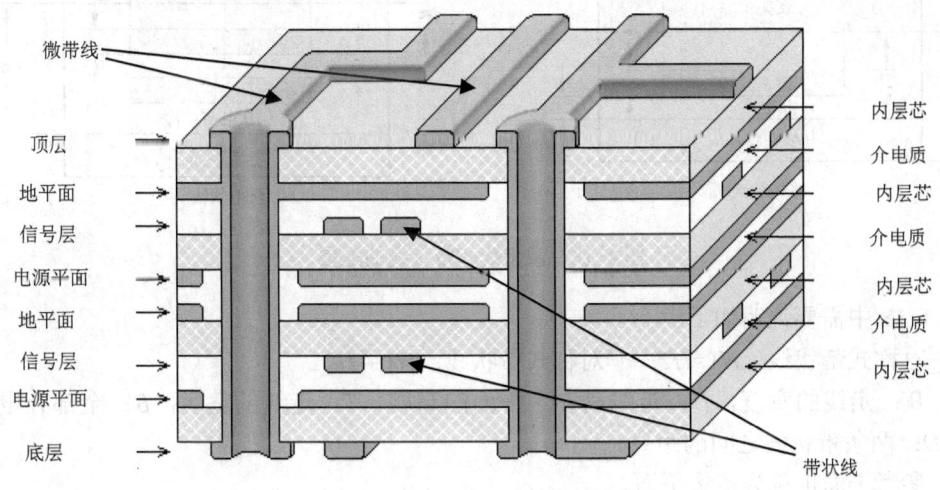

图 1-17 微带线和带状线的结构

### 1.5.1 微带线

微带线指只有一面具有参考平面的 PCB 走线。微带线使 PCB 具有对 RF 的抑制作用,同时也可以容许比带状线更快的时钟或逻辑信号。因为较小的耦合电容以及电源和负载之间较低的空载传输延迟,因此可以容许更快的信号。电容有时候用于时钟信号以减缓数字信号的边沿变化。由于两个实体平面之间较小的电容耦合,信号可以传输更快。使用微带线的缺点是 PCB 外部信号层会辐射 RF 能量进入环境中,除非此层上下具有金属屏蔽。

### 1.5.2 带状线

带状线指两边都有参考平面的传输线。带状线可以较好防止 RF 辐射,但只能用于较低的传输速度,因为信号层介于两个参考平面之间,两个平面会存在电容耦合,导致降低高速信号的边沿变化速度。带状线的电容耦合效应在边沿变化速度快于 1ns 的情况下更为显著。使用带状线的主要效果是对内部走线的 RF 进行完全屏蔽,因为其对射频辐射具有较好的抑制能力。

图 1-18 所示为微带线和带状线在 PCB 中的布局结构。微带线有表面微带线和埋入式微带线,带状线具有对称式和非对称式带状线。

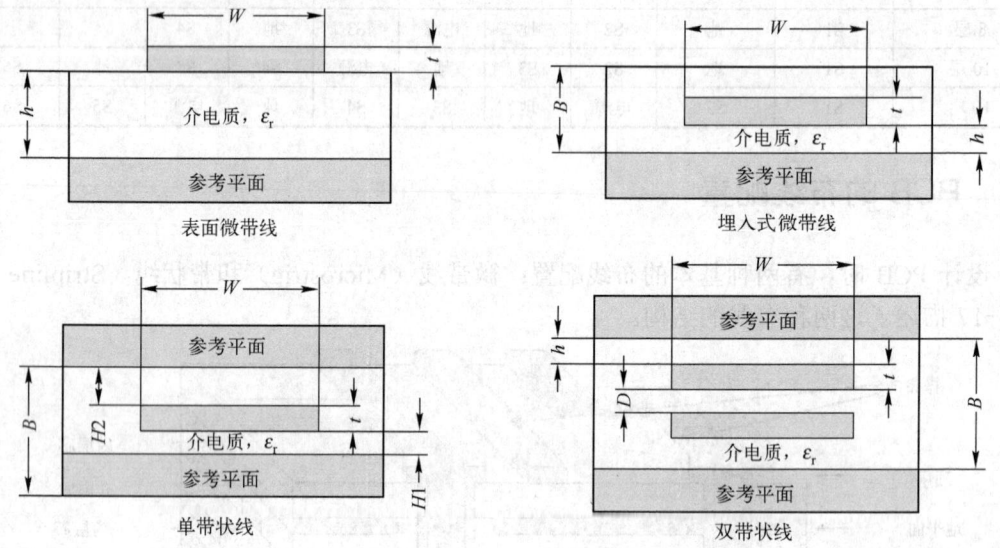

图 1-18 微带线和带状线的配置

图 1-18 中需要说明如下:

1) 对称式带状线:$H1=H2$;非对称式带状线:$H1 \neq H2$。

2) $W$:走线的宽度,$H$:走线离参考平面的高度,$T$:走线的宽度,$B$:全部介电质的厚度,$D$:两条带状线之间的距离。

3) 参考平面也称为镜像平面。

一个 PCB 通常是一个具有内部和外部布线的介电质结构,允许元件相互实现机械和电气连接。除了实现元件之间的连接之外,PCB 也为元件提供布局空间。PCB 实际上是由具有多层结构的有机和无机介电材料组成的。层之间的内部连接通过过孔来实现。这些过孔镀上或填充金属就可以实现层之间的电信号导通。实体参考平面结构为元件提供了电源和地。在设计 PCB 时的一个重要考虑是被传输信号的传输延迟和电路之间的串扰问题。

在电路的 EMC 设计中,用于电路的材料、尺寸和走线空间都会影响电路的 EMC 特性。特别是高频 PCB 设计中，信号走线成为电路的一部分，因为在高于 500MHz 频率情况下，走线具有电阻、电容和电感特性。在更高频率的工作情况下，传输线的尺寸将对电路的特性具有很大的影响，改变任何尺寸都可能会显著影响 PCB 的性能。

值得注意的是辐射依然会从其他元件产生。尽管内部的走线不会再产生辐射，其他元件之间的连线（如端部接线、元件引脚、插座、内部连线以其他各种情况）仍然会产生这些辐射问题。由于内部连接存在阻抗，则阻抗不匹配就会存在于传输线中。这种阻抗不匹配会使 RF 能量由内部的走线通过辐射或导通方式（包括串绕）耦合到其他电路或自由空间中。使元件的引脚电感最小就可以降低这种辐射现象。

## 1.6 差模和共模电流

任何电路中都存在差模（DM）和共模（CM）电流，这两种电流决定了电路中产生和传输的 RF 能量。共模电流和差模电流是不同的。假定有一对导线或走线和一个返回通路，则这两种模式电流中的一种必然存在。差模信号传输数据和有用的信号，而共模信号会对差模传输产生不利的影响，即会给 EMC 兼容性带来最不利的影响。图 1-19 分别描述了差模和共模电流。

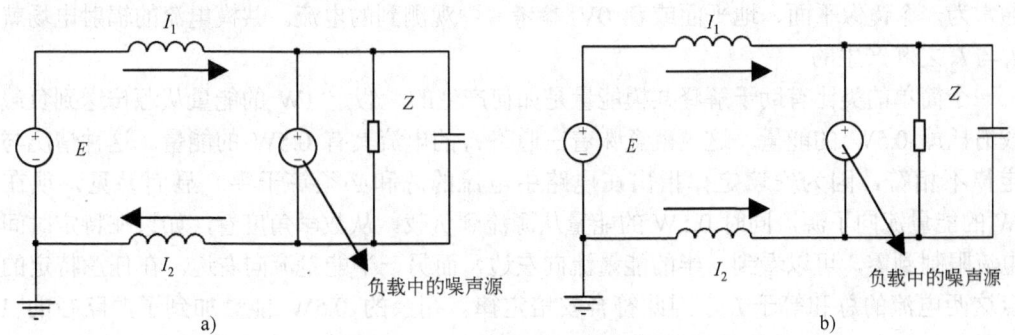

图 1-19 差模和共模电流示例
a) 差模电流  b) 共模电流

### 1.6.1 差模电流

差模电流是 RF 能量的组成部分，它存在于信号通路和 RF 返回通路中，方向相反。如果差模电流存在 180° 的相位差，则差模电流将会相互抵消，因此可以保证 EMC 性能。与常常是高频信号的共模电流相反，差模信号不会处于 RF 频率范围。事实上，一个携带有差模电流（非 RF 信号）的 DC 电源线也可能同时携带 RF 共模电流。差模信号主要具有以下作用：
- 传输期望的信息，因为大部分信号走线是单端布线的（源到负载），即数据传输的差分模式。
- 通过使 RF 返回通路在物理上靠近信号走线，从而产生相反的 RF 场，并且在恰当设置后相互抵消，使干扰最小化。

### 1.6.2 共模电流

共模电流是 RF 能量的组成部分，存在于信号通路和 RF 返回通路中，通常相位相同。

来自于共模电流的 RF 场是信号通路和返回通路中的电流产生 RF 场之和。这个和值可能会很大并且是 RF 辐射的主要原因,特别是来自 I/O 的相互连接。共模电流是因为缺少差模电流的抵消或存在很差的共模抑制而产生的。当在电路中存在很差的阻抗平衡时,差模电流就会存在。这种很差的差模抵消是因为两个被传输信号间回路的不平衡引起的。如果差分信号不是精确的反相,则它们的电流就不会完全抵消。RF 场的这部分没有被抵消的部分就成为共模电流。共模效应也可能是由于元件驱动来自电源分配网络,而产生的地和电源平面波动的结果。

共模信号的主要影响是:
- RF 辐射能量的主要来源。
- 没有包含任何有用信息。

共模电流起源于一个共享的金属结构上电流汇合的结果,比如电源和地平面。典型的情况是因为电流正在流过非期望的返回通路,那么共模电流就会产生。当返回电流与其原始的信号通路不匹配(比如存在平面分割)时,或者当几个信号导线共享返回平面的相同区域时,共模电流就会产生。

如图 1-19 所示,电流源 $I_1$ 表示来自电压源的、从 $E$ 到负载 $Z$ 的电流。$I_2$ 为在返回通路(通常为一个镜像平面、地平面或者 0V 参考)中观测到的电流。共模电流的辐射电场就是由 $I_1$ 与 $I_2$ 之和产生的。

一个简单的类比有助于解释共模能量是如何产生的。假定 1W 的能量从源传送到负载,负载消耗掉 0.5W 的能量。这也就意味着在通路 $I_2$ 的电流具有 0.5W 的能量。这种情况与安培定律不相符,因为安培定律指出在电路中电流的总和必须等于零。显而易见,现在有 0.5W 的能量流向了源,同时 0.5W 的能量从源流到负载。从数学角度看,如果在特定时间点将电流限制到零,可以看到一半的能量流向左边,而另一半能量流向右边。在任意特定的时间点这两电流的总和等于 $I_1$,因此符合安培定律。剩余的 0.5W 能量加到了源路径的 1W 上,所以总共有 1.5W 的能量通过了负载。这个能量是共模的,并且显著大于差模。

对于差模电流,RF 能量是由 $I_1$ 与 $I_2$ 之间的差别而产生的。如果 $I_1$-$I_2$,则没有任何辐射能量来自差模电流(假设观测点离电路的距离远大于两导线之间距离),因此没有电磁辐射。也就是说只要 $I_1$ 与 $I_2$ 之间的距离从电子学的角度看足够小,就不会有电磁辐射。因此,通过电路的设计和布局可以很容易消除来自差模电流的辐射能量,只要使用镜像平面或 RF 返回路径(如接地导线或平面)即可。相反,由共模电流产生的 RF 辐射场是很难抑制的。

减少共模电流产生的 RF 辐射的设计和布局技术就是指减少信号线和 RF 共模返回路径或镜像平面(电源或地平面)的距离。在大多数情况下,这是不可能实现的,因为信号平面和镜像平面之间的距离必须是一个给定的距离,以保持 PCB 正常的线阻抗。

## 1.7 PCB 走线

### 1.7.1 走线长度

信号走线的长度对系统的最高频率具有直接的影响。走线越长,则信号的上升时间就越长,会限制信号的最高传输频率。这是因为过长的走线长度会改变传输线的阻抗特性。所有传输线必须和终端匹配以控制反射。为了最小化传输线的影响，走线长度应该尽可能短。

如前面介绍，走线上的每个连接或短截线都会产生信号完整性的不连续。为了最小化信号完整性问题，走线、连接器、短截线和电缆都应该满足阻抗匹配要求。不同阻抗特性会产生反射，从而导致信号失真并降低数据流量。进行系统的 PCB 走线时应该考虑以下几个原则：

1）走线长度尽可能短。信号被传输后，它会在走线的整个长度上进行传输，相应地，反射也会传输相等的长度。所有这些必须在信号的上升期间发生，否则，走线就会作为传输线而影响信号的品质，甚至造成信号失真、无效。

2）最小化串扰的影响，每条走线与其他走线之间的距离应该尽可能大。

3）避免 90°拐角走线。90°拐角走线会增加走线的长度以及走线的寄生电容。在非常快的边沿变化速度（均为 100ps）时，这些不连续会产生严重的信号完整性问题。建议使用 45°的走线，如果一定要使用 90°拐角，那么建议将拐角处整圆，以减小拐角处宽度的变化。

在布线期间，应当妥善地摆放时钟或周期信号的元件并调整其位置，使走线长度最短以及尽量使用直线路径，尽量少地使用过孔。过孔会增加走线的电感（1~3nH/孔），走线的电感会造成信号功能和品质的下降，并产生 RF 辐射问题。当时钟信号的边沿变化速度越快时，这些设计要求就越重要。如果时钟信号或周期信号需要从一层转到另一层，那么应该尽可能利用元件的引脚，以减少额外的过孔，降低走线的电感。表 1-4 列出了 3.2mm（1/8in）宽的走线的阻抗值。

在 I/O 元件（或连接器）附近 2in 范围内的任何周期信号或时钟，它们的边沿变化应该慢于 10ns，因为大部分 I/O 电路（串行、并行通信等）一般为比较慢的电路。在 I/O 元件（或连接器）附近 3in 范围内任何周期信号或时钟信号的边沿变化速度应该为 5~10ns。但是如果采用分割隔离就不受这个限制，因为使用电源或地平面分割隔离可以防止其他区域产生的 RF 电流进入 I/O 区域，请参考第 3 章的内容。

另外，要使时钟信号走线尽可能短。走线越长，产生 RF 电流的可能性越大，也造成了越多的 RF 能量分布。时钟走线也需要终端连接，以避免信号波纹以及 RF 电流的产生。时钟信号可能因为波纹而导致无法工作。

表 1-4 3.2mm（1/8in）宽的走线的阻抗值

| 信号频率/MHz | 不同长度走线的阻抗/Ω | | |
| --- | --- | --- | --- |
| | 1in | 2in | 10in |
| 1 | 0.13 | 0.38 | 1.25 |
| 10 | 1.25 | 3.75 | 12.5 |
| 100 | 12.5 | 37.5 | 125 |

## 1.7.2 走线长度的计算

假设使用 FR-4 材料的走线上的典型信号传输速度为光速的 60%，那么可以使用式（1-1）来计算所允许的无终端传输线的长度，必须计算这个长度才能确定传输线是否需要使用终端。当双向传输延迟等于或超过信号上升过渡时间时，这个计算方程式有效。

$$L_{max} = \frac{t_r}{2T_{pd}} \qquad (1-1)$$

式中 $T_{pd}$——传输延迟（ns）；

$t_r$——信号上升时间（ns）；

$L_{max}$——走线的最大长度（cm）。

如果实际走线比计算的最大走线长度 $L_{max}$ 要长，那么就需要使用终端设计，以防止发生反射。在阻抗不匹配的长传输线上发生的波纹可能会导致电路的不正常或者产生 RF 电流。

### 1.7.3 走线层的影响

当在 PCB 上走线时，首先需要考虑那些重要的信号（比如时钟信号和周期信号）的布线。这样的信号应该布在一层上或者两层上，如图 1-20 所示。信号走线只布在两层时的效果最佳，如果布在三层上，则多了两个过孔，效果要差些。下面讨论一下布线的几个关键点。

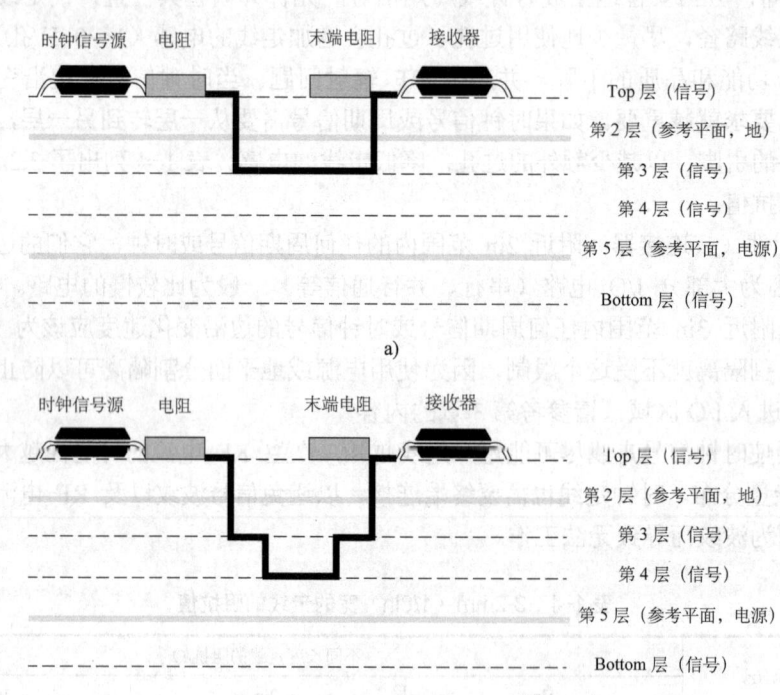

图 1-20 六层 PCB 中时钟信号的配置

a）分层模式下最好的布线方式 b）分层模式下较差的布线方式

#### 1. 走线层

如果使用串联终端电阻，直接将电阻器连接到元件的引脚，而不要在其间放置过孔。将电阻器放在与元件相同的顶层，并直接放置在元件输出引脚的旁边。在电阻器的后面可以使用过孔将信号引至中间层。对于信号的相邻镜像平面，地参考平面比电源参考平面好，因为地参考平面消除 RF 电流效果更好。

对于六层或更多层板，不要将时钟信号走线布在底层。多层板的下面（通常中间是地平面或电源平面）通常留给大信号走线或 I/O 走线，况且走线越到底层，走线的分布电容就会改变，从而影响时钟信号的功能。

如果在走线时能保持固定的阻抗并尽量减少过孔数目，那么走线的辐射就能控制在尽可能低的程度。如果走线通过过孔布在不同层上，这种层之间的变化以及过孔的使用会带来以下几个问题：

1）在层间跳跃的时钟信号走线和过孔会造成镜像平面的不连续性。
2）由于元件瞬间同时产生状态变换而造成镜像平面上会出现大的尖峰浪涌电流。
3）在过孔周围的环状电气区域会存在磁通损失。

**2．微带线和带状线的应用比较**

时钟信号或高频周期信号布在表层和内层具有不同的影响。如果布在表层，则使用微带线走线；如果布在内层，则为带状线走线。

1）使用微带线，如图 1-21 所示。这种走线允许对边沿变化速度快的信号作最快的传输，因为这种结构在走线与镜像平面之间的分布电容较低，因而可以达到较小的传输延迟。通常，电容会使信号的边沿变化速度变缓。但是将时钟信号布在表层的缺点就是在走线上产生的 RF 能量会逃逸到空间中去，因而会造成 EMI 问题。

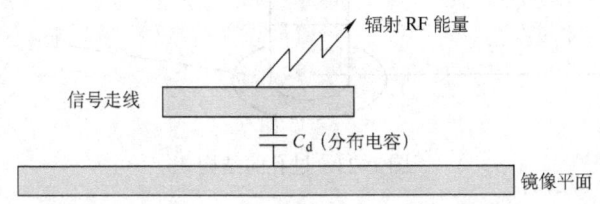

图 1-21 使用微带线的信号走线

2）使用带状线，如图 1-22 所示。这种布线方式对共模 RF 电流的去除最有效，因为走线的两边都有镜像平面。但是使用带状线必须增加过孔，并且走线长度也增加，因此会产生信号传输的延迟，而且走线的分布电容也较大。这种走线方法可以有效改善 PCB 的 EMI 效果，防止 RF 能量辐射到周围环境中。当然，电路元件的 RF 辐射不会完全消除，因为元件依然在表层。在大多数应用中，元件的放置区域是 RF 能量辐射的主要源，特别是通孔元件。

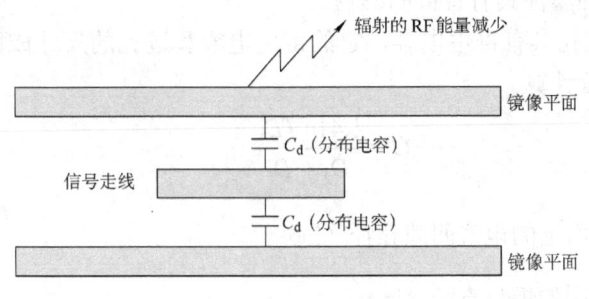

图 1-22 使用带状线的信号走线

### 1.7.4 过孔的使用

在布线时,当然不可能不使用过孔。但是应该尽量使过孔的数量最少。下面详细讲述过孔的特性以及使用时的注意事项。

**1. 过孔的结构**

过孔是板层之间的电气连接。过孔的结构就是将两个导电焊盘连接起来的钻孔,钻孔外壁覆盖了一层导体材料,如图 1-23 所示。过孔用于连接两条或多条信号走线,用于信号的跨层走线、连接地或电源平面、安装通孔元件。

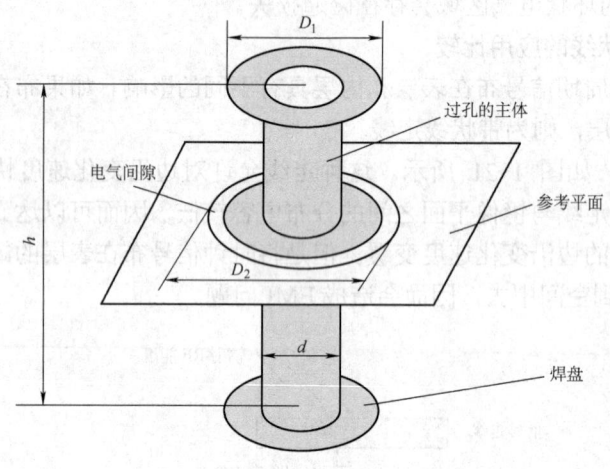

图 1-23 过孔的结构

最常用的过孔结构就是从板的一侧贯穿到另一侧,这种被称为贯通式过孔的孔非常容易制造,成本很低。因为该类型的过孔贯通了所有板层,它们会占用所有层的空间,并且会破坏中间层和总线的连续性。

还有的过孔结构从板的一侧贯通到中间的信号层或参考平面,而不贯通到另一侧,这种过孔称为盲式过孔。如果过孔只在中间层之间贯通,而不贯穿顶层和底层,这种过孔称为埋式过孔,这种过孔可以使用较少的空间安装更多的元件,但是制造成本较高。

**2. 过孔的电气属性**

过孔具有容性、感性和阻抗属性,这些属性会影响通过过孔的信号。过孔的尺寸和它相应连接的焊盘对过孔的属性具有直接的影响。

1) 寄生电容。过孔具有寄生电容,它的寄生电容和过孔的尺寸成比例关系。该寄生电容值可以使用下式进行计算

$$C = \frac{1.41\varepsilon_r T D_1}{D_2 - D_1} \tag{1-2}$$

式中 $D_2$——参考平面上的电气间隙孔径(in);

$D_1$——过孔周围的焊盘直径(in);

$T$——印制电路板的厚度(in);

$\varepsilon_r$——介质的相对介电常数;

$C$——过孔的寄生电容(pF)。

如果 $D_2$=0.050in;$D_1$=0.028in;$T$=0.063in;$\varepsilon_r$=4.7。则可以计算出过孔的寄生电容值为

$$C = \frac{1.41 \times 4.7 \times 0.063 \times 0.028}{0.050 - 0.028} \text{pF} = 0.53 \text{ pF}$$

因为这些寄生电容的充电和放电,过孔电容会产生电压突降和电压尖峰,从而减缓上升和下降信号边沿的变化速度。因为这个原因,电容和过孔应该在制造工艺和成本允许范围内尽量小,这在高频工作时特别重要。

2)寄生电感。过孔还具有与其长度(或高度)和直径直接相关的电感。过孔的寄生电感值可以使用下式进行计算

$$L = 5.08\left[\ln\left(\frac{4h}{d}\right) + 1\right] \tag{1-3}$$

式中 $L$——过孔电感(nH);

$h$——过孔的长度(in);

$d$——过孔的直径(in)。

如果 $h$=0.063in;$d$=0.016in;$t_r$=1ns。则可以计算得到过孔的寄生电感值和感抗为

$$L = 5.08 \times 0.063\left[\ln\frac{4 \times 0.063}{0.016} + 1\right]\text{nH} = 1.2\text{nH}$$

$$X_L = \frac{\pi L}{t_r} = 3.8\Omega$$

由于过孔存在电感,会抑制电流流过,所以过孔会影响旁路电容器从电源或地平面滤除噪声的功能。因此旁路和去耦电容器的过孔应该保持尽可能短,以使电感值最小。

过孔阻抗应该尽可能和与其相连接的走线阻抗相匹配,以便最小化信号的反射和不连续造成的影响。如果过孔阻抗没有和信号走线阻抗匹配,那么就会减缓信号的边沿变化速度。如果阻抗不匹配,即使没有用于信号传输的走线过孔也会影响信号的边沿变化速度。

当信号的上升时间越快,特别是快于 1ns 时,过孔就会减缓边沿变化速度。这主要是由于过孔的电容所引起的。信号边沿变化速度下降会影响信号走线上所传输的信号。

过孔焊盘的距离是非常重要的,必须确保串扰最小化。最小的过孔焊盘距离要根据板子的材料、信号频率和信号边沿的变化速度来确定。通常在设计中,至少要保证焊盘之间的距离大于 0.100in。

## 1.7.5 信号走线

正确的布线有助于保持信号的完整性。为了布局一条"干净"的走线,设计人员应该使用优良的信号完整性分析工具进行仿真分析。下面将讲述两种类型布线方法:单端走线和差分对走线。

### 1. 单端走线

单端走线连接源和负载/接收器,通常用于点-点的布线连接、时钟走线、低速信号和非关键 I/O 布线。这部分主要讨论用于时钟信号的不同的单端走线方式。可以使用如下几种方

式将相同的时钟信号和多个器件相连接,以驱动多个器件。
> 菊花链走线,包括带短截线和无短截线两种形式;
> 星形走线;
> 蛇形走线。

在布线时应该遵循以下原则,以改善时钟信号传输线的信号完整性:
> 使时钟信号走线尽可能直,使用圆弧形拐角或45°过渡而不使用直角;
> 尽可能不要使用多个信号层给时钟信号布线;
> 尽可能不要在时钟信号传输线上使用过孔;
> 将地参考平面和表层相邻,以最小化噪声。如果使用内层布局时钟信号走线,则使用两个参考平面将这个信号层夹在中间;
> 对时钟信号采用终端阻抗匹配,以最小化反射;
> 尽可能使用点-点的时钟走线。

(1) 带短截线的菊花链走线。

菊花链走线是 PCB 设计中常用的方法。菊花链走线的缺点是短截线或短走线必须用来连接元件和主时钟信号线,如图 1-24 所示。

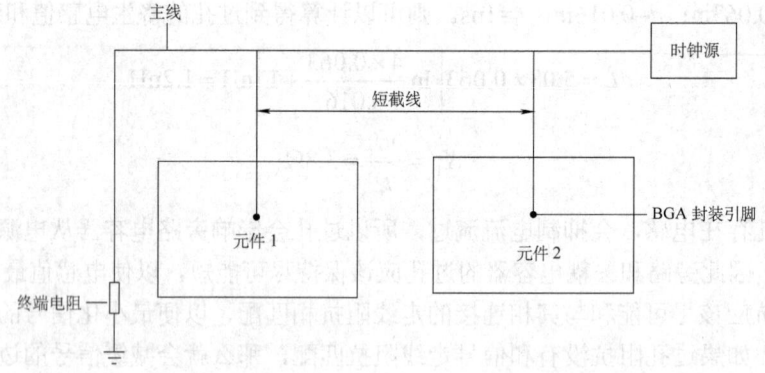

图 1-24 连接元件和主时钟信号线的带短截线菊花链走线方式

如果短截线太长,它会引入传输线反射并降低信号质量。因此短截线长度不能超过下式的规定

$$T_{\text{Dstub}} < t_r / 3 \tag{1-4}$$

式中 $T_{\text{Dstub}}$ ——短截线的传输延迟;

$t_r$ ——信号 10%~90%的上升时间。

对于 1ns 的上升时间边沿,分值长度应该小于 0.5in。如果设计需要时钟信号驱动多个器件,所有短截线长度都应该遵循这个规则。

注意,如果可能,设计人员应该避免在 PCB 设计中使用带短截线方式。对于高速信号设计,即使非常短的短截线也会产生信号完整性问题。

图 1-25 至图 1-27 所示分别为使用不同差分长度的带菊花链走线的 Spice 仿真结果。当短截线长度减少时,则反射噪声也会相应减小(从图中可以看出信号的眼状开放区增加)。

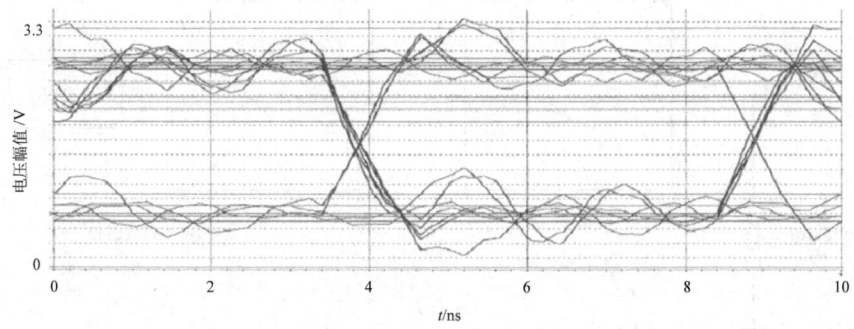

图 1-25　短截线长度为 0.5in 时的 Spice 仿真

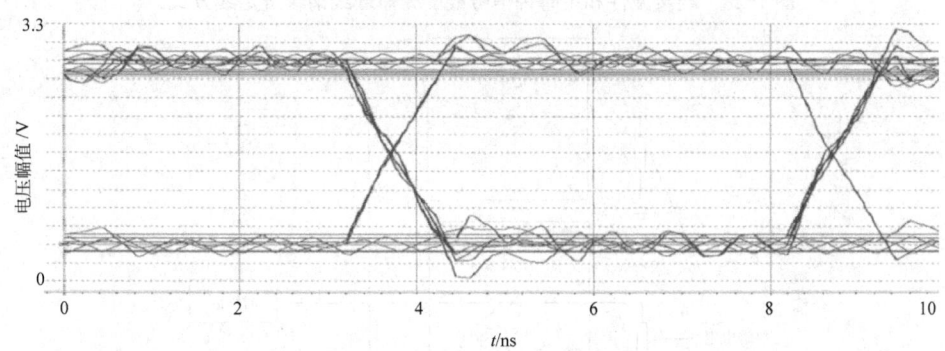

图 1-26　短截线长度为 0.25in 时的 Spice 仿真

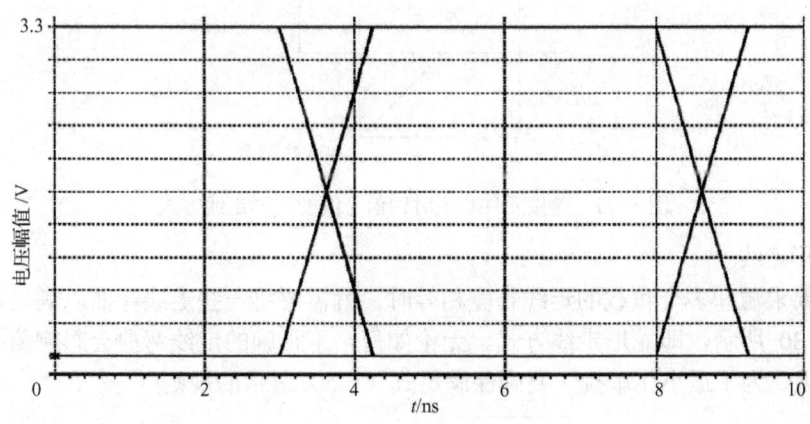

图 1-27　短截线长度为 0 时的 Spice 仿真

（2）无短截线的菊花链走线

图 1-28 所示为主线和所驱动的元件相连接时，没有短截线的菊花链走线方式。这种方式消除了主线和短截线之间阻抗不匹配的危险，改善了信号完整性问题。实际上，图 1-27 所示的 Spice 仿真就是无短截线的形式，即短截线长度为 0。

（3）星形走线

对于星形走线，时钟信号要同时到达所有元件，如图 1-29 所示。因此所有时钟源和元件之间的走线长度必须匹配，以最小化时钟偏移。每个负载都应该一致，以提高信号的完整性。在星形走线中，用户必须将主线和连接到多个元件的长走线进行阻抗匹配。

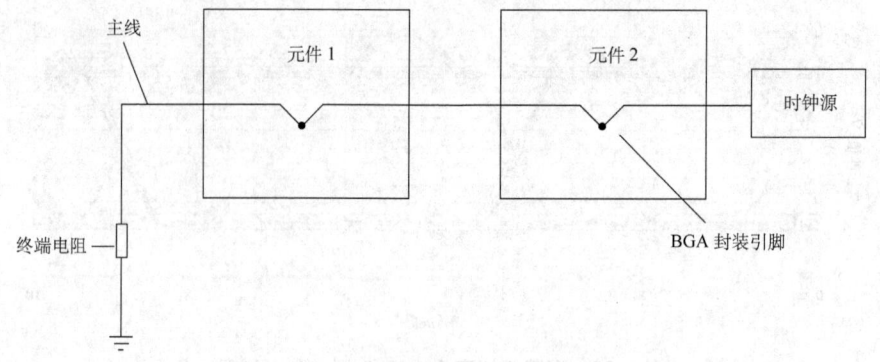

图 1-28　连接元件和主时钟信号线的无短截线菊花链走线方式

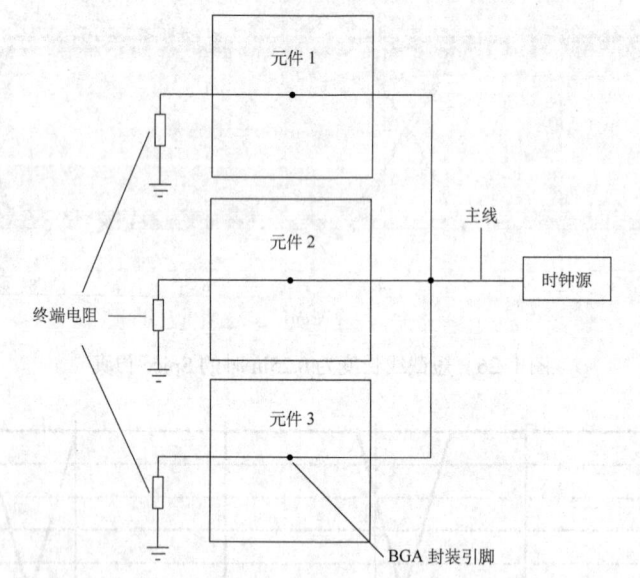

图 1-29　连接元件和主时钟信号线的星形走线方式

（4）蛇形走线

当设计要求源和多个负载的走线长度相等时，就需要将一些走线弯曲以满足走线长度匹配，如图 1-30 所示，即蛇形走线方式。无论如何，不正确的走线弯曲会影响信号完整性和造成传输延迟。为了最小化串扰，要确保满足式（1-5）所示的规则

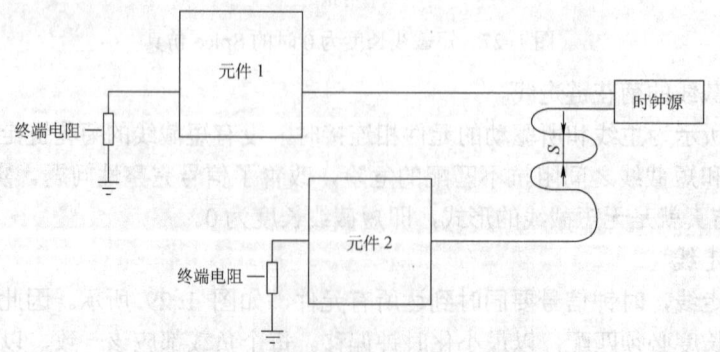

图 1-30　连接元件和主时钟信号线的蛇形走线方式

$$S \geqslant 3H \tag{1-5}$$

式中 $S$ ——走线平行部分的间距;

$H$ ——信号走线在地参考平面上的高度,如图 1-32 所示。

注意,在布线时,尽可能避免蛇形走线,可以使用圆弧来实现等长走线。

**2. 差分对走线**

为了获得最好的信号完整性,可以使用差分对来对高速信号进行走线。图 1-31 所示为差分对走线的示例。

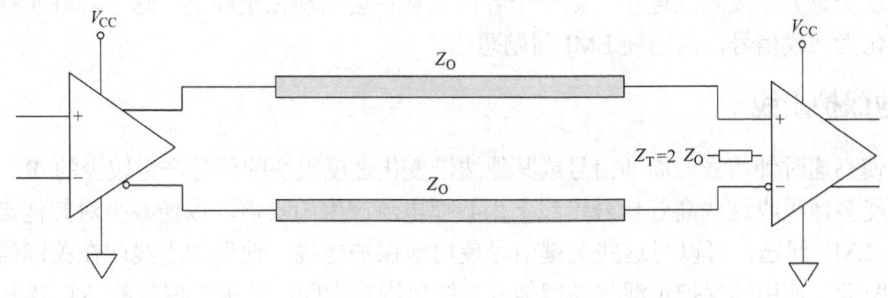

图 1-31　差分对走线的示例

图 1-32 所示为差分对走线在 PCB 上的几何尺寸示例。其中,$D$ 为两个差分对信号之间的距离;$S$ 为差分对两信号走线之间的距离;$W$ 为差分对走线的宽度;$H$ 为信号走线在地参考平面上的高度。

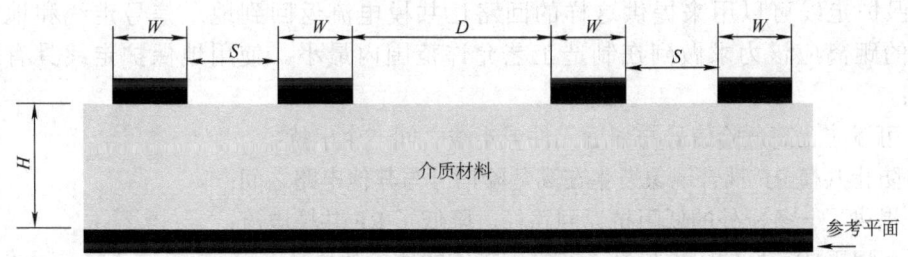

图 1-32　差分对走线在 PCB 上的几何尺寸示例

当使用差分对走线时,要遵循下面的规则:

➢ 保持差分对两信号走线之间的距离 $S$ 在整个走线长度上为常数;

➢ 确保 $D>2S$,以最小化两差分对信号之间的串扰;

➢ 将差分对两信号走线之间的距离 $S$ 设置满足 $S=3H$,以便使元件的反射阻抗最小化;

➢ 将两差分信号线的长度保持相等,以消除信号的相位差;

➢ 避免使用多个过孔,因为过孔会产生阻抗不匹配和电感。

当将差分信号布在不同的层时,需要注意以下几个问题:

1)阻抗控制。当差分信号跳跃到不同的层时,传输线就会存在阻抗的不连续问题。如果没有选择合适的终端,这种阻抗不连续会产生反射。不同数量的过孔可能会存在于两个差分信号路径上,因此还会影响信号的完整性。

2)返回电流和层跳跃。返回电流的磁通消除可能不能达到最优。假设一个双面板没有任何电源和地参考平面,那么将差分对信号分开会导致 RF 能量的显著增加。对于多层板,因为层跳跃,返回电流的 RF 能量的去除也可能无法达到最优。

3)传输速度。通过表层的微带线,信号可以比通过带状线更快地传输到负载。所以差分对信号会出现相位差,从而产生信号完整性问题。

4)共模能量的产生。如果接收器不是立刻连接的负载,而是中间使用了电缆或连接器(比如背板配置)实现相互连接,则一个容性负载将会出现在走线上。这个容性负载会使差模信号转化为共模信号,从而使 EMI 问题恶化。

### 1.7.6 地保护走线

为了使高速时钟信号、周期信号或其他边沿变化速度很快的信号产生较少的 RF 能量,并且尽可能多地吸收这些高频信号走线上由共模电流产生的噪声,以便减少对其他走线或环境产生的 EMI 问题,可以对这些关键信号使用地保护走线。地保护走线就在关键信号走线的上下或两旁,使用地保护走线将关键信号走线包围在中间,把关键信号的 RF 能量限制在一个区域,并且地保护走线尽可能吸收。

要降低共模电流,最好的办法就是减小信号走线与地参考平面之间的距离。但是在大多数情况下,这种方法是不可能实现的,因为信号平面与地参考平面具有一定规格,以便保持电路板的固定阻抗值。但是也可以通过给信号走线提供一条额外的电流回路,以降低噪声和共模电流。

地保护走线可以用来提供这样的回路让共模电流返回到地。信号走线和地保护走线之间的距离应该力求做到在制造工艺允许范围内最小。使用地保护走线具有以下一些优点:

- 可以防止高危险信号与邻近元件或走线之间产生串扰;
- 防止共模 RF 耦合现象发生在高危险信号与其他电路之间;
- 提供了一条额外的低阻抗返回路径,降低了 RF 共模电流;
- 可以形成良好的阻抗控制,获得同轴线的传输效果。

地保护走线用于单层或双层板上(没有电源或地参考平面)效果最好。因为单层或双层板上没有完整的电源或地参考平面,所以为信号走线提供一条额外的 RF 电流返回通路非常有效。对于多层板,因为存在地参考平面作为返回通路,完全可以实现地保护走线的功能,特别是在满足 3-W 法则(请参考 1.7.8 节)的基础上。如图 1-33 所示为地保护走线的示例。

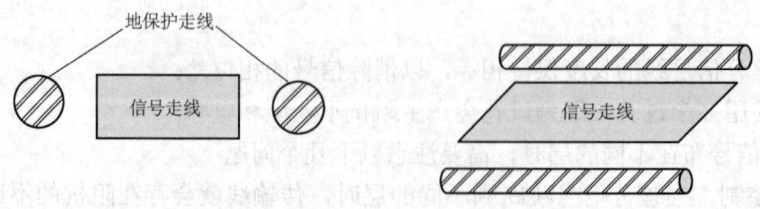

图 1-33 地保护走线示例

当使用地保护走线时，应尽量减小地保护走线与信号线的距离（制造工艺允许范围内），这一距离必须在整条走线上保持恒定，这样就可以保证其分布电容值最低，从而可以对干扰谐波具有最佳的抑制效果。另外，还要在地保护走线的两端与地连接，如图 1-34 所示。

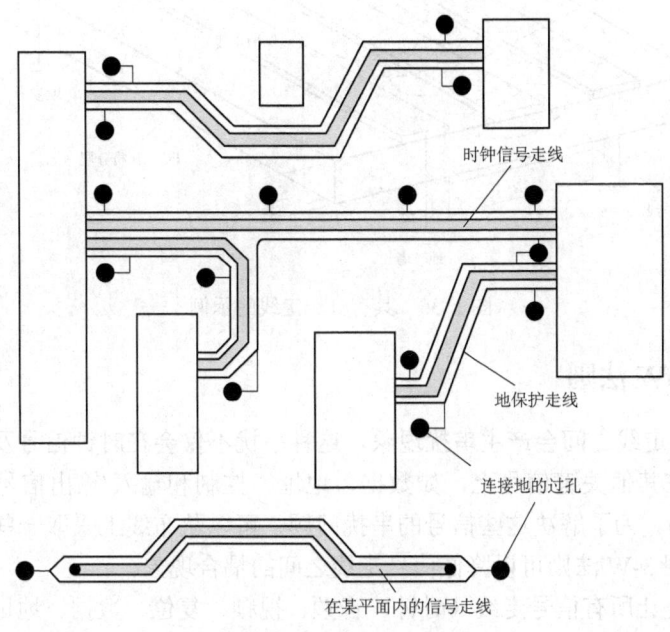

图 1-34　地保护走线

将接地点尽量靠近驱动元件以及末端点。如果走线很长，那么应该在中间增加几个过孔，将地保护走线连接到地平面。

当地保护走线因为走线路径上的过孔或通孔元件引脚而被阻挡在布线路径之外，那么它必须越过障碍后立刻返回到布线路径上来。在信号走线和地保护走线之间，不要放置任何元件或其他物体。当两个或更多个周期信号或时钟信号的走线平行布置时，它们会共享它们之间或邻近的一条公共地保护走线。应该采取措施，尽可能防止多条信号走线共享相同的地保护走线，但差分对信号线除外（因为差分对信号线不要求地保护走线）。

### 1.7.7　分流走线

另外，还有一种保护走线方法就是分流走线。分流走线也可以为共模电流提供一条额外的返回通路。分流走线和地保护走线的区别是地保护走线必须两端接地，而分流走线不用两端接地。

当在多层板上使用分流走线时，应将其放置在垂直且相邻的关键信号走线之上或之下，当然也可以在分流走线的两端和地连接。要确保分流走线的宽度至少是信号走线与分流走线之间距离的两倍，可以遵循 3-W 法则。如图 1-35 所示为使用分流走线的实例。当分流走线和地保护走线一起使用时，关键信号走线就被包在其中，那么就能达到同轴传输线的效果，可以提高信号品质，防止共模电流及 EMI 问题。

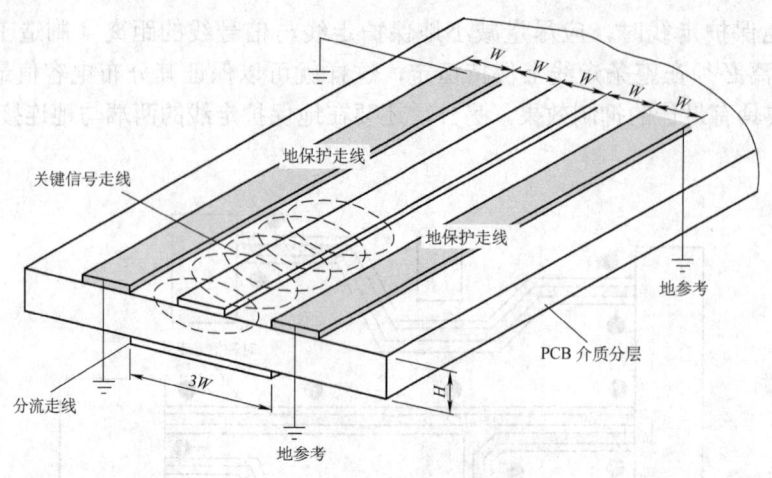

图 1-35 具有分流走线的示例

### 1.7.8 走线的 3-W 法则

在 PCB 上的走线之间会产生串扰现象，这种串扰不仅会在时钟信号及其周围信号之间产生，也会发生在其他关键信号上，如数据、地址、控制和输入/输出信号线等，都可能会受串扰和耦合影响。为了解决这些信号的串扰问题，可以从布线上采取一些措施，即走线遵循 3-W 法则。使用 3-W 法则可以降低信号走线之间的耦合现象。

3-W 法则就是让所有信号走线（时钟、音频、视频、复位、数据、地址等关键信号）的分隔距离满足：走线边沿之间的距离应该大于或等于两倍的走线宽度，即走线中心之间的距离为走线宽度的三倍。例如，假设时钟线宽为 8mil，则时钟走线边沿与其他走线边沿之间的距离应该至少为 16mil。图 1-36 描述了走线的 3-W 法则，其中走线间没有过孔；如果走线间有过孔，则参考图 1-37 所示 3-W 法则。

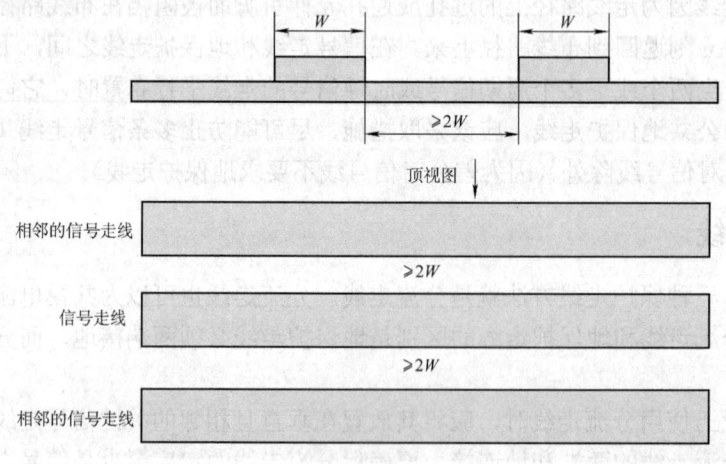

图 1-36 走线的 3-W 法则

3-W 法则可以用于各种走线情况，并不仅仅是时钟信号或高频的周期信号。如果在 I/O 区域没有地参考平面，那么差分对走线没有镜像平面，此时就可以使用 3-W 法则来进行布线。

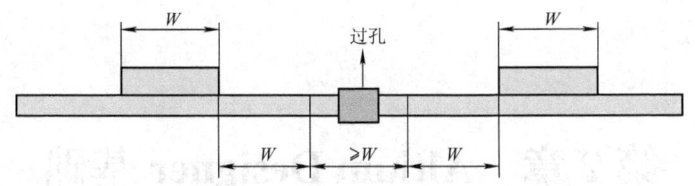

图 1-37　走线具有过孔的 3-W 法则

注意，对于靠近板边沿的走线，板边沿到走线边沿的距离应该大于 $3W$。

通常，差分对走线的两信号走线之间的距离应该为 $W$，而差分走线与其他走线之间的距离要满足 3-W 法则，即与其他走线之间的距离最小应为 $3W$，如图 1-38 所示。对于差分对走线，电源平面的噪声和其他信号会耦合到差分对走线中，如果差分对信号线之间的距离太大（大于 $W$），而与其他信号线之间距离又太小（小于 $3W$），那么可能会破坏数据的传输。

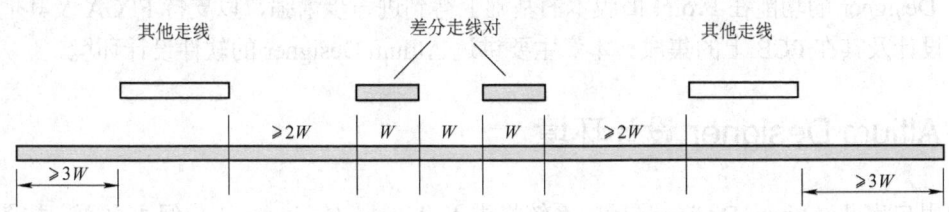

图 1-38　差分对走线的 3-W 法则

## 1.7.9　拐角走线

信号线的阻抗突然变化会产生不连续，继而会产生反射，所以在 PCB 走线中要避免这种阻抗不连续的情况发生。特别是当设计高速信号 PCB，且信号的上升时间为 ns 级时，要特别注意走线的拐角处理。

当走线出现直角拐角，在拐角处走线的宽度和截面积会增加，所以会产生额外的寄生电容，因此阻抗 $Z_0$ 会减少，因此就产生了走线阻抗的不连续。在这种直角拐角情况下，可以在拐角处使用两个 45°或圆角来实现直角拐角，这样的话走线的线宽和截面积可以保持一致，从而避免阻抗不连续问题的产生。如图 1-39 所示，即为直角拐角的处理方法，从图中比较可以看出，圆角方式是最好的。通常 45°可以应用到 10GHz 的信号，而圆角可以应用于 10GHz 以上的信号。

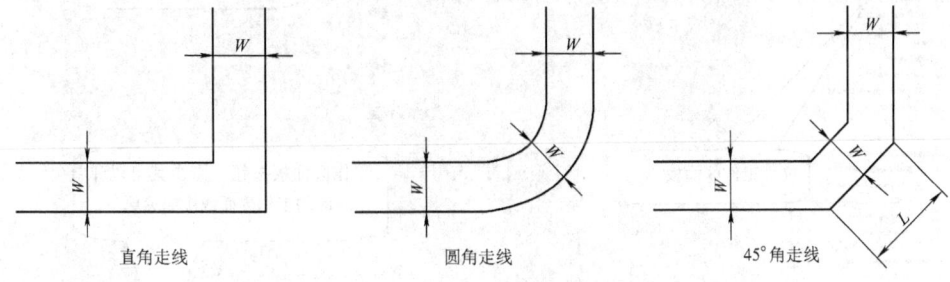

图 1-39　直角拐角的走线处理

对于 45°的走线，其拐角长度 $L \geqslant 3W$，效果最好。

# 第 2 章　Altium Designer 基础

Altium Designer 是一套完整的板卡级设计系统，可以真正实现在单个应用程序中的集成。设计从开始的目的就是为了支持整个设计过程，Altium Designer 可以选择最恰当的设计途径来按用户指定的方式工作。Altium Designer 构建于一整套板级设计及实现特性上，其中包括原理图设计、印制电路板设计、混合信号电路仿真、布局前/后信号完整性分析、规则驱动 PCB 布局与编辑、改进型拓扑自动布线及全部计算机辅助制造（CAM）输出能力等。Altium Designer 的功能在 Protel 旧版本的基础上得到进一步增强，以支持 FPGA 及其他可编程器件设计及其在 PCB 上的集成。本章主要讲述 Altium Designer 的软件设计环境。

## 2.1　Altium Designer 设计环境

当用户启动 Altium Designer 后，系统将进入 Altium Designer 工作组主页面，如图 2-1 所示。由图可知，用户可以创建 PCB 项目、原理图和 PCB 文档、FPGA 项目，进行信号完整性分析及仿真等操作。这一节主要介绍 Altium Designer 的设计环境。

### 2.1.1　Altium Designer 主界面

Altium Designer 提供了一个友好的主页面（Home Page），如图 2-1 所示，用户可以使用该页面进行项目文件的操作，如创建新项目、打开文件、配置等。用户如果需要显示该主页面，可以选择 View/Home 命令，或者单击右上角的图标。

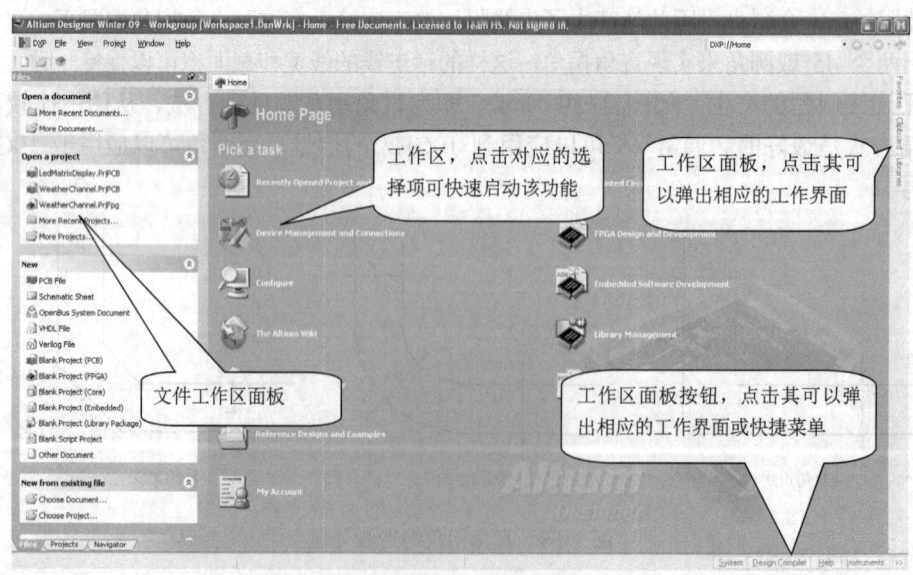

图 2-1　Altium Designer 工作组主页面

1）Recently Opened Project and Documents（近期打开的项目和文档）。选择该选项后，系统会弹出一个对话框，用户可以很方便地从对话框中选择需要打开的文件。当然用户也可以从 File 菜单中选择近期打开的文档、项目和工作空间文件。

2）Device management and connection（器件管理和连接）。选择该选项可查看系统所连接的器件（如硬件设备和软件设备）。

3）Configure（配置）。选择该选项后，系统会在主页面弹出系统配置选择项，如图 2-2 所示，此时用户可以选择自己需要的操作。当然这些操作也可以从图 2-1 的左上角 DXP 菜单中选择。

- Display system information（显示系统信息）。用户可以显示当前 Altium Designer 软件所包含的模块。
- Customize the user interface resources（定制用户接口资源）。用户可以自己定制命令和工具条。
- Setup system preferences（设置系统参数）。用户可以设置诸如启动、显示和版本控制等参数。2.4 节将介绍系统参数的设置。
- Install or configure licenses（安装和配置许可证）。选择该选项可以对许可证进行安装和配置。

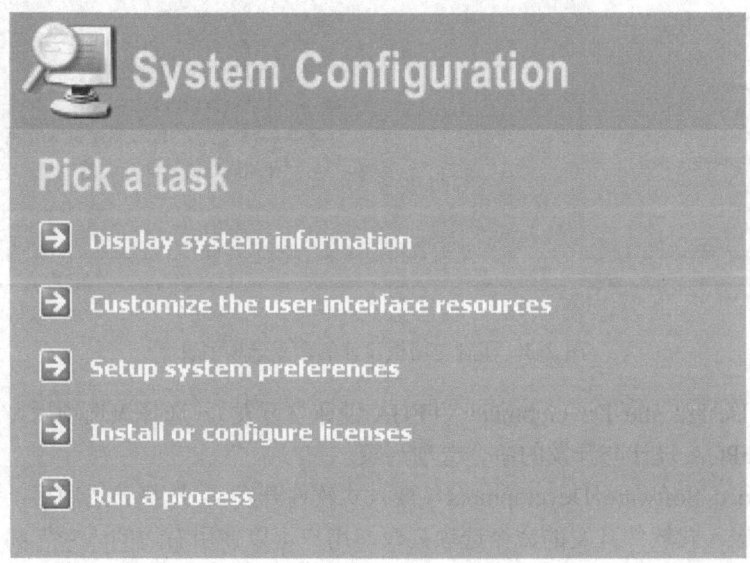

图 2-2　系统配置选择项

- Run a process（运行一个 DXP 进程）。选择该选项后允许运行一个 Altium Designer 的模块程序，如原理图的放置元件（Sch:Placepart）命令。

4）Documentation Library（文件库）。Altium Designer 为用户提供了各种设计参考文档库，从这个选择项中可以进入文档库命令显示界面。这些文档库包括 Altium Designer 电路设计和 PCB 设计、FPGA 设计、在线帮助等参考文档。用户可以获得非常详细的帮助和参考信息。

5）Reference Design and Examples（参考设计和实例）。Altium Designer 为用户提供了许多经典的参考实例，包括原理图设计、PCB 布线和 FPGA 设计等方面的实例。

6）Printed Circuit Board Design（印制电路板设计）。选择该选项后，系统会弹出如图 2-3 所示的印制电路板设计的命令选项列表，用户可以使用右边的"≫"和"≪"按钮弹出和隐藏命令项。

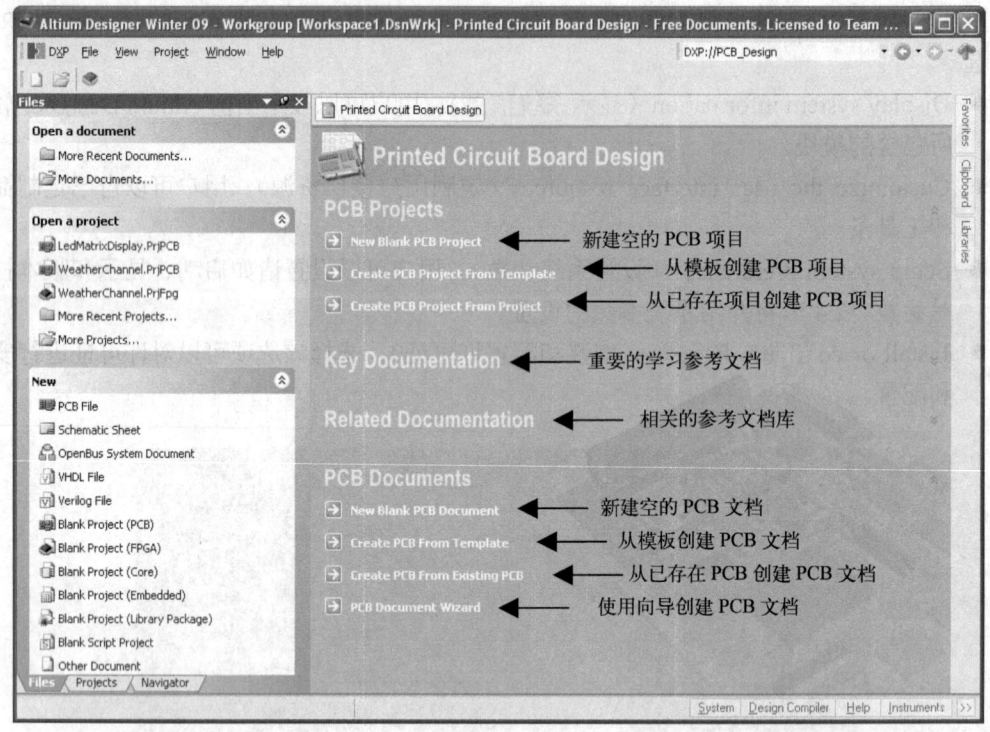

图 2-3　印制电路板设计的命令选项列表

7）FPGA Design and Development（FPGA 设计与开发）。选择该选项后，系统会弹出如图 2-4 所示的 FPGA 设计与开发的命令选项列表。

8）Embedded Software Development（嵌入式软件开发）。选择该选项后，系统会弹出如图 2-5 所示的嵌入式软件开发的命令选项列表，用户可以使用右边的"≫"和"≪"按钮弹出和隐藏命令项。嵌入式工具选项包括汇编器、编译器和链接器。

9）Library Management（库管理）。选择该选项后，系统会弹出库管理的命令选项列表，如图 2-6 所示。

Altium Designer 的库管理包括创建集成库（Integrated Library）、原理图元件库（Schematic Library）、PCB 封装库（PCB Footprint Library）和 PCB3D 库，如图 2-6 所示。

另外，用户还可以选择查找库（Search Libraries）、加载或移去库（Install or Remove Libraries）、在已加载库（Installed Libraries）列表中查看当前已加载的库。

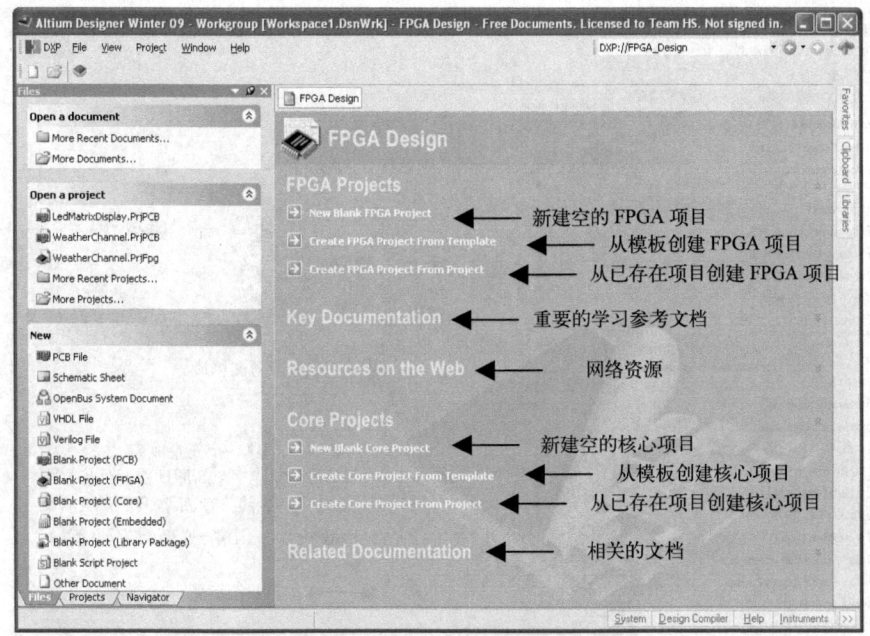

图 2-4　FPGA 设计与开发的命令选项列表

图 2-5　嵌入式软件开发的命令选项列表

注意，如果选项在图中没有显示出来，用户可以按"≤"按钮隐藏上部的选项，然后就能显示该选项。

10）Script Development（脚本开发）。选择该选项后，系统会弹出 DXP 脚本操作的命令选项列表。用户可以分别选择创建脚本的相关命令。

*37*

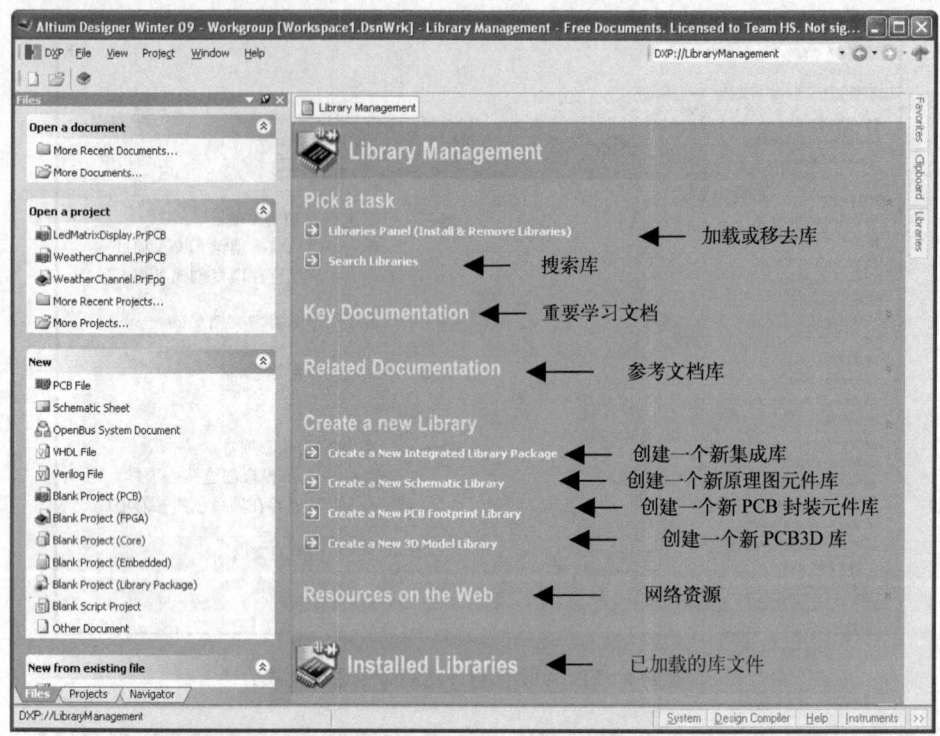

图 2-6 库管理的命令选项列表

其他如 My Account 可以建立用户账户以便于进行设计管理，Altium Wiki 则可以打开维基百科查看关于 Altium Designer 的介绍。

## 2.1.2 新建文件菜单介绍

2.1.1 节讲述了使用主页面进行文件操作，实际上主要命令均可以使用 File/New 菜单中的命令来选择。从 New 子菜单中可以选择建立目标文件，包括 Schematic、PCB、FPGA、VHDL 以及相关的库(Library)文件，New 子菜单如图 2-7 所示。

1）Schematic（原理图）设计编辑。选中 File 菜单中的 Schematic 命令，即可启动原理图设计的模块，进行原理图的绘制工作。

2）PCB 的设计。选中 PCB 命令即可启动印制电路板的设计模块。

3）VHDL 程序的编写。选中 VHDL Document 命令可运行 VHDL 程序的编写模块。读者可以参考有关 VHDL 的参考资料。

4）Verilog 程序的编写。选中 Verilog Document 命令可运行 Verilog 程序的编写模块。读者可以参考有关 Verilog 的参考资料。

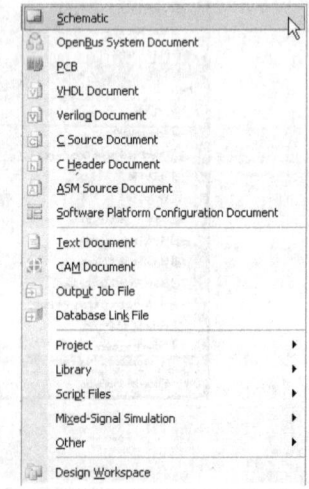

图 2-7 New 子菜单的命令

5）C 程序的编写。选中 C Source Document 命令可运行 C 程序的编写模块。

6）C 头文件的编写。选中 C Header Document 命令可运行 C 头文件的编写模块。

7）ASM 汇编程序的编写。选中 ASM Source Document 命令可运行 ASM 汇编程序的编写模块。

8）Text Document 编写。执行该命令可启动一个文本文件编辑模块。

9）CAM Document。执行该命令可启动 CAM（计算机辅助制造）文件生成模块。

10）Output Job File。执行该命令，将会打开一个集成化的项目输出窗口，设计人员可以在该窗口中选择自己需要输出的对象，并实现输出操作。

11）Database Link File（数据库链接文档）。使用数据库链接文档链接数据库中的字段到设计项目中的参数名。

12）Project（项目）。该菜单具有一个子菜单，如图 2-8 所示，其中包括以下几个命令：

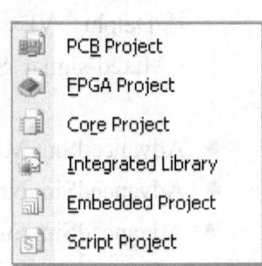

图 2-8 项目子菜单的命令

- PCB Project。执行 PCB Project 命令可以打开或生成一个印制电路板（PCB 设计项目），在该项目中可以进行原理图的绘制、PCB 印制电路板的设计、VHDL 程序的编写等设计工作，也可以直接在工作区使用鼠标单击"Create a new Board Level Design Project"图标执行该命令。
- FPGA Project。执行 FPGA Project 命令为启动现场可编程门阵列项目设计模块，在其中也可以添加原理图的绘制、PCB 的设计、VHDL 程序的编写模块设计工作。
- Core Project。执行该命令可以打开 IP 核的设计模块。设计的 IP 核可以用于 FPGA 的设计。
- 集成化库的管理。执行 Integrated Library 命令可以启动集成化库的管理模块，然后用户可以分别创建原理图元件库、PCB 封装元件库和 VHDL 库，并可以将这些库集成到集成化库中，保存为.LibPkg 文件。
- 嵌入式设计项目的生成。执行 Embedded Project 命令启动嵌入式系统项目设计模块，在其中也可以添加原理图的绘制、PCB 的设计、VHDL 程序的编写模块设计工作。
- 脚本项目的生成。执行 Script Project 命令后可以创建脚本文件。

13）Library（库）。该菜单具有一个子菜单，如图 2-9 所示，其中包括以下几个命令：

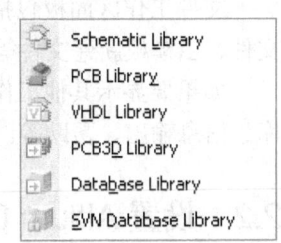

图 2-9 库子菜单的命令

- Schematic 库的管理。选中 Schematic Library 命令可打开管理元件库的模块，进行相应的操作。
- PCB 库的管理。选中 PCB Library 命令即可启动 PCB 封装库的管理模块，进行封装的制作等操作。
- VHDL 库管理。选中 VHDL Library 命令后即可启动 VHDL 的库管理模块，可以进行 VHDL 库的相应操作。
- PCB3D 库的管理。选中 PCB3D Library 命令即可启动 PCB3D 库的管理模块。
- 数据库的库管理。执行 Database Library 命令后可以将数据库的域链接到设计项目参数中来，从而建立设计项目和数据库的关系，这样有助于设计参数的修改。

- SVN 数据库的库管理。执行 SVN Database Library 命令后可以建立允许源控制的库。即将原理图符号和封装模型置于更高一级的库和元件管理数据库中，从而有助于基于版本的库建立和维护等操作。该库的后缀名为*.SVNDBLib，实际上就是普通数据库.DBLib 的扩展。

14）Script Files（脚本文件）。该子菜单包含两类命令，即：
- Script Unit（脚本单元）。选择该类选项命令后，用户可以创建脚本文件。脚本文件的类型包括 Delphi、VB、Java 和 TCL 等。
- Script Form（脚本表）。选择该类选项后，系统会弹出一个标准的脚本格式文件，用户可以在其中填入自己的内容，从而创建自己的脚本表文件。脚本表文件的类型包括 Delphi、VB、Java 等。

15）Mixed-signal Simulation（混合信号仿真）。该选项包含一个子菜单，有如下的命令：
- AdvancedSim Model。建立仿真模型。
- AdvancedSim Netlist。建立仿真网络表。
- AdvancedSim Sub-Circuit。建立仿真子电路模块。

16）Other（其他命令）。该子菜单中包括一些其他辅助命令，比如创建约束文件（Constraint File）、VHDL 测试平台文件（VHDL Testbench）、EDIF 文档、网络表文档等。

17）Design Workspace（新建工作空间）。选择该命令后，会关闭当前打开的项目文件，并开始一个新的工作空间，用户可以在新的工作空间创建新的项目。

建立了设计项目后，可以在不同的编辑器之间切换，例如，原理图编辑器和 PCB 编辑器之间。设计管理器将根据当前所工作的编辑器来改变工具栏和菜单。一些工作区面板的名称最初会显示在工作区右下角。在这些名称上单击将会弹出面板，这些面板可以通过移动、固定或隐藏来适应不同的工作环境。

## 2.1.3 文件工作区面板介绍

除了可以使用 File 菜单命令创建文件和打开已有文件操作外，还可以直接使用文件工作区面板中的相关命令，如图 2-1 所示。可以选择 View/Workspace Panels/System/Files 命令显示文件工作区面板。

文件工作区面板包括打开文件、打开项目文件、新建项目或文件、由已存在的文件新建文件、由模板新建文件等文件操作。

如果要显示其他工作面板，也可以从 View/Workspace Panels 中选择，包括项目、编译、库、信息输出、帮助等。

## 2.2 设置 Altium Designer 系统参数

对于刚刚接触 Altium Designer 的用户来说，了解 Altium Designer 系统参数设置是学习该软件的重要一步，因为若未设置好系统的工作环境，将会给工作带来一些不必要的麻烦。

用户可以执行系统的"Preferences"命令进行设置，该命令从 Altium Designer 的主页面左上角的下拉命令菜单选择，即使用鼠标单击 DXP 菜单选项，系统将弹出如图 2-10 所示的菜单，此时从该菜单中选择执行"Preferences"命令，然后系统将弹出如图 2-11 所示的系统参数设置对话框。

（1）General 选项卡

图 2-11 所示的 General 选项卡用来设置 Altium Designer 的一般系统参数。

图 2-10 DXP 菜单

- Startup 设置框设置每次启动 Altium Designer 后的动作，如果选中了"Reopen Last Workspace"，则下次启动 Altium Designer 时打开上次编辑操作的最后一个项目。如果选中"Show startup screen"复选框，则在启动时显示 Altium Designer 启动界面。

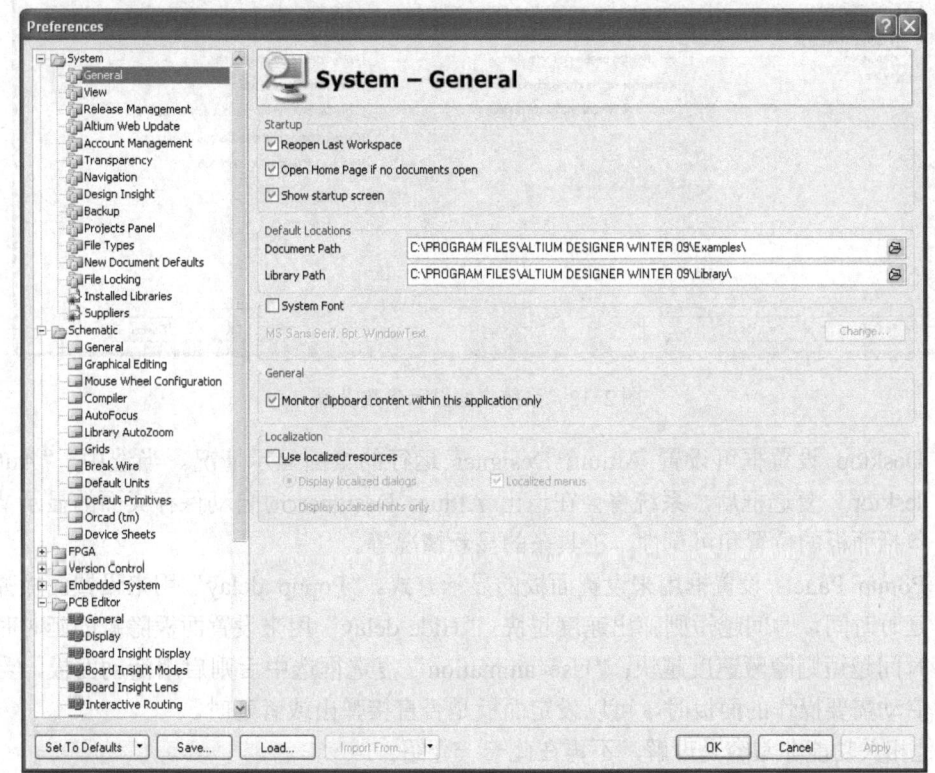

图 2-11 系统参数设置对话框

- Default Locations 设置默认的文件路径（创建、打开或保存文件的默认路径）。其他相关功能非常容易理解，不再在此一一介绍。
- System Font 用于设置系统的字体。
- 选中 Monitor clipboard content within this application only 后，则仅可以在本应用程序中查看剪贴板。
- Localization 可以设置是否使用本地化的资源。

（2）View 选项卡

图 2-12 所示的 View 选项卡用来设置 Altium Designer 的桌面显示参数。

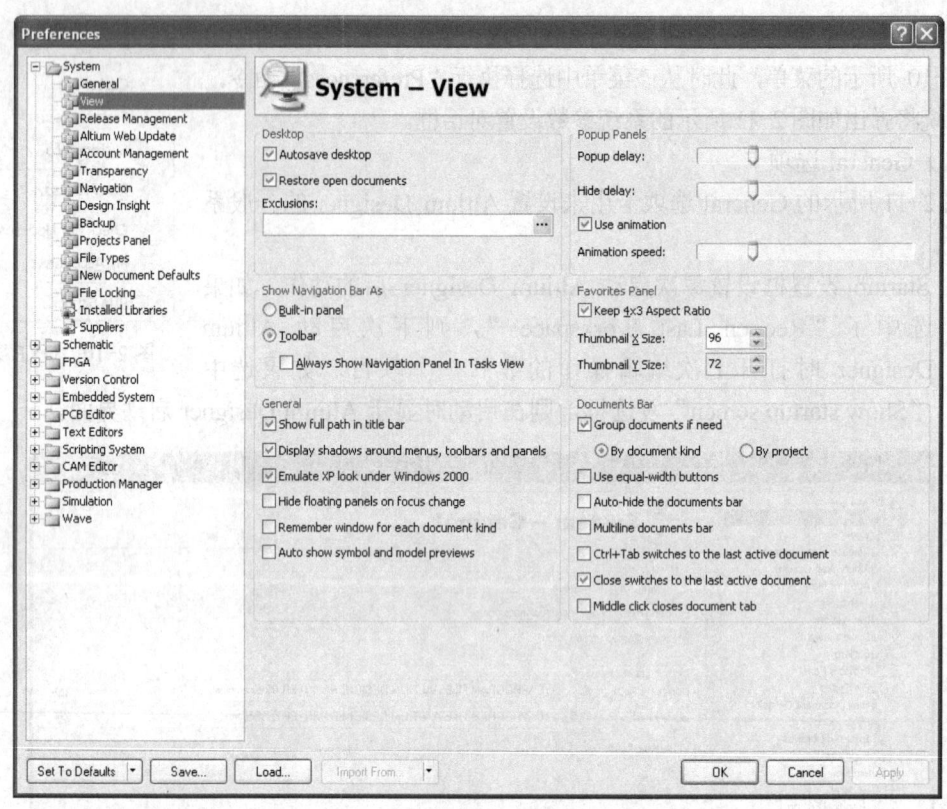

图 2-12 系统桌面显示参数设置

- Desktop 设置框可设置 Altium Designer 运行的桌面显示情况。当选中 "Autosave desktop"复选框后,系统将会在退出 Altium Designer 时自动保存桌面的显示情况,包括面板的位置和可见性、工具条的显示情况等。
- Popup Panels 设置框用来设置面板的显示方式。"Popup delay"用来设置面板弹出的延时时间,时间越短则弹出速度越快;"Hide delay"用来设置面板隐藏的延时时间,时间越短则隐藏速度越快;"Use animation"复选框选中后则启用活动面板,当用户启动需要操作的面板时,可以设定面板是否直接弹出或者延时。

其他相关功能非常容易理解,不再在此一一介绍。

(3) Transparency 选项卡

该选项卡用来设置 Altium Designer 浮动窗口的透明情况,设置了浮动窗口为透明后,则交互编辑时,浮动窗口将在编辑区之上。

(4) Backup 选项卡

该选项卡用来设置文件备份的参数,如图 2-13 所示。

Auto Save 设置框主要用来设置自动保存的一些相关参数。选中"Auto save every"复选框后,则可在一定的时间内自动保存当前编辑的文档,时间间隔在其后面的编辑框中可以设置,最长的时间间隔为 120min。"Number of versions to keep"设置框用来设置自动保存文档的版本数,最多可保存 10 个版本。用户还可以在"Path"设置框中输入文件的自动保存目录,也可以点击按钮 选择一个目录。

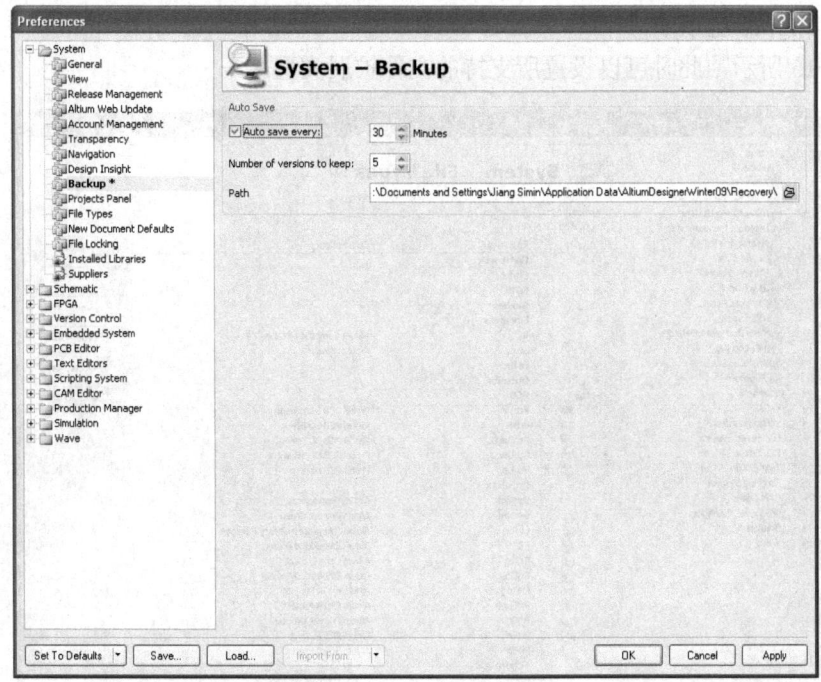

图 2-13  文件备份参数设置

（5）Projects Panel 选项卡

如图 2-14 所示，此时可以设置项目面板的操作。用户可以根据自己的设计需要选择项目面板的显示状态和条目。

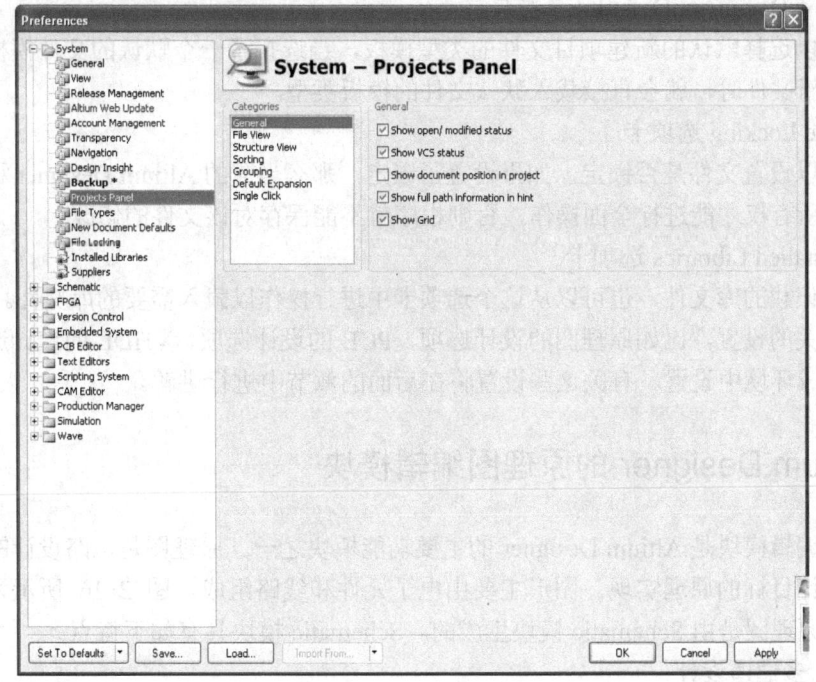

图 2-14  项目面板设置

（6）File Types 选项卡

如图 2-15 所示，此时可以设置所支持的文件扩展类型。

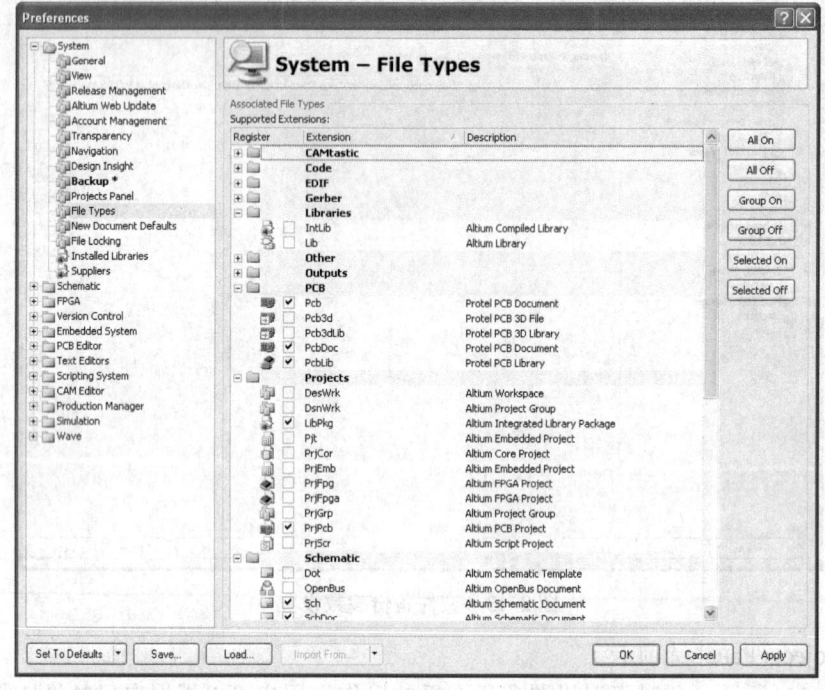

图 2-15 支持文件扩展类型设置

（7）New Document Defaults 选项卡

用户可以选择默认的新建项目文件的类型模板，当选择了一个默认的文件模板时，在创建该类型的新文件时，就会直接载入默认文件的模板类型。

（8）File Locking 选项卡

用户可以设置文件是否锁定，如果设置了锁定，那么当前的 Altium Designer 程序就需要获取该文件所有权才能进行全面操作，否则程序就不能保存对该文件的修改。

（9）Installed Libraries 选项卡

显示所记载的库文件，也可以从这个选项卡中进行操作以载入需要的库文件。

其他相关的设置，比如原理图的设计选项、PCB 的设计选项、VHDL 的设计选项等都可以在这个集成环境中设置。有关这些设置将在后面的章节中进行讲解。

## 2.3 Altium Designer 的原理图编辑模块

原理图编辑模块是 Altium Designer 的主要功能模块之一。原理图是电路设计的起点，是一个用户设计目标的原理实现。图形主要由电子元件和线路组成，图 2-16 所示为一个原理图文件，该原理图是由 Schematic 模块生成的。Schematic 模块具有如下特点。

### 1. 支持多通道设计

随着电路的日益复杂，电路设计的方法也日趋层次化（Hierarchy）。也就是说，可以简化多个完全相同的子模块的重复输入，在 PCB 编辑时也提供这些模块的复制操作，不必一一布局布线。设计者先在一个项目中单独绘制及处理好每一个子电路，然后再将它们组合起来，最后完成整个电路。Schematic 提供了多通道设计所需要的全部功能。

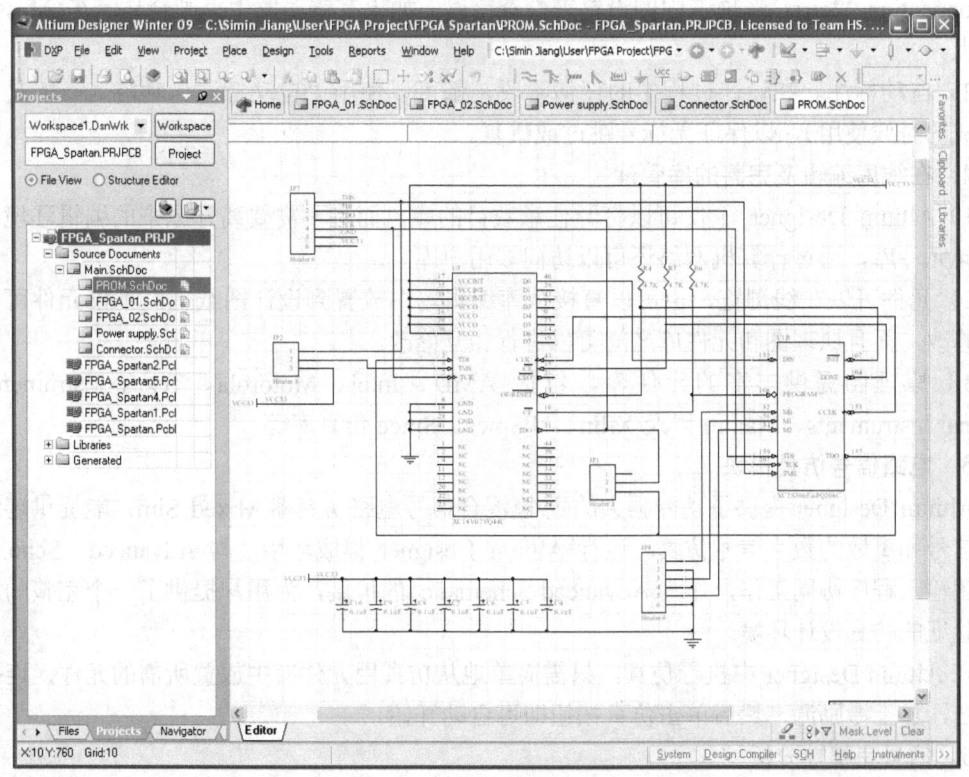

图 2-16 原理图文件实例

**2. 丰富而又灵活的编辑功能**

（1）自动连接功能

在原理图设计时，有一些专门的自动化特性来加速电气元件的连接。电气栅格特性提供了所有电气元件（包括端口、原理图、总线、总线端口、网络标号、连线和组件等）的真正"自动连接"。当它被激活时，一旦光标走到电气栅格的范围内，它就自动跳到最近的电气"热点"上，接着光标形状发生改变，指示出连接点。当这一特性和自动连接特性配合使用时，连线工作就变得非常轻松。

（2）交互式全局编辑

在任何设计对象（如组件、连线、图形符号、字符等）上，只要双击鼠标左键，就可打开它的对话框。对话框显示该对象的属性，可以立即进行修改，并可将这一修改扩展到同一类型的所有其他对象，即进行全局修改。如果需要，还可以进一步指定作全局修改的范围。

（3）便捷的选择功能

设计者可以选择全体，也可以选择某个单项，或者一个区域。在选择项中，还可以不选某项，也可以增加选项。已选中的对象可以移动、旋转，也可以使用标准的 Windows 命令，如 Cut（剪切）、Copy（复制）、Paste（粘贴）、Clear（清除）等。

45

**3. 强大的设计自动化功能**

1）在 Altium Designer 中，原理图不仅仅是绘制原理图，还包含关于电路的连接信息。可以使用连接检查器来验证设计。当编辑项目时，Altium Designer 将根据在 Error Reporting 和 Connection Matrix 选项卡中的设置来检查错误，如果有错误发生，则会显示在 Messages 面板上。

2）自动标注。在设计过程中的任何阶段，都可以使用"自动标注"功能（一般是在设计完成的时候使用），以保证无标号跳过或重复。

**4. 在线库编辑及完善的库管理**

1）Altium Designer 不仅可以打开任意数目的库，而且不需要离开原来的编辑环境就可以访问元件库，通过计算机网络还可以访问多用户库。

2）元件可以在线浏览，也可以直接从库编辑器中放置到设计图纸上，不仅元件可以增加或修改，而且原理图和元件库之间可以进行相互修改。

3）原理图提供丰富的元件库，包括 AMD、Intel、Motorola、Texas Instruments、National Instruments、Maxim 以及 Xilinx、PSpice、Spice 仿真库等。

**5. 电路信号仿真模块**

Altium Designer 提供了功能强大的数/模混合信号电路仿真器 Mixed Sim，能提供连续的模拟信号和离散的数字信号仿真。运行 Altium Designer 集成环境，与 Advanced Schematic 原理图输入程序协同工作，作为 Advanced Schematic 的扩展，为用户提供了一个完整的从设计到验证的仿真设计环境。

在 Altium Designer 中执行仿真，只需简单地从仿真用元件库中放置所需的元件，连接好原理图，加上激励源，然后单击仿真按钮即可自动开始。

**6. 信号完整性分析**

Altium Designer 包含一个高级信号完整性仿真器，能分析 PCB 设计和检查设计参数，测试过冲、下冲、阻抗和信号斜率。如果 PCB 上任何一个设计要求（设计规则指定的）有问题，即可对 PCB 进行反射或串扰分析，以确定问题的所在。

## 2.4 Altium Designer 的 PCB 模块

印制电路板（PCB）是由原理图到制板的桥梁，设计了原理图后，需要根据原理图设计印制电路板，继而制作电路板。图 2-17 所示为由原理图生成的 PCB 图。Altium Designer 的 PCB 模块具有如下主要特点：

**1. 32 位的 EDA 系统**

- PCB 可支持设计层数为 32 层、板图大小为 2540mm×2540mm 或 100in×100in 的多层电路板。
- 可作任意角度的旋转，分辨率为 0.001°。
- 支持水滴焊盘和异型焊盘。

**2. 丰富而灵活的编辑功能**

- 交互式全局编辑、便捷的选择功能、多层撤消或重做功能。
- 支持飞线编辑功能和网络编辑，用户无需生成新的网络表即可完成对设计的修改。

- 手工重布线可自动去除回路。
- PCB 图能同时显示元件管脚号和连接在管脚上的网络标号。

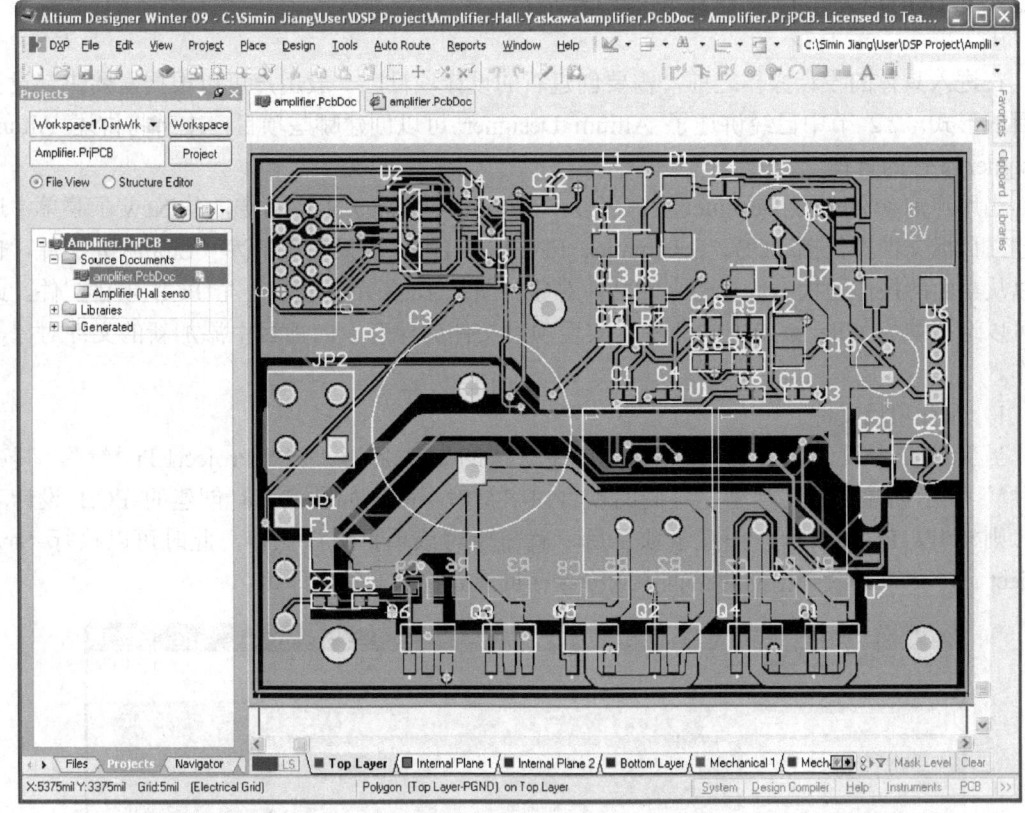

图 2-17  PCB 图实例

3．强大的设计自动化功能
- 具有超强的自动布局能力，采用了基于人工智能的全局布局方法，可以实现 PCB 板面的优化设计。
- 高级自动布线器采用拆线重试的多层迷宫布线算法，可同时处理所有信号层的自动布线，并可以对布线进行优化。可选的优化目标有：使过孔数目最少、使网络按指定的优先顺序布线等。
- 支持 Shape-based（基于形状）的布线算法，可完成高难度、高精度 PCB（如 486 以上微机主板、笔记本电脑的主板等）的自动布线。
- 在线 DRC（设计规则检查），在编辑时，系统可自动指出违反设计规则的错误。

4．在线式库编辑及完善的库管理

设计者不仅可以打开任意数目的库，而且不需要离开原来的编辑环境就可访问、浏览元件封装库。通过计算机网络还可以访问多用户库。

5．完备的输出系统
- 支持 Windows 平台下所有外围输出设备，并能预览设计文件。
- 能生成 CAM 文件等。

- 能生成 NC Drill（NC 钻孔）文件等。

## 2.5  Altium Designer 文件管理

在进入具体的设计操作之前，需要创建新的设计项目，一般用户可以根据需要决定设计项目的形式。2.2 节中已经讲述了 Altium Designer 可以创建哪些项目，本节将讲述 Altium Designer 文件的管理。

当用户启动 Altium Designer 后，可以单击 File 菜单上的 New 命令，从 New 子菜单中选择建立目标文件，包括 PCB、Schematic、FPGA、VHDL 以及相关的库（Library）文件，也可以从桌面的操作面板上选择建立的文件对象，图 2-18 所示为建立一个 PCB 项目文件。此时可以选择执行 File 菜单中的命令，实现项目文件的保存、向项目中添加新的文件对象等操作。

1）保存项目文件。

当新建一个设计项目时，该项目文件默认的文件名为"*** Project1.Prj***"，其中"***"表示创建的项目类型，不同的项目该字符串不同。如图 2-18 创建的 PCB 设计项目，则*** 以 PCB 表示。创建了项目后，就需要对该项目进行保存，此时可以执行 Save Project 命令，在系统弹出的对话框中选择保存目录并输入文件名即可。

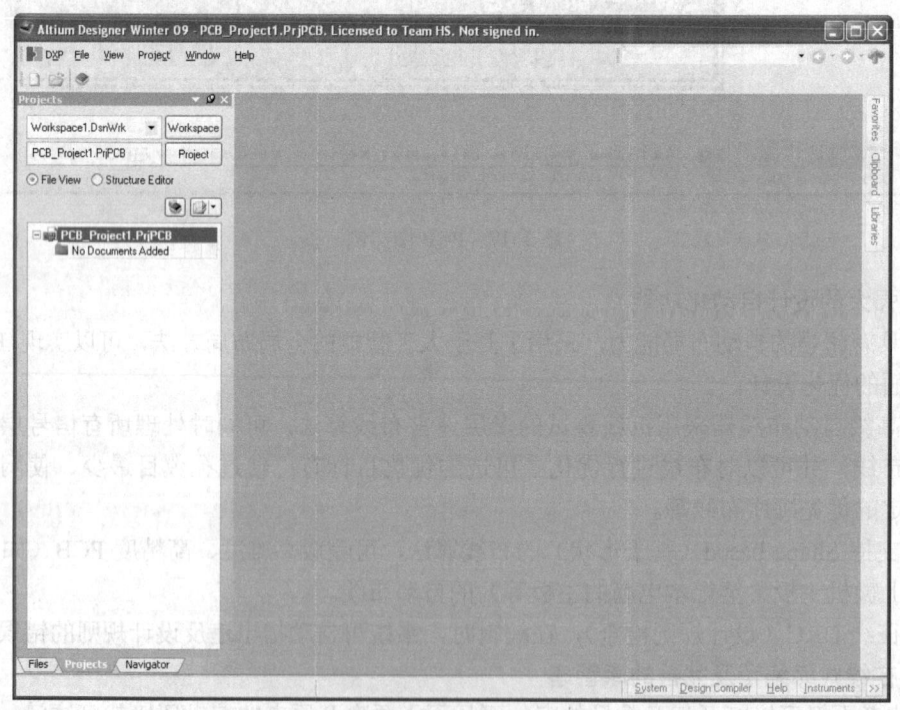

图 2-18  建立一个 PCB 项目文件

注意：在创建新文件时，除了可以创建项目文件外，用户也可以直接创建设计对象文件，比如直接创建原理图（Schematic）文件，此时文件就不是以项目来表示，而是一个单独的设计对象文件，图 2-19 所示即为直接创建的原理图设计文件。

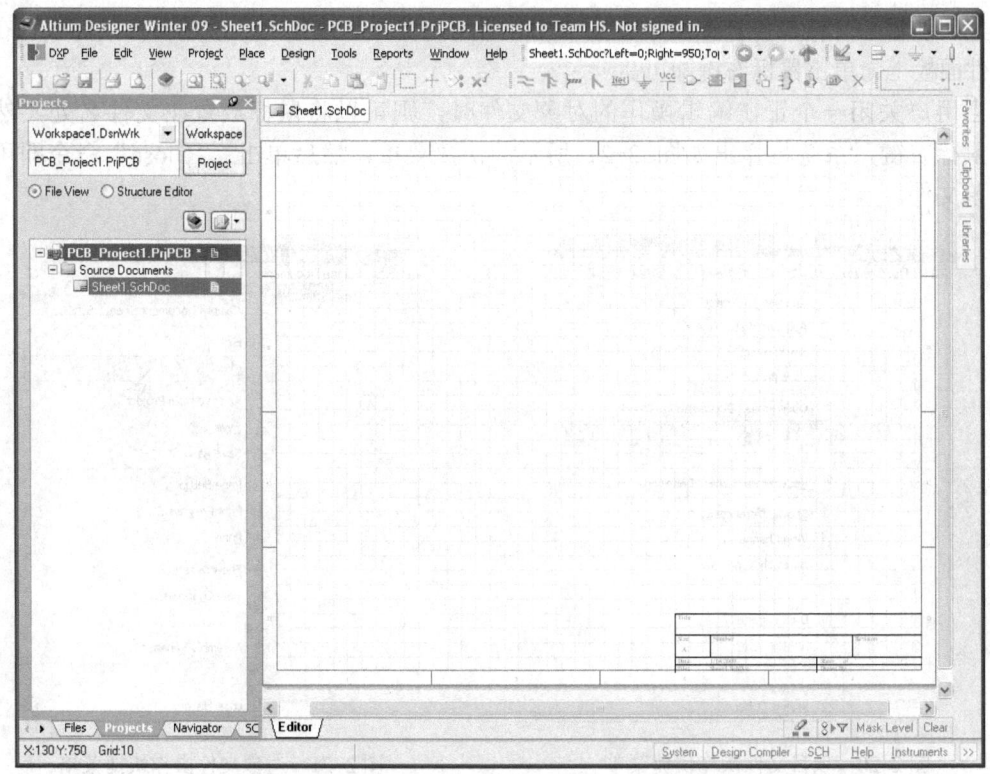

图 2-19　直接创建的原理图设计文件

不同的文件类型，其保存文件的后缀是不同的，表 2-1 即为 Altium Designer 的部分文件后缀名所对应的文件对象。与此同时，Altium Designer 还提供了兼容 OrCAD 的文件格式（.DSN）。

表 2-1　Altium Designer 的文件后缀名所对应的文件对象

| 文件后缀名 | 文件对象 | 文件后缀名 | 文件对象 |
| --- | --- | --- | --- |
| .SchDoc | 原理图文件 | .SchLib | 原理图的库文件 |
| .PcbDoc | 印制电路板文件 | .PcbLib | 印制电路板的库文件 |
| .PrjPCB | 板级设计项目文件 | .PCB3DLib | 印制电路板的三维库文件 |
| .PrjFpg | FPGA 设计项目文件 | .Cam | 辅助制造工艺文件 |
| .Vhd | VHDL 设计文件 | .Txt | 纯文本文件 |
| .PrjEmb | 嵌入式项目文件 | .LibPkg | 集成库文件 |
| .CAM | Altium 辅助制造文件 | .Drl | Altium 辅助制造 NC 钻孔二进制数据文件 |

2）Open。打开已存在的设计项目库或其他文件。执行该命令后，系统将弹出打开文件对话框，用户可以选择需要打开的文件对象或设计项目文件。

如果用户仅仅打开一个项目文件，则可以执行"Open Project"命令，此时只能打开单种项目文件。

3）关闭当前已经打开的设计文件或项目文件，可以执行快捷菜单中的"Close Project"

命令关闭项目。文件操作快捷菜单如图 2-20 所示，要弹出该菜单，只需要将鼠标放置在项目文件面板上，单击鼠标右键即可。

当用户关闭一个正在编辑操作的对象文件时，则可以将鼠标放置在文件名处，然后单击鼠标右键，系统将弹出如图 2-21 所示的快捷菜单，然后单击 "Close" 命令即可以关闭该文件。

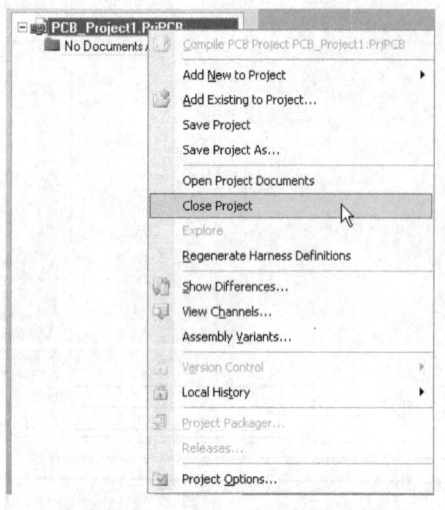 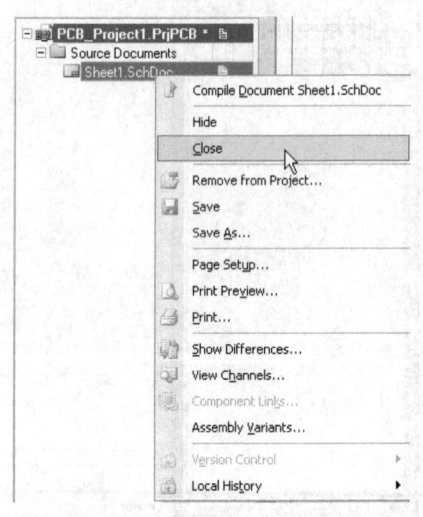

图 2-20　项目文件操作快捷菜单　　　　　图 2-21　对象文件操作快捷菜单

用户也可以将鼠标移到打开的文件标签上，然后单击鼠标右键，系统将弹出如图 2-22 所示的快捷菜单，然后选择关闭选项命令即可。

图 2-22　文件操作快捷菜单

4）导入文件 Import Wizard，将其他文件导入到当前设计数据库，成为当前设计数据库中的一个文件，选取此菜单项的命令，将会打开导入文件向导，然后逐步操作即可。如图 2-23 所示，用户可以选取所需要的任何文件，将此文件包含到当前设计数据库中。

Altium Designer 可以导入的文件对象包括 Protel 99 SE 的 DDB 文件、PCAD 文件以及 OrCAD 设计文件等。

5）执行 Smart PDF 命令，可以对当前文档进行操作，从而生成 PDF 文档。这个命令对于用户非常方便、有用。

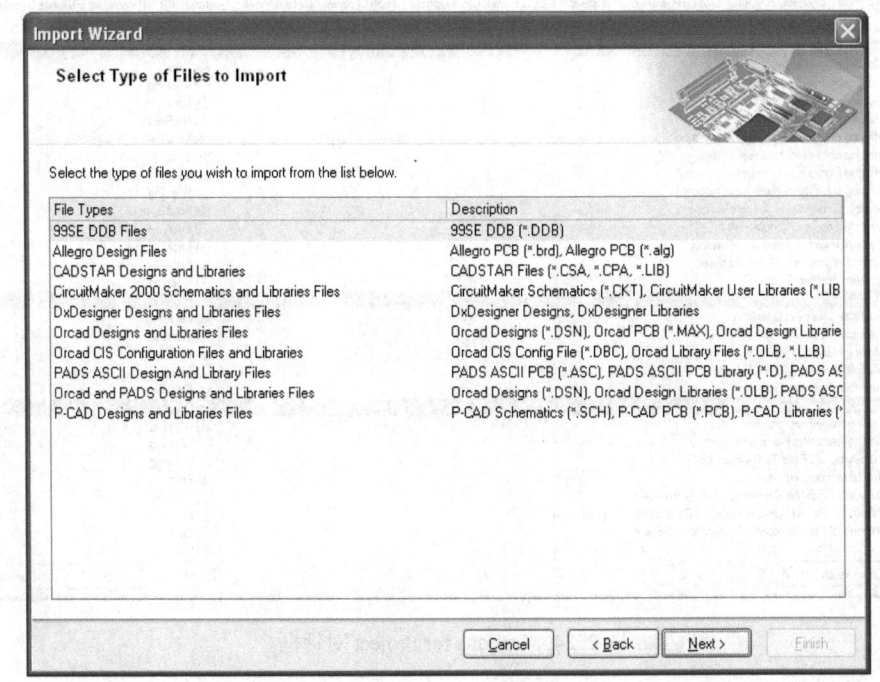

图 2-23 导入文件向导对话框

6）用户可以直接从 File 菜单中打开最近使用过的文件，Altium Designer 分别提供了"Recent Documents"、"Recent Projects"和"Recent Project Groups"子菜单，可以很方便地打开使用过的文件或项目文档。

如果已经打开了原理图文件或者 PCB 文件，则在 File 菜单中会有更多的命令，这些将在后面有关章节补充讲解。

## 2.6 设置和编译项目

建立新的 Altium Designer 项目后，一般可以对其选项进行设置，包括错误检查规则、连接矩阵、比较设置、ECO（工程变化顺序）生成、输出路径和网络表选项，用户也可以指定任何项目规则。设置了项目后，在编辑该项目时，Altium Designer 将使用这些设置。

当项目被编辑时，详尽的设计和电气规则将应用于验证设计。当所有错误被解决后，原理图设计的再编辑将被生成的 ECO 加载到目标文件，如一个 PCB 文件。项目比较允许用户找出源文件和目标文件之间的差别，并在相互之间进行同步更新。

所有与项目有关的操作，如错误检查、比较文件和 ECO 生成均在 Options for Project（项目选项设置）对话框中设置，如图 2-24 所示，项目选项设置操作如下。

1）选择执行 Project→Project Options 命令，系统将弹出如图 2-24 所示的 Options for Project 对话框。

2）所有与项目有关的选项均通过这个对话框进行设置。

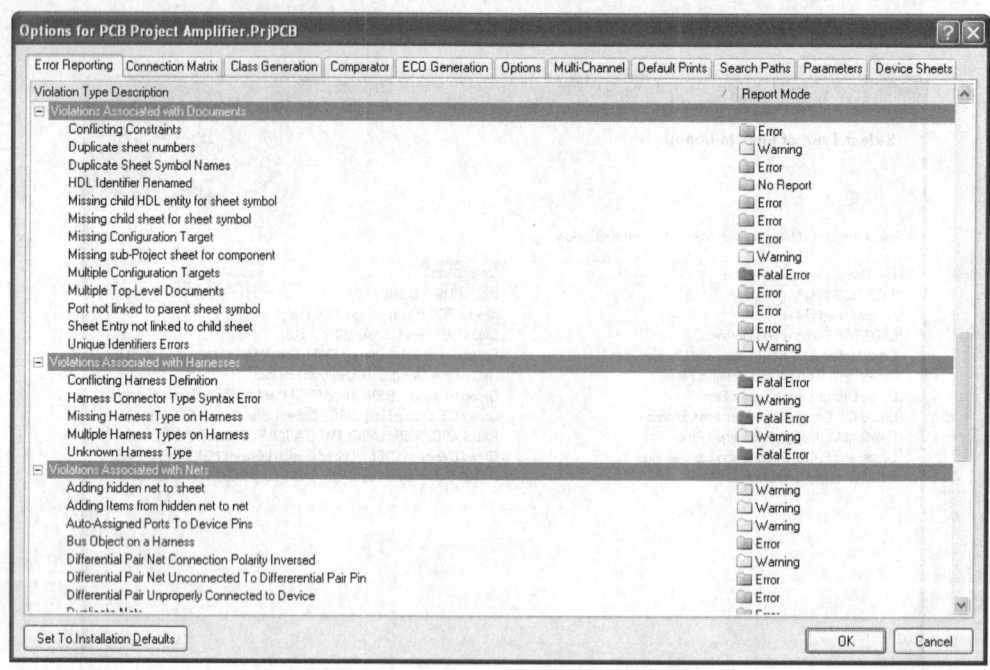

图 2-24 Options for Project 对话框

### 2.6.1 检查原理图的电气参数

在进行 PCB 设计之前，需要对设计的原理图进行电气参数检查。在 Altium Designer 中，原理图包含有关于电路的连接信息。可以使用连接检查器来验证原理图设计的正确性。进行电气参数检查时，可以在 Error Reporting 和 Connection Matrix 选项卡中设置所检查的对象，如果有错误发生，则会显示在 Messages 面板上。

**1. 设置错误报告**

Options for Project 对话框中的 Error Reporting（错误报告）选项卡用于设置设计草图检查，如图 2-24 所示。报告模式（Report Mode）表明违反规则的严格程度。如果要修改 Report Mode，单击需要修改的与违反规则对应的 Report Mode，并从下拉列表中选择严格程度。在本文的实例设计中将使用默认设置。

**2. 设置连接矩阵**

Options for Project 对话框中的 Connection Matrix（连接矩阵）选项卡（见图 2-25）显示的是错误类型的严格性，其将在设计运行电气连接检查时产生错误报告，如引脚间的连接、元件和图样输入等是否存在错误等。这个矩阵给出了一个在原理图中不同类型的连接点以及是否被允许的图表描述。

例如，在矩阵的右边找到 Output Pin，从这一行找到 Open Collector Pin 列。在它的相交处是一个橙色的方块，其表示在原理图中从一个 Output Pin 连接到一个 Open Collector Pin 的颜色将在项目被编辑时启动一个错误条件。

可以用不同的错误程度来设置每一个错误类型，例如对某些非致命的错误不予报告，修改连接错误的操作方式如下：

1）单击 Options for Project 对话框的 Connection Matrix 选项卡，如图 2-25 所示。

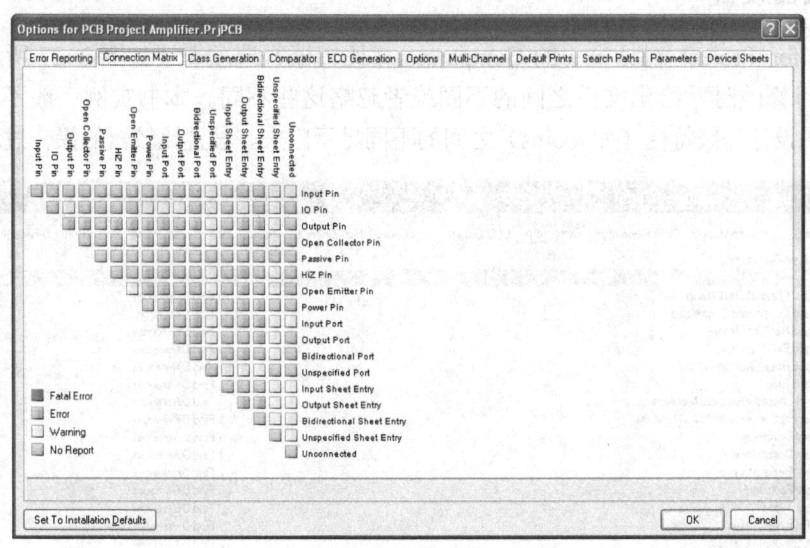

图 2-25　Connection Matrix 选项卡

2）单击两种类型连接相交处的方块，例如 Output Sheet Entry 和 Open Collector Pin。

3）在方块变为图例中 Error 表示的颜色时停止点击，例如一个橙色方块表示一个错误，表示这样的连接错误是否被发现。

## 2.6.2　类设置

Options for Project 对话框中的 Class Generation（类生成）选项卡（如图 2-26 所示）用于设置项目编译后产生的类。用户可以选择生成的类，包括总线网络类（Net Classes for Buses）、元件网络类（Net Classes for Components）。用户也可以定义相应的类，包括元件类和网络类。

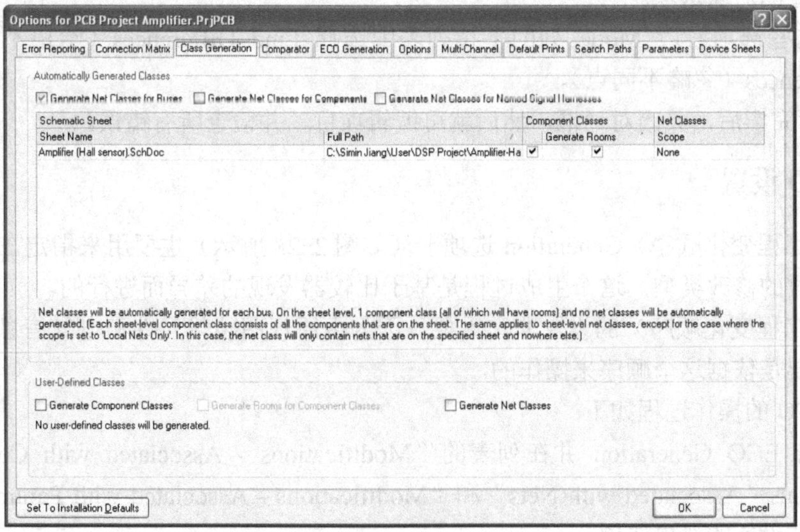

图 2-26　Class Generation 选项卡

### 2.6.3 比较器设置

Options for Project 对话框中的 Comparator（比较器）选项卡（如图 2-27 所示）用于设置当一个项目修改时，给出文件之间的不同或者忽略这些不同。本书实例一般不需要将一些仅表示原理图设计等级特性（如 rooms）之间的不同显示出来。设置比较器的操作过程如下：

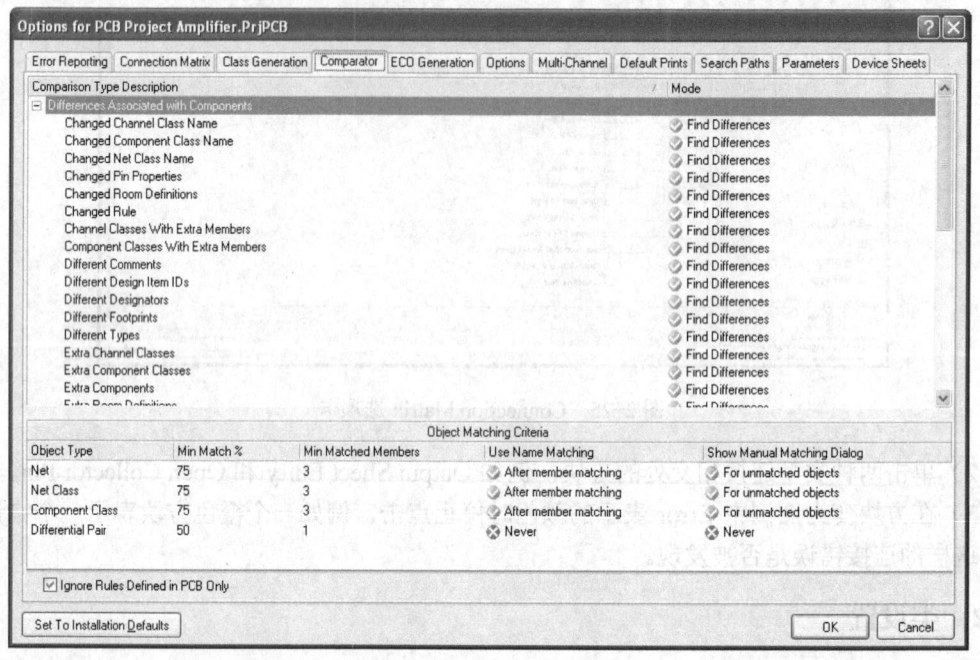

图 2-27　Comparator 选项卡

1) 单击 Comparator 选项卡并在 Difference Associated with Components 单元或其他单元找到需要设置的对象选项。

2) 从这些选项右边 Mode 列的下拉列表中选择 Find Differences（给出不同点）或者 Ignore Differences（忽略不同点）。

3) 设置完毕后，关闭对话框，然后就可编辑项目，并检查所有错误。

### 2.6.4 ECO 设置

ECO（工程变化顺序）Generation 选项卡（如图 2-28 所示）主要用来指定在生成一个工程变化顺序时的修改类型，这个生成过程是基于比较器发现的差异而进行的。

ECO（工程变化顺序）的设置非常重要，因为由原理图装载元件和电气信息到 PCB 编辑器时，主要是依据这个顺序来操作的。

设置 ECO 的操作过程如下：

1) 点击 ECO Generation 并在列表的"Modifications - Associated with Components"、"Modifications - Associated with Nets"和"Modifications - Associated with Parameters"等单元中找到需要设置的对象选项。

2) 从这些选项右边 Mode 列的下拉列表中选择 Generate Change Orders（生成变化顺

序）或 Ignore Differences（忽略不同点）。

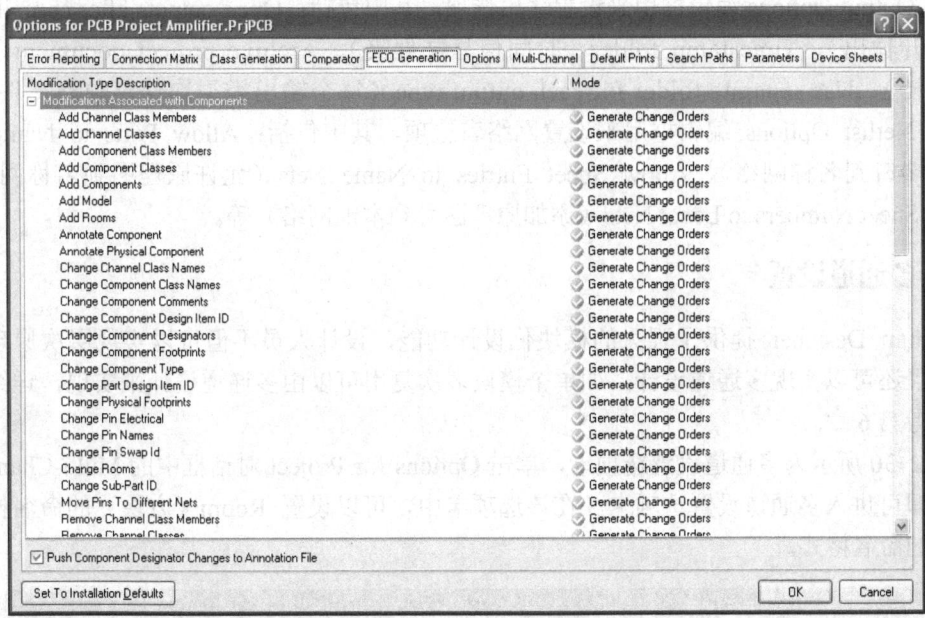

图 2-28　ECO 选项卡

## 2.6.5　输出路径和网络表设置

输出路径和网络表设置可以在 Options for Project 对话框中的 Options（选项）选项卡实现，如图 2-29 所示。其中可以分别设置输出和网络表选项以及输出路径。

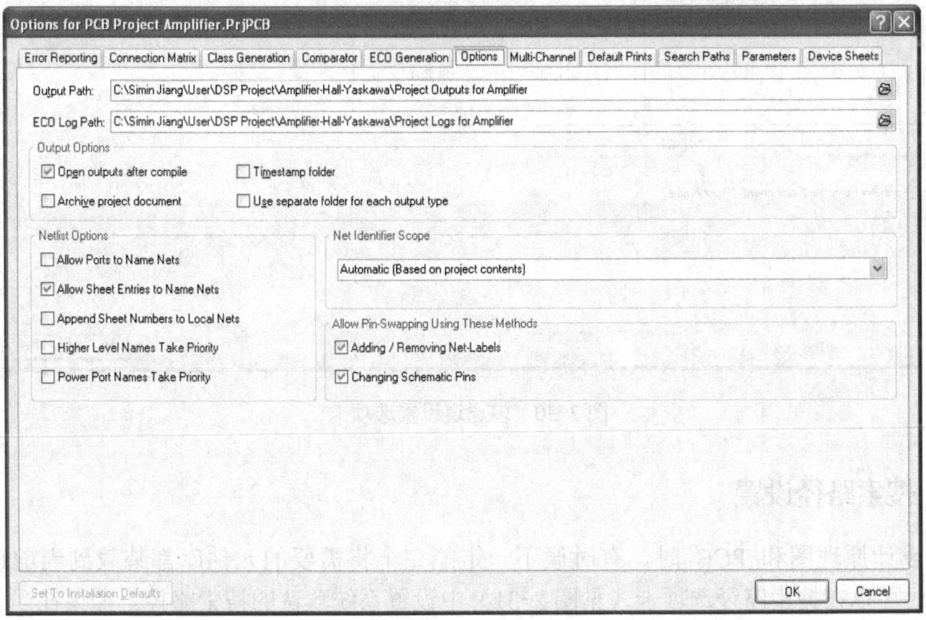

图 2-29　Options 选项卡

1）Output Path 编辑框设置输出的路径，也可以直接单击按钮 选择输出路径。

2）Output Options 编辑框用来设置输出选项，其中包括：Open outputs after compile（编译后打开输出）、Timestamp folder（时间信息文件夹）、Archive project document（项目文件存档）、Use separate folder for each output type（每个输出类型均使用独立文件夹）。

3）Netlist Options 编辑框用来设置网络表选项，其中包括：Allow Ports to Name Nets（允许端口到名称网络）、Allow Sheet Entries to Name Nets（允许原理图到名称网络）、Append Sheet Numbers to Local Nets（添加原理图号到本地网络）等。

### 2.6.6 多通道设置

Altium Designer 提供了强大的模块化设计功能，设计人员不但可以实现层次原理图设计，而且还可以实现多通道设计，如单个模块多次复用可以由多通道设计来实现，详细讲解可以参考第 6 章。

图 2-30 所示为多通道设置选项卡，单击 Options for Project 对话框中的 Multi-Channel 选项卡，即可进入多通道设置选项卡。在该选项卡中，可以设置 Room（方块）的命名格式以及元件的命名格式。

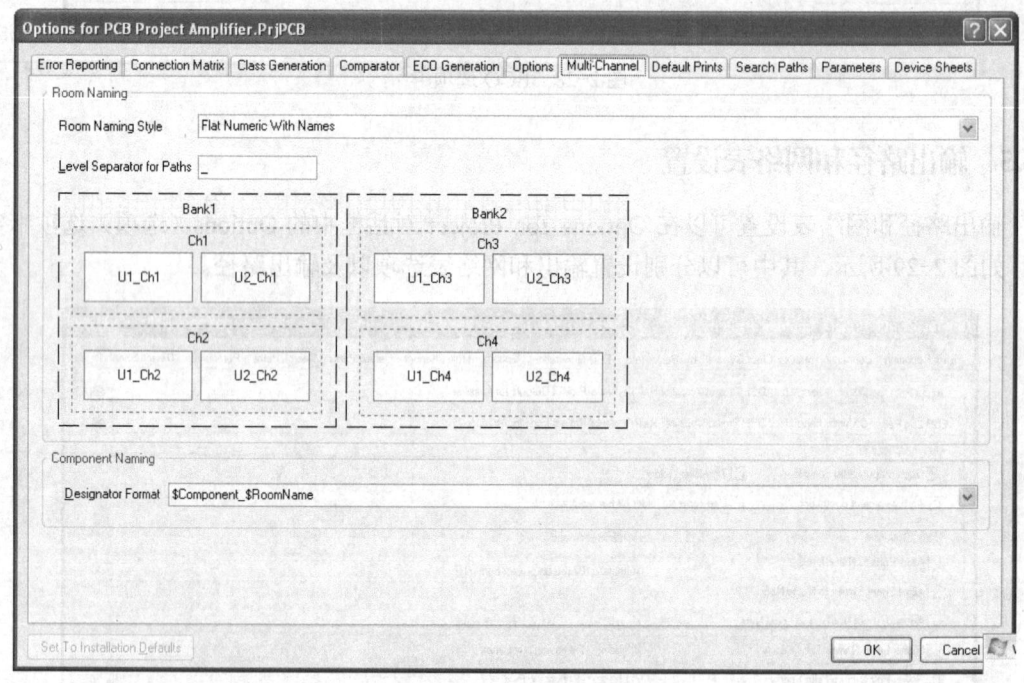

图 2-30 多通道设置选项卡

### 2.6.7 搜索路径设置

在设计原理图和 PCB 时，有时候不一定能完全将需要的元件库都装载到当前设计状态，此时可以在搜索路径选项卡（见图 2-31）中设置系统默认的搜索路径。如果在当前安装的元件库中没有需要的元件封装，则可以按照搜索的路径进行搜索。

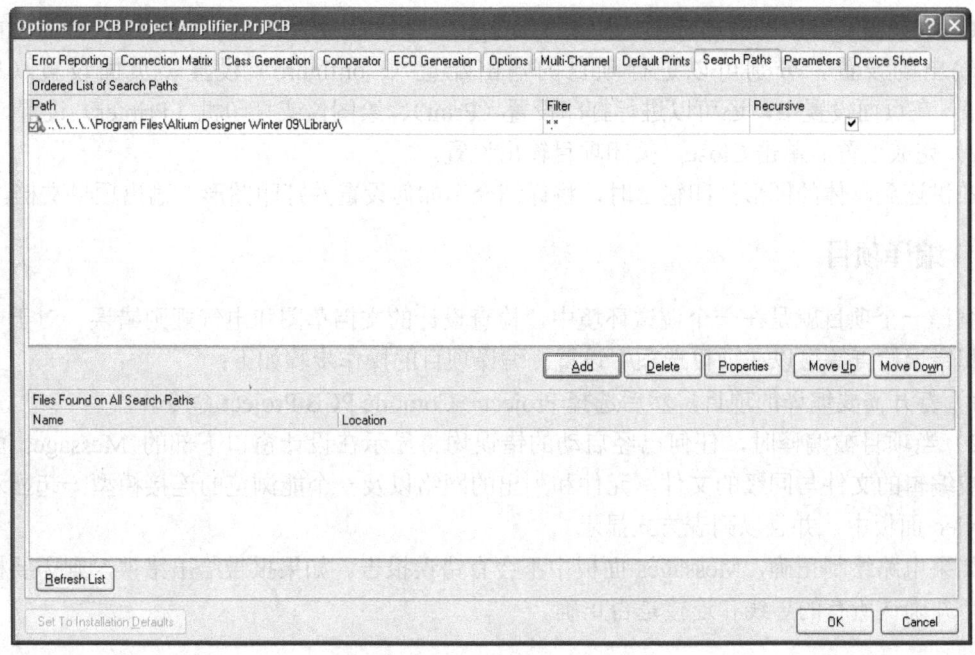

图 2-31 搜索路径选项卡

## 2.6.8 设置项目打印输出

打印输出在电路设计中很重要，包括打印和输出文件。项目打印输出的设置是在 Options for Project 对话框中的打印设置选项卡内进行的，如图 2-32 所示。

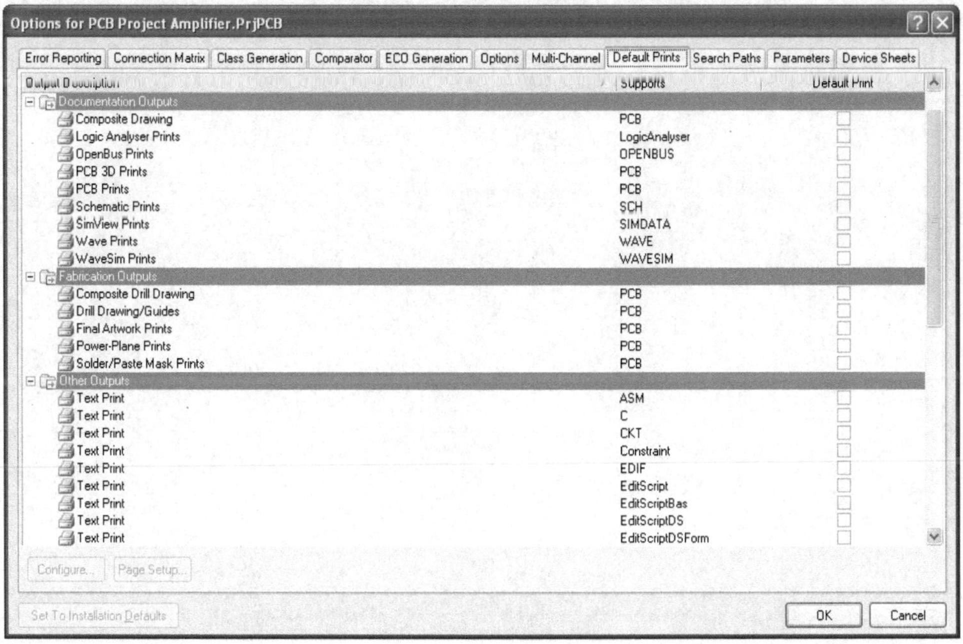

图 2-32 项目打印输出设置对话框

1）选择需要设置的输出选项。如果 Configure 按钮是激活的（不呈灰色），那么就能修改该输出的设置，分别可以进行项目的输出配置（Configure）设置、页面设置（Page Setup）。在页面设置中，还可以进行打印设置（Print）、绘图仪或打印机（Printer）设置。

2）完成设置后单击 Close，关闭项目输出设置。

在讲述到具体的图形打印输出时，将详细介绍如何设置并打印图形、输出项目文档。

### 2.6.9 编译项目

编译一个项目就是在一个调试环境中，检查设计的文档草图和电气规则错误。对于电气规则和错误检查等可以在项目选项中设置。编译项目的操作步骤如下：

1）打开需要编译的项目，然后选择 Project→Compile PCB Project 命令。

2）当项目被编译时，任何已经启动的错误均将显示在设计窗口下部的 Messages 面板中。被编辑的文件与同级的文件、元件和列出的网络以及一个能浏览的连接模型一起显示在 Compiled 面板中，并且以列表方式显示。

如果电路绘制正确，Messages 面板中不会有错误报告。如果报告给出错误，则需要检查电路，并确认所有的导线和连接是否正确。

# 第 3 章　Altium Designer 原理图设计基础

第 2 章主要讲述了 Altium Designer 的文件操作和主要特点,以及相关的基础知识。电路设计的第一步是进行原理图设计,所以本章先讲述 Altium Designer 原理图设计知识,并以实例说明。

## 3.1　原理图的设计步骤

### 3.1.1　电路设计的一般步骤

一般来说,一个产品的电路设计的最终表现为印制电路板,为了获得印制电路板,整个电路设计过程基本可以分为 5 个主要步骤。

**1. 原理图的设计**

原理图的设计主要是利用 Altium Designer 的原理图设计系统(Schematic)来设计原理图。

**2. 生成网络表**

网络表是原理图(Schematic)设计与印制电路板(PCB)设计之间的一座桥梁。网络表可以从原理图中获得,也可从印制电路板中提取。

**3. 印制电路板的设计**

印制电路板的设计主要是针对 Altium Designer 另外一个重要的部分 PCB 而言的,在这个过程中,借助 Altium Designer 提供的强大功能实现电路板的板面设计,并可以完成高难度的布线工作。

**4. 生成印制电路板报表并打印印制电路板图**

设计了印制电路板后,还需要生成印制电路板的有关报表,并打印印制电路板图。

**5. 生成钻孔文件和光绘文件**

在 PCB 制造之前,还需要生成 NC 钻孔(NC Drill)文件和光绘(Gerber)文件。

整个电路板的设计过程首先是编辑原理图,然后由原理图文件向 PCB 文件装载网络表,最后再根据元件的网络连接进行 PCB 的布线工作,并生成制造所需要的文件,如 NC 钻孔文件和光绘文件。下面先认识一下原理图设计的有关知识。

### 3.1.2　原理图设计的一般步骤

原理图设计是整个电路设计的基础,它决定了后面工作的进展。一般地说,设计一个原理图的工作包括:设置原理图图纸大小,规划原理图的总体布局,在图纸上放置元件,进行走线,然后对各元件以及走线进行调整,最后保存并打印输出。原理图的设计过程一般可以按如图 3-1 所示的设计流程进行。

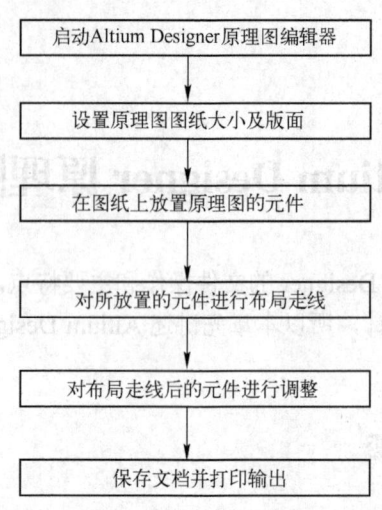

图 3-1 原理图设计的一般流程

1）启动 Altium Designer 原理图编辑器。用户首先必须启动原理图编辑器，才能进行设计绘图工作，该操作可参考 3.2 节。

2）设置原理图图纸大小及版面。设计绘制原理图前，必须根据实际电路的复杂程度来设置图纸的大小。设置图纸的过程实际上是一个建立工作平面的过程，用户可以设置图纸的大小、方向、网格大小以及标题栏等。

3）在图纸上放置原理图的元件。这个阶段，就是用户根据实际电路的需要，从元件库里取出所需的元件放置到工作平面上。用户可以根据元件之间的走线等联系，对元件在工作平面上的位置进行调整、修改，并对元件的编号、封装进行定义和设置等，为下一步工作打好基础。

4）对所放置的元件进行布局走线。该过程实际就是一个画图的过程。用户利用 Altium Designer 提供的各种工具、指令进行走线，将工作平面上的元件用具有电气意义的导线、符号连接起来，构成一个完整的原理图。

5）对布局走线后的元件进行调整。在这一阶段，用户利用 Altium Designer 所提供的各种强大功能对所绘制的原理图进行进一步的调整和修改，以保证原理图的美观和正确性。这就需要对元件位置的重新调整，导线位置的删除、移动，更改图形尺寸、属性及排列等。

6）保存文档并打印输出。这个阶段是对设计完的原理图进行保存、打印操作。这个过程实际是对设计的图形文件输出的管理过程，是一个设置打印参数和打印输出的过程。

## 3.2 创建新原理图文件

前面讲述了如何建立项目和对象文件，以及项目文件的相关操作。建立了项目后，需要在项目中进行具体的设计工作，这就要求建立相关的文件，比如原理图文件、印制电路板（PCB）文件等。

**1．创建新的原理图文件**

当建立了新的项目文档后，就可以选择执行 File 菜单中 New 子菜单的相关命令，或从快捷菜单中执行相关命令,建立新的设计文件。比如在项目文档中创建一个原理图设计文件,则可以执行 File→New→Schematic 命令,系统将创建一个如图 3-2 所示的原理图文件,其默认的文件名为 Sheet1.SchDoc,如创建多个原理图文件,则默认的文件名按序号依次排列。

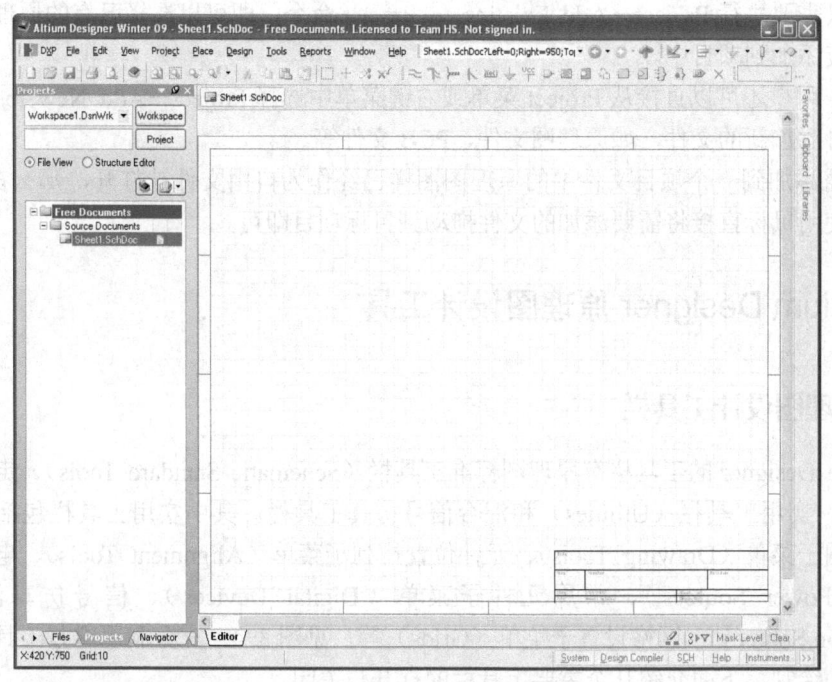

图 3-2　新建的原理图文件

然后可以通过选择 File→Save As(或者 Save)命令,将新原理图文件重命名(扩展名为*.SchDoc)。此时系统弹出如图 3-3 所示的对话框,在该对话框中可以指定这个原理图保存的位置和文件名,如 FPGA_01.schDoc,并单击 Save。

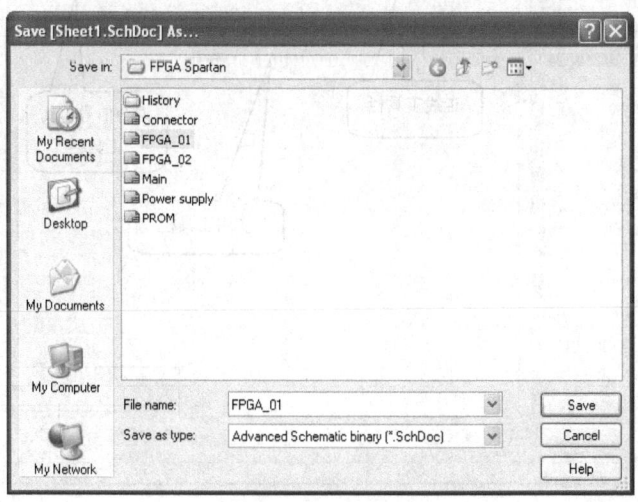

图 3-3　保存原理图文件

当建立了新的空白图纸后，会发现工作区发生了变化，主工具栏增加了一组新的按钮，新的工具栏出现，并且菜单栏增加了新的菜单项。现在就可以进行原理图编辑了。

**2. 将原理图添加到项目中**

如果已经绘制了一张原理图，并且保存为一个文件，那么可以将该文件直接添加到项目中。用户只需要执行 Project→Add Existing to Project 命令，即可以选择已有的原理图文件，并且可直接添加到项目中。

另外，用户还可以直接从 Project 菜单或右键菜单中选择 Project→Add New to Project 命令，向项目添加新的文件，如原理图文件、PCB 文件等。

如果需添加到一个项目文件中的原理图图样已经作为自由文件被打开，那么在 Projects 面板上，使用鼠标直接将需要添加的文件拖动到目标项目即可。

## 3.3 Altium Designer 原理图设计工具

### 3.3.1 原理图设计工具栏

Altium Designer 的工具栏有原理图标准工具栏（Schematic Standard Tools）、走线工具栏（Wiring）、实用工具栏（Utilities）和混合信号仿真工具栏。其中实用工具栏包括多个子菜单，即绘图子菜单（Drawing Tools）、元件位置排列子菜单（Alignment Tools）、电源及接地子菜单（Power Sources）、常用元件子菜单（Digital Devices）、信号仿真源子菜单（Simulation Sources）、网格设置子菜单（Grids）等，见图3-4。充分利用这些工具会极大方便原理图的绘制，下面介绍几个主要工具栏的打开与关闭。

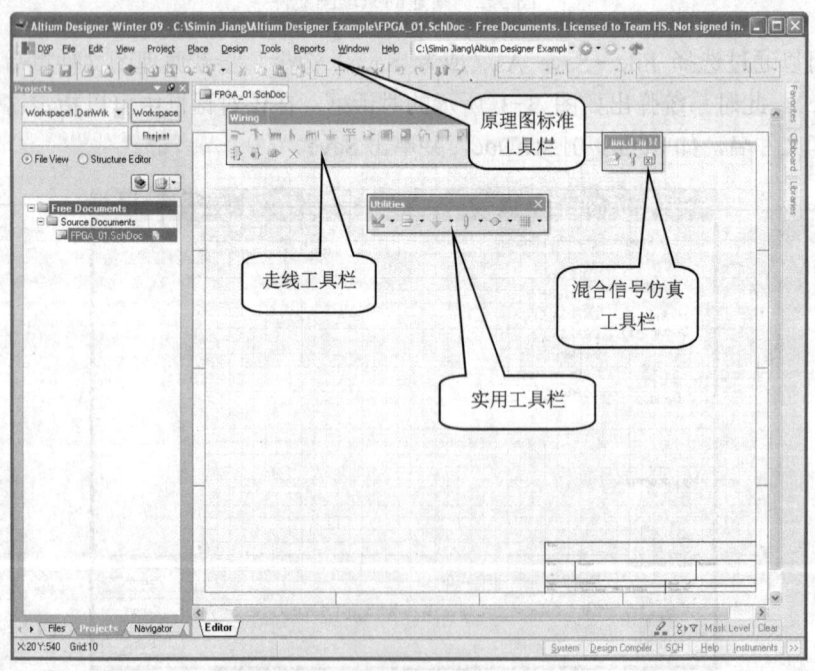

图 3-4 原理图绘制工具栏说明

1. 原理图标准工具栏

打开或关闭原理图标准工具栏可执行菜单命令 View→Toolbars→Schematic Standard，如图 3-5 所示。

2. 走线工具栏

打开或关闭走线工具栏可执行菜单命令 View→Toolbars→Wiring。

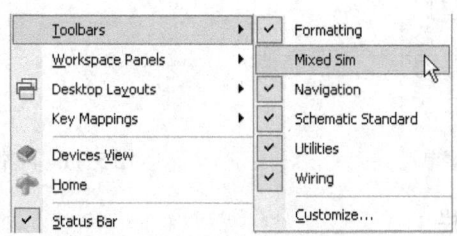

图 3-5　装载工具栏菜单

3. 实用工具栏

该工具栏包含多个子菜单选项：

1）绘图子菜单（Drawing Tools）。单击实用工具栏上的按钮，则会显示出对应的绘图子菜单，如图 3-6 所示。

2）元件位置排列子菜单（Alignment Tools）。单击实用工具栏上的按钮，则会显示出对应的元件位置排列子菜单，如图 3-7 所示。

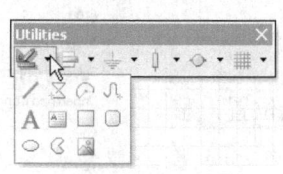　　　　　　　　　　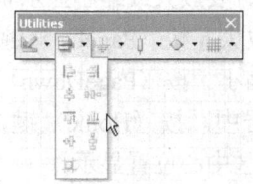

图 3-6　绘图子菜单　　　　　　　　　图 3-7　元件位置排列子菜单

3）电源及接地子菜单（Power Sources）。单击实用工具栏上的按钮，则会显示出对应的电源及接地子菜单，如图 3-8 所示。

4）常用元件子菜单（Digital Devices）。单击实用工具栏上的按钮，则会显示出对应的常用元件子菜单，如图 3-9 所示。

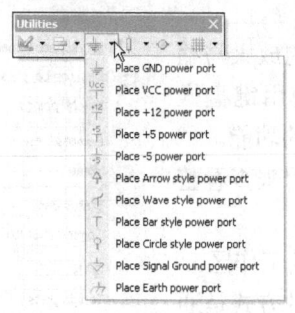　　　　　　　　　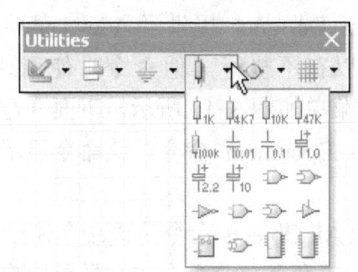

图 3-8　电源及接地子菜单　　　　　　图 3-9　常用元件子菜单

5）信号仿真源子菜单（Simulation Sources）。单击实用工具栏上的按钮，则会显示出对应的信号仿真源子菜单，如图 3-10 所示。

6）网格设置子菜单（Grids）。单击实用工具栏上的按钮 ，则会显示出对应的网格设置子菜单，如图 3-11 所示。

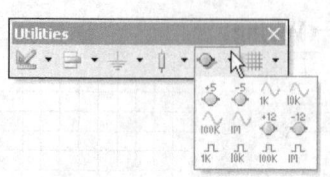

图 3-10　信号仿真源子菜单

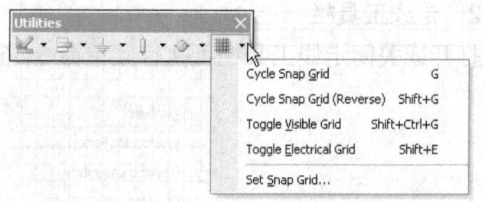

图 3-11　网格设置子菜单

**4．混合信号仿真工具栏**

打开或关闭混合信号仿真工具栏可执行菜单命令 View→Toolbars→Mixed Sim。

### 3.3.2　图纸的放大与缩小

电路设计人员在绘图的过程中，需要经常查看整张原理图或只查看某一个局部，所以要经常改变显示状态，使绘图区放大或缩小。

**1．使用键盘实现图纸的放大与缩小**

当系统处于其他绘图命令下时，用户无法用鼠标去执行一般的命令，此时要放大或缩小显示状态，必须采用功能键来实现。

1）放大。按〈PageUp〉键，可以放大绘图区域。

2）缩小。按〈PageDown〉键，可以缩小绘图区域。

3）居中。按〈Home〉键，可以从原来光标下的图纸位置，移位到工作区中心位置显示。

4）更新。按〈End〉键，对绘图区的图形进行更新，恢复正确的显示状态。

5）移动当前位置。按〈↑〉键可上移当前查看的图纸上部位置，按〈↓〉键可下移当前查看的图纸下部位置，按〈←〉键可左移当前查看图纸的左边位置，按〈→〉键可右移当前查看图纸的右边位置。

**2．使用菜单放大或缩小图纸显示**

Altium Designer 提供了 View 菜单来控制图形区域的放大与缩小，这可以在不执行其他命令时使用这些命令，否则使用键盘操作。View 菜单如图 3-12 所示。下面介绍菜单中主要命令的功能。

1）Fit Document 命令。该命令显示整个文件，可以用来查看整张原理图。

2）Fit All Objects 命令。该命令使绘图区中的图形填满工作区。

3）Area 命令。该命令放大显示用户设定的区域。这种方式是通过确定用户选定区域中对角线上两个角的位置，来确定需要进行放大的区域。首先执行此菜单命令；其次移动十字光标到目标的左上

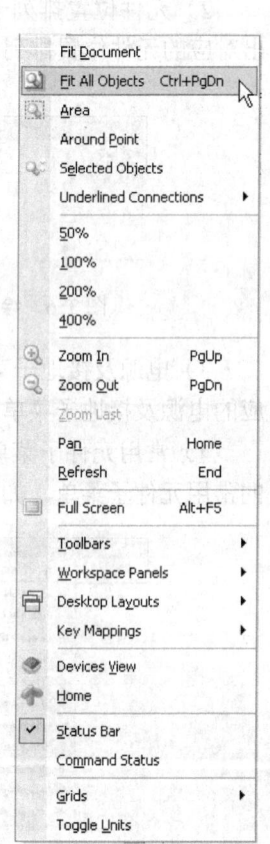

图 3-12　View 菜单

角位置，然后拖动鼠标，将光标移动到目标的右下角适当位置，再单击鼠标左键加以确认，即可放大所框选的区域。

4）Around Point 命令。该命令放大显示用户设定的区域。这种方式是通过确定用户选定区域的中心位置和选定区域的一个角位置，来确定需要进行放大的区域。首先执行此菜单命令，其次移动十字光标到目标区的中心，单击鼠标左键；然后移动光标到目标区的右下角，再单击鼠标左键加以确认，即可放大该选定区域。

5）Selected Objects 命令。该命令可以显示放大或缩小所选择的对象。

6）Underlined Connections 命令。从该命令子菜单中可以选择放大亮显某种颜色加重的连接。通常可以执行右下角 Status 状态栏上的命令 来对电路连接进行颜色加重显示，执行命令 可以去掉电路连接的颜色加重显示。

7）用不同的比例显示。View 菜单命令提供了 50%、100%、200%和 400%共 4 种显示方式。

8）Zoom In 或 Zoom Out 命令。放大/缩小显示区域，可以在主工具栏上选择 （放大）和 （缩小）按钮。

9）Pan 命令。移动显示位置。在设计电路时，经常要查看各处的电路，所以有时需要移动显示位置，这时可执行此命令。在执行本命令之前，要将光标移动到目标点，然后执行 Pan 命令，目标点位置就会移动到工作区的中心位置显示。也就是以该目标点为屏幕中心，显示整个屏幕。

10）Refresh 命令。更新画面。在滚动画面、移动元件等操作时，有时会造成画面显示含有残留的斑点或图形变形等问题，这虽然不影响电路的正确性，但不美观。这时，可以通过执行此菜单命令来更新画面。

## 3.4 设置图纸

### 3.4.1 设置图纸大小

用大小合适的图纸来绘制原理图，可以使显示和打印都相当清晰，便于原理图的绘制。

**1. 选择标准图纸**

关于图纸大小的设置，可选择 Design→Document Options 命令，系统将弹出 Document Options 对话框，在其中选择 Sheet Options 选项卡进行设置，如图 3-13 所示。

Altium Designer Schematic 提供了十多种广泛使用的英制及公制图纸尺寸供用户选择。如果用户需要，也可以自定义图纸的尺寸。Altium Designer 提供了标准图纸，用户可以在图 3-13 所示 Standard Styles 栏的下拉列表框中选取。

**2. 自定义图纸**

如果需要自定义图纸尺寸，必须设置如图 3-13 所示 Custom Style 栏中的各个选项。首先，必须在 Custom Style 栏中选中 Use Custom style 复选框，以激活自定义图纸功能。

Custom Style 栏中其他各项设置的含义如下：

1）Custom Width 编辑框。自定义图纸的宽度，单位为 0.01in。在此定义图纸宽度为 1500。

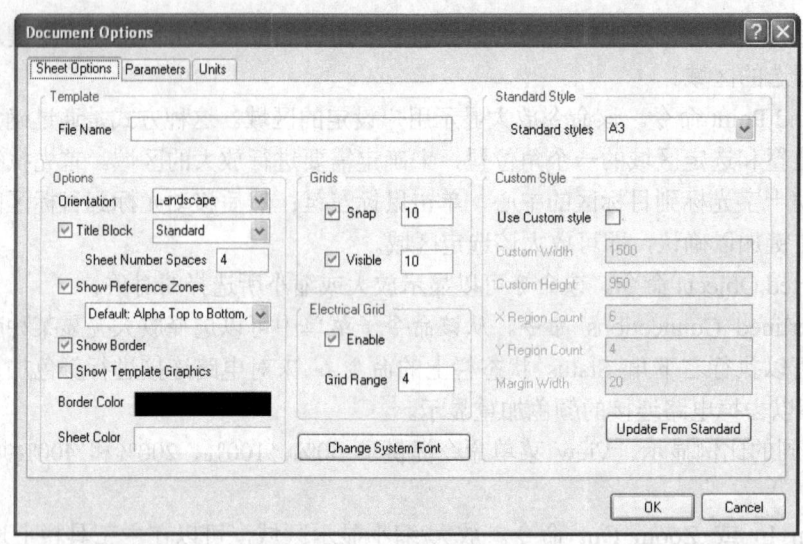

图 3-13 Sheet Options 选项卡

2) Custom Height 编辑框。自定义图纸的高度，在此定义图纸高度为 950。
3) X Region Count 编辑框。X 轴参考坐标分格，在此定义分格数为 6。
4) Y Region Coun 编辑框。Y 轴参考坐标分格，在此定义分格数为 4。
5) Margin Width 编辑框。边框的宽度，在此定义边框宽度为 20。

根据上述参数定义的图纸大小如图 3-14 所示，这样就完成了自定义图纸。

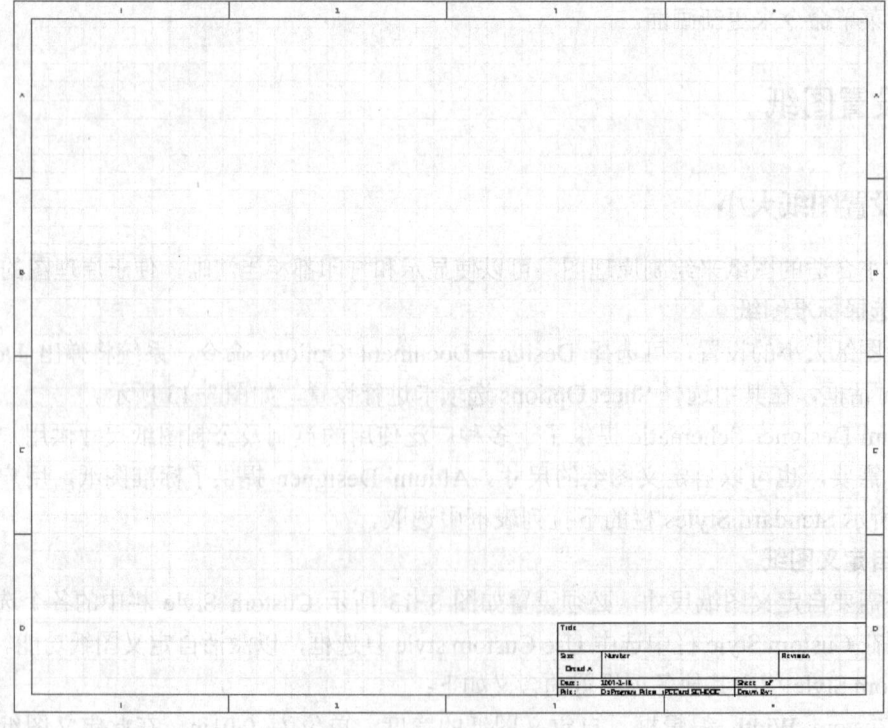

图 3-14 自定义的图纸

### 3.4.2 设置图纸方向

**1. 设置图纸方向**

图纸设置是纵向还是横向以及边框颜色的设置等，也可在图 3-13 所示的对话框中实现。

Schematic 允许原理图图纸在显示及打印时选择为横向（Landscape）或纵向（Portrait）格式。具体设置可在 Options 操作框中的 Orientation（方位）下拉列表框中选取。通常情况下，在绘制及显示时设为横向，在打印时设为纵向。

**2. 设置图纸标题栏**

Altium Designer 提供了两种预先定义好的标题栏，分别是 Standard（标准）和 ANSI 形式，如图 3-15 所示。具体设置可在 Options 操作框中 Title Block（标题块）右边的下拉列表框中选取，如图 3-13 所示，Show Reference Zones 复选框用来设置边框中的参考坐标。如果选择该选项，则显示参考坐标，否则不显示，一般情况下均应该选中。

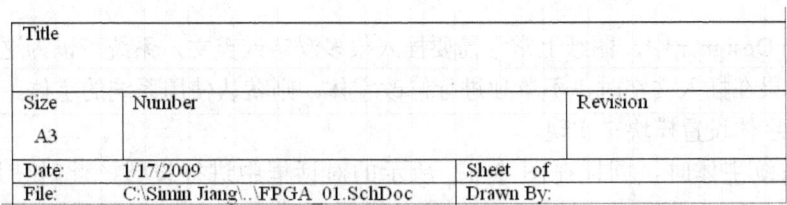

a)

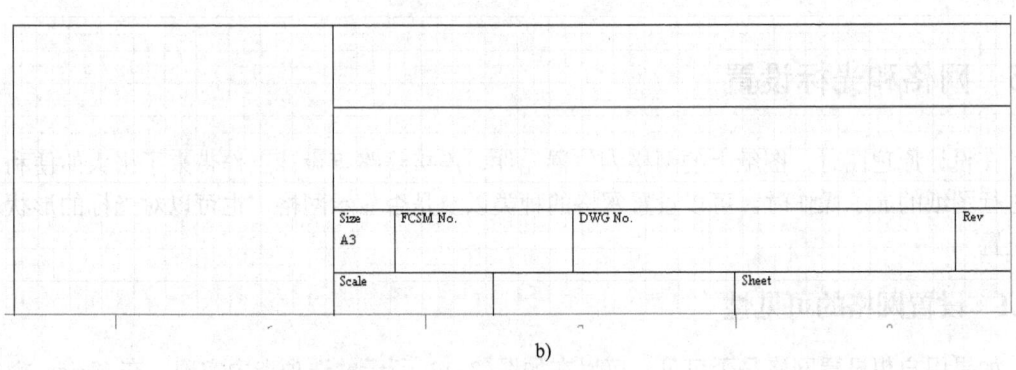

b)

图 3-15 标题栏的形式

a) 标准形式　b) ANSI 形式

Show Border 复选框用来设置是否显示图纸边框，如果选中则显示，否则不显示。当显示图纸边框时，可用的绘图工作区将会比较小，所以要使图纸有最大的可用工作区，可考虑将边框隐藏。不过由于某些打印机和绘图仪不能打印到图纸边框的区域，因此在实际工作中需要多实际测试几次，以决定出真正的可用工作区。另外，Schematic 还允许在打印时以一定的比例缩小输出，以作为补偿。Show Template Graphics 复选框主要设置是否显示画在样板内的图形、文字及专用字符串等。通常，为了显示自定义的标题区域或公司商标之类才选该项。

### 3.4.3 设置图纸颜色

图纸颜色设置，包括图纸边框色（Border Color）和图纸底色（Sheet Color）的设置。

1）在图 3-13 中，Border Color 选择项用来设置图纸边框的颜色，默认设置为黑色。在右边的颜色框中用鼠标左键单击一下，系统将会弹出"Choose Color（选择颜色）"对话框，可通过它来选取新的边框颜色。

2）Sheet Color 选择项用来设置图纸的底色，默认的设置为浅黄色。要变更底色时，请在该栏右边的颜色框上用鼠标双击，打开 Choose Color 对话框，然后选取出新图纸底色。

Choose Color 对话框的 Basic 选项卡中的 Colors 栏列出了当前 Schematic 可用的 239 种颜色，并定位于当前所使用的颜色。如果用户希望变更当前使用的颜色，可直接在 Colors 栏或 Custom colors 栏中用鼠标单击选取。

### 3.4.4 设置系统字体

在 Altium Designer 中，图纸上常常需要插入很多汉字或英文，系统可以为这些插入的字设置字体。如果在插入文字时，不单独进行修改字体，则默认使用系统的字体。系统字体的设置可以使用字体设置模块来实现。

当设置系统字体时，同样在图 3-13 所示的对话框中进行设置，此时使用鼠标单击 Change System Font 按钮，系统将弹出"字体设置"对话框，此时就可以设置系统的默认字体。

## 3.5 网格和光标设置

在设计原理图时，图纸上的网格为放置元件、连接线路等设计工作带来了极大的便利。在进行图纸的显示操作时，可以设置网格的种类以及是否显示网格，也可以对光标的形状进行设置。

### 3.5.1 设置网格的可见性

如果用户想设置网格是否可见，可以在如图 3-13 所示的选项卡中实现。在 Grids 操作框中对 Snap 和 Visible 两个复选框来操作，就可以设置网格的可见性。

（1）Snap 复选框

这项设置可以改变光标的移动间距，选中此项表示光标移动时以 Snap 右边的设置值为基本单位移动，系统默认值为 10 mil；不选此项，则光标移动时以 1mil 为基本单位移动。

（2）Visible 复选框

选中此项表示网格可见，可以在其右边的设置框内输入数值来改变图纸网格间的距离，图 3-13 中表示网格间的距离为 10 mil；不选此项表示在图纸上不显示网格。

如果将 Snap 和 Visible 设置成相同的值，那么光标每次移动一个网格；如果将 Visible 设置为 20mil，而将 Snap 设置为 10mil 的话，那么光标每次移动半个网格。

## 3.5.2 电气网格

在如图 3-13 所示对话框的 Electrical Grid 操作框中,其操作项与设置电气网格有关。如果选中 Enable 复选框,则在画导线时,系统会以 Grid 中设置的值为半径,以光标所在位置为中心,向四周搜索电气节点。如果在搜索半径内有电气节点的话,就会将光标自动移到该节点上,并且在该节点上显示一个圆点;如果取消该项功能,则无自动寻找节点的功能。Grid Range(节点范围)设置框可以用来设置搜索半径。

注意:设置网格是否可见,还可以执行 View→Grids→Toggle Visible Grid 命令来实现,如果当前没有显示网格,则执行该命令就可以显示网格。另外 View→Grids→Snap Grid 和 Electrical Grid 命令选项与上面对应讲述的功能一致。

## 3.5.3 设置光标

光标是指在画图、放置元件和连接线路时的光标形状。设置光标可以选择执行菜单 Tools→Preferences 命令,系统弹出如图 3-16 所示的 Preferences 对话框,选取 Graphical Editing 选项卡。关于系统(System)在第 2 章已经讲过。

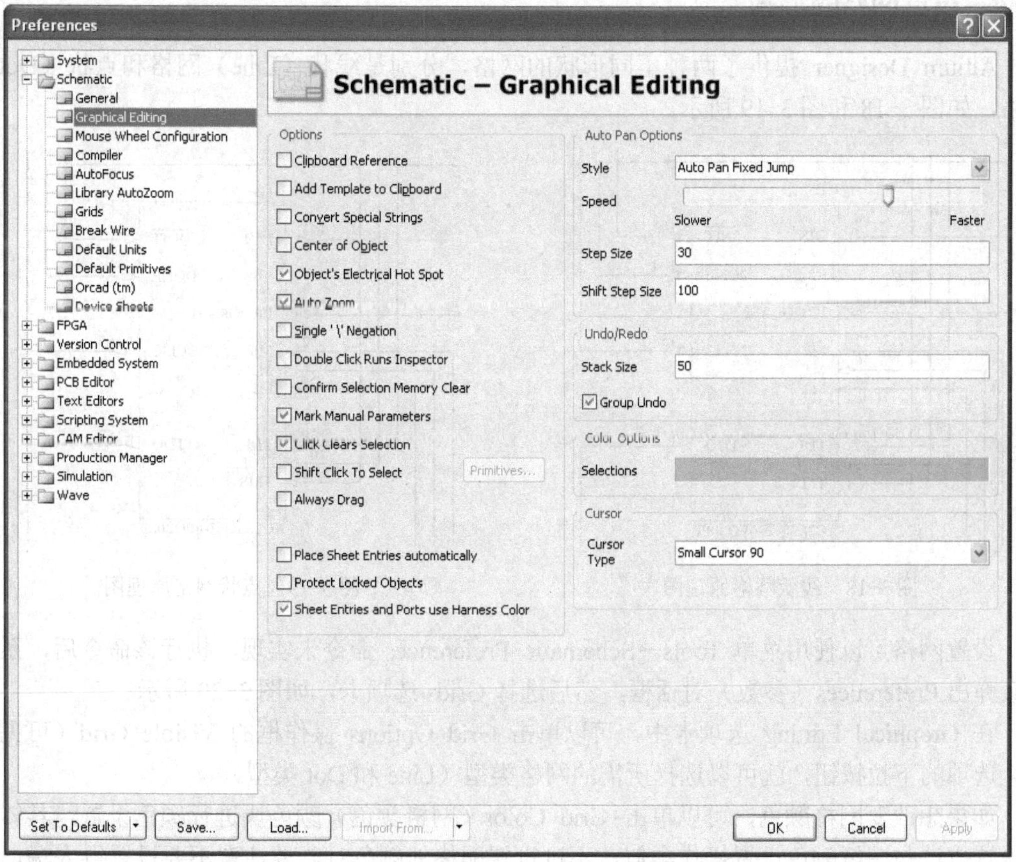

图 3-16 Preferences 对话框

接下来，单击 Cursor 操作框中的 Cursor Type（光标类型）操作选项框右边的下拉按钮，在下拉列表中可以选择光标类型，系统提供了 Large Cursor 90（90°大光标）、Small Cursor 90（90°小光标）、Small Cursor 45（小的45°光标）和 Tiny Cursor 45（微小的45°光标）4 种光标类型，如图 3-17 所示。

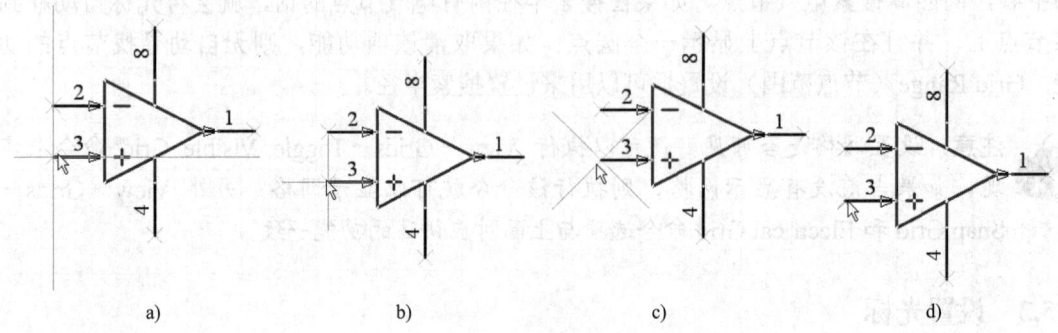

图 3-17 光标类型

a) 90°大光标　b) 90°小光标　c) 小 45°光标　d) 微小 45°光标

### 3.5.4 设置网格的形状

Altium Designer 提供了两种不同形状的网格，分别是线状（Line）网格和点状（Dot）网格，如图 3-18 和图 3-19 所示。

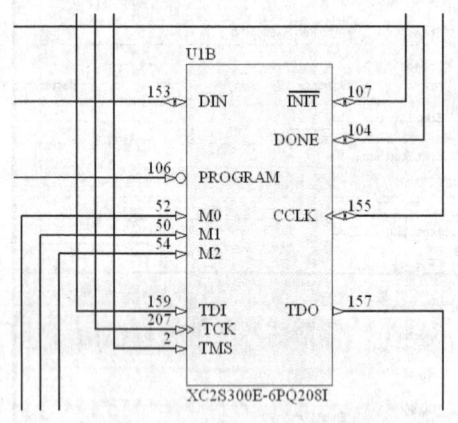

图 3-18 线状网格原理图

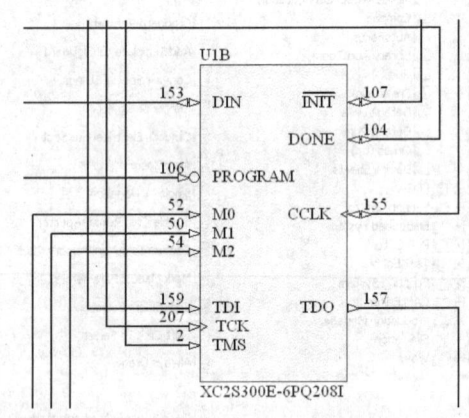

图 3-19 点状网格原理图

设置网格可以使用菜单 Tools→Schematic Preferences 命令来实现，执行该命令后，系统将会弹出 Preferences（参数）对话框，然后选择 Grids 选项卡，如图 3-20 所示。

在 Graphical Editing 选项卡中，可以单击 Grid Options 操作框的 Visible Grid（可见网格）选项的下拉按钮，就可以选择所需的网格类型（Line 和 Dot 类型）。

如果想改变网格颜色，可以单击 Grid Color（网格颜色）颜色块进行颜色设置。具体颜色设置方法与图纸颜色设置操作类似，不过设置网格的颜色时，要注意不要设置得太深，否则会影响后面的绘图工作。

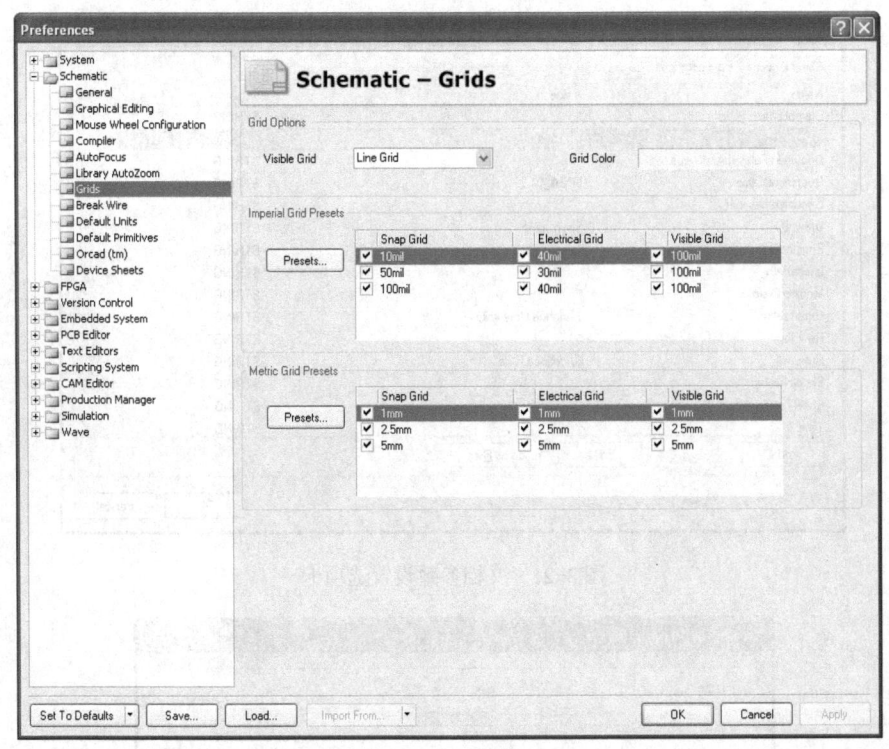

图 3-20 Preferences 对话框 Grid 选项卡

另外还可以选择 Snap Grid（网格）和 Electrical Grid（电气网格）的大小，并且可以分别选择其可见性。

另外，还可以使用网格设置子菜单（如图 3-11 所示）来显示和设置网格。Set Snap Grid 命令可设置网格的间距。

## 3.6 文档参数设置

张原理图的文档属性对电路设计十分重要。设置文档属性可以执行 Design→Options 命令，系统将弹出如图 3-5 所示的 Document Options 对话框，然后选择其 Parameters（文档参数设置）选项卡，如图 3-21 所示。在该选项卡中，可以分别设置文档的各个参数属性，比如设计公司名称、地址，图样的编号以及图样的总数，文件的标题名称、日期等。

具有这些参数的设计对象可以是一个元件、元件的管脚和端口、原理图的符号、PCB 指令或参数集。每个参数均具有可编辑的名称和值。使用 Add（添加）按钮可以向列表中添加新的参数属性，使用 Remove 按钮可以从列表中移去一个参数属性，使用 Edit 按钮可以编辑一个已经存在的属性。

例如：如果一个参数将被用作 PCB 指令，该 PCB 指令是用于相关的 PCB 文档，则可以单击 Edit 按钮进行设置，如图 3-22 所示的参数属性设置对话框，选中 Visible 复选框可以使该参数可见。这些 PCB 指令将附在一个原理图中，当设计信息被转换为相对应的 PCB 文档时，则该设计规则会被更新。

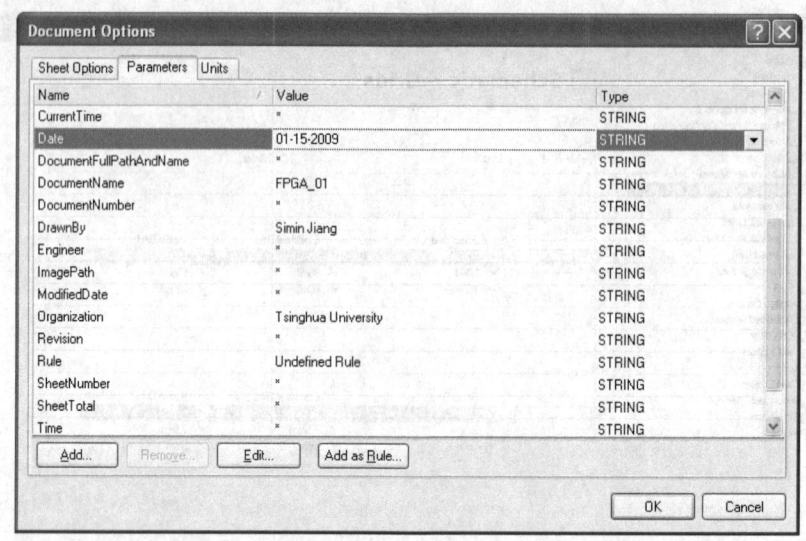

图 3-21 文档参数设置选项卡

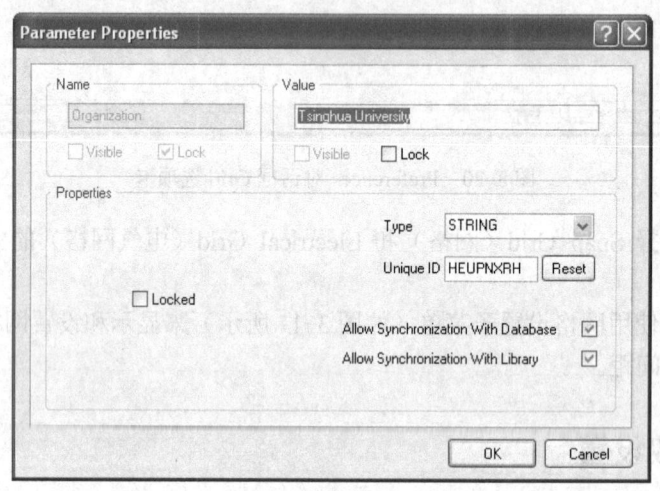

图 3-22 参数属性设置对话框

> **注意**：在文档参数列表中定义的属性主要是用作特殊的字符串，并且它们是专门用于原理图的标题块。

## 3.7 设置原理图的环境参数

一张原理图绘制的效率和正确性，常常与环境参数设置有重要的关系。设置原理图的环境参数可以通过执行 Tools→Schematic Preferences 命令来实现，执行该命令后，系统将弹出如图 3-23 所示的参数设置对话框。通过该对话框可以分别设置原理图环境、图形编辑环境以及默认基本单元等，这些分别可以通过 Schematic 中的 Graphical Editing 选项卡和 Compiler 等选项卡实现。下面分别对这三个选项卡的操作进行讲解。

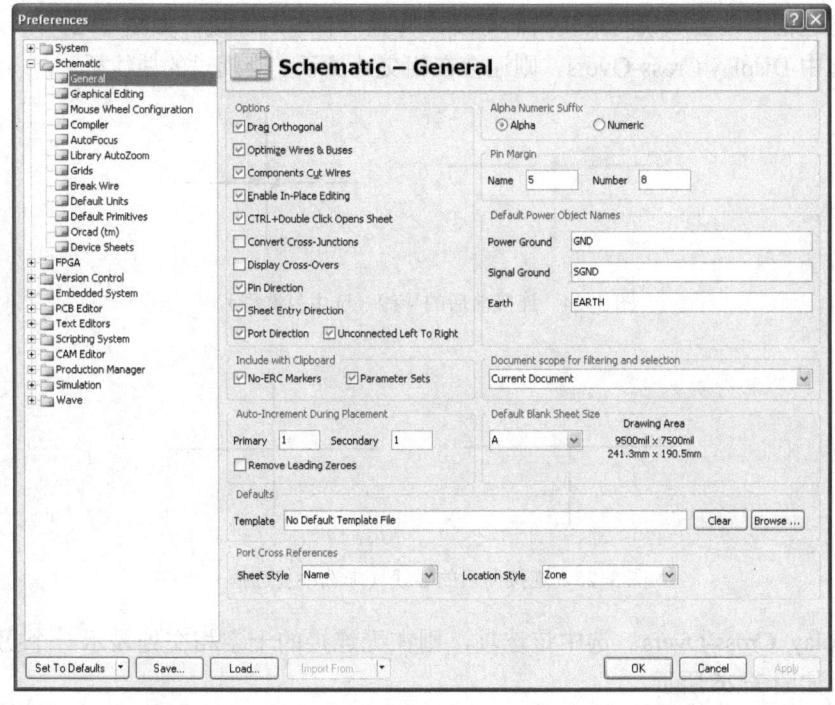

图 3-23　参数设置对话框

## 3.7.1 设置原理图环境

原理图环境设置通过 Schematic 中的 General 选项卡来实现，如图 3-23 所示，该选项卡可以设置的参数如下。

（1）Options

选项设置，该操作框复选框的意义分别如下：

- Drag Orthogonal。选中该复选框后，则只能以正交方式拖动或插入元件，或者绘制图形对象，如果不选中该复选框，则以环境所设置的分辨率拖动对象。
- Optimize Wires & Buses。选中该复选框后，可以防止多余的导线、多段线或总线相互重叠，即相互重叠的导线和总线等会被自动去除。
- Components Cut Wires。如果选中了 Optimize Wires & Buses 复选框，则 Components Cut Wires 选项也可以操作。选中 Components Cut Wires 复选框后，可以拖动一个元件到原理图导线上，导线被切割成两段，并且各段导线能自动连接到该元件的敏感管脚上。
- Enable In-Place Editing。选中该复选框后，用户可以对嵌套对象进行编辑，即可以对插入的链接对象实现编辑。
- CTRL+Double Click Opens Sheet。选中该选项后，则双击原理图中的符号（包括元件或子图），则会选中元件或打开对应的子图，否则会弹出属性对话框。
- Convert Cross-Junctions。选中该选项后，当用户在 T 字连接处增加一段导线形成 4 个方向的连接时，会自动产生两个相邻的三向连接点，如图 3-24 所示。如果没选中该复选框,则会形成两条交叉的导线,并且没有电气连接,如图 3-25 所示,如果此时选中 Display Cross-Overs,则还会在相交处显示一个拐过的曲线桥。

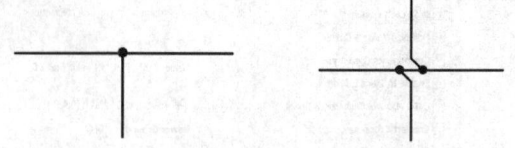

图 3-24 连接前后的导线(选中复选框)

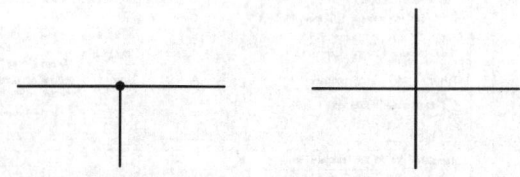

图 3-25 连接前后的导线(未选中复选框)

- Display Cross-Overs。选中该选项,则在无连接的十字相交处显示一个拐过的曲线桥,如图 3-26 所示。
- Pin Direction。选中该选项后,在原理图中会显示元件引脚的方向,如图 3-27 所示,引脚的方向由一个三角符号表示。
- Sheet Entry Direction。选中该选项后,则层次原理图中入口的方向会显示出来,否则只显示入口的基本形状,即双向显示。

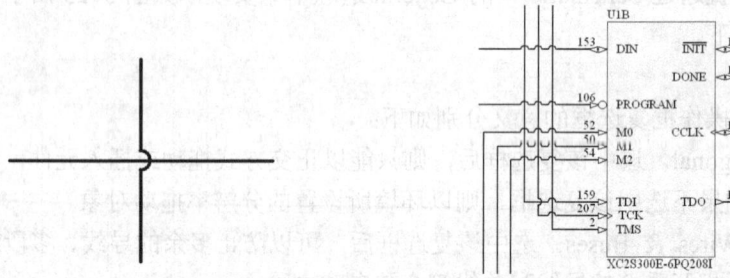

图 3-26 十字连接相交处的曲线桥　　图 3-27 显示元件引脚的方向

- Port Direction。选择该选项,则端口属性对话框中样式(Style)的设置被 I/O 类型选项所覆盖。
- Unconnected Left To Right。该选项只有在选择了 Port Direction 后才有效。当选中该选项后,原理图中未连接的端口将显示为由左到右的方向。

(2) Alpha Numeric Suffix

设置多元件流水号的后缀,有些元件内部是由多个元件组成的,比如 74LS04 就是由 6 个非门组成,则通过该编辑框就可以设置元件的后缀。

- Alpha。选中该单选按钮,则后缀以字母显示,如 A、B 等,图 3-28 所示为选中该单选按钮时的后缀显示。

- Numeric。选中该单选按钮，则后缀以数字显示，如 1、2 等，如图 3-29 所示为选中该单选按钮时的后缀显示。

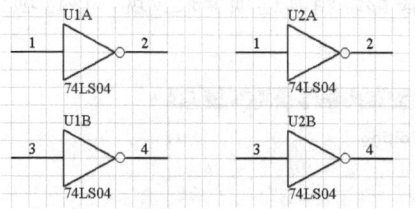
图 3-28　以字母显示后缀

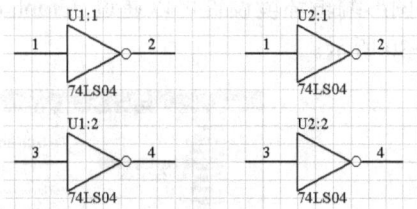
图 3-29　以数字显示后缀

（3）Pin Margin。

设置引脚选项，通过该操作项可以设置元件的引脚号和名称离边界（元件的主图形）的距离。

- Name。在该编辑框输入的值，可以设置引脚名称离元件边界的距离。
- Number。在该编辑框输入的值，可以设置引脚号离元件边界的距离。

（4）Default Power Object Names

该操作框中各操作项用来设置默认的电源或接地名称。

- Power Gound。该编辑框用来设置电源地名称，如 GND。
- Signal Gound。该编辑框用来设置信号地名称，如 SGND。
- Earth。该编辑框用来设置参考大地的名称，如 EARTH。

（5）Include with Clipboard

该操作框的各操作项用来设置粘贴和打印时的相关属性。

- No-ERC Markers。当选中该选项，则复制设计对象到剪贴板或打印时，会包括非 ERC 标记。
- Parameter Sets。当选中该选项，则复制设计对象到剪贴板或打印时，会包括参数集。

（6）Document scope for filtering and selection

该操作框用来选择应用到文档的过滤和选择集的范围，可以分别选择应用到当前文档或任意打开的文档。

（7）Auto-Increment During Placement

该操作框用来设置放置元件时，元件号或元件引脚号的自动增量大小。

- Primary。设置该项的值后，则在放置元件时，元件号会按设置的值自动增加。
- Secondary。该选项在编辑元件库时有效。设置该项的值后，则在编辑元件库时，放置的引脚号会按照设定的值自动增加。

（8）Default Blank Sheet Size

该操作框用来设置默认的空白原理图的图纸大小。用户可以在其下拉列表中选择。在下一次新建原理图文件时，就会选择默认图纸大小。

（9）Defaults

该操作框用来设置默认的模板文件，当设置了该文件后，下次进行新的原理图设计时，就会调用该模板文件来设置新文件的环境变量。单击 Browse 按钮可以从一个对话框中选择模板文件，单击 Clear 按钮则可以清除模板文件。

### 3.7.2 设置图形编辑环境

图形编辑环境设置可以通过 Graphical Editing（图形编辑）选项卡来实现，该选项卡如图 3-30 所示。

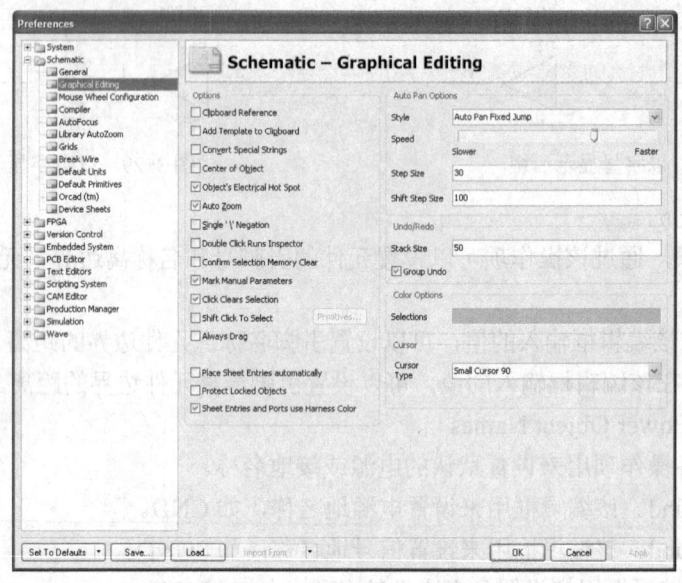

图 3-30 图形编辑选项卡

**（1）Options**

选项操作框，可用来设置图形编辑环境的一些基本参数，分别介绍如下：

- Clipboard Reference。剪贴板参考，选中该复选框后，则当用户执行 Edit→Copy 或 Cut 命令时，将会被要求选择一个参考点，这对于复制一个将要粘贴回原来位置的原理图部分时很重要，该参考点将是粘贴时被保留部分的点，建议用户也选中该复选框。
- Add Template to Clipboard。添加模板到剪贴板，选中该复选框后，则当用户执行 Edit→Copy 或 Cut 命令时，系统将会把模板文件添加到剪贴板上。建议用户也选中该复选框，以便保持环境的一致性。
- Convert Special Strings。转换特殊字符串，选中该复选框后，用户将可以在屏幕上看到特殊字符串的内容。
- Center of Object。选中该复选框后，可以使对象通过参考点或对象的中心进行移动或拖动。
- Object's Electrical Hot Spot。选中该复选框后，可以使对象通过与对象最近的电气节点进行移动或拖动。
- Auto Zoom。选中该复选框，则当插入元件时，原理图可以自动实现缩放。
- Single '\' Negation。选中该复选框后，则可以以'\'表示某字符为非或负。
- Double Click Runs Inspector。选中该复选框后，则在一个设计对象上双击鼠标时，将会激活一个"Inspector（检查器）"对话框，而不是"对象属性"对话框。
- Confirm Selection Memory Clear。选中该复选框后，选择集存储空间可以用于保存一组对象的选择状态。为了防止一个选择集存储空间被覆盖，应该选择该选项。

- Mark Manual Parameters。当用一个点来显示参数时,这个点表示自动定位已经被关闭,并且这些参数被移动或旋转。选择该选项则显示这种点。
- Click Clears Selection。选中该复选框后,则用鼠标单击原理图的任何位置就可以取消设计对象的选中状态。
- Shift Click To Select。当选择该选项后,则必须使用〈Shift〉键,同时使用鼠标才能选中对象。
- Always Drag。当选择该选项后,那么使用鼠标拖动选择的对象时,选择对象之间的电气连接也会保持连接状态。

(2) Color Options

该操作框用来设置所选择的对象和栅格的颜色。Selections 颜色设置项用来设置所选中对象的颜色,默认颜色为绿色。

(3) Auto Pan Options

该操作框中各操作项用来自动移动参数,即绘制原理图时,常常要平移图形,通过该操作框可设置移动的形式和速度。

(4) Cursor

该操作框用来设置光标形式的类型。Cursor Type 选择框可设置光标类型,用户可以设置四种:90°大光标、90°小光标、45°小光标和45°微小光标。

(5) Undo/Redo

设置撤消操作和重操作的最深堆栈次数。设置了该数目后,用户可以执行此数目的撤消和重操作。

选中 Group Undo 复选框后,用户可以对一些组操作进行撤消。

## 3.7.3 设置默认的基本单元

"默认原始环境设置"功能可通过 Default Primitives 选项卡(如图 3-31 所示)来实现。

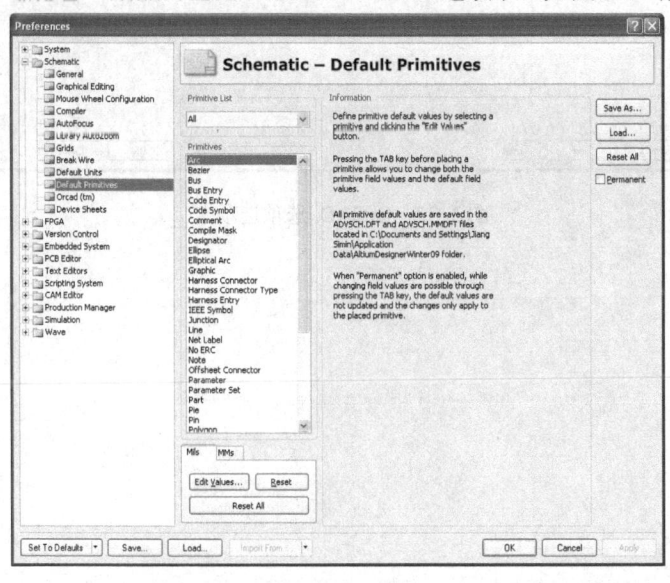

图 3-31 默认原始环境设置选项卡

用户可以通过该选项卡进行对象的默认设置，用户可以在 Primitive List 列表框中选中默认的图元类型（Primitive Type），然后在 Primitives 列表框中选择需要设置的对象，使用鼠标双击选项（或单击 Edit Values 按钮也可，按 Reset 按钮使设置复原）后，系统即可弹出"对象属性设置"对话框，用户设置了各对象的默认属性后，再执行图形绘制或插入元件操作，就会以该设置的默认属性为基准进行操作。

### 3.7.4 OrCAD 选项

- Copy Footprint From/To。该操作框设置 OrCAD 加载选项，当设置了该选项后，用户如果导入 OrCAD 原理图文件，则该设置的域将包含管脚映射信息。
- 选中 OrCAD Ports 复选框，则导入原理图的端口可以被重新改变尺寸大小。

其他选项卡比较简单，如 Compiler（编译器）选项主要用来设置编译警告和错误，以及相关的一些信息。因此在此不一一介绍。

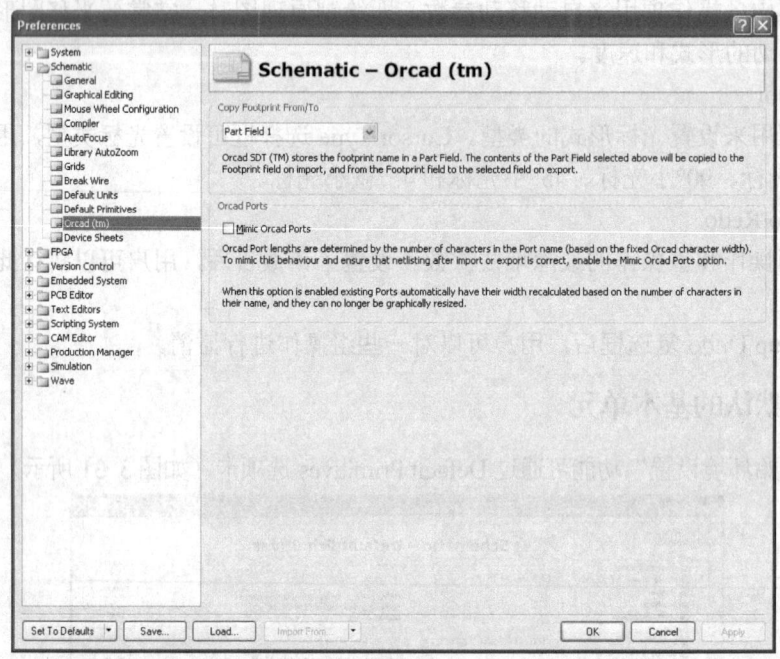

图 3-32 OrCAD 选项选项卡

# 第4章 原理图设计

在前面几章讲述了电路设计的基础知识后,现在可以学习具体的原理图设计。本章主要讲述电子元件的布置、调整、布线、绘图以及元件的编辑等,最后将以一个 FPGA 应用板原理图和一个译码器原理图设计为实例进行讲解。

## 4.1 元件库管理

在向原理图中放置元件之前,必须先将该元件所在的元件库载入系统。如果一次载入过多的元件库,将会占用较多的系统资源,同时也会降低应用程序的执行效率。所以,最好的做法是只载入必要且常用的元件库,其他特殊的元件库在需要时再载入。一般在放置元件时,经常需要在元件库中查找需要放置的元件,所以需要进行元件库的相关操作。

### 4.1.1 浏览元件库

浏览元件库可以执行 Design→Browse Library 命令,系统将弹出如图 4-1 所示的元件库管理器。在元件库管理器中,用户可以装载新的元件库、查找元件、放置元件等。

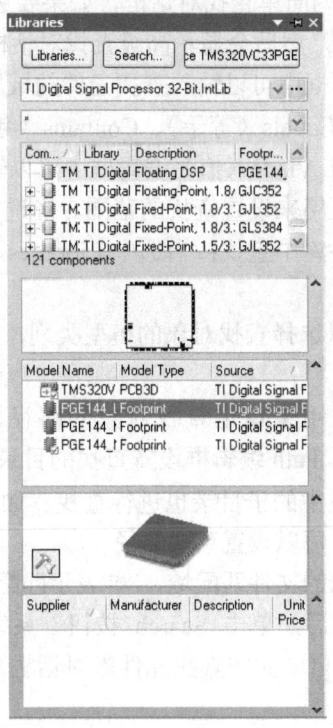

图 4-1 元件库管理器

(1) 查找元件

元件库管理器为用户提供了查找元件的工具。即在元件库管理器中，单击 Search 按钮，系统将弹出如图 4-2 所示的查找元件库对话框，如果执行 Tools→Find Component 命令也可弹出该对话框，在该对话框中，可以设定查找对象以及查找范围。可以查找的对象为包含在.Intlib 文件中的元件。该对话框的操作及使用方法如下：

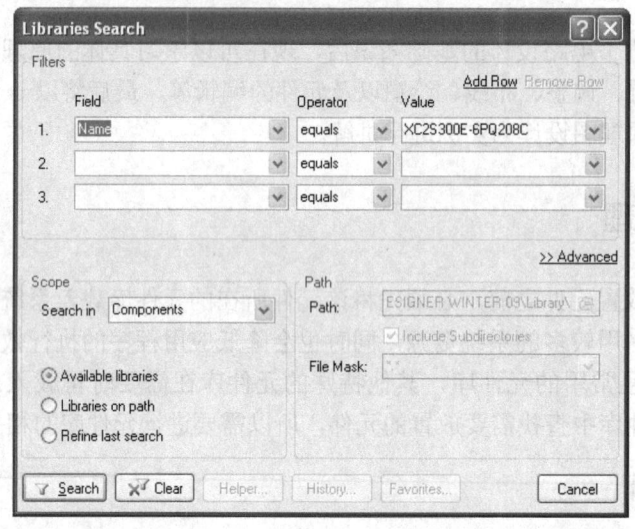

图 4-2  简单查找元件库对话框

1) 简单查找。图 4-2 所示为简单查找对话框，如果要进行高级查找，则单击图 4-2 所示对话框中的"Advanced"按钮，然后会显示高级查找对话框。

- Filters 操作框。在该操作框中可以输入查找元件的域属性，如 Name 等；然后选择操作算子（Operator），如 Equals（等于）、Contains（包含）、Starts With（起始）或者 Ends With（结束）等；在 Vlaue（值）编辑框中可以输入或选择所要查找的属性值。
- Scope 操作框。该操作框用来设置查找的范围。当选中 Available Libraries 单选按钮时，则在已经装载的元件库中查找；当选中 Libraries on Path 单选按钮时，则在指定的目录中进行查找。

Search In 下拉选择列表可以选择查找对象的模型类别，比如是元件库、封装库或 3D 模型库。

- Path 操作框。该操作框用来设定查找对象的路径，该操作框的设置只有在选中 Libraries on Path 时有效。Path 编辑框设置查找的目录，选中 Include Subdirectories 复选框，则包含在指定目录中的子目录也进行查找。如果单击 Path 右侧的按钮，则系统会弹出浏览文件夹，可以设置查找路径。

File Mask 可以设定查找对象的文件匹配域，"*"表示匹配任何字符串。

设置好了查找的内容和范围后，单击 Search 按钮，系统就会开始进行查找。如果查找到该属性设置的元件，则系统会自动关闭查找元件库对话框，并将查找到的元件显示在元件库管理器中。

2) 高级搜索。单击图 4-2 对话框中的"Advanced"按钮，则会显示高级查找元件库对话框，如图 4-3 所示，此时对话框中会出现"Simple"按钮，单击该按钮则可以回到图 4-2 所示的对话框。

在图 4-3 所示最上面的空白编辑框中，可以输入需要查找的元件或封装名称。如本例的 XC2S300E（可以用"*XC2S300E*"方式进行查询包含 XC2S300E 字符的元件名称）。

（2）搜索元件

单击 Search 按钮，Altium Designer 就会在指定的目录中进行搜索。同时图 4-2 或图 4-3 所示的对话框会暂时隐藏，并且图 4-1 所示界面中的 Search 按钮会变成 Stop 按钮。如果需要停止搜索，则可以单击 Stop 按钮。

（3）找到元件

当找到元件后，系统将会在如图 4-4 所示的对话框中显示结果。在上面的信息框中显示该元件名，如本例的 XC2S300E，并显示其所在的元件库名，在中间的信息框中显示该元件的引脚类型，最下面显示元件的图形符号形状和引脚封装形状。

（4）放置元件

查找到需要的元件后，可以将该元件所在的元件库直接装载到元件库管理器中。即在图 4-4 中选择需要放置的那个查找到的元件，然后单击右上方的 Place 按钮即可。后面章节将更加详细地介绍如何放置元件。

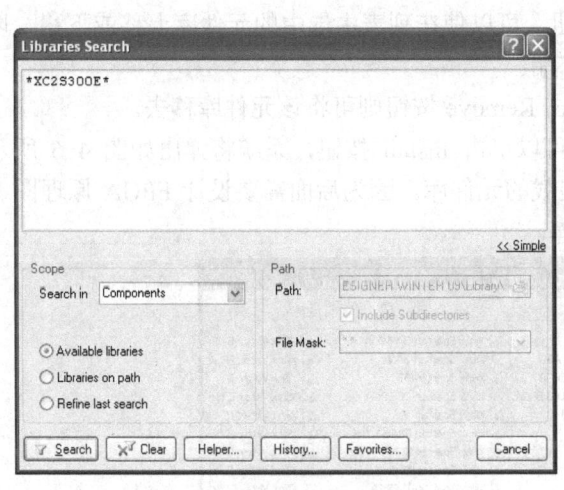

图 4-3 高级查找元件库对话框

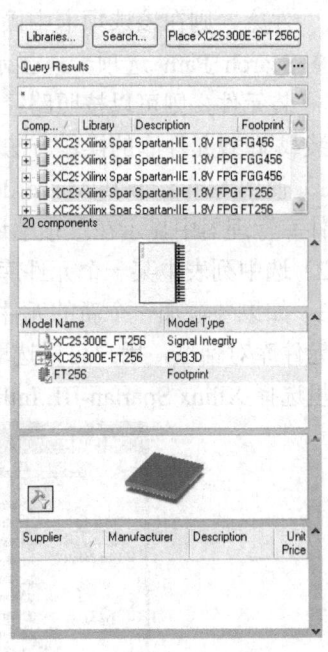

图 4-4 查找元件库的结果显示

### 4.1.2 装载元件库

单击图 4-1 中的 Libraries 按钮，系统将弹出如图 4-5 所示的装载/卸载元件库对话框，通过此对话框就可以装载或卸载元件库。启动装载/卸载元件库对话框也可以直接执行 Design→Add/Remove Library 命令，另外在放置元件过程中也可以启动该对话框。在该对话框中，可以看到有三个选项卡。

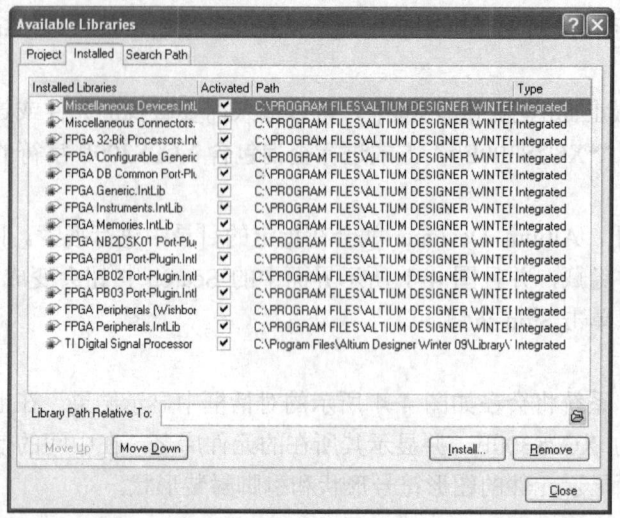

图 4-5 装载/卸载元件库对话框

- Project 选项卡：显示当前项目的 SCH 元件库。
- Installed 选项卡：显示已经安装的 SCH 元件库，一般情况下，如果要装载外部的元件库，则在该选项卡中操作。
- Search Path 选项卡：显示搜索的路径，即如果在当前安装的元件库中没有需要的封装元件，则可以按照路径进行搜索。

装载/卸载元件库的操作方法如下：

1）使用 Move up 和 Move down 按钮，可以使在列表中选中的元件库上移或下移，以便在元件库管理器中显示在最顶端还是最末端。

2）选中列表中某一个元件库后，单击 Remove 按钮则可将该元件库移去。

3）如果要添加一个新的元件库，则可以单击 Install 按钮，系统将弹出如图 4-6 所示的打开元件库对话框，用户可以选取需要装载的元件库。因为后面需要设计 FPGA 原理图，所以这里选择 Xilinx Spartan-IIE.Intlib 元件库。

图 4-6 打开元件库对话框

说明：Altium Designer 已经将各大半导体公司的常用元件分类做成了专用的元件库，只要装载所需元件的生产公司的元件库，就可以从中选择自己所需要的元件。另外有三个常用的库，Sim、Simulation 和 PLD 元件库，前两个包括了一般电路仿真所需要用到的元件，而后一个主要包括逻辑元件设计所要用到的元件。

4）单击 Close 按钮，完成该元件库的装载或卸载操作。将所需要的元件库添加到当前编辑环境中后，元件库的详细列表将显示在元件库管理器中。

## 4.2 放置元件

绘制原理图首先要进行元件的放置。在放置元件时，设计者必须知道元件所在的库，并从中取出或者制作原理图元件，并装载这些必须的元件库到当前设计管理器。本章实例的目的是设计一个 Spartan IIE 的 FPGA 原理图，FPGA 元件为 XC2S300E-6PQ208C。

### 4.2.1 放置元件的方法

放置元件之前，应该选择需要放置的元件，通常可以用下面两种方法来选取元件。

#### 1. 通过输入元件名来选取元件

如果确切知道元件的编号名称，最方便的做法是通过菜单命令 Place→Part 或直接单击布线工具栏上的按钮 ，打开如图 4-7 所示的 Place Part（放置元件）对话框。

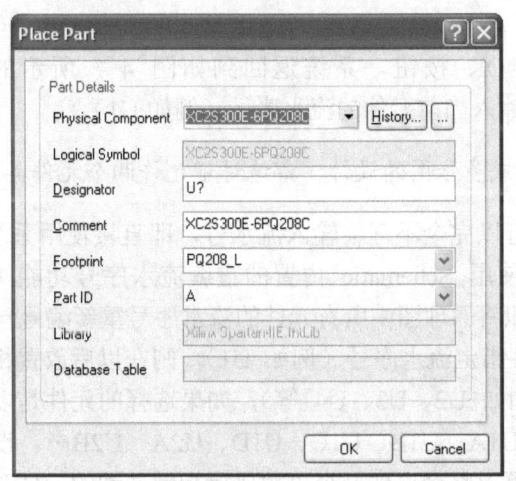

图 4-7　放置元件对话框

（1）选择元件库

单击浏览按钮 ，系统将弹出如图 4-8 所示的浏览元件库对话框，在该对话框中，用户可以选择需要放置的元件的库。

此时也可以在图 4-8 所示对话框中单击按钮 加载元件库，此时系统会弹出如图 4-5 所示的装载/卸载元件库对话框，具体操作参考 4.1 节。

单击"Find"按钮可以打开如图 4-2 所示的查找元件库对话框，具体操作请参考 4.1 节。

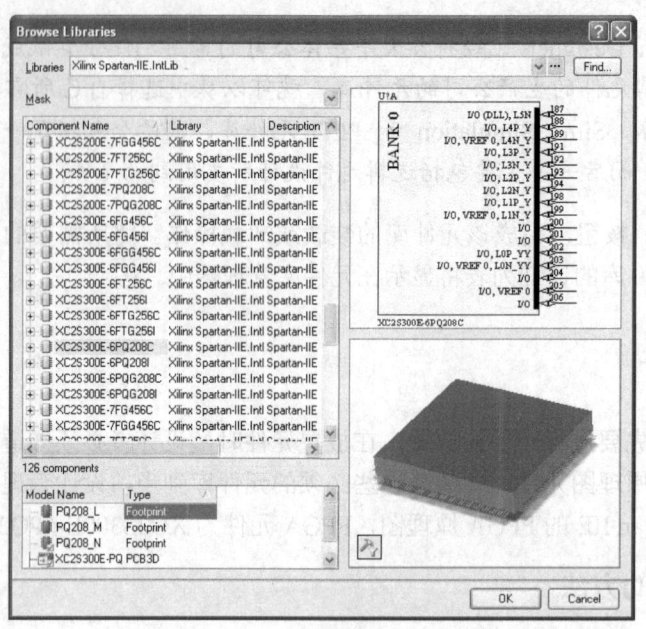

图 4-8 浏览元件库对话框

（2）选择元件

选择了元件库后，可以在"Component Name"列表中选择需要的元件，在预览框中可以查看元件图形。

（3）输入流水号

选择了元件后单击 OK 按钮，系统返回到如图 4-7 所示的对话框，此时可以在"Designator"编辑框中输入当前元件的流水序号（例如 U1）。

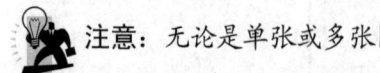注意：无论是单张或多张图的设计，都绝对不允许两个元件具有相同的流水序号。

在当前的绘图阶段可以完全不理会输入流水号，即直接使用系统的默认值"U?"。等到完成电路全图之后，再使用 Schematic 内置的重编流水序号功能（通过菜单命令 Tools→Annotate），就可以轻易地将原理图中所有元件的流水序号重新编号一次。

假如现在为这个元件指定流水序号（例如 U1），则在以后放置相同形式的元件时，其流水序号将会自动增加（例如 U2、U3、U4 等），如果选择的元件是多个子模块集成的话，系统自动增加的顺序则是：U1A、U1B、U1C、U1D、U2A、U2B……。设置完毕后，单击上述对话框中的 OK 按钮，屏幕上将会出现一个可随鼠标指针移动的元件符号，请将它移到适当的位置，然后单击鼠标左键使其定位即可。

（4）元件注释

在 Comment 编辑框中可以输入该元件的注释，本实例元件注释为 XC2S300E-6PQ208C，这将会显示在图上，如图 4-9 所示。

（5）封装类型显示

在 Footprint 框中显示了元件的封装类型。

（6）元件的子模块选择

如果元件由多个子模块集成的话，可以在 Part ID 下拉列表中选择需要放置的模块。比如

FPGA 元件 XC2S300E-6PQ208C 具有 12 个子模块 A、B、C、D、…、L。

完成放置一个元件的动作之后，系统会再次弹出 Place Part（放置元件）对话框，等待输入新的元件编号。假如现在还要继续放置相同形式的元件，就直接单击按钮，新出现的元件符号会依照元件封装自动地增加流水序号。如果不再放置新的元件，可直接单击 Cancel 按钮关闭对话框，放置了 XC2S300E-6PQ208C 的几个子模块后的图形如图 4-9 所示。

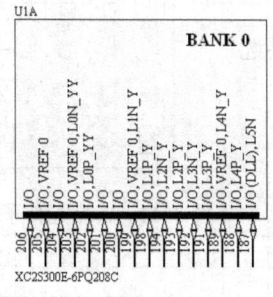 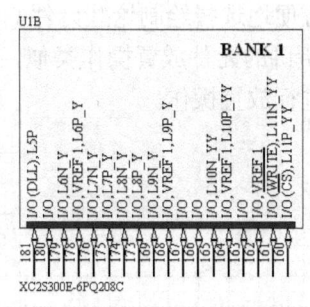 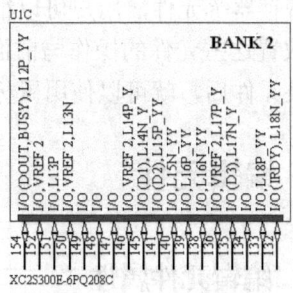

图 4-9 放置了 FPGA 元件后的局部

 **技巧**：当放置一些标准元件或图形时，可以在绘制前调整位置，调整的方法为：在选择了元件，但还没有放置前，按住〈Space〉键，即可旋转元件，此时可以选择需要的角度放置元件。如果按〈Tab〉键，则会进入元件属性对话框，用户也可以在属性对话框中进行设置，这将在本章后面讲解。

### 2. 从元件库管理器的元件列表中选取

另外一种选取元件的方法是直接从元件列表中选取，该操作必须通过设计库管理器窗口的元件库管理列表来进行。下面以示例讲述如何从元件库管理面板中再选取一个 XC2S300E 元件。

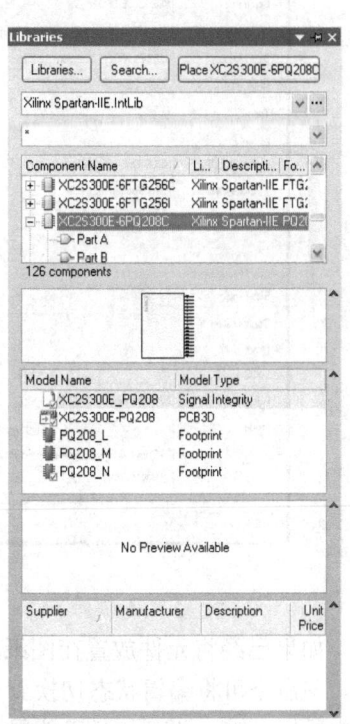

如图 4-10 所示，首先在面板上 Libraries 栏的下拉列表框中选取 Xilinx Spartan-IIE.IntLib 库，如果没有加载该库，则先将该元件库装载到当前设计文档中。然后在零件列表框中使用滚动条找到"XC2S300E-6PQ208C"，并选定它。单击鼠标右键，从快捷菜单中选择 Place 命令，此时屏幕上会出现一个随鼠标指针移动的元件图形，将它移动到适当的位置后单击鼠标左键使其定位即可。也可以直接在元件列表中用鼠标左键双击"XC2S300E-6PQ208C"将其放置到原理图中，这样可更方便些。具体放置位置可以根据设计要求来定。

如果从元件库管理器中选中该元件，再放置到原理图中的话，则流水号为"U?"，用户可以单击〈Tab〉键进入元件属性对话框设置流水号。如果不再继续放置元件，则可以单击鼠标右键结束该命令的操作。

图 4-10 从元件库管理器中选择元件

### 4.2.2 使用工具栏放置元件

用户不仅可以使用元件库来实现放置元件，系统还提供了一些常用的元件，这些元件可以使用 Utilities 工具栏的常用元件子菜单来选择装载。常用元件子菜单如图 4-11 所示。

常用元件子菜单为用户提供了常用规格的电阻、电容、与非门、寄存器等元件，用户可以很方便地选择绘制这些元件。

放置这些元件的操作与前面所讲的元件放置操作类似，只要选中了某元件后，就可以使用鼠标进行放置操作。

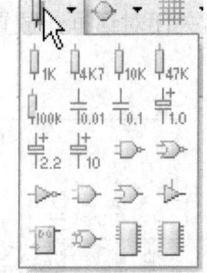

图 4-11　常用元件子菜单

## 4.3　编辑元件

### 4.3.1　编辑元件属性

Schematic 中所有的元件对象都具有自身的特定属性，在设计绘制原理图时常常需要设置元件的属性。在真正将元件放置在图纸上之前，元件符号可随鼠标移动，如果按下〈Tab〉键就可以打开如图 4-12 所示的 Component Properties（元件属性）对话框，可在此对话框中编辑元件的属性。

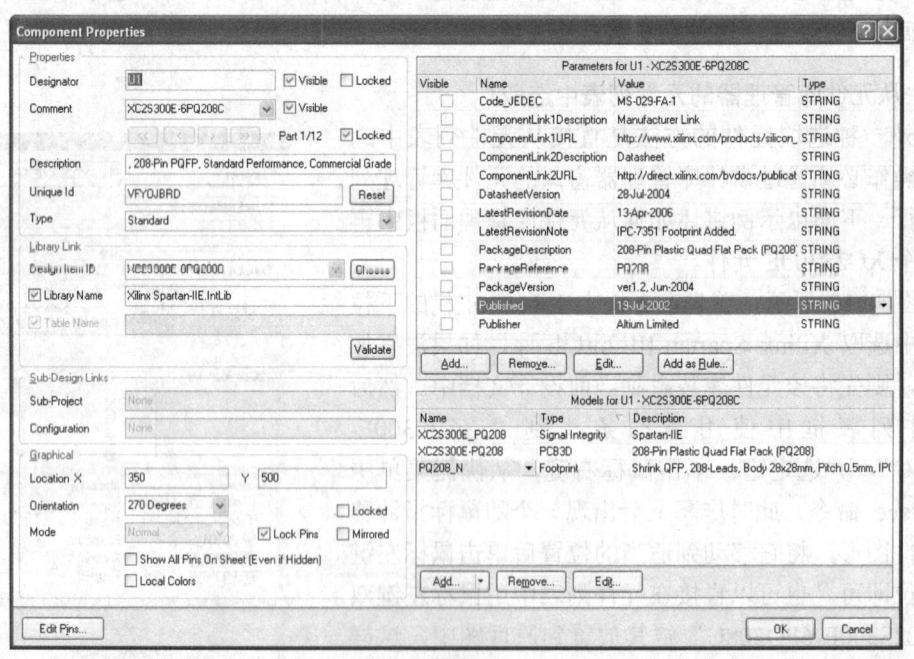

图 4-12　元件属性对话框

如果已经将元件放置在图纸上，要更改元件的属性，可以执行 Edit→Change 命令来实现。该命令可将编辑状态切换到对象属性编辑模式，此时只需将鼠标指针指向该对象，然后单击鼠标左键，即可打开元件属性对话框。另外，还可以直接在元件的中心位置，使用鼠标双击元件，也可以弹出元件属性对话框，然后用户就可以进行元件属性编辑操作。

（1）Properties（属性）操作框

该操作框中的内容包括以下选项：

- Designator。元件在原理图中的流水序号，选中其后面的 Visible 复选框，则可以显示该流水号，否则不显示。
- Comment。该编辑框可以设置元件的注释，如前面放置的元件注释为 XC2S300E-6PQ208C，可以选择或者直接输入元件的注释，选中其后面的 Visible 复选框，则可以显示该注释，否则不显示。
- 对于有多个相同或不相同的子模块组成的元件，如 XC2S300E-6PQ208C 具有 12 个子模块，一般以 A、B、C、…、K、L 来表示，此时可以选择 « ‹ › » 按钮来设定。
- Description。该编辑框为元件属性的描述。
- Unique Id。设定该元件在设计文档中的 ID，是唯一的。
- Type。选择元件类型，从下拉列表中选取。Standard 表示元件具有标准的电气属性；Mechanical 表示元件没有电气属性，但会出现在 BOM 表（材料表）中；Graphical 表示元件不会用于电气错误的检查或同步；Tie Net in BOM 表示元件短接了两个或多个不同的网络，并且该元件会出现 BOM 表中；Tie Net 表示元件短接了两个或多个不同的网络，该元件不会出现 BOM 表中；Standard(No BOM)表示该元件具有标准的电气属性，但是不会包括在 BOM 表中。

（2）Library Link

在该编辑框中，可以选择设置元件库名称和设计单元的 ID。

- Design Item ID。在元件库中所定义的元件名称。
- Library Name。元件所在的元件库。

（3）Sub-Design Links

在该编辑框中，可以输入一个连接到当前原理图元件的子设计项目。子设计项目可以是一个可编程的逻辑元件，或者是一张子原理图。

（4）Graphical 属性操作框

该操作框显示了当前元件的图形信息，包括图形位置、旋转角度、填充颜色、线条颜色、引脚颜色以及是否镜像处理等。

- 用户可以在 Location X 和 Y 编辑框中修改 X、Y 位置坐标，移动元件位置。Orientation 选择框可以设定元件的旋转角度，以旋转当前编辑的元件。用户还可以选中 Mirrored 复选框，将元件镜像处理。
- Show All Pins on Sheet(Even if Hidden)。是否显示元件的隐藏引脚，选择该选项可以显示元件的隐藏引脚。
- Mode。在该下拉列表中可以选择元件的替代视图，如果该元件具有替代视图，则会显示该下拉列表有效。
- Local Colors。选中该选项，可以显示颜色操作，即进行填充颜色、线条颜色、引脚颜色设置操作，如图 4-13 所示。

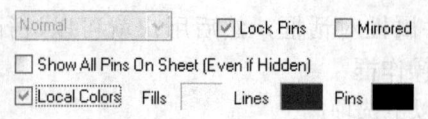

图 4-13 选中 Local Colors 复选框后的操作界面

- Lock Pins。选中该选项,可以锁定元件的引脚,此时引脚无法单独移动,否则引脚可以单独移动。

(5)元件参数(Parameters)

在图 4-12 所示对话框的右侧为元件参数列表,其中包括一些与元件特性相关的参数,用户也可以添加新的参数和规则。如图 4-14 所示,如果选中了某个参数左侧的复选框,则会在图形上显示该参数的值,如图 4-15 所示的元件即显示了前面选定的参数值。可以单击 Add 按钮添加参数属性,或者单击 Remove 按钮移去参数属性;选中某项属性,然后单击 Edit 按钮则可以对该属性进行编辑;用户还可以选择某属性后,单击 Add as Rule,将所选择属性设为一个规则。

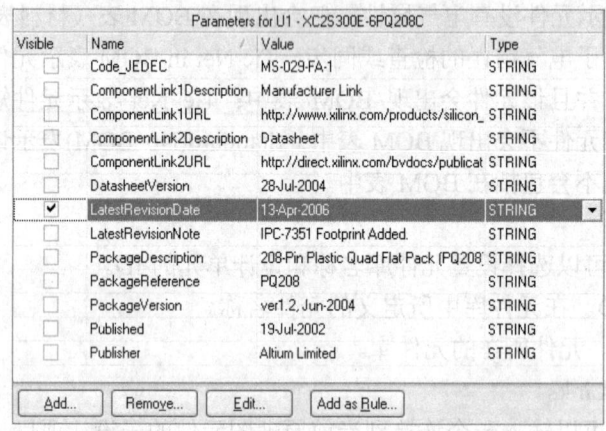

图 4-14 元件参数列表

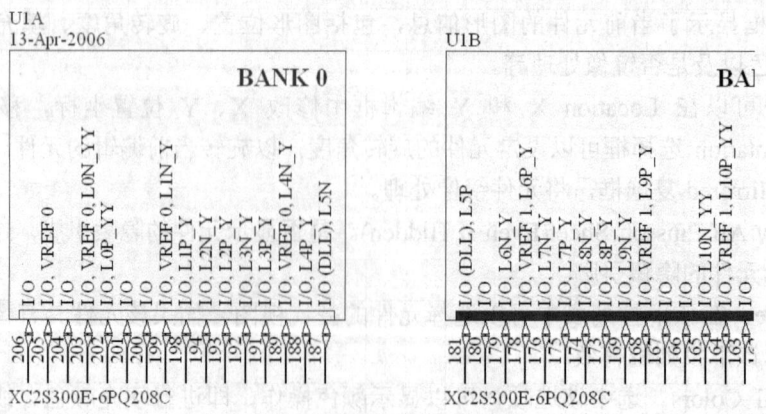

图 4-15 显示了参数值的元件

（6）元件的模型列表（Models）

在图 4-12 所示对话框的右下侧为元件的模型列表，其中包括一些与元件相关的封装类型、三维模块和仿真模型，用户也可以添加新的模型。

## 4.3.2 设置元件的封装

在原理图绘制时，每个元件都应该具有封装模型，如果要进行电路信号仿真的话，那么还需要具有仿真模型，当生成 PCB 图时，如果要进行信号完整性分析，则还应该具有信号完整性模型的定义。

当绘制原理图时，对于不具有这些模型属性的元件，可以直接向元件添加这些属性。下面以封装模型和仿真模型属性为例，讲述如何向元件添加这些模型属性。

1）在 Models 编辑框中，单击 Add 按钮，系统会弹出如图 4-16 所示的对话框，在该对话框的下拉列表中，选择 Footprint 模式。

2）单击图 4-16 所示的 OK 按钮，系统将弹出如图 4-17 所示的 PCB Model 对话框，在该对话框中可以设置 PCB 封装的属性。在 Name 编辑框中可以输入封装名，Description 编辑框可以输入封装的描述。

单击 Browse 按钮可以选择封装类型，系统弹出如图 4-18 所示的对话框，此时可以选择封装类型，然后单击 OK 按钮即可，如果当前没有装载需要的元件封装库，则可以单击图 4-18 中的按钮 装载一个元件库，或单击 Find 按钮进行查找，具体操作可以参考 4.1 节。如果查找到所需要的元件封装的话，封装名会显示在如图 4-18 所示的对话框中，然后可以选择其中一个元件所对应的封装即可。

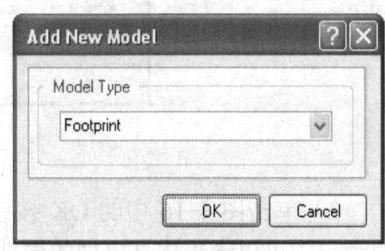

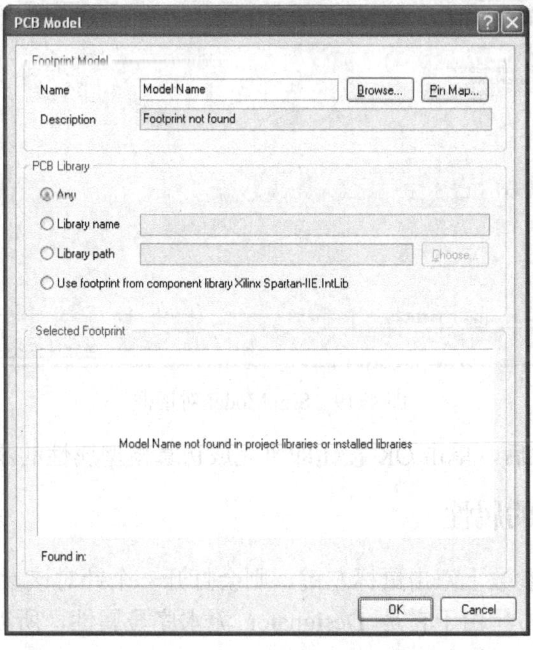

图 4-16　添加新的模型对话框

图 4-17　PCB Model 对话框

### 4.3.3 设置仿真属性

1）在 Models 编辑框中，单击 Add 按钮，系统会弹出如图 4-16 所示的对话框，在该对话框的下拉列表中，选择 Simulation 模式。

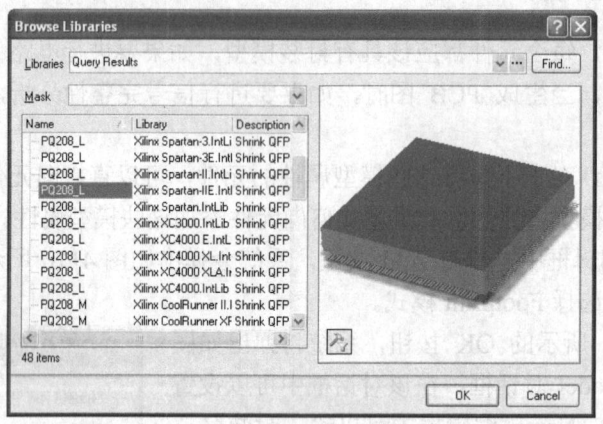

图 4-18 浏览封装库对话框

2）单击图 4-16 中的 OK 按钮，系统将弹出如图 4-19 所示的 Sim Model 对话框，在该对话框中可以设置仿真模型的属性。具体的设置可以参考第 10 章关于电路仿真的讲解。

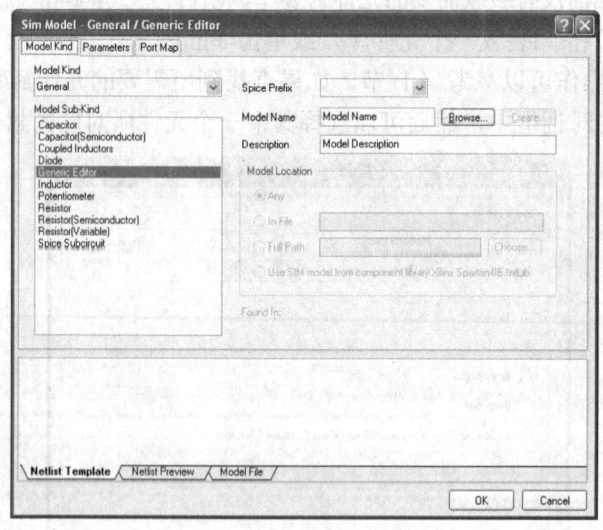

图 4-19 Sim Model 对话框

3）设置好仿真属性后，单击 OK 按钮即可完成仿真模型属性的添加。

### 4.3.4 编辑元件参数的属性

如果在元件的某一参数上双击鼠标左键，则会打开一个针对该参数属性的对话框。例如在显示文字 U1A 上双击，由于它是 Designator 流水序号属性，所以出现对应的 Parameter Properties（参数属性）对话框，如图 4-20 所示。

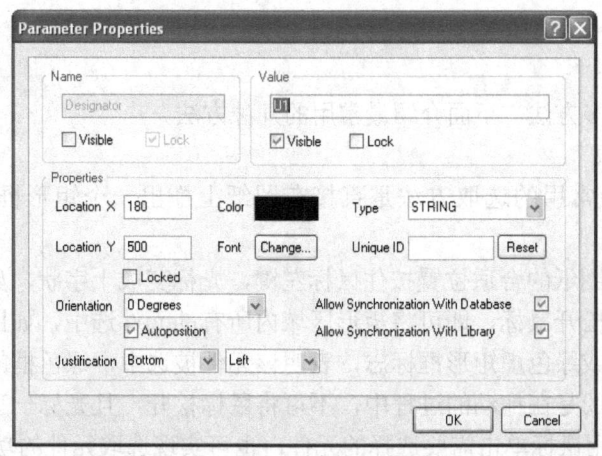

图 4-20 Parameter Properties（参数属性）对话框

可以通过此对话框设置其流水序号名称（Name 框）；参数值、参数值的可见性以及是否锁定；X 轴和 Y 轴的坐标（Location X 及 Location Y 编辑框）、旋转角度（Orientation 选择框）、组件的颜色（Color 框）、组件的字体（Font 框）等更为细致的控制特性。

如果单击 Change 按钮，则系统会弹出一个字体设置对话框，可以对对象的字体进行设置，不过这只对于选中的是文本才有效。

## 4.4 元件位置的调整

元件位置的调整实际上就是利用各种命令将元件移动到工作平面上所需要的位置，并将元件旋转为所需要的方向。一般在放置元件时，每个元件的位置只是估计的，在进行原理图布线前还需要对元件的位置进行调整。下面以图 4-21 为例说明如何调整元件的位置。

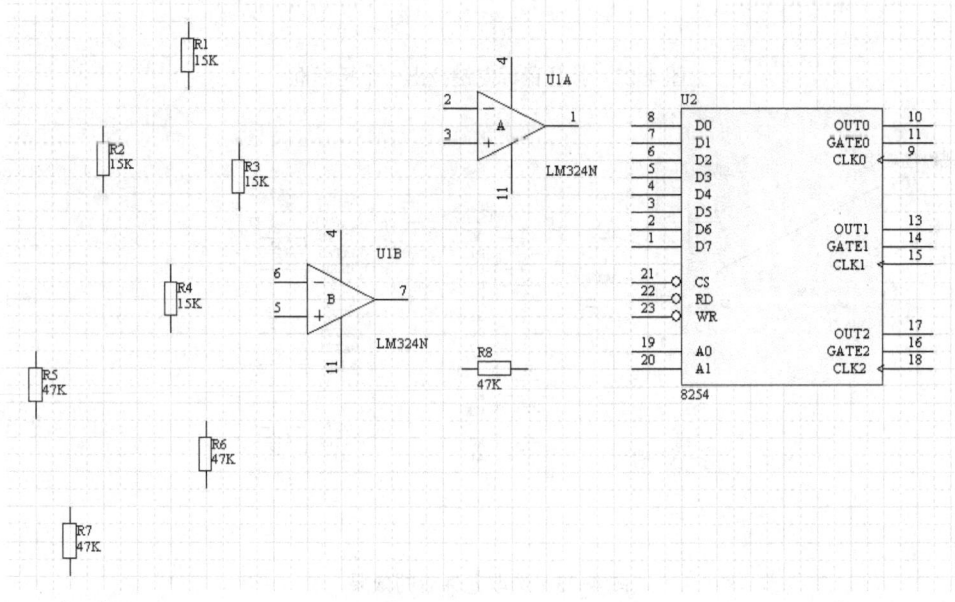

图 4-21 放置了一些元件的图纸

### 4.4.1 对象的选取

对象的选取有很多方法，下面介绍最常用的几种方法。

**1．直接选取对象**

元件最简单、最常用的选取方法是直接在图纸上拖出一个矩形框，框内的元件全部被选中。

具体方法是：在图纸的合适位置按住鼠标左键，光标变成十字状，如图 4-22 所示。拖动光标至合适位置，松开鼠标，即可将矩形区域内所有的元件选中，如图 4-23 所示的被选中元件会有一个蓝色或绿色虚矩形框标志，表明该元件被选中，绿色框的元件表示为当前首选中的元件。要注意的是在拖动的过程中，不可将鼠标松开，且光标一直为十字状。另外，按住〈Shift〉键，使用鼠标单击需要选择的元件，也可实现选取元件的功能。

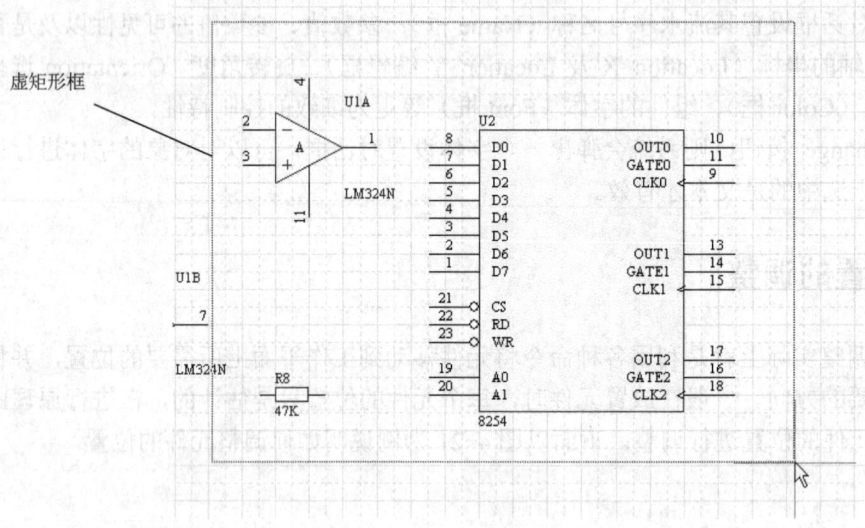

图 4-22 按住鼠标左键拉出一个矩形框

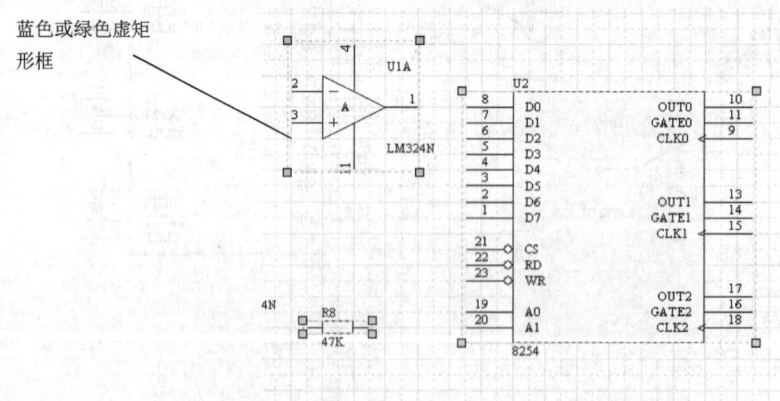

图 4-23 选取元件后的效果

## 2. 主工具栏里的选取工具

在主工具栏里有三个选取工具,即区域选取工具、取消选取工具和移动被选元件工具,如图 4-24 所示。

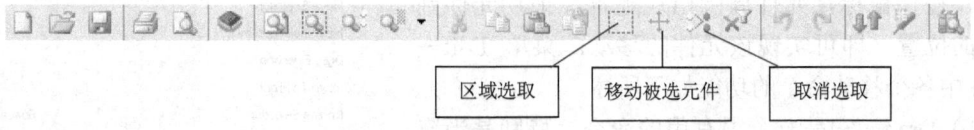

图 4-24 工具栏里的选取工具

区域选取工具的功能是选中区域里的元件。它与前面介绍的方法基本相同,唯一的区别是:单击主工具栏里的区域选取工具图标后,光标从开始起就一直是十字状,在形成选择区域的过程中,不需要一直按住鼠标。

取消选取工具的功能是取消图纸上所有被选元件的选取状态。单击图标后,图纸上所有带黄框的被选对象全部取消被选状态,黄色框消失。

移动被选元件工具的功能是移动图纸上被选取的元件。单击图标后,光标变成十字状,单击任何一个带虚框的被选对象,移动光标,图纸上所有带虚框的元件(被选元件)都随光标一起移动。

## 3. 菜单中的选取命令

在菜单 Edit 中有几个关于选取的命令,如图 4-25 所示。

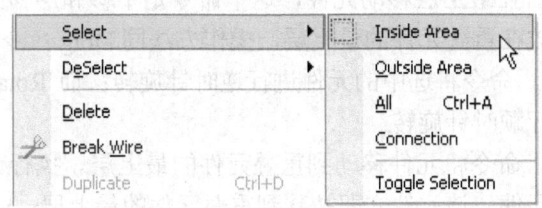

图 4-25 菜单中的选取命令

1) Inside Area。区域选取命令,用于选取区域内的元件。
2) Outside Area。区域外选取命令,用于选取区域外的元件。
3) All。选取所有元件,用于选取图纸内所有元件。
4) Connection。选取连线命令,用于选取指定连接导线。使用这一命令,只要相互连接的导线,都会被选中。执行该命令后,光标变成十字状,在某一导线上单击鼠标左键,将该导线以及与该导线有连接关系的所有导线选中。
5) Toggle Selection。切换式选取。执行该命令后,光标变成十字状,在某一元件上单击鼠标左键,如果该元件以前被选中,则元件的选中状态被取消;如果该元件以前没有被选中,则该元件被选中。

## 4.4.2 元件的移动

Altium Designer 中,元件的移动大致可以分成两种情况:一种情况是元件在平面里移动,简称"平移";另外一种情况是当一个元件将另外一个元件遮盖住的时候,也需要移动元件来调整元件间的上下关系,将这种元件间的上下移动称为"层移"。元件移动的命令在菜单 Edit→Move 中,如图 4-26 所示。

移动元件最简单的方法是:将光标移动到元件中央,按住鼠标,元件周围出现虚框,拖动元件到合适的位置,即可实现该元件的移动。菜单 Edit→Move 中各个移动命令的功能如下所述。

1) Drag。它是一个很有用的命令,特别是当连接完线路后,用此命令移动元件,元件上的所有连线也会跟着移动,不会断线。执行该命令前,不需要选取元件。执行该命令后,光标变成十字状,在需要拖动的元件上单击一下鼠标,元件就会跟着光标一起移动。将元件移到合适的位置,再单击一下鼠标即可完成此元件的重新定位。

2) Move。用于移动元件。但它只移动元件,与元件相连接的导线不会跟着它一起移动,操作方法同 Drag 命令。

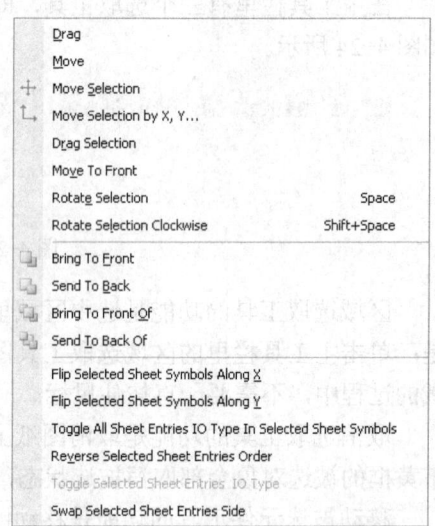

图 4-26 菜单中的"移动"命令

3) Move Selection 和 Drag Selection。与 Move 和 Drag 命令相似,只是它们移动的是选定的元件。另外,这两个命令适用于将多个元件同时移动的情况。

4) Move To Front。在最上层移动元件,这个命令是平移和层移的混合命令。它的功能是移动元件,并且将它放在重叠元件的最上层,操作方法同 Drag 命令。

5) Rotate Selection。命令将选中的元件进行逆时针旋转;而 Rotate Selection Clockwise 命令则将选中的元件进行顺时针旋转。

6) Bring To Front。命令将元件移动到重叠元件的最上层。执行该命令后,光标变成十字状,单击需要层移的元件,该元件立即被移到重叠元件的最上层;Send To Back 命令将元件移动到重叠元件的最下层。执行该命令后,光标变成十字状,单击要层移的元件,该元件立即被移到重叠元件的最下层。单击鼠标右键,结束以上命令。

7) Bring To Front Of。命令将元件移动到某元件的上层。执行该命令后,光标变成十字状。单击要层移的元件,该元件暂时消失,光标还是十字状,选择参考元件,单击鼠标,原先暂时消失的元件重新出现,并且被置于参考元件的上面。Send to Back Of 命令将元件移动到某元件的下层,操作方法同 Bring To Front Of 命令。

其他命令主要用于方块电路图的移动操作,这将在后面关于层次原理图的绘制中讲述。

技巧:当然,也可以直接按住鼠标左键,然后拖动鼠标直接实现对象的移动。

### 4.4.3 单个元件的移动

假设移动图 4-21 中的 U1A 运算放大器,具体操作过程如下。

1) 选中目标。在所需要选中的对象(U1A 运算放大器)处单击鼠标左键,选中状态如图 4-27 所示,然后按住鼠标左键,所选中的对象出现十字光标,并在元件周围出现虚框时,表示已选中目标物,并可以移动该对象,移动状态如图 4-28 所示。

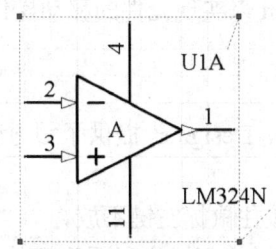 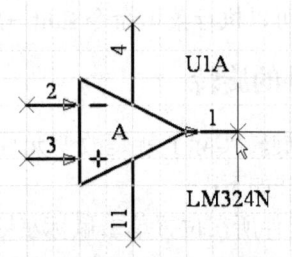

图 4-27 移动元件时的选中状态　　　　图 4-28 元件的移动状态

2）移动目标。拖动鼠标移动十字光标，将其拖到用户需要的位置，松开鼠标左键即完成移动任务。同理，移动其他图形如线条、文字标注等的方法与此类似。

### 4.4.4 多个元件的移动

除了单个元件的移动外，Altium Designer 还可以同时移动多个元件，要移动多个元件首先要选中多个元件。Altium Designer 提供了多种选择的方法。

#### 1. 选中多个元件

（1）逐次选中多个元件

执行菜单命令 Edit→Toggle Selection。出现十字光标，移动光标到目标元件，单击鼠标左键即可选中。用同样的方法可选中其他的目标元件，如图 4-29 所示为选中了的多个元件。选择多个元件可以使用前面介绍的方法来实现。

逐次选中多个元件也可以按住〈Shift〉键，然后使用鼠标逐个选中所需要选择的元件。

（2）同时选中多个元件

选中目标元件，确定了所选元件后，先将光标移动到目标元件组的左上角，按住鼠标左键，然后将光标拖到目标区域的右下角，将要移动的元件组全部围起来，松开左键，如被围起来的元件变成蓝色框，则表明被选中。另外，使用主工具栏里的按钮 在一个区域内也可以选择多个对象。

#### 2. 移动选中的多个元件

移动被选中的多个元件。用鼠标左键单击被选中的元件组中的任意一个元件不放，待十字光标出现即可移动被选择的元件组到合适的位置，然后松开鼠标左键，便可完成任务。

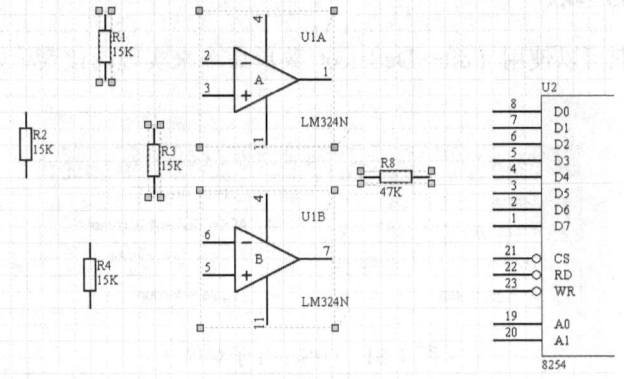

图 4-29 选中多个元件的视图

另外，可以执行菜单命令 Edit→Move→Move Selection 来实现元件的移动操作。

### 4.4.5 元件的旋转

元件的旋转实际上就是改变元件的放置方向。Altium Designer 提供了很方便的旋转操作，操作方法如下：

1）在元件所在位置单击鼠标左键选中单个元件，并按住鼠标左键不放。

2）单击〈Space〉键，就可以让元件以 90°旋转，这样就可以实现图形元件的旋转。或者选中元件后，执行 Move→Rotate Selection 或 Rotate Selection Clockwise 命令也可实现元件的旋转。

用户还可以使用快捷菜单命令 Properties 来实现。即使用鼠标选中需要旋转的元件后，单击鼠标右键，从弹出的快捷菜单中选择 Properties 命令，然后系统弹出 Component Properties 对话框，此时可以操作 Orientation 选择框设定旋转角度，以旋转当前编辑的元件，如设定图 4-21 中的电阻 R4、R5 旋转 90°，其他电阻元件的旋转角不变，得到图形如图 4-30 所示。

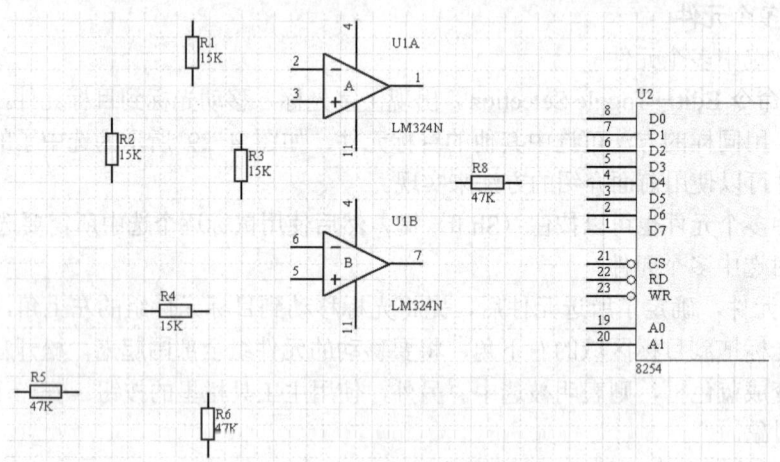

图 4-30 旋转元件后的图形

### 4.4.6 取消元件的选取

取消元件的选取可以使用 Edit→DeSelect 菜单命令来实现。该菜单如图 4-31 所示，其中包括三个选项。

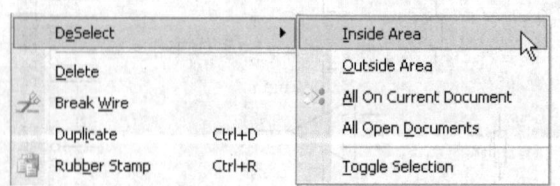

图 4-31 DeSelect 子菜单

1）执行 Edit→DeSelect→Inside Area 后，先将鼠标光标移动到目标区的左上角，单击鼠标左键,然后将光标移到目标区域的右下角,再单击鼠标左键,确定了一个选框,就会将选框中所包含元件的选中状态取消。

2) 执行 Edit→DeSelect→Outside Area 命令后,操作同上,结果是保留选择框中的状态,而将选择框外所包含元件的选中状态取消。

3) 执行 Edit→DeSelect→All On Current Document 命令,可取消当前文档中所有元件的选中状态。

4) 执行 Edit→DeSelect→All Open Documents 命令,可取消所有已打开文档中所有元件的选中状态。

5) Toggle Selection。切换式地取消元件的选中状态。执行该命令后,光标变成十字状,在某一元件上单击鼠标,则元件的选中状态被取消。

### 4.4.7 复制粘贴元件

Altium Designer 同样有"剪贴"操作,包括对元件的复制、剪切和粘贴。
1) 复制。执行 Edit→Copy 命令,将选取的元件作为副本,放入剪贴板中。
2) 剪切。执行 Edit→Cut 命令,将选取的元件直接移入剪贴板中,同时原理图上的被选元件被删除。
3) 粘贴。执行 Edit→Paste 命令,将剪贴板里的内容作为副本,复制到原理图中。
这些命令也可以在主工具栏中选择执行。另外系统还提供了功能热键来实现剪贴操作。
- Copy 命令:〈Ctrl+C〉键。
- Cut 命令:〈Ctrl+X〉键。
- Paste 命令:〈Ctrl+V〉键。

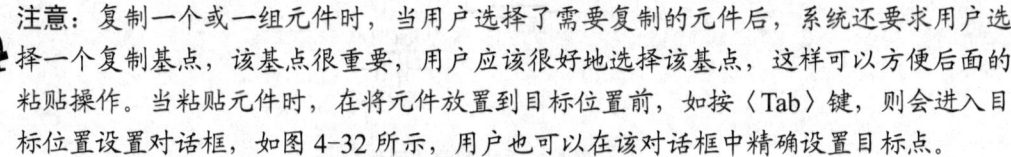
注意:复制一个或一组元件时,当用户选择了需要复制的元件后,系统还要求用户选择一个复制基点,该基点很重要,用户应该很好地选择该基点,这样可以方便后面的粘贴操作。当粘贴元件时,在将元件放置到目标位置前,如按〈Tab〉键,则会进入目标位置设置对话框,如图 4-32 所示,用户也可以在该对话框中精确设置目标点。

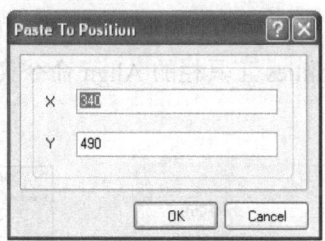

图 4-32 目标位置设置对话框

### 4.4.8 元件的删除

当图形中的某个元件不需要或错误时,可以对其进行删除。删除元件可以使用 Eidt 菜单中的两个删除命令,即 Clear 和 Delete 命令。

Clear 命令的功能是删除已选取的元件。执行 Clear 命令之前需要选取元件,执行 Clear

命令之后，已选取的元件立刻被删除。

　　Delete 命令的功能也是删除元件，只是执行 Delete 命令之前不需要选取元件，执行 Delete 命令之后，光标变成十字状，将光标移到所要删除的元件上单击鼠标，即可删除元件。

　　另外一种删除元件的方法是：使用鼠标左键单击元件，选中元件后，元件周围会出现虚框，按〈Del〉键即可实现删除。

## 4.5 元件的排列和对齐

　　Altium Designer 提供了一系列排列和对齐命令，它们可以极大地提高用户的工作效率。下面以图 4-33 中的几个元件来说明如何进行这些命令的操作。

**1. 元件左对齐**

　　1) 执行 Edit→Select→Inside Area 命令，选取元件。

　　2) 此时光标变为十字状，移动光标到所要排列、对齐的元件的某个角，单击鼠标左键，然后拉开虚框以包容这四个元件，再单击鼠标左键可选中虚框包含的元件。

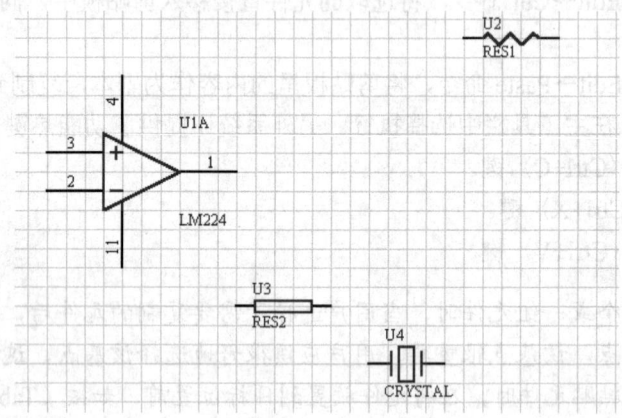

图 4-33　排列前的元件

　　3) 执行 Edit→Align→Align Left 命令，如图 4-34 所示的 Align 子菜单。该命令使所选取的元件左边对齐。也可以从 Utilities 工具栏的 Align 命令菜单中选择该命令，如图 4-35 所示。

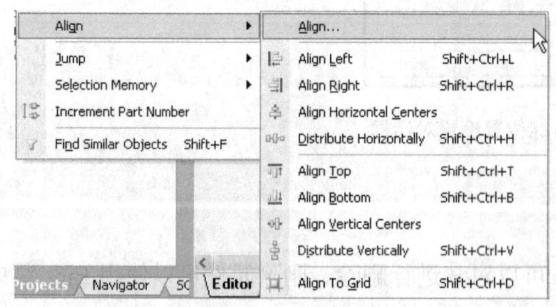

图 4-34　Align 子菜单

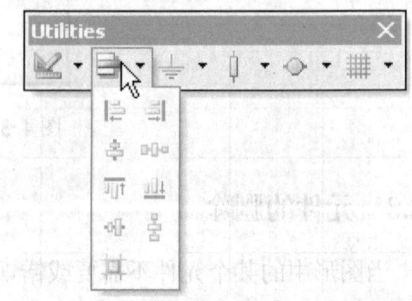

图 4-35　Utilities 工具栏的 Align 命令菜单

4）选中 U1A、U2、U3、U4 元件，执行了 Align Left 命令后，这四个元件的排列结果如图 4-36 所示。可以看到，随机分布的四个元件的最左边处于同一条直线上。

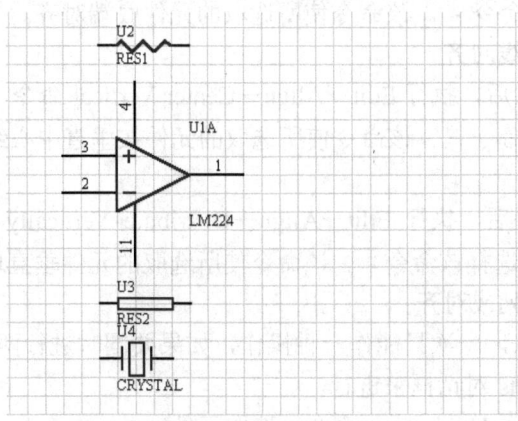

图 4-36 左对齐的元件

注意：如果所选取的元件是水平放置的，执行此命令会造成元件重叠。

## 2．元件右对齐

右对齐与左对齐操作一样，只需要选择元件后，执行 Edit→Align→Align Right 命令，或从 Utilities 工具栏的 Align 命令菜单中选择该命令 。该命令使所选取的元件右对齐。

## 3．元件按水平中心线对齐

选择需要对齐的元件后，执行 Edit→Align→Center Horizontal 命令，或从 Utilities 工具栏的 Align 命令菜单中选择该命令 ，即可实现使选取的元件按水平中心线对齐。

执行了 Center Horizontal 命令后，四个元件的对齐结果如图 4-37 所示，可以看到，对齐后四个元件的中心处于同一条直线上。

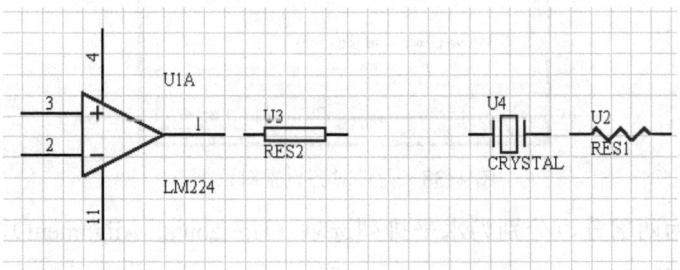

图 4-37 按水平中心线对齐后的元件

## 4．元件水平平铺

选择需要对齐的元件后，执行 Edit→Align→Distribute Horizontally 命令，或从 Utilities 工具栏的 Align 命令菜单中选择该命令 ，即可实现使所选取的元件水平平铺。

## 5．元件顶端对齐

选择需要对齐的元件后，执行 Edit→Align→Align Top 命令，或从 Utilities 工具栏的 Align 命令菜单中选择该命令 。该命令使所选取的元件顶端对齐。

**6. 元件底端对齐**

选择需要对齐的元件后，执行 Edit→Align→Align Bottom 命令，或从 Utilities 工具栏的 Align 命令菜单中选择该命令 。该命令使所选取的元件底端对齐。

**7. 元件按垂直中心线对齐**

选择需要对齐的元件后，执行 Edit→Align→Center Vertical 命令，或从 Utilities 工具栏的 Align 命令菜单中选择该命令 ，该命令使所选取的元件按垂直中心线对齐。

**8. 元件垂直均布**

选择需要对齐的元件后，执行 Edit→Align→Distribute Vertically 命令，或从 Utilities 工具栏的 Align 命令菜单中选择该命令 。该命令使所选取的元件垂直均布。

**9. 同时进行综合排列或对齐**

上面介绍的几种方法，一次只能作一种操作，如果要同时进行两种不同的排列或对齐操作，可以使用 Align objects 对话框来进行。

1）执行 Edit→Select→Inside Area 命令，选取元件。

2）执行 Edit→Align→Align 命令。

3）执行该命令后，将显示 Align objects 对话框，如图 4-38 所示。该对话框可以用来进行综合排列或对齐设置。

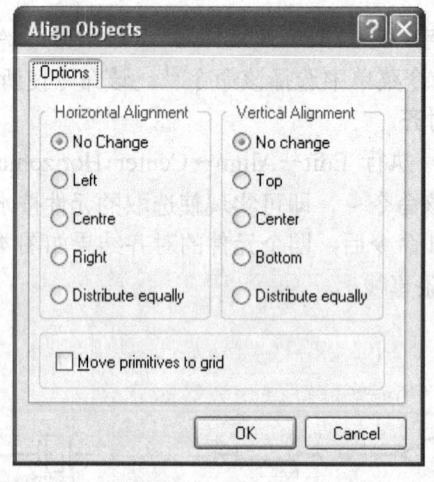

图 4-38　元件对齐设置对话框

该对话框分为两部分，分别为水平排列选项（Horizontal Alignment）和垂直排列选项（Vertical Alignment）。

1）水平排列（Horizontal Alignment）选项有：
- No Change。不改变位置。
- Left。全部靠左边对齐。
- Centre。全部靠中间对齐。
- Right。全部靠右边对齐。
- Distribute equally。平均分布。

2）垂直排列（Vertical Alignment）选项有：
- No Change。不改变位置。

- Top。全部靠顶端对齐。
- Center。全部靠中间对齐。
- Bottom。全部靠底端对齐。
- Distribute equally。平均分布。

## 4.6 放置电源与接地元件

电源和接地元件可以使用实用工具栏中的电源及接地子菜单上对应的命令来选取，如图 4-39 所示，该子菜单位于实用工具栏中。

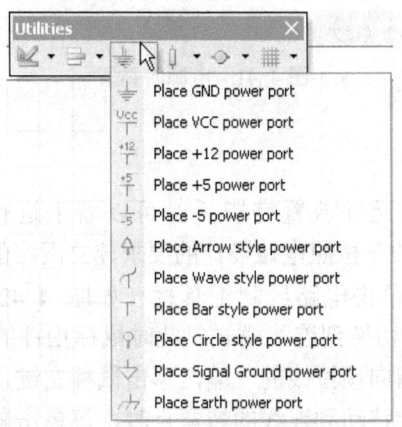

图 4-39 电源及接地子菜单

从该工具栏中可以分别输入常见的电源元件，在图纸上放置了这些元件后，用户还可以对其进行编辑。

VCC 电源与 GND 接地有别于一般电气元件。它们必须通过菜单命令 Place→Power Port 或原理图布线工具栏上的按钮 或 来调用，这时编辑窗口中会有一个随鼠标指针移动的电源符号，按〈Tab〉键，将会出现如图 4-40 所示的 Power Port 对话框，或者在放置了电源元件的图形上，双击电源元件或使用快捷菜单的 Properties 命令，也可以弹出 Power Part 对话框。

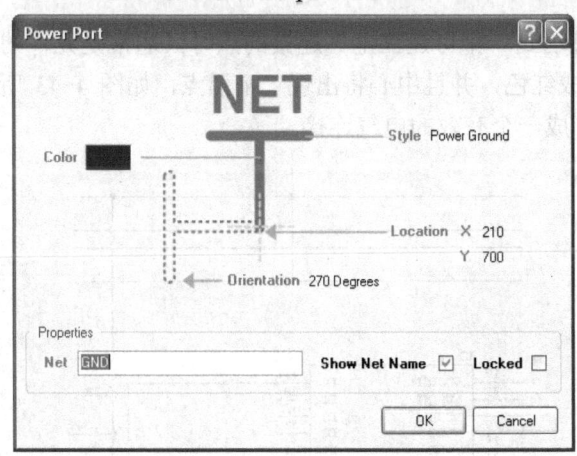

图 4-40 Power Port 对话框

在对话框中可以编辑电源属性，在 Net 编辑框中可修改电源符号的网络名称；当前符号的放置角度为 270 Degrees（就是 270°），这可以在 Orientation（方位）编辑框中修改，这和一般绘制原理图的习惯不太一样，因此在实际应用中常把电源对象旋转 90°放置，而接地对象通常旋转 270°放置；在 Location 编辑框中可以设置电源的精确位置；在 Style 栏中可选择电源类型，电源与接地符号在 Style 下拉列表框中有多种类型可供选择，如图 4-41 所示。

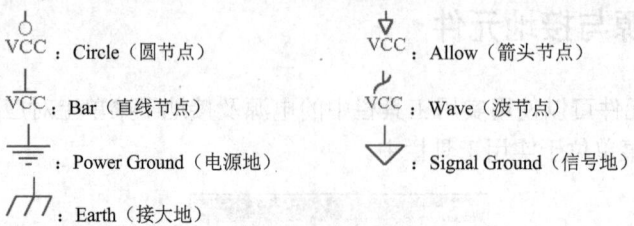

图 4-41　电源的类型

## 4.7　连接线路

当所有电路对象与电源元件放置完毕后，可以着手进行原理图中各对象间的连线（Wiring）。连线的最主要目的是按照电路设计的要求建立网络的实际连通性。

要进行连线操作时，可单击电路绘制工具栏（如图 4-42 所示）上的按钮 ≈ 或执行 Place→Wire 命令将编辑状态切换到连线模式，此时鼠标指针的形状也会由空心箭头变为大十字。这时只需将鼠标指针指向预拉线的一端，单击鼠标左键，就会出现一个可以随鼠标指针移动的预拉线，当鼠标指针移动到连线的转弯点时，每单击鼠标左键一次可以定位一次转弯。当拖动虚线到元件的引脚上并单击鼠标左键时，就可以连接到该元件的引脚上。当单击鼠标右键可以终止该次连线，但是还处于连线状态，可以继续连接新的连线。若想将编辑状态切回到待命模式，可单击鼠标右键两次或按下〈Esc〉键。

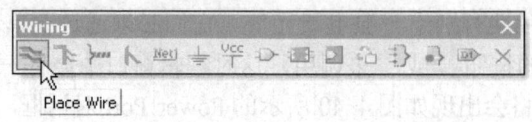

图 4-42　电路绘制工具栏

当预拉线的指针移动到一个可建立电气连接的点时（通常是元件的引脚或先前已拉好的连线），十字指针会变成红色，并且中心将出现一个黑点，如图 4-43 所示，提示在当前状态下单击鼠标左键就会形成一个有效的电气连接。

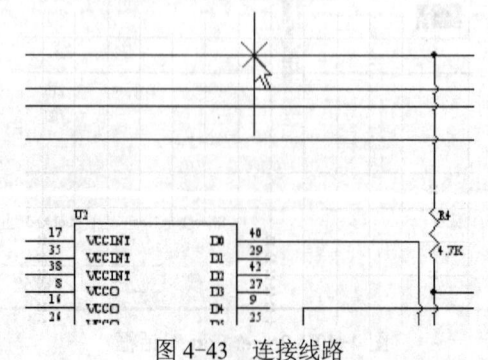

图 4-43　连接线路

## 4.8 手动放置节点

在某些情况下，Schematic 会自动在连线上加上节点（Junction）。但是，有时候需要手动添加，例如默认情况下十字交叉的连线是不会自动加上节点的，如图 4-44 所示。

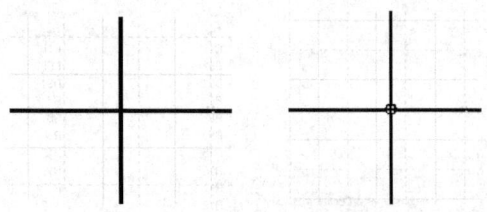

图 4-44 连接类型

若要自行放置节点，可单击电路绘制工具栏上的按钮 或执行菜单命令 Place→Manual Junction，将编辑状态切换到放置节点模式，此时鼠标指针会由空心箭头变为大十字，并且中间还有一个小圆点。这时，只需将鼠标指针指向欲放置节点的位置上，然后单击鼠标左键即可。要将编辑状态切换回待命模式，可单击鼠标右键或按下〈Esc〉键。

在节点尚未放置到图纸中之前按下〈Tab〉键或是直接在节点上双击鼠标左键，可打开如图 4-45 所示的 Junction 对话框。Junction 对话框包括以下选项：

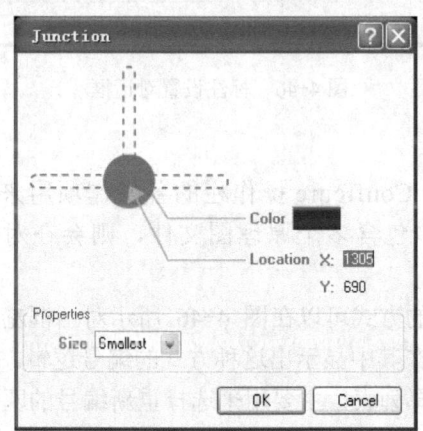

图 4-45 Junction 对话框

1）Location X、Location Y。节点中心点的 X 轴、Y 轴坐标。
2）Size。选择节点的显示尺寸，用户可以分别选择节点的尺寸为 Large（大）、Medium（中）、Small（小）和 Smallest（最小）。
3）Color。选择节点的显示颜色。

## 4.9 更新元件流水号

绘制完原理图后，有时候需要将原理图中的元件进行重新编号，即设置元件流水号，这可以通过执行 Tools→Annotate Schematic 命令来实现,这项工作由系统自动进行。执行此命令后,会出现如图 4-46 所示的 Annotate(标注)设置对话框,在该对话框中,可以设置重新编号的方式。下面简单介绍如何更新元件流水号。

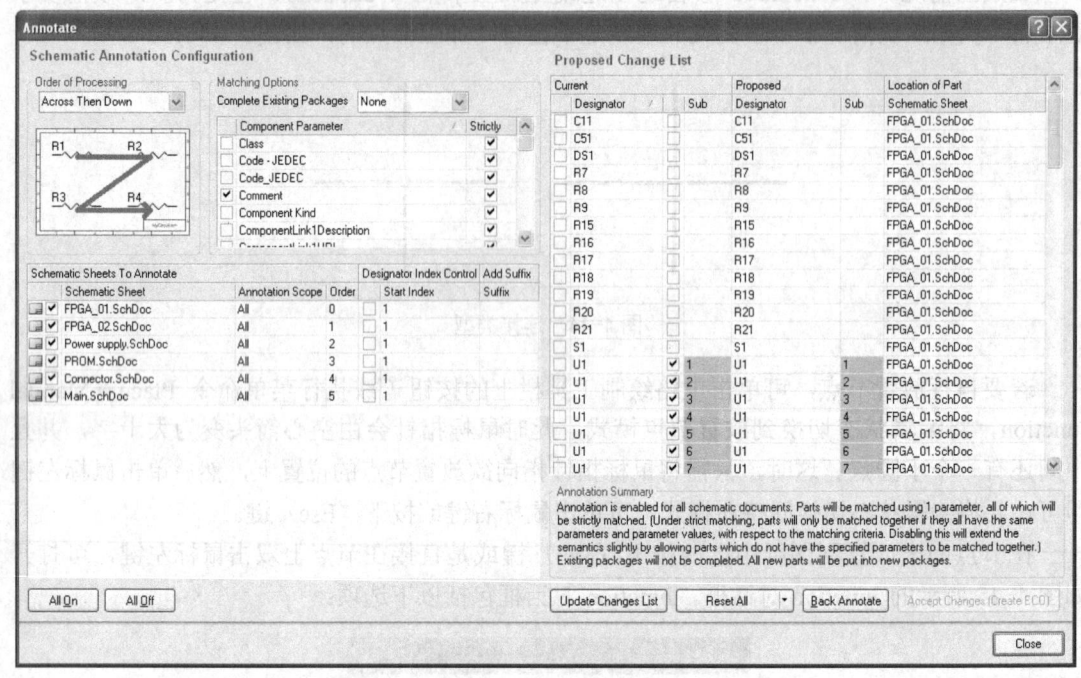

图 4-46　标注设置对话框

### 1. 设置标注更新方式

1) Schematic Annotate Configure 操作栏的各操作项用来设定流水号重新设置的作用范围和方式。如果项目中包含多个原理图文件,则会在对话框中将这些原理图文件列出。

- 设置流水号重新编号的方式可以在图 4-46 所示对话框左上角的选择列表中选择,每选中一种方式,均会在其中显示出这种方式的编号逻辑。
- Matching Options 选择列表,主要用来选择重新编号的匹配参数。可以选择对整个项目的原理图或者只对某张原理图进行流水号重新编号。通常在参数表中选择 Comments 来实现流水号的重新配置。
- 在 Start Index 编辑框中可填入起始编号,Suffix 编辑框中可填入编号的后缀。

2) Proposed Change List 列表显示系统建议的重新编号情况。

### 2. 更新操作

在 Annotation 对话框中设置了更新流水号的方式后,就可以继续流水号的更新操作。具体操作过程如下:

1) 单击 Reset All 按钮,系统将会使元件编号复位。

2) 单击 Update Change List 按钮,系统将会按设定的编号方式更新编号情况,然后在弹出的对话框中单击 OK 确定更新,并且更新会显示在 Proposed Change List 列表中,如图 4-47

所示为更新了编号后的列表情况。

| Current | | Proposed | | Location of Part |
|---|---|---|---|---|
| Designator | Sub | Designator | Sub | Schematic Sheet |
| C11 | | C2 | | FPGA_01.SchDoc |
| C51 | | C1 | | FPGA_01.SchDoc |
| DS1 | | DS1 | | FPGA_01.SchDoc |
| R7 | | R3 | | FPGA_01.SchDoc |
| R8 | | R1 | | FPGA_01.SchDoc |
| R9 | | R8 | | FPGA_01.SchDoc |
| R15 | | R5 | | FPGA_01.SchDoc |
| R16 | | R7 | | FPGA_01.SchDoc |
| R17 | | R10 | | FPGA_01.SchDoc |
| R18 | | R4 | | FPGA_01.SchDoc |
| R19 | | R6 | | FPGA_01.SchDoc |
| R20 | | R9 | | FPGA_01.SchDoc |
| R21 | | R2 | | FPGA_01.SchDoc |
| S1 | | S1 | | FPGA_01.SchDoc |
| U1 | 1 | U3 | 1 | FPGA_01.SchDoc |
| U1 | 2 | U3 | 2 | FPGA_01.SchDoc |
| U1 | 3 | U3 | 3 | FPGA_01.SchDoc |
| U1 | 4 | U3 | 4 | FPGA_01.SchDoc |
| U1 | 5 | U3 | 5 | FPGA_01.SchDoc |
| U1 | 6 | U3 | 6 | FPGA_01.SchDoc |
| U1 | 7 | U3 | 7 | FPGA_01.SchDoc |

图 4-47　更新编号后的元件列表

3）单击 Accept Changes（Create ECO）按钮，系统将弹出如图 4-48 所示的编号变化情况对话框，在该对话框中，可以使编号更新操作有效。

4）单击图 4-48 所示对话框的 Validate Changes 按钮，即可使变化有效，此时图形中元件的序号还没有显示出变化。

5）单击 Execute Changes 按钮，即可真正执行编号的变化，此时图纸上的元件序号才真正改变。

单击 Report Changes 按钮，可以以预览表的方式报告有哪些变化。

6）单击 Close 按钮完成流水号的改变。

**3．备份更新前的元件流水号**

在更新元件流水号前，一般应该将当前的流水号备份，以便于恢复。执行 Tools→Back Annotate 命令，或者单击图 4-46 中的 Back Annotate 按钮，即可将当前的原理图元件流水号备份起来，备份文件为纯文本文件，后缀为 .ECO 或 .WAS。

**4．复位元件流水号**

在设计原理图时，还可以对所有元件流水号进行复位。可以使用图 4-46 所示的 Reset All 按钮复位元件流水号，也可以直接执行 Tools→Reset Schematic Designators 命令来实现该操作。当执行该命令后，系统会弹出一个确认对话框，单击 Yes 按钮即可。

**5．直接更新流水号**

当执行 Tools→Reset Schematic Designators 复位了元件流水号后，可以执行 Tools→Annotate Schematic Quietly 命令直接更新流水号，系统会按照默认的流水号设置方式对所有流水号进行更新重排。

注意，当执行 Annotate Schematic Quiet 命令前，如果流水号没有任何变化，则该命令无效。

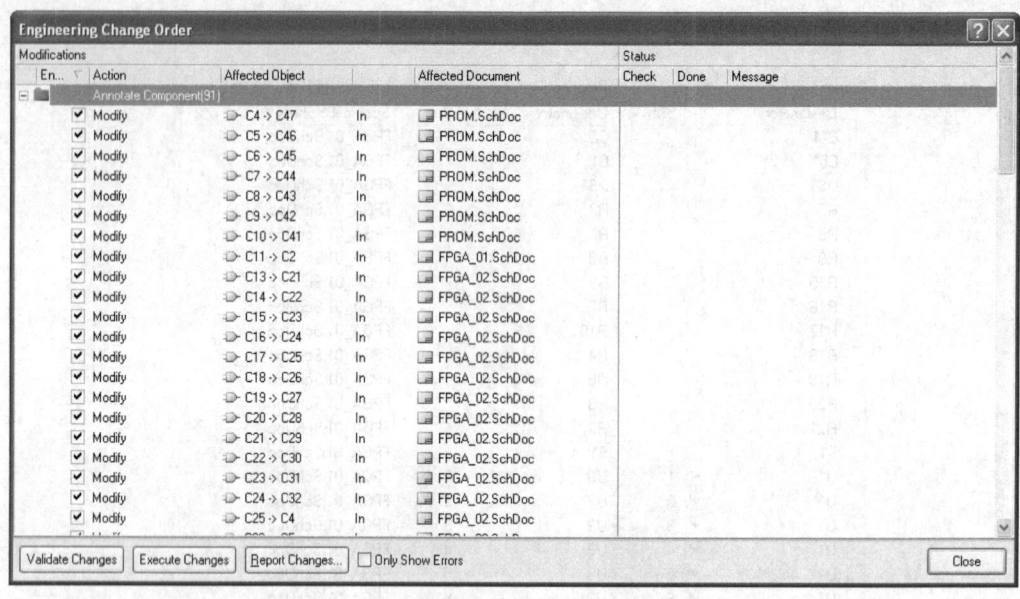

图 4-48　编号变化情况对话框

**6．强制更新流水号**

执行 Tools→Force Annotate All Schematic 命令，可以对没有重排流水号的所有元件实行强制更新流水号。系统会按照流水号排列规则进行重排流水号。

## 4.10　绘制原理图的基本图元

前面讲述了如何放置元件及元件的编辑、放置电源端口以及节点，完成了这些操作还不能绘制出一张原理图。还需要将原理图的各元件相应引脚连接起来，有需要总线连接的图还需要绘制总线以及总线出入端口，以及设置相关的网络标号等。下面就讲述如何绘制这些原理图设计中的基本图形元素。Altium Designer 提供了两种方法来绘制原理图基本图元。

（1）利用原理图的布线工具栏（Wiring Tools）

该方法直接用鼠标单击绘制原理图工具栏中的各个按钮，以选择合适的工具。表 4-1 介绍了原理图工具栏各个按钮的功能。

表 4-1　绘制原理图工具栏的按钮及其功能

| 按　　钮 | 功　　能 |
| --- | --- |
|  | 绘制导线 |
|  | 绘制总线 |
|  | 放置连接器的线束信号 |
|  | 放置总线出入端口 |
| Net | 设置网络标号 |
|  | 放置接地 |
| Vcc | 放置电源 |
|  | 放置元件 |

(续)

| 按　钮 | 功　能 |
|---|---|
|  | 放置电路方块图 |
|  | 放置电路方块图出入端口 |
|  | 放置线束连接器 |
|  | 放置线束连接器信号出入端口 |
|  | 放置输入/输出端口 |
|  | 放置非 ERC 测试点 |

（2）利用菜单命令

选择 Place 菜单下的各命令，这些选项与上面绘制原理图工具栏上的各个按钮相互对应。只要选取相应的菜单命令就可以绘制原理图了。

### 4.10.1　画导线

导线是原理图中最重要的图元之一。绘制原理图工具中的导线具有电气连接意义，它不同于画图工具中的画线工具，后者没有电气连接意义。图 4-49 中连接所有元件的导线即为绘制的导线。

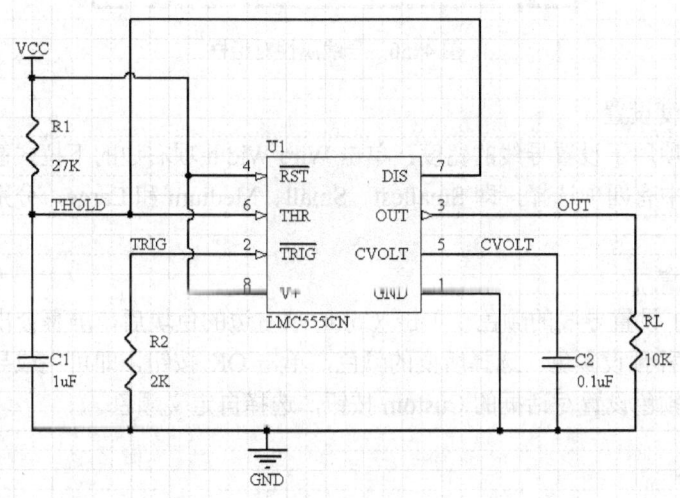

图 4-49　画导线

**1. 画导线步骤**

执行 Place→Wire 命令或单击绘制原理图工具栏内的图标 ，光标变成十字状，表示系统处于画导线状态，画导线的步骤如下：

1）将光标移到所画导线的起点，单击鼠标左键，再将光标移动到下一点或导线终点，再单击一下鼠标左键，即可绘制出一条导线。以该点为新的起点，继续移动光标，绘制第二条导线。

2）如果要绘制不连续的导线，则可以在完成前一条导线后，单击鼠标右键或按 ESC 键，然后将光标移动到新导线的起点，单击鼠标左键，再按前面的步骤绘制另一条导线。

3）画完所有导线后，连续单击鼠标右键两次，即可结束画导线状态，光标由十字形状变成箭头形状。

在绘制原理图的过程中，按空格键可以切换画导线模式。Altium Designer 中提供三种画导线方式，分别是直角走线、45°走线、任意角度走线。图 4-49 中连接所有元件的导线均为直角走线。

**2. 导线属性对话框的设置**

在画导线状态下，按〈Tab〉键，即可打开导线属性对话框，进而进行导线设置，如图 4-50 所示。其中有几项设置，分别介绍如下。

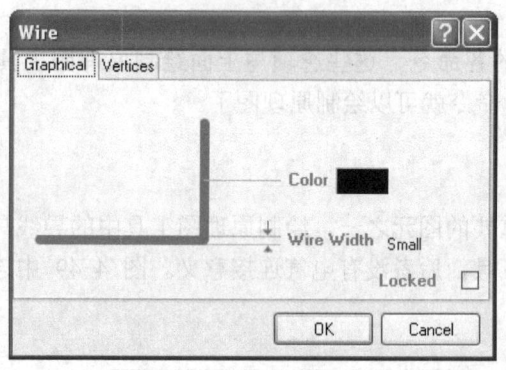

图 4-50　导线属性对话框

（1）导线宽度设置

Wire Width 项用于设置导线的宽度，单击 Wire Width 项右边的下拉式箭头则可打开一下拉式列表，列表中有四项选择，即 Smallest、Small、Medium 和 Large，分别对应最细、细、中和粗导线。

（2）颜色设置

Color 项用于设置导线的颜色。单击 Color 项右边的色块后，屏幕会出现颜色设置对话框，它提供 240 种预设颜色。选择所要的颜色，单击 OK 按钮，即可完成导线颜色的设置。用户也可以单击颜色设置对话框的 Custom 按钮，选择自定义颜色。

### 4.10.2　画总线

所谓总线（Bus）是指一组具有相关性的信号线。Schematic 使用较粗的线条代表总线。

在 Schematic 中，总线只是为了迎合人们绘制原理图的习惯，其目的仅是为了简化连线的表现方式。总线本身并没有任何实质上的电气意义。也就是说，尽管在绘制总线时会出现热点，而且在拖动操作时总线也会维持其原先的连接状态，但这并不表明总线就真的具有电气意义的连接。

总线与总线出入端口的示意如图 4-51 所示。习惯上，连线应该使用总线出入端口（Bus Entry）符号来表示与总线的连接。但是，总线出入端口同样也不具备实际的电气意义。所以当通过 Edit→Select→Net 菜单命令来选取网络时，总线与总线出入端口并不亮显。

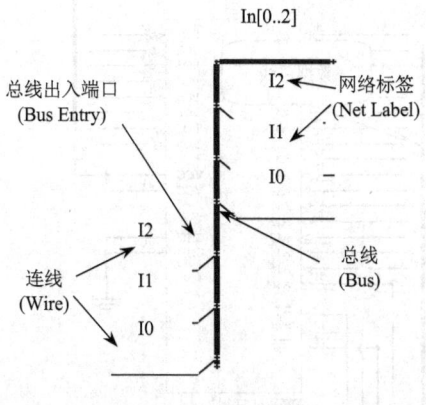

图 4-51  总线与总线出入端口

在总线中,真正代表实际电气意义的是通过线路标签与输入输出端口来表示的逻辑连通性。通常,线路标签名称应该包括全部总线中网络的名称,例如 A(0...10)就代表名称为 A0、A1、A2 直到 A10 的网络。假如总线连接到输入输出端口,这个总线就必须在输入输出端口的结束点上终止才行。

技巧:绘制总线可用电路绘制工具栏上的按钮 或通过命令 Place→Bus 来实现,总线的属性设置与导线类似,可以参考 4.10.1 节。

举一个总线绘制的实例:没有绘制数据总线的图形如图 4-52 所示,下面就在该图形基础上绘制数据总线。

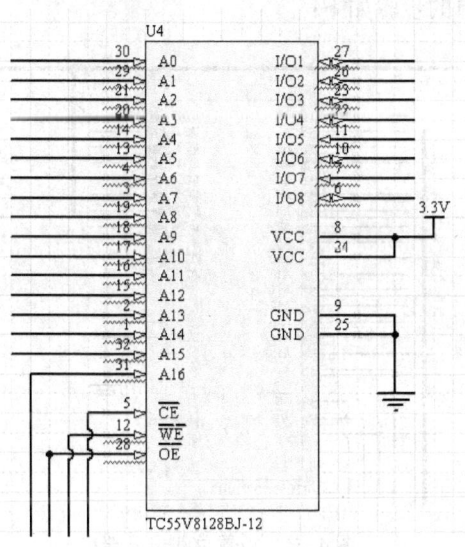

图 4-52  没有绘制总线的图形

首先执行命令 Place→Bus 或从 Wiring Tools 工具栏上选择 ,然后在图形屏幕上绘制数据总线,绘制的位置可以根据要求确定,如果位置不合适,还可以手动调整。绘制数据总线后的图形如图 4-53 所示。

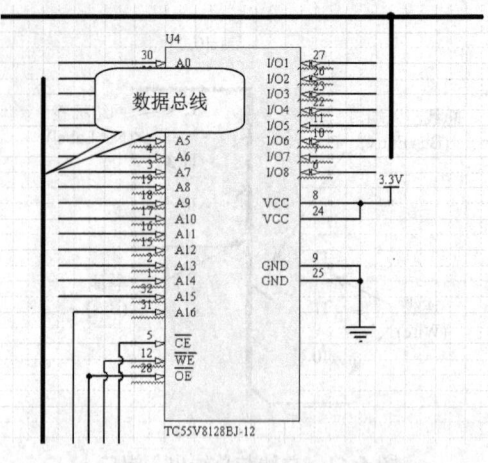

图 4-53　绘制数据总线后的图形

### 4.10.3　画总线出入端口

总线出入端口（Bus Entry）是单一导线进出总线的端点，如图 4-54 所示。总线出入端口没有任何的电气连接意义，只是让电路看上去更具有专业水准。因此是否有总线出入端口，与电气连接没有任何关系。

**1．画总线出入端口步骤**

执行画总线出入端口命令 Place→Bus Entry 或单击绘制原理图工具栏内的图标，光标变成十字状，并且上面有一段 45°或 135°的线，表示系统处于画总线出入端口状态，如图 4-54 所示。画总线出入端口的步骤如下：

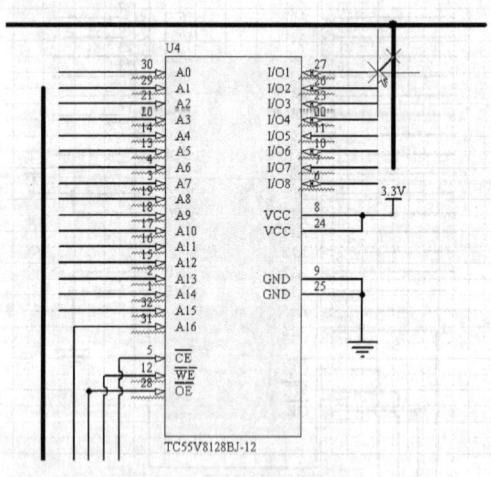

图 4-54　放置总线出入端口

1）将光标移到所要放置总线出入端口的位置，光标上出现一个圆点，表示移到了合适的放置位置，单击鼠标左键可完成一个总线出入端口的放置。

2）画完所有总线出入端口后，单击鼠标右键，即可退出画总线出入端口状态，光标由十字形状变成箭头形状。

在绘制原理图的过程中按空格键，总线出入端口的方向将逆时针旋转 90°；按〈X〉键总线出入端口左右翻转；按〈Y〉键总线出入端口上下翻转。

**2．总线出入端口属性对话框的设置**

在放置总线出入端口状态下，按〈Tab〉键，即可进入总线出入端口属性对话框，如图 4-55 所示。

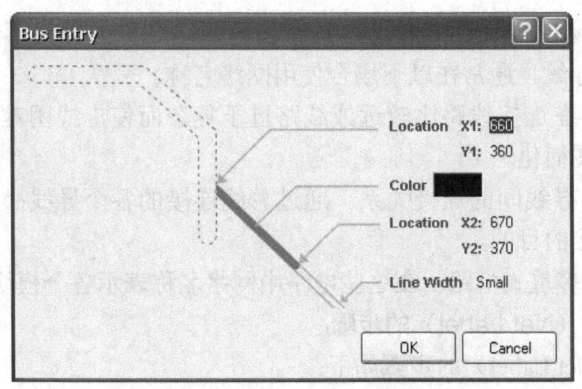

图 4-55　总线出入端口属性对话框

Line Width 为设置线的宽度；Color 操作项用来设置线的颜色；其他操作项说明如下。

1）Location X1 和 Y1：设置总线出入端口中第一个点的 X 轴和 Y 轴坐标值。

2）Location X2 和 Y2：设置总线出入端口中第二个点的 X 轴和 Y 轴坐标值。

双击已绘制完毕的总线出入端口，也可以进入总线出入端口属性对话框。

总线出入端口绘制实例：图 4-53 刚绘制了总线，接下来执行菜单命令 Place→ Bus Entry 或从 Wiring Tools 工具栏上选择 ，然后在总线处绘制总线出入端口线，如图 4-56 所示。

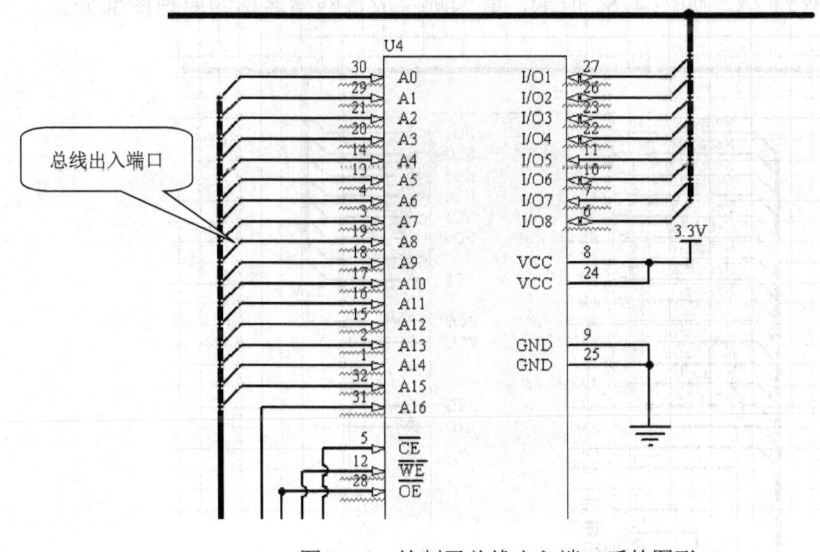

图 4-56　绘制了总线出入端口后的图形

**技巧**：当放置一些标准元件或图形时，可以在绘制前调整位置，调整的方法为：在选择了元件，但还没有放置前，按住〈Space〉键即可旋转元件，此时可以选择需要的角度放置元件。如果按〈Tab〉键，则会进入元件属性对话框，用户也可以在元件属性对话框中进行设置。

### 4.10.4 设置网络名称

网络名称具有实际的电气连接意义，具有相同网络名称的导线不管图上是否连接在一起，都被视为同一条导线。通常在以下场合使用网络名称。

1）简化原理图。在连接线路比较远或线路过于复杂而使走线困难时，利用网络名称代替实际走线可使原理图简化。

2）连接时表示各导线间的连接关系。通过总线连接的各个导线必须标上相应的网络名称，才能达到电气连接的目的。

3）层次式电路或多重式电路。在这些电路中网络名称表示各个模块电路之间的连接。

**1. 放置网络名称（Net Label）的步骤**

放置网络名称（Net Label）的步骤如下：

1）执行放置网络名称的命令 Place→Net Label，或者使用鼠标单击绘制原理图工具栏中的图标 Net。

2）执行放置网络名称命令后，将光标移到放置网络名称的导线或总线上，光标上产生一个小圆点，表示光标已捕捉到该导线，单击鼠标即可正确放置一个网络名称。

3）将光标移到其他需要放置网络名称的位置，继续放置网络名称。单击鼠标右键可结束放置网络名称状态。

在放置过程中，如果网络名称的尾部是数字，则这些数字会自动增加。如现在放置的网络名称为 D0，则下一个网络名称自动变为 D1；同样，如果现在放置的网络名称为 1A，则下一个网络名称自动变为 2A，如图 4-57 所示，即为顺序放置网络名称的原理图部分。

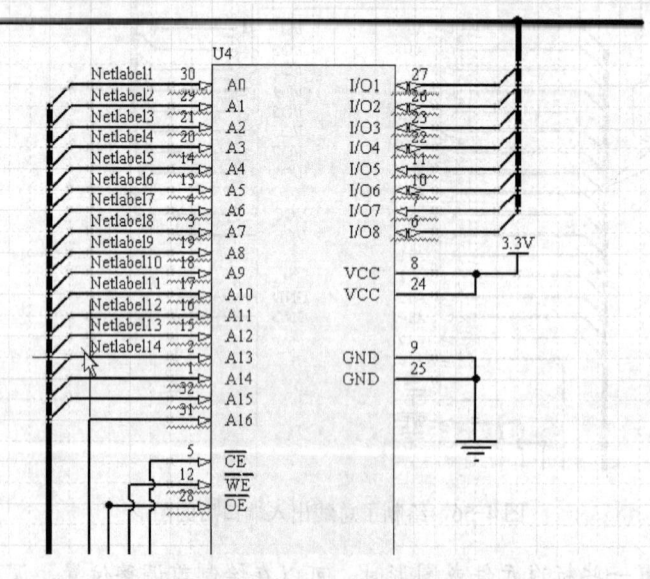

图 4-57 放置网络名称的原理图

## 2. 设置网络名称（Net Label）属性对话框

在放置网络名称的状态下，如果要编辑所要放置的网络名称，按〈Tab〉键即可打开网络名称属性对话框，如图 4-58 所示。

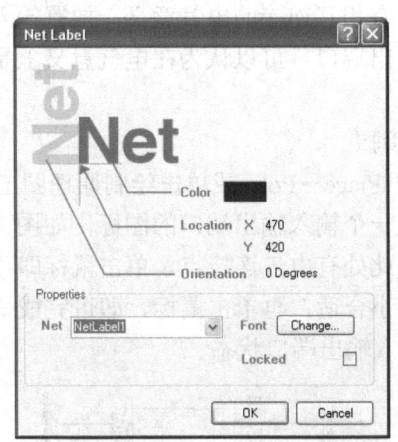

图 4-58　网络名称属性对话框

1）Color 操作项用来设置网络名称的颜色。
2）Net 编辑框设置网络的名称，也可以单击其右边下拉按钮选择一个网络名称。
3）Location X 和 Y 设置项设置网络名称所放位置的 X 坐标值和 Y 坐标值。
4）Orientation 设置项设置网络名称放置的方向。将鼠标放置在角度位置，则会显示一个下拉按钮，单击下拉按钮即可打开下拉列表，其中包括四个选项 0 Degrees、90 Degrees、180 Degrees 和 270 Degrees，分别表示网络名称的放置方向为 0°、90°、180°和 270°。
5）Font 设置项设置所要放置文字的字体，单击 Change 后出现设置字体对话框。

如图 4-57 所示，已经放置了网络名称，现在可以对各网络名称进行属性编辑，修改网络名称后的图形如图 4-59 所示。

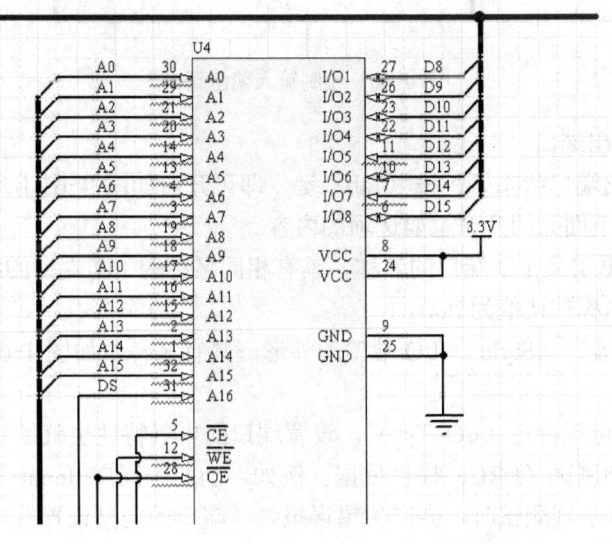

图 4-59　修改所放置网络名称后的图形

### 4.10.5 放置输入输出端口

在设计原理图时,一个网络与另外一个网络的连接,可以通过实际导线连接,也可以通过放置网络名称使两个网络具有相互连接的电气意义。放置输入输出端口,同样实现两个网络的连接,相同名称的输入输出端口,可以认为在电气意义上是连接的。输入输出端口也是层次图设计不可缺少的组件。

#### 1. 放置输入输出端口的步骤

在执行输入输出端口命令 Place→Port 或单击绘制原理图工具栏里的图标 后,光标变成十字状,并且在其上面出现一个输入输出端口的图标,如图 4-60 所示。在合适的位置,光标上会出现一个圆点,表示此处有电气连接点。单击鼠标即可定位输入输出端口的一端,移动鼠标使输入输出端口的大小合适,再单击鼠标,即可完成一个输入输出端口的放置。单击鼠标右键,即可结束放置输入输出端口状态。

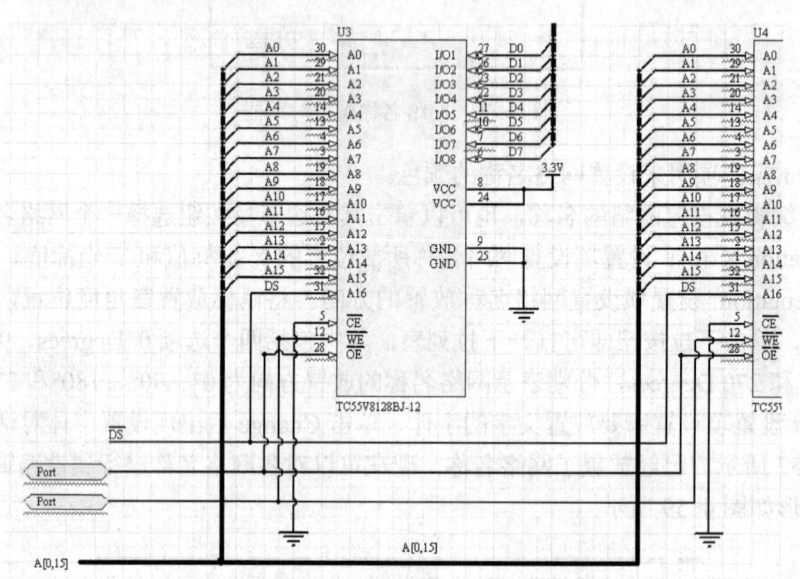

图 4-60 绘制输入输出端口

#### 2. 设置输入输出端口

在放置输入输出端口状态下,按〈Tab〉键,即可开启如图 4-61 所示对话框。对话框中共有 10 个设置项,下面介绍几个主要选项的内容。

1) Name 编辑框定义 I/O 端口的名称,具有相同名称的 I/O 端口的线路在电气上是连接在一起的。图中的名称默认值为 Port。

2) 端口外形的设定(Style),I/O 端口的外形一共有 8 种,如图 4-62 所示。本实例中设定为 Left&Right。

3) 设置端口的电气特性(I/O Type),设置端口的电气特性也就是对端口的 I/O 类型设置,它会为电气法则测试(ERC)提供依据。例如,当两个同属 Input 输入类型的端口连接在一起的时候,电气法则测试时,会产生错误报告。端口的类型设置有以下四种:

- Unspecified。未指明或不确定。

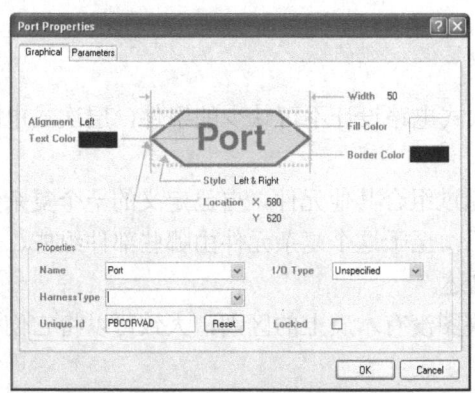
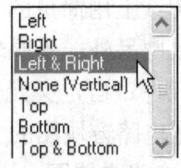

图 4-61 端口属性对话框　　　　　　　　图 4-62 端口外形

- Output。输出端口型。
- Input。输入端口型。
- Bidirectional。双向型。

4）线束类型（Harness Type）。当一个端口连接到和线束连接器相连的信号线束时，则该连接器的线束类型会自动显示。在图 4-61 所示对话框中，是不可操作的，因为该端口没有连接到线束连接器。注意，一个端口也可以直接连接到线束连接器。

5）设置端口的形式（Alignment）。端口的形式与端口的类型是不同的概念，端口的形式仅用来确定 I/O 端口的名称在端口符号中的位置，而不具有电气特性。端口的形式共有三种：Center、Left 和 Right。

其他项目的设置包括 I/O 端口的宽度、位置、边线的颜色、填充颜色，以及文字标注的颜色等。这些用户可以根据自己的要求来设置。

下面对图 4-60 所示的端口进行修改设置，Name（名称）分别修改为 RAMOE 和 RAMWE；Style（端口的外形）修改为 Left&Right；I/O Type（I/O 类型）修改为 Input（输入型端口）；Alignment（名称布置）修改为 Center（中心）；Length（长度）修改为 50；其他不变。修改后的端口如图 4-63 所示。

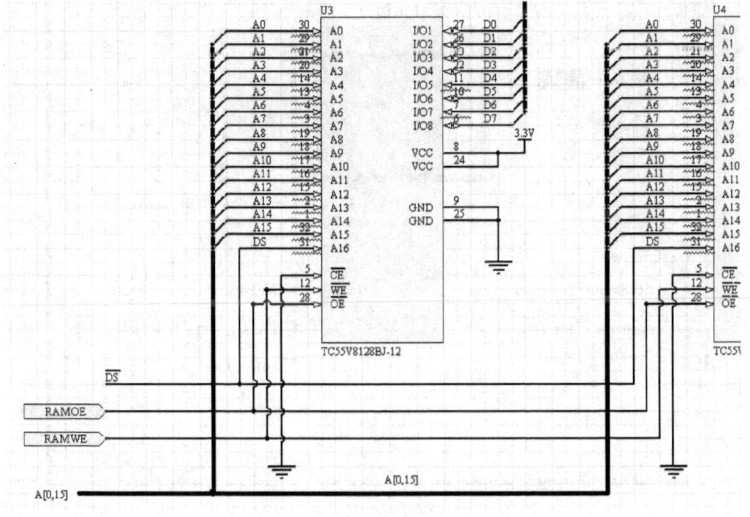

图 4-63 修改输入输出端口属性后的原理图

### 4.10.6 放置电路方块图

电路方块图（Sheet Symbol）是层次式电路设计不可缺少的组件，层次式电路设计将在以后的章节里详细介绍。

简单地说，电路方块图就是设计者通过组合其他元件，自己定义的一个复杂元件。这个复杂元件在图纸上用简单的方块图来表示，至于这个复杂元件由哪些部件组成、内部的接线又如何，可以由另外一张原理图来详细描述。

因此，元件、自定义元件、电路方块图没有本质上的区别，大致可以将它们等同看待。下面介绍放置电路方块图的方法。

**1. 放置电路方块图**

执行放置电路方块图命令 Place→Sheet Symbol 或使用鼠标单击绘制原理图工具栏里的图标 后，光标变成十字状，在电路方块图一角，单击鼠标，再将光标移到方块图的另一角，即可展开一个区域，再单击鼠标，即可完成该方块图的放置。单击鼠标右键，即可退出放置电路方块图状态。绘制的电路方块图如图 4-64 所示。

**2. 编辑电路方块图属性**

在放置电路方块图状态下，按〈Tab〉键，即可打开如图 4-65 所示的电路方块图属性对话框，或者放置了电路方块图后，使用鼠标双击元件，或者选中元件再单击鼠标右键，从弹出的快捷菜单中选择 Properties 命令。

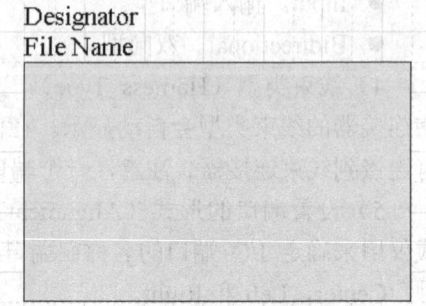

图 4-64 绘制电路方块图

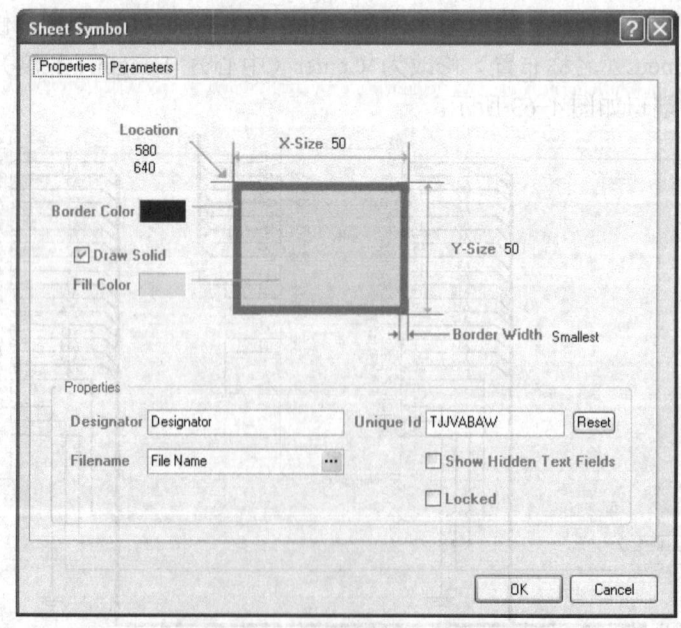

图 4-65 电路方块图属性对话框

对话框中共有 12 个设置项，其中 X Location、Y Location 和 Fill Color 设置项与设置网络名称属性对话框的相应选项操作一样。下面将介绍剩下的 9 个设置项。

1）Border Width 选择项的功能是选择电路方块图边框的宽度。在 Border Width 选择项右侧的下拉式按钮中，共有四种边线的宽度，即最细（Smallest）、细（Small）、中（Medium）和粗（Large）。

2）X-Size 设置项的功能是设置电路方块图的宽度。

3）Y-Size 设置项的功能是设置电路方块图的高度。

4）Border Color 设置项的功能是设置电路方块图的边框颜色。

5）Draw Solid 复选框的功能是设置电路方块图内是否填入 Fill Color 所设置的颜色。

6）Designator 设置项的功能是设置电路方块图的名称。

7）Show Hidden Text Fields 复选框选中后，可以显示关于方块图的辅助文本信息。

8）Filename 设置项的功能是设置电路方块图所对应的文件名称。

9）Unique Id 编辑框可以输入方块图的唯一识别标志，单击 Reset 按钮可以随机设定该标志位。

下面对如图 4-64 所示的电路方块图进行修改设置，Fill Color（填充颜色）不变；Designator 修改为 Interface；Filename 修改为 ISA Interface。修改后的电路方块图如图 4-66 所示。

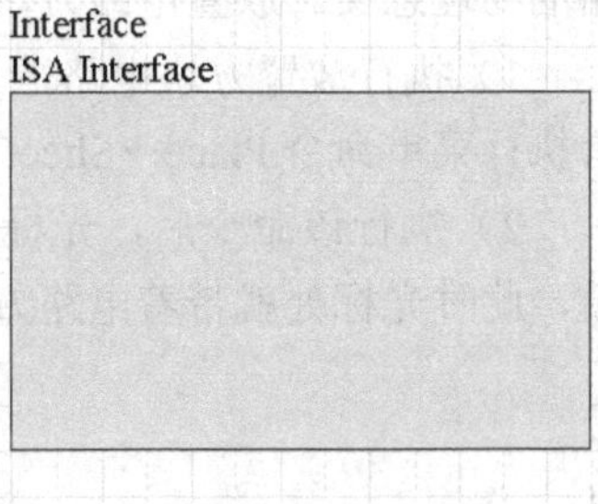

另外还可以直接对 Designator 和 Filename 属性进行属性操作，通过单独选取它们，然后在其属性对话框中修改。

### 3．从原理图创建电路方块图

当在一个项目中设计电路原理图时，如果项目中包含多个原理图文件，而且这些原理图是通过输入输出端口联系的，则可以执行 Design→Create Sheet Symbol From Sheet 命令，生成一个电路方块图，该电路方块图指向源电路

图 4-66 修改方块图属性后的图形

文件，并且会生成相应的电路方块图端口。当执行该命令后，系统会弹出如图 4-67 所示的对话框，在该对话框中会显示项目中的除当前文件外的所有原理图文件，此时可以选择需要创建电路方块图的原理图文件。

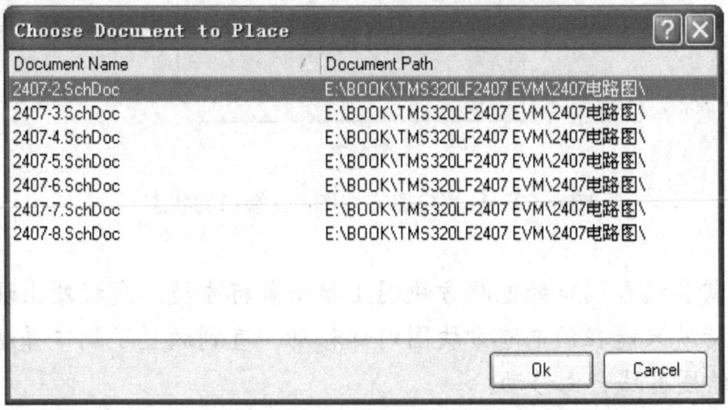

图 4-67 选择需要创建电路方块图的原理图文件

选择文件后单击 OK 按钮，系统就会创建一个电路方块图，然后用户就可以将该方块图放置在当前原理图文件中。如图 4-68 所示为所创建的一个电路方块图，包含了方块图端口，这些端口实际上是与源文件对应的。

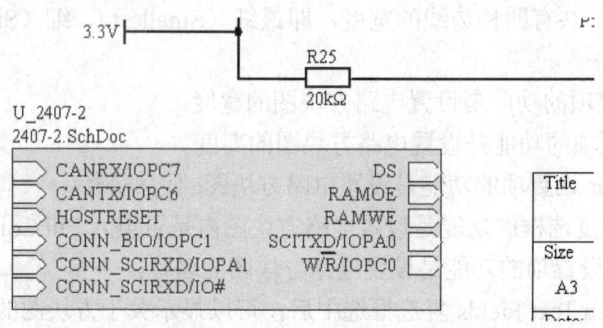

图 4-68　所创建的一个电路方块图

### 4.10.7　放置电路方块图的端口

绘制了电路方块图后，还需要在其上面绘制表示电气连接的端口，才能有效表示方块电路的物理意义。放置电路方块图端口的操作过程如下：

1）执行放置方块电路端口的命令，方法是用鼠标左键单击 Wiring 工具栏中的按钮 或者执行菜单命令 Place→Sheet Entry。

2）执行该命令后，光标变为十字状，然后在需要放置端口的电路方块图上单击鼠标左键，此时光标处就带着电路方块图的端口符号，如图 4-69 所示。

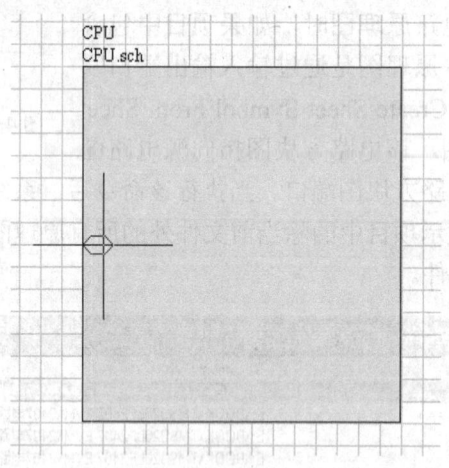

图 4-69　放置电路方块图 I/O 端口的状态

> **注意**：当在需要放置端口的电路方块图上单击鼠标左键，光标处出现方块电路的端口符号后，光标就只能在该电路方块图内部移动，直到放置了端口并结束该步操作后，光标才能在绘图区域自由移动。

在此命令状态下，按〈Tab〉键，或者用鼠标左键双击方块电路的端口，系统会弹出如图 4-70 所示的方块电路端口属性设置对话框。

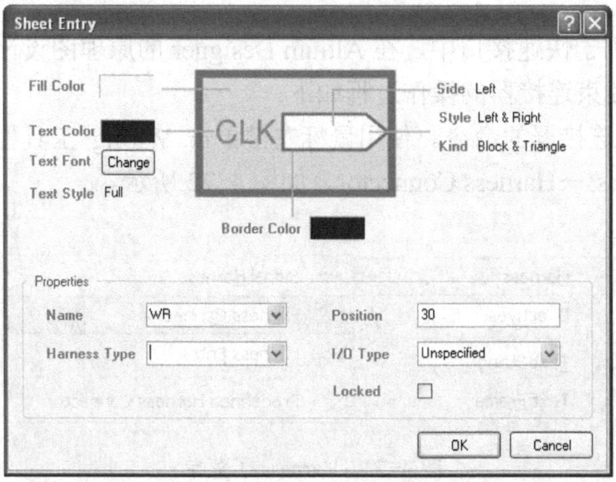

图 4-70　方块电路端口属性设置对话框

在对话框中，将 Name 选项设置为 WR，即设定端口名。I/O Type 选项有不指定（Unspecified）、输出（Output）、输入（Input）和双向（Bidirectional）四种，在此设置为 Output，即将端口设置为输出。

Style 选择列表用来设置端口的形状，用户可以根据设计需要来设置；Side 选择列表用来设定端口的位置，即放在电路方块图的哪一边。

线束类型（Harness Type）。当一个方块电路端口连接到与线束连接器相连的信号线束时，则该连接器的线束类型会自动显示。在图 4-70 所示对话框中，是不可操作的，因为该端口没有连接到线束连接器。

Text Color 编辑框用来设定端口名的文字颜色；Border Color 编辑框用来设定端口边框的颜色，其他选项可参考前面电路方块图属性设置的讲解。

3）设置完属性后，将光标移动到适当的位置后，单击鼠标左键将其定位，如图 4-71 所示。

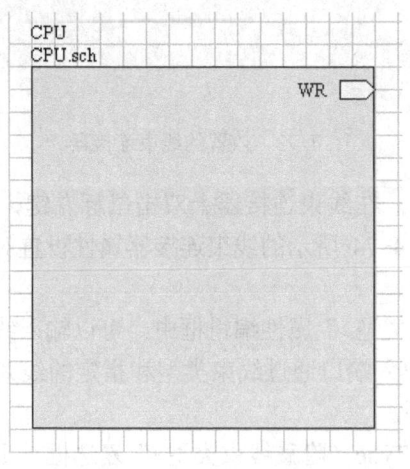

图 4-71　放置完一个电路方块图端口

### 4.10.8 放置线束连接器

线束连接器常常用于快速接口中,在 Altium Designer 的原理图设计模块提供了使用线束连接器的功能。放置线束连接器的操作过程如下:

1) 执行放置线束连接器的命令。使用鼠标左键单击 Wiring 工具栏中的按钮 或者执行菜单命令 Place→Harness→Harness Connector,如图 4-72 所示。

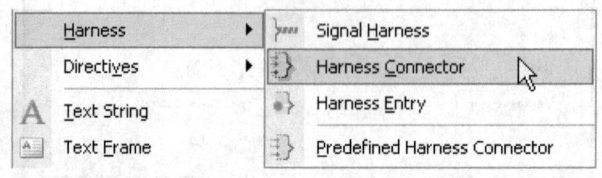

图 4-72　Harness 子菜单

2) 执行该命令后,光标变为十字状,此时光标处就带着线束连接器符号。然后在需要放置线束连接器的位置单击鼠标左键,再将光标移到线束连接器的另一角,即产生一个线束连接器形状,然后再单击鼠标,即可完成该线束连接器的放置,如图 4-73 所示。

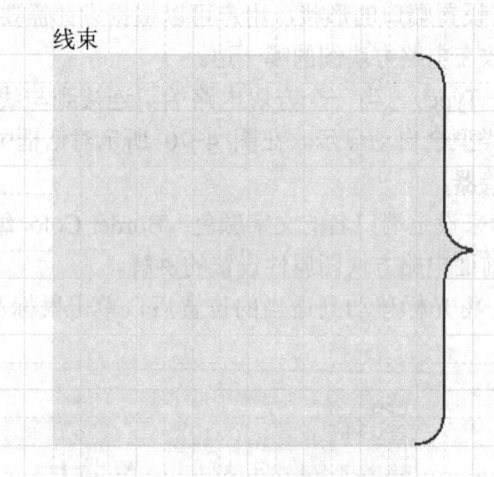

图 4-73　放置的线束连接器

3) 放置了线束连接器后,在线束连接器上双击鼠标左键,或者在放置线束连接器时按〈Tab〉键,就可以进入如图 4-74 所示的线束连接器属性设置对话框。此时就可以设置线束连接器的属性。

在"Harness Type(线束类型)"属性编辑框中,可以输入线束类型字符串,用来识别该线束连接器。线束连接器的出入端口通过线束类型和指定的线束连接器相连接。一个信号线束具有一个相对应的线束类型。

如果选择"Hide Harness Type(隐藏线束类型)"复选框,则线束连接器的线束类型字符串会被隐藏。

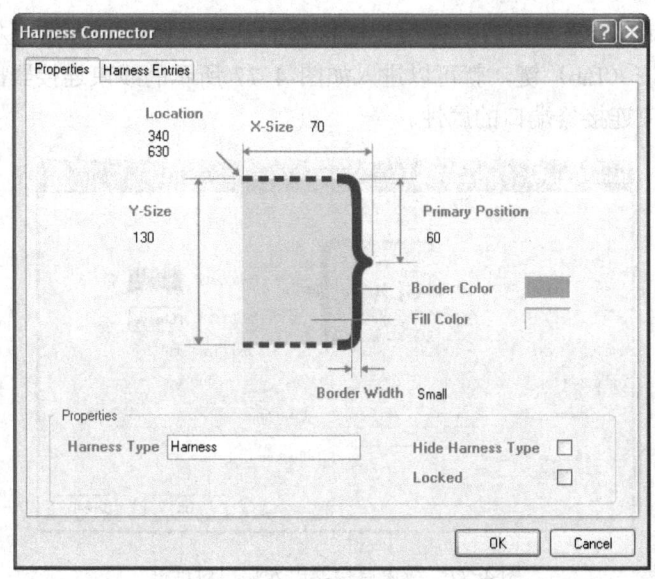

图 4-74 线束连接器属性设置对话框

## 4.10.9 放置线束连接器端口

在原理图上放置了线束连接器后，就可以在线束连接器内部区域放置线束连接器的端口。

**1. 放置线束连接器端口**

1）执行放置线束连接器端口的命令。使用鼠标左键单击 Wiring 工具栏中的按钮 或者执行菜单命令 Place→Harness→Harness Entry，见图 4-72。

2）执行该命令后，光标变成十字状，此时光标处就带着线束连接器端口符号，线束连接器出入端口是灰色的。然后将光标移到线束连接器区域，端口符号就变为亮显，如图 4-75 所示。此时就可以在线束连接器内部有效位置放置出入端口。单击鼠标左键，即可完成该线束连接器端口的放置，如图 4-76 所示即为放置了多个出入端口的线束连接器。

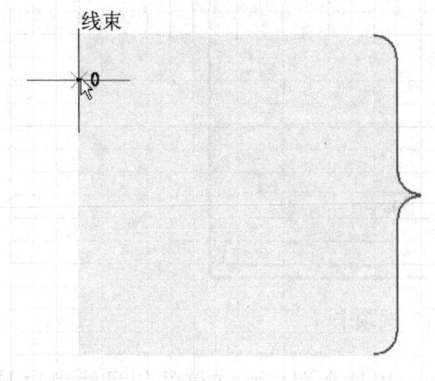
图 4-75 放置线束连接器的端口

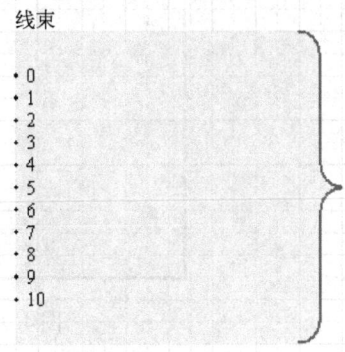
图 4-76 放置了端口的线束连接器

3)放置了线束连接器端口后,在线束连接器的某个端口上双击鼠标左键,或者在放置线束连接器端口时按〈Tab〉键,就可以进入如图 4-77 所示的线束连接器出入端口对话框,此时就可以设置线束连接器端口的属性。

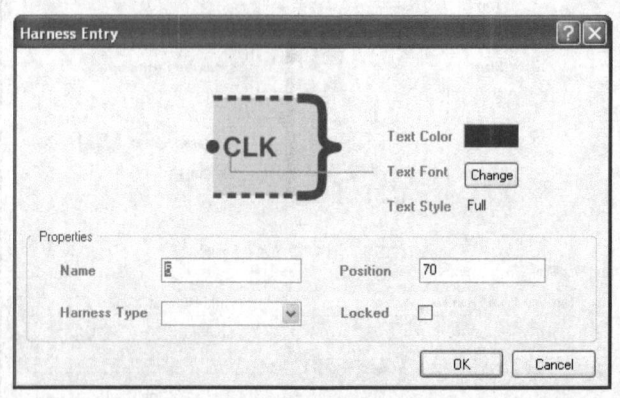

图 4-77　线束连接器出入端口对话框

在"Harness Type(线束类型)"属性选择框中,可以从列表中为该线束出入端口选择线束类型。如果定义了线束连接器出入端口的线束类型,就可以在列表中进行选择。

**2. 设置线束连接器端口的类型**

放置了线束连接器和其出入端口后,可以为出入端口定义线束类型。可以双击线束连接器,然后从弹出的对话框中选择线束出入端口选项卡,如图 4-78 所示。然后就可以在"Harness Type(线束类型)"列表中定义出入端口的线束类型。通常可以定义的线束类型应该是已经在当前原理图中存在的线束类型。

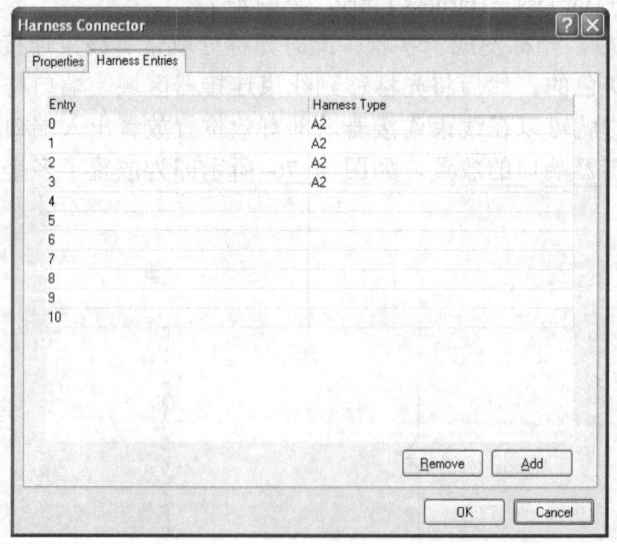

图 4-78　"线束出入端口"选项卡

然后就可以连接信号线束到线束连接器出入端口,与某个端口相连接的信号线束也具有与该端口相同的线束类型。

## 4.10.10 放置信号线束

当放置了线束连接器及其出入端口后,就可以添加信号线束连接到出入端口,具体操作如下。

1) 执行放置信号线束的命令。使用鼠标左键单击 Wiring 工具栏中的按钮 或者执行菜单命令 Place→Harness→Signal Harness,见图 4-72。

2) 执行该命令后,光标变成十字状。然后将光标移动到需要连接信号线束的端口处,与连接信号导线的操作方法类似。如图 4-79 所示即为添加了信号线束的连接器。

3) 添加了信号线束后,在信号线束上双击鼠标左键,或者在放置信号线束时按〈Tab〉键,就可以进入如图 4-80 所示的信号线束对话框。此时就可以设置信号线束的属性。

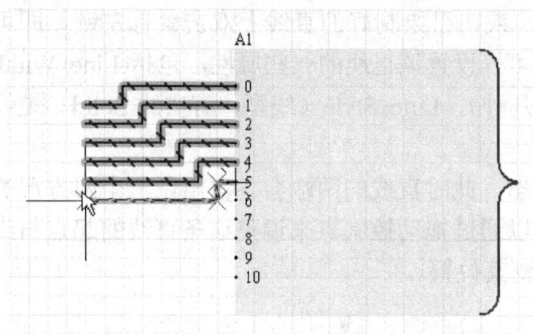

图 4-79 放置信号线束

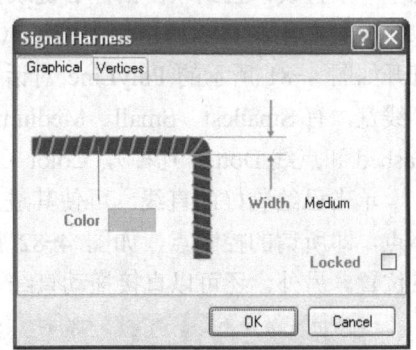

图 4-80 信号线束对话框

## 4.11 绘制图形

在原理图中可以加一些说明性的文字或者图形。在制作元件时,还需要绘制元件的图形单元。Schematic 提供了很好的绘图功能,可以完成元件的设计和制作(相关操作将在第 6 章介绍),以及图形的标注。由于图形对象并不具备电气特性,所以在作电气法则测试(ERC)和生成网络表时,它们并不产生任何影响,也不会附加在网络表数据中。

### 4.11.1 绘图工具栏

在 Schematic 中,利用一般绘图工具栏上的各个按钮进行绘图是十分方便的,可以在实用(Utilities)工具栏的绘图子菜单命令中选择。绘图工具栏按钮的功能见表 4-2。另外,通过 Place→Drawing Tools 菜单也可以找到绘图工具栏上各按钮所对应的命令。

表 4-2 绘图工具栏的按钮及其功能

| 按 钮 | 功 能 | 按 钮 | 功 能 |
| --- | --- | --- | --- |
| / | 绘制直线 | ▢ | 绘制实心直角矩形 |
| ⌛ | 绘制多边形 | ▢ | 绘制实心圆角矩形 |
| ⌒ | 绘制椭圆弧线 | ○ | 绘制椭圆形及圆形 |
| ∿ | 绘制贝塞尔曲线 | ◔ | 绘制饼图 |
| A | 插入文字 | 🖼 | 插入图片 |
| ▤ | 插入文字框 | | |

### 4.11.2 绘制直线

直线（Line）在功能上完全不同于元件间的导线（Wire）。导线具有电气意义，通常用来表现元件间的物理连通性，而直线并不具备任何电气意义。

绘制直线可通过执行菜单命令 Place→Drawing Tools→Lines，或单击工具栏上的按钮 ，将编辑模式切换到画直线模式，此时鼠标指针除了原先的空心箭头之外，还多出了一个大十字符号。在绘制直线模式下，将大十字指针符号移动到直线的起点，单击鼠标左键，然后移动鼠标，屏幕上会出现一条随鼠标指针移动的预拉线。单击鼠标右键一次或按〈Esc〉键一次，则返回到画直线模式，但并没有退出。如果还处于绘制直线模式下，则可以继续绘制下一条直线，直到双击鼠标右键或按两次〈Esc〉键退出绘制状态。

如果在绘制直线的过程中按下〈Tab〉键，或在已绘制好的直线上双击鼠标左键，即可打开如图 4-81 所示的 PolyLine 对话框，从中可以设置该直线的一些属性，包括 Line Width（线宽，有 Smallest、Small、Medium、Large 几种），Line Style（线型，有实线 Solid、虚线 Dashed 和点线 Dotted 几种），Color（颜色）。

单击已绘制好的直线，可使其进入选中状态，此时直线的两端会各自出现一个四方形的小点，即所谓的控制点，如图 4-82 所示。可以通过拖动控制点来调整这条直线的起点与终点位置。另外，还可以直接拖动直线本身来改变其位置。

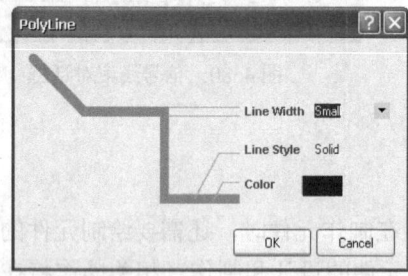
图 4-81 PolyLine 对话框

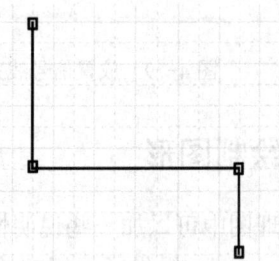
图 4-82 绘制直线

### 4.11.3 绘制多边形

所谓多边形（Polygon）是指利用鼠标指针依次定义出图形的各个边脚所形成的封闭区域。

（1）执行绘制多边形命令

绘制多边形可通过执行菜单命令 Place→Drawing Tools→Polygon，或单击工具栏上的按钮 ，将编辑状态切换到绘制多边形模式。

（2）绘制多边形

执行此命令后，鼠标指针旁边会多出一个大十字符号。首先在待绘制图形的一个角单击鼠标左键，然后移动鼠标到第二个角单击鼠标左键形成一条直线，然后再移动鼠标，这时会出现一个随鼠标指针移动的预拉封闭区域。现在依次移动鼠标到待绘制图形的其他角单击左键。如果单击鼠标右键就会结束当前多边形的绘制，进入下一个绘制多边形的过程。如果要将编辑模式切换回待命模式，可再单击鼠

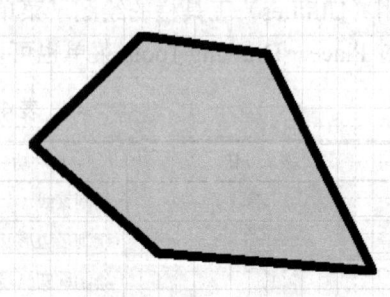
图 4-83 绘制的多边形

标右键或按下〈Esc〉键。绘制的多边形如图 4-83 所示。

(3) 编辑多边形属性

如果在绘制多边形的过程中按下〈Tab〉键，或是在已绘制好的多边形上双击鼠标左键，就会打开如图 4-84 所示的 Polygon 对话框，可从中设置该多边形的一些属性，如 Border Width（边框宽度，有 Smallest、Small、Medium、Large 几种）、Border Color（边框颜色）、Fill Color（填充颜色）、Draw Solid（设置为实心多边形）和 Transparent（透明，选中该选项后，双击多边形内部不会有响应，而只在边框上有效）。

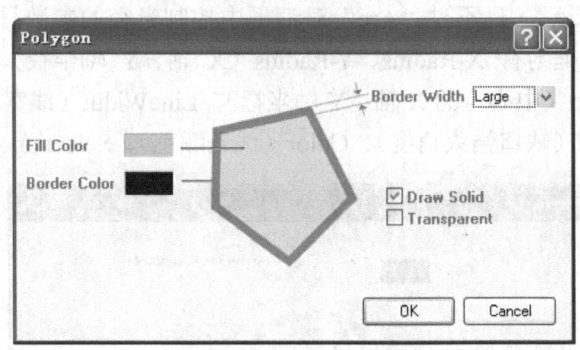

图 4-84　Polygon 对话框

如果直接用鼠标左键单击已绘制好的多边形，即可使其进入选取状态，此时多边形的各个角都会出现控制点，可以通过拖动这些控制点来调整该多边形的形状。此外，也可以直接拖动多边形本身来调整其位置。

### 4.11.4　绘制圆弧与椭圆弧

(1) 执行绘制圆弧与椭圆弧命令

绘制圆线可通过菜单命令 Place→Drawing Tools→Arc，将编辑模式切换到绘制圆弧模式。绘制椭圆弧可使用菜单命令 Place→Drawing Tools→Elliptic Arc 或单击工具栏上的按钮 。

(2) 绘制图形

绘制圆弧和椭圆弧的操作方式类似。

1) 绘制圆弧。绘制圆弧的操作过程如下：

首先在待绘制图形的圆弧中心处单击鼠标左键，然后移动鼠标会出现圆弧预拉线。接着调整好圆弧半径，然后单击鼠标左键，指针会自动移动到圆弧缺口的一端，调整好其位置后单击鼠标左键，指针会自动移动到圆弧缺口的另一端，调整好其位置后单击鼠标左键，就结束了该圆弧的绘制，并进入下一个圆弧的绘制过程，下一次圆弧的默认半径为刚才绘制的圆弧半径，开口也一致。

结束绘制圆弧操作后，单击鼠标右键或按下〈Esc〉键，即可将编辑模式切换回等待命令模式。

2) 绘制椭圆弧。所谓椭圆弧与圆弧略有不同，圆弧实际上是带有缺口的标准圆形，而椭圆弧则为带有缺口的椭圆形。所以利用绘制椭圆弧的功能也可以绘制出圆弧。椭圆弧绘制的操作过程如下：

首先在待绘制图形的椭圆弧中心点处单击鼠标左键，然后移动鼠标会出现椭圆弧预拉线。接着调整好椭圆弧 X 轴半径后单击鼠标左键，然后移动鼠标调整好椭圆弧 Y 轴半径后单击鼠标左键，指针会自动移动到椭圆弧缺口的一端，调整好其位置后单击鼠标左键，指针会自动移动到椭圆弧缺口的另一端，调整好其位置后单击鼠标左键，就结束了该椭圆弧的绘制，同时进入下一个椭圆弧的绘制过程。

（3）编辑图形属性

如果在绘制圆弧或椭圆弧的过程中按下〈Tab〉键，或者单击已绘制好的圆线或椭圆弧，可打开其"属性"对话框。"圆弧属性"和"椭圆弧属性"对话框内容差不多，分别如图 4-85 和图 4-86 所示，只不过"Arc"对话框中控制半径的参数只有 Radius 一项，而"Elliptical Arc"对话框则有 X-Radius、Y-Radius（X 轴、Y 轴半径）两项。其他的属性有 X-Location、Y-Location（中心点的 X 轴、Y 轴坐标）、LineWidth（线宽）、Start Angle（缺口起始角度）、End Angle（缺口结束角度）、Color（线条颜色）、Selection（切换选取状态）。

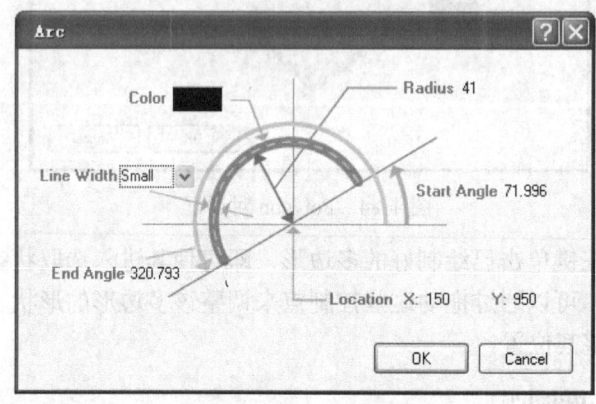

图 4-85 圆弧属性对话框

如果用鼠标左键单击已绘制好的圆弧或椭圆弧，可使其进入选取状态，此时其半径及缺口端点会出现控制点，拖动这些控制点来调整圆弧或椭圆弧的形状。此外，也可以直接拖动圆弧或椭圆弧本身来调整其位置。

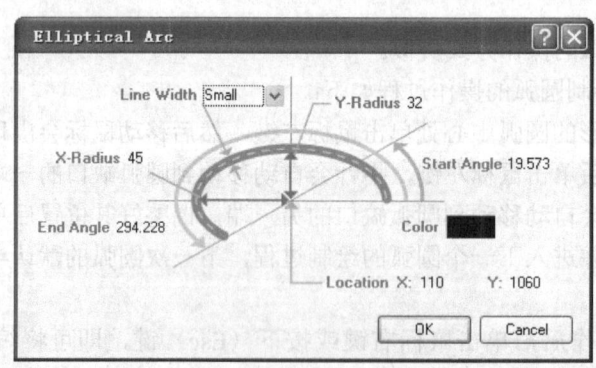

图 4-86 椭圆弧属性对话框

## 4.11.5 放置注释文字

（1）执行放置注释文字命令

要在绘图页上加上注释文字（Text String），可以通过执行菜单命令 Place→Text String 或单击工具栏上的按钮 A，将编辑模式切换到放置注释文字模式。

（2）放置注释文字

执行此命令后，鼠标指针旁边会多出一个大十字和一个虚线框，在想放置注释文字的位置单击鼠标左键，绘图页面中就会出现一个名为"Text"的字串，并进入下一次操作过程。

（3）编辑注释文字

如果在完成放置动作之前按下〈Tab〉键，或者直接在"Text"字串上双击鼠标左键，即可打开 Annotation（注释文字属性）对话框，如图 4-88 所示。

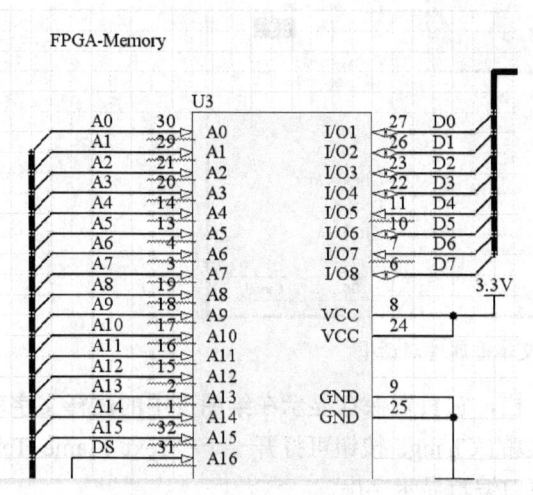
图 4-87　放置注释的文本

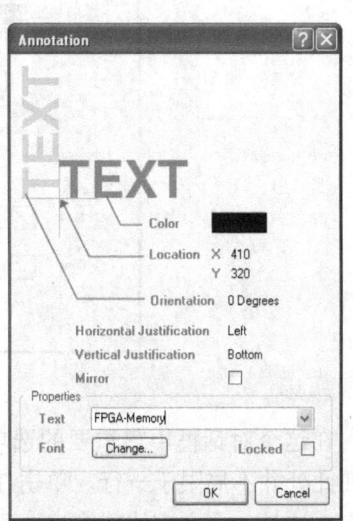
图 4-88　注释文字属性对话框

在此对话框中最重要的属性是 Text 栏，它负责保存显示在绘图页中的注释文字串（只能是一行），并且可以修改。此外还有其他几项属性：X-Location、Y-Location（注释文字的坐标），Orientation（字串的放置角度），Color（字串的颜色），Font（字体）。

如果要将编辑模式切换回等待命令模式，可在此时单击鼠标右键或按下〈Esc〉键。

如果想修改注释文字的字体，可以单击 Change 按钮，系统将弹出一个字体设置对话框，此时可以设置字体的属性。

当制作元件库时，需要添加注释和名称，该命令将很有用。

### 4.11.6　放置文本框

（1）执行放置文本框命令

要在绘图页上放置文本框可通过菜单命令 Place→Text Frame 或单击工具栏上的按钮，将编辑状态切换到放置文本框模式。

（2）放置文本框

前面所介绍的注释文字仅限于一行的范围，如果需要多行的注释文字，就必需使用文本框（Text Frame）。

执行放置文本框命令后，鼠标指针旁边会多出一个大十字符号，在需要放置文本框的一个边角处单击鼠标左键，然后移动鼠标就可以在屏幕上看到一个虚线的预拉框，用鼠标左键单击该预拉框的对角位置，就结束了当前文本框的放置过程，并自动进入下一个放置过程。

（3）编辑文本框

如果在完成放置文本框的动作之前按下〈Tab〉键，或者直接用鼠标左键双击文本框，就会打开"Text Frame"属性对话框，如图 4-89 所示。

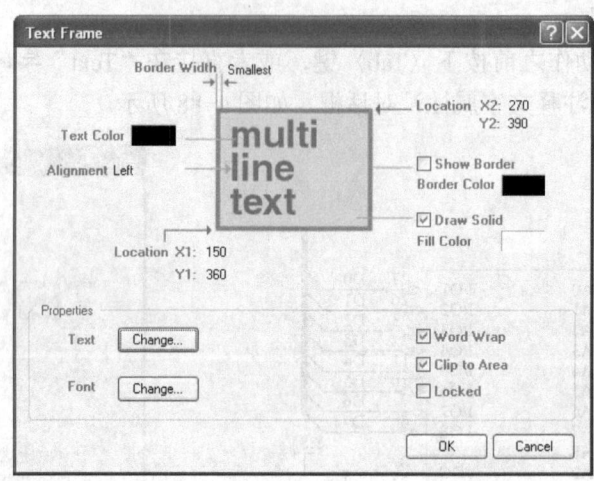

图 4-89　文本框属性对话框

在这个对话框中最重要的选项是 Text 栏，它负责保存显示在绘图页中的注释文字串，但在此处并不局限于一行。单击 Text 栏右边的 Change 按钮可打开一个"Text Frame Text"窗口，这是一个文字编辑窗口，可以在该窗口编辑显示字串。

在"Text Frame"对话框中还有其他一些选项，如：Location X1、Location Y1（文本框左下角坐标），Location X2、Location Y2（文本框右上角坐标），Border Width（边框宽度），Border Color（边框颜色），Fill Color（填充颜色），Text Color（文本颜色），Font（字体），Draw Solid（设置为实心多边形），Show Border（设置是否显示文本框边框），Alignment（文本框内文字对齐的方向），Word Wrap（设置字回绕），Clip To Area（当文字长度超出文本框宽度时，自动截去超出部分）。

如果直接用鼠标左键单击文本框，可使其进入选中状态，同时出现一个环绕整个文本框的虚线边框，此时可直接拖动文本框本身来改变其放置的位置。

### 4.11.7　绘制矩形

这里的矩形分为直角矩形（Rectangle）与圆角矩形（Round Rectangle），它们的差别在于矩形的四个边角是否由椭圆弧所构成。除此之外，这二者的绘制方式与属性均十分相似。

（1）执行绘制矩形命令

绘制直角矩形可通过菜单命令 Place→Drawing Tools→Rectangle 或单击工具栏上的按钮 ▢。绘制圆角矩形可通过菜单命令 Place→Drawing Tools→Round Rectangle 或单击工具栏上的按钮 ▢。

（2）绘制矩形

执行绘制矩形命令后，鼠标指针旁边会多出一个大十字符号，然后在待绘制矩形的一个角上单击鼠标左键,接着移动鼠标到矩形的对角,再单击鼠标左键,即完成当前这个矩形的绘制过程,同时进入下一个矩形的绘制过程。

若要将编辑模式切换回等待命令模式,可在此时单击鼠标右键或按下〈Esc〉键。绘制的矩形和圆角矩形如图 4-90 所示。

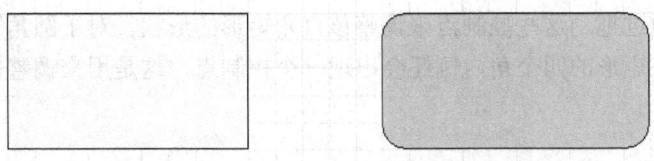

图 4-90　绘制的矩形和圆角矩形

(3) 编辑修改矩形属性

在绘制矩形的过程中按下〈Tab〉键,或者直接用鼠标左键双击已绘制好的矩形,就会打开如图 4-91 或图 4-92 所示的"Rectangle(矩形)"或"Round Rectangle(圆角矩形)"对话框。

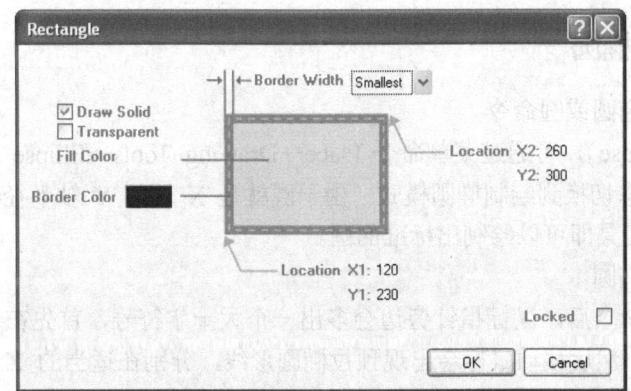

图 4-91　直角矩形属性对话框

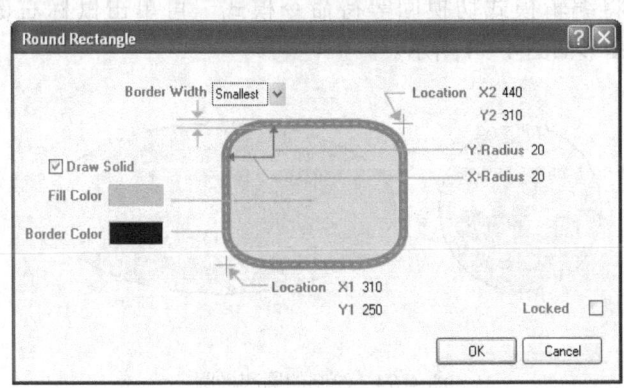

图 4-92　圆角矩形属性对话框

其中圆角矩形比直角矩形多两个属性:X-Radius 和 Y-Radius,它们是圆角矩形四个椭圆角的 X 轴与 Y 轴半径。除此之外,直角矩形与圆角矩形共有的属性包括:Location X1、Location Y1(矩形左下角坐标)、Location X2、ocation Y2(矩形右上角坐标)、Border Width(边框宽度)、Border Color(边框颜色)、Fill Color(填充颜色)和 Draw Solid(设置为实心多边形)。

如果直接用鼠标左键单击已绘制好的矩形,可使其进入选中状态,在此状态下可以通过移动矩形本身来调整其放置的位置。在选中状态下,直角矩形的四个角和各边的中点都会出现控制点,可以通过拖动这些控制点来调整该直角矩形的形状。对于圆角矩形来说,除了上述控制点之外,在矩形的四个角内侧还会出现一个控制点,这是用来调整椭圆弧的半径的,如图4-93所示。

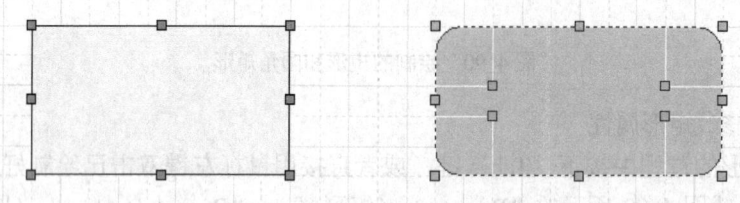

图4-93 矩形和圆角矩形的控制点

### 4.11.8 绘制圆与椭圆

(1)执行绘制椭圆或圆命令

绘制椭圆(Ellipse),可通过菜单命令 Place→Drawing Tools→Ellipse 或单击工具栏上的按钮◯,将编辑状态切换到绘制椭圆模式。由于圆就是 X 轴与 Y 轴半径一样大的椭圆,所以利用绘制椭圆的工具即可以绘制出标准的圆。

(2)绘制圆与椭圆

执行绘制椭圆命令后,鼠标指针旁边会多出一个大十字符号,首先在待绘制图形的中心点处单击鼠标左键,然后移动鼠标会出现预拉椭圆形线,分别在适当的 X 轴半径处与 Y 轴半径处单击鼠标左键,即完成该椭圆形的绘制,同时进入下一次绘制过程。如果设置的 X 轴与 Y 轴的半径相等,则可以绘制圆。

此时如果希望将编辑模式切换回等待命令模式,可单击鼠标右键或按下键盘上的〈Esc〉键。绘制的图形如图4-94所示。

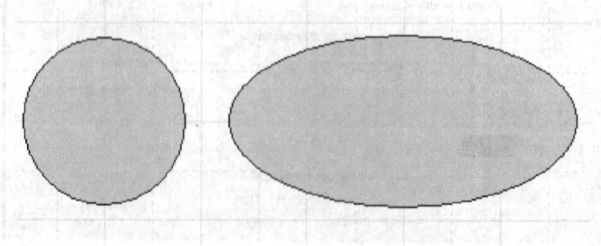

图4-94 绘制的圆和椭圆

(3)编辑图形属性

如果在绘制椭圆形的过程中按下〈Tab〉键,或是直接用鼠标左键双击已绘制好的椭圆形，即可打开如图 4-95 所示的"Ellipse"对话框，可以在此对话框中设置该椭圆形的一些属性，如 X-Location、Y-Location（椭圆形的中心点坐标），X-Radius 和 Y-Radius（椭圆的 X 轴与 Y 轴半径），Border Width（边框宽度），Border Color（边框颜色），Fill Color（填充颜色），Draw Solid（设置为实心多边形）。

如果想将一个椭圆改变为标准圆，可以修改 X-Radius 和 Y-Radius 编辑框中的数值，使之相等即可。

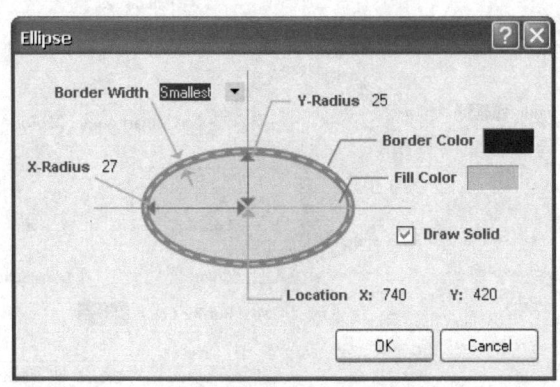

图 4-95　椭圆属性对话框

### 4.11.9　绘制饼图

（1）执行绘制饼图命令

所谓饼图（Pie Charts）就是有缺口的圆形。若要绘制饼图，可通过菜单命令 Place→Drawing Tools→Pie Chart 或单击工具栏上的按钮 ，将编辑模式切换到绘制饼图模式。

（2）绘制饼图

执行绘制饼图命令后，鼠标指针旁边会多出一个饼图图形，首先在待绘制图形的中心处单击鼠标左键，然后移动鼠标会出现饼图预拉线。调整好饼图半径后单击鼠标左键，鼠标指针会自动移到饼图缺口的一端，调整好其位置后单击鼠标左键，鼠标指针会自动移到饼图缺口的另一端，调整好其位置后再单击鼠标左键，即可结束该饼图的绘制，同时进入下一个饼图的绘制过程。此时如果单击鼠标右键或按下〈Esc〉键，可将编辑模式切换回等待命令模式。绘制的饼图如图 4-96 所示。

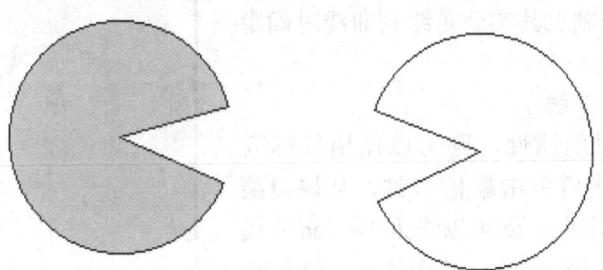

图 4-96　绘制的饼图

（3）编辑饼图

如果在绘制饼图过程中按下〈Tab〉键，或者直接用鼠标左键双击已绘制好的饼图，可打开如图 4-97 所示的 Pie Chart 对话框。在该对话框中可设置如下属性：Location X，Location Y（中心点的 X 轴、Y 轴坐标），Radius（半径），Border Width（边框宽度），Start Angle（缺口起始角度），End Angle（缺口结束角度），Border Color（边框颜色），Color（填充颜色）、Draw Solid（设置为实心饼图）。

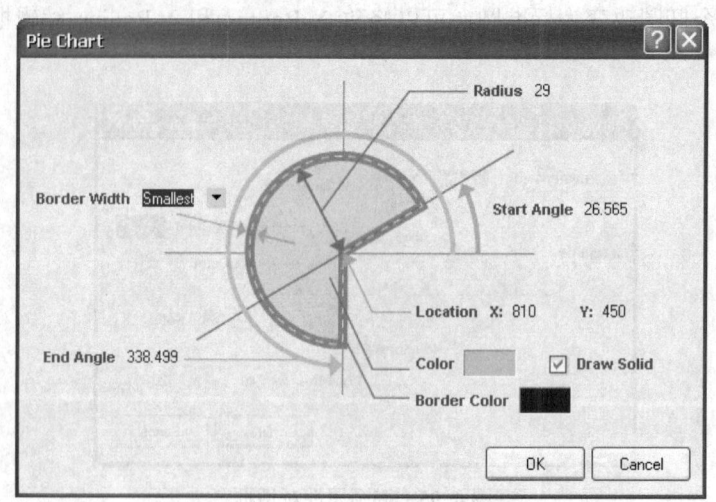

图 4-97　Pie Chart 对话框

### 4.11.10　绘制 Bezier 曲线

（1）执行绘制 Bezier 曲线命令

Bezier 曲线的绘制可以通过执行菜单命令 Place→Drawing Tools→ Bezier 或单击绘图工具栏上的按钮。

（2）绘制 Bezier 曲线

当激活该命令后，将在鼠标边上出现一个大十字，此时可以在图纸上绘制曲线，当确定第一点后，系统会要求确定第二点，确定的点数大于或等于 2，就可以生成曲线，当只有两点时，就生成了一直线。确定了第二点后，可以继续确定第三点，一直可以延续下去，直到用户单击鼠标右键结束。

如果选中 Bezier 曲线，则会显示绘制曲线时生成的控制点，这些控制点其实就是绘制曲线时确定的点。

（3）编辑 Bezier 曲线

如果想编辑曲线的属性，则可以使用鼠标双击曲线，或选中曲线后单击鼠标右键，从快捷菜单中选取 Properties 命令，就可以进入 Bezier 曲线属性对话框，如图 4-98 所示。其中 Curve Width 下拉列表用来选择曲线的宽度，Color 编辑框用来设置曲线的颜色。

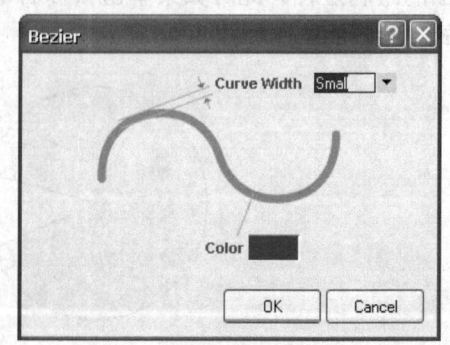

图 4-98　Bezier 曲线属性对话框

## 4.12 FPGA 应用板原理图设计实例

本章前面主要讲述如何选择和放置元件，下面以一个 FPGA 应用板为例来讲述原理图设计的完全过程。

### 4.12.1 FPGA 应用板的介绍

本实例设计的 FPGA 应用板为 Xilinx 公司的 Spartan IIE 系列器件中的 XC2S300E，选择封装形式为 PQ208 封装，读者可以参考 Xilinx 的器件封装说明。该应用板的主要模块可以用图 4-99 进行描述，主要功能包括：

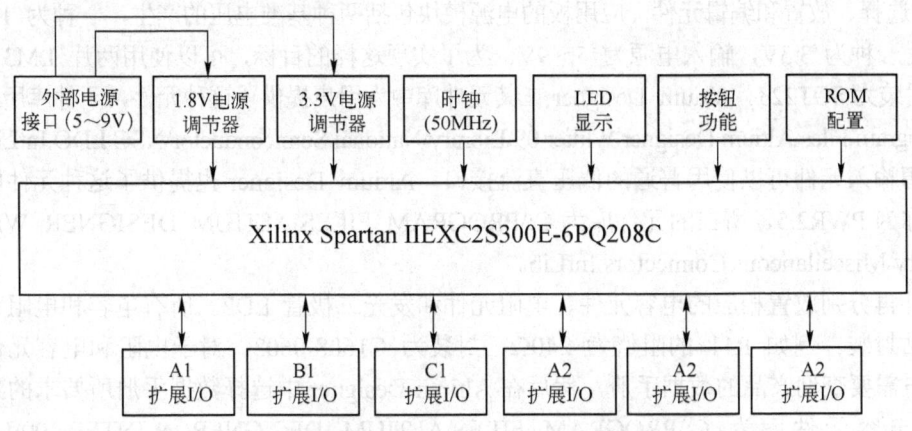

图 4-99　FPGA 应用板的主要模块

- 一片 Xilinx 的 XC2S300E-6PQ208C 芯片，该芯片具有 300K 的逻辑门。
- 143 个用户 I/O，连接在 6 个标准的 40 引脚的扩展连接口上。
- 一片 JTAG 可编程配置的 Flash ROM：XC18V02VQ44C。
- 两个板上的 1.5A 的电源调节模块，分别为 1.8V 和 3.3V。
- 一个直插式的 50MHz 时钟源，一个直插式的可选时钟源。
- 一个 JTAG 编程端口。
- 一个 LED 状态显示和一个按钮，用于基本的 I/O 测试。

### 4.12.2 原理图设计的基本步骤

FPGA 应用板的主要模块已经介绍过了。下面就设计其原理图，设计过程按照如下步骤进行。

1）选择需要放置的元件。选择需要的元件，并将它们放置在图纸上，放置元件的操作可以参考本章前面的讲解。

2）编辑元件。如果各元件需要修改属性，则可以执行编辑命令，对各元件进行编辑。具体包括修改元件流水号、元件的参数（如电阻的阻值）以及元件的封装类型等。编辑元件操作的详细过程均可以参考前面有关章节的讲解。

3）调整元件位置。如果元件放置很零乱，则需要对元件的位置进行调整，精确调整位置后，就可以进行线路连接操作，线路连接与节点放置是同时进行的。

4）连接线路。首先将 Wiring Tools 工具栏装载到当前图纸，然后执行连线命令，也可以执行 Place→Wire 菜单命令来实现。

5）添加网络。对需要连接的元件引脚，但是又相隔较远或者在不同原理图中，则可以添加网络到相应的元件引脚上。

如果需要，还可以绘制电路方块图表示某个原理图文件，并且在原理图文件中放置相应的出入端口，这将在下一章介绍。

### 4.12.3 FPGA 应用板原理图的绘制过程

#### 1．应用板的电源模块原理图

1）创建新的原理图文件，保存为 Power supply.SchDoc。图纸大小设置为 A4。

2）选择、放置和编辑元件。应用板的电源模块包括两种基准电压的产生，一种为 1.8V 的电压，另一种为 3.3V，输入电源为 5~9V。为了实现这样的目标，可以使用两片 LM317S 芯片，其封装为 SOT223。Altium Designer 在其元件库中为用户提供了这种元件，元件库所在位置为 C:\Program Files\Altium Designer Winter 09\Library\National Semiconductor\NSC LDO.IntLib。

电源输入元件可以使用普通的低压直流接口，Altium Designer 也提供了这种元件库，该元件名称为 PWR2.5，所在的元件库为 C:\PROGRAM FILES\ALTIUM DESIGNER WINTER 09\Library\Miscellaneous Connectors.IntLib。

另外再分别放置相应的电容元件、电阻元件和发光二极管 LD2。所有电容和电阻元件均采用标贴封装。例如 R11 的阻值为 240Ω，封装为 C1608-0603。对于电阻和电容元件的封装，用户需要查询产品的数据手册，然后在 Altium Designer 中选择数据手册所要求的封装。电阻和电容元件库为 C:\PROGRAM FILES\ALTIUM DESIGNER WINTER 09\Library\Miscellaneous Devices.IntLib。

3）执行 Place→Wire 命令连接电路，并放置相应的电源地元件。

4）放置网络名称，分别为 VU、VCC33 和 VCC18。最后得到的电源模块的原理图如图 4-100 所示，保存为 Power supply.SchDoc。

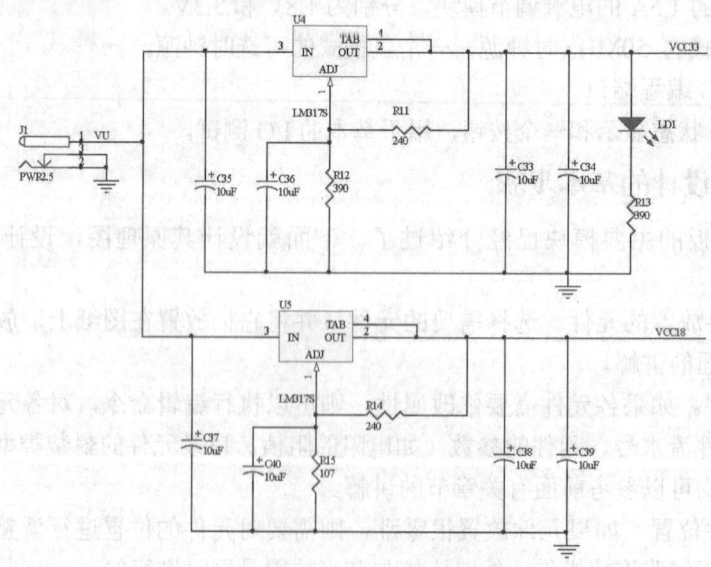

图 4-100　电源模块的原理图

## 2. Flash ROM 模块的原理图

1）创建新的原理图文件，保存为 PROM.SchDoc。图纸大小设置为 A4。另外执行 Tools→Schematic Preferences 命令，在对话框的 Schematic 选项卡中，按照图 4-101 所示设置原理图设计的参数。

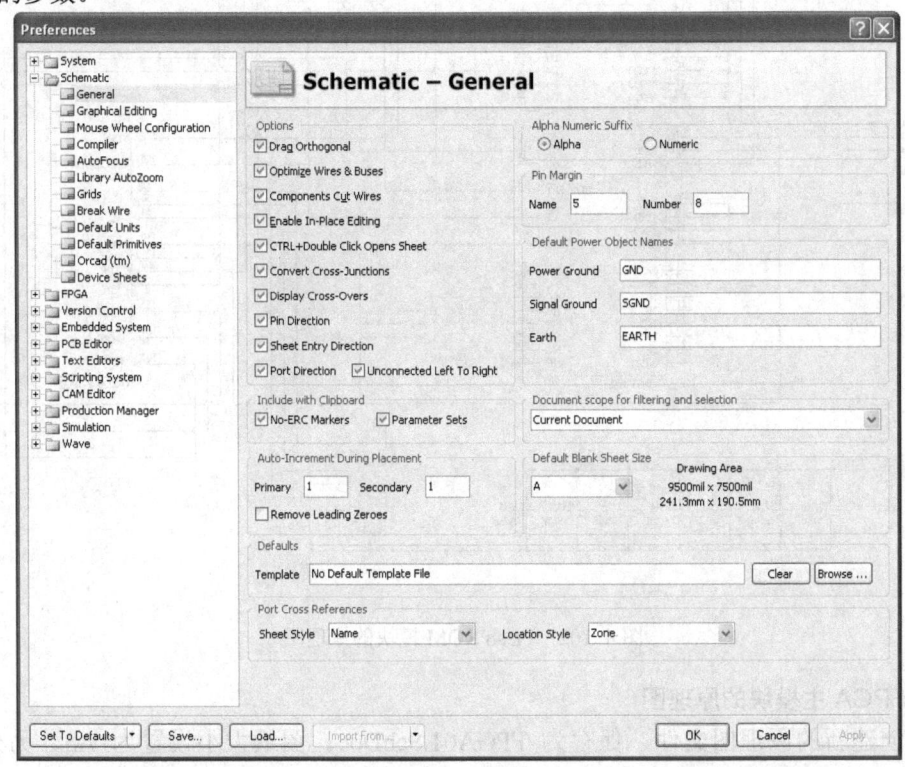

图 4-101 Preferences 对话框

2）选择、放置和编辑元件。Flash ROM 模块是 FPGA 应用板的存储模块，用于存储下载的位文件。在本实例中选择的 ROM 元件为 XC18V02VQ44C，其元件库位于 C:\Program Files\Altium Designer Winter 09\Library\Xilinx\Xilinx XC18V00.IntLib。可以直接从库里选取，该元件的封装为 VQ44。

然后放置 FPGA 芯片 XC2S300E-6PQ208C，Altium Designer 也提供了该芯片的元件库和封装，该元件具有 11 个子部分，A~I 为主要输入输出部分，J 为 JTAG 连接部分，K 和 L 为电源连接部分。在这里选择 JTAG 连接部分，即 J 部分模块。

接着放置外接端口元件和跳线器 JP1、JP2、JP7 和 JP8，这些元件分别可以从元件库 C:\PROGRAM FILES\ALTIUM DESIGNER WINTER 09\Library\Miscellaneous Connectors.IntLib 中选择。

最后放置电阻和电容元件，电阻为 R4、R5 和 R6；电容为 C4、C5、C6、C7、C8、C9 和 C10，元件封装根据产品数据手册进行选择。

3）执行 Place→Wire 命令连接电路，并放置相应的电源地元件。

4）放置网络名称，分别如图 4-102 所示。最后得到的 Flash ROM 模块的原理图如图 4-102 所示，保存为 PROM.SchDoc。

*135*

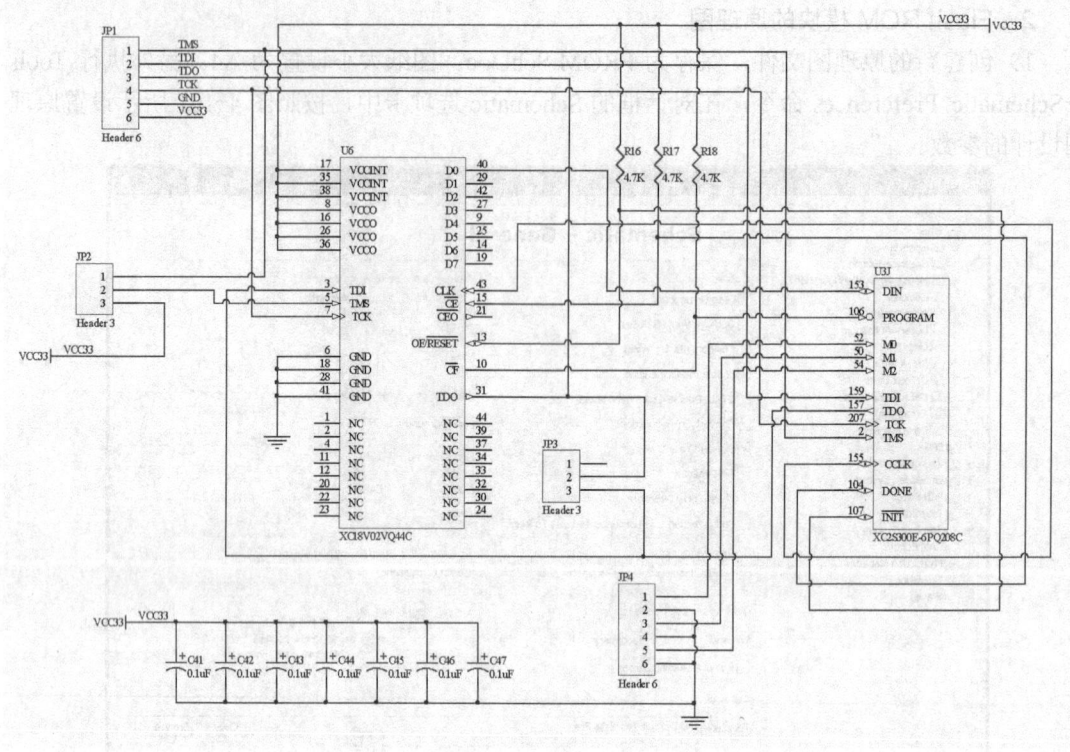

图 4-102 Flash ROM 模块的原理图

### 3．FPGA 主模块的原理图

1）创建新的原理图文件，保存为 FPGA01.SchDoc。图纸大小设置为 A3。另外执行 Tools→Schematic Preferences 命令，在对话框的 Schematic 选项卡中，按照图 4-101 所示设置图纸的参数。

2）选择、放置和编辑元件。首先放置 FPGA 芯片 XC2S300E-6PQ208C，这里需要放置该元件的 A～I 部分。

然后分别放置两个双列直插式时钟振荡器元件，Altium Designer 没有提供标准的时钟振荡器元件库。一般时钟振荡器元件可采用双列直插式的封装，也可以使用表贴封装。本实例使用直插式封装。振荡器元件具有两种标准的直插式封装，一种为 DIP8，另一种为 DIP14，这里选择 DIP8 形式。由于 Altium Designer 没有提供这种元件，读者可以自己绘制一个这种封装。具体绘制过程可以参考第 6 章的讲解，绘制的元件如图 4-103 所示，封装为 DIP8。

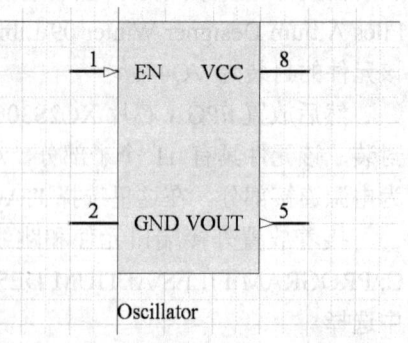

图 4-103 时钟振荡器元件

然后分别放置电阻、电容、发光二极管和一个按钮开关元件，并分别选择合适的封装类型。请参考元件数据手册。

3）执行 Place→Wire 命令连接电路，并放置相应的电源地元件。

4）放置网络名称，分别如图 4-104 和图 4-105 所示。为了清晰显示所有图形，在这里将整个原理图截成两块显示。最后得到的 FPGA 主模块的原理图如图 4-104 和图 4-105 所示,保存为 FPGA01.SchDoc,图 4-98 为整个原理图的显示。

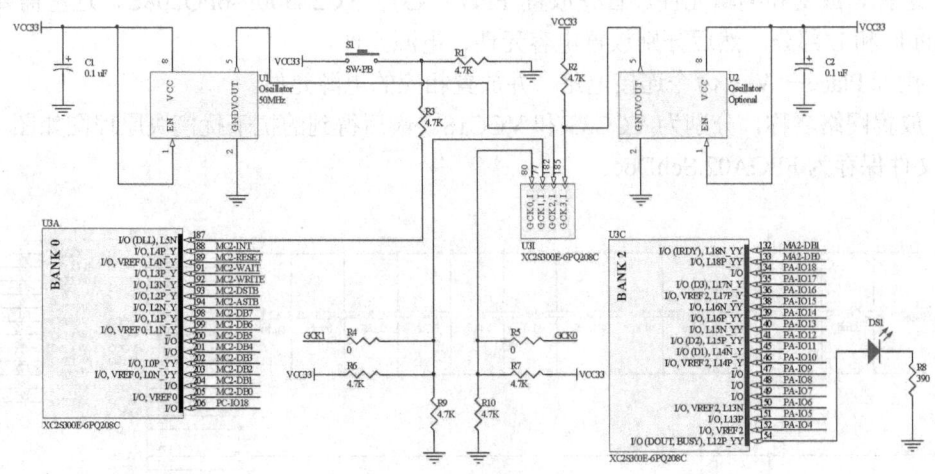

图 4-104 Bank0 和 Bank2 模块以及相连接的电路部分

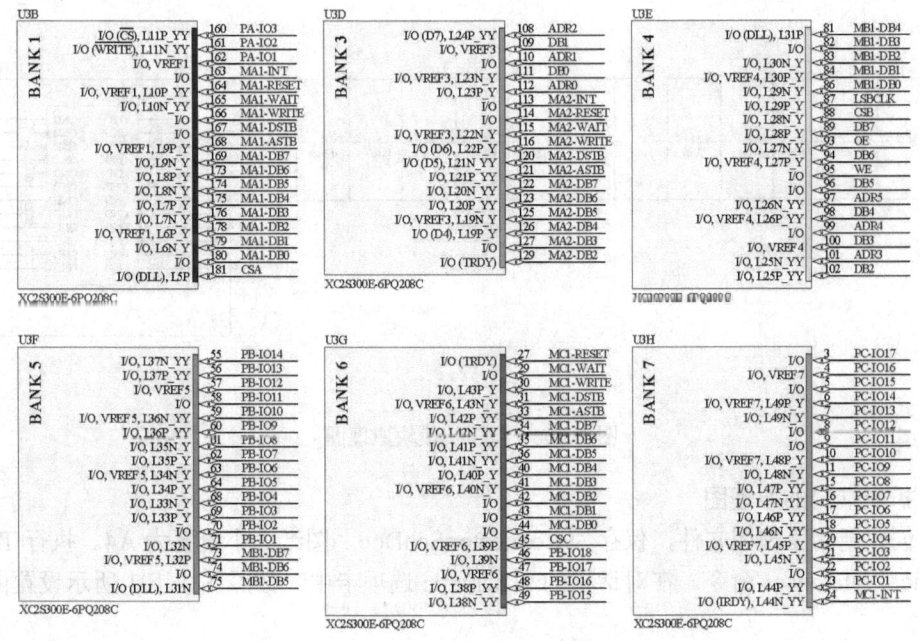

图 4-105 Bank1、Bank3~Bank7 模块部分

注意:这里的所有网络名称将与扩展端口的网络名称保持一致。读者可以根据自己要求命名相应的网络名称。

**4. 抗干扰模块的原理图**

1)创建新的原理图文件,保存为 FPGA02.SchDoc。图纸大小设置为 A4。执行 Tools→

Schematic Preferences 命令，在对话框的 Schematic 选项卡中，按照图 4-101 所示设置图纸的参数。

2）选择、放置和编辑元件。首先放置 FPGA 芯片 XC2S300E-6PQ208C，这里需要放置该元件的 K 和 L 部分。然后分别放置电容元件、电源元件。

3）执行 Place→Wire 命令连接电路，并放置相应的电源元件。

4）放置网络名称，分别为 VCC33 和 VCC18。最后得到的抗干扰模块原理图如图 4-106 所示，文件保存为 FPGA02.SchDoc。

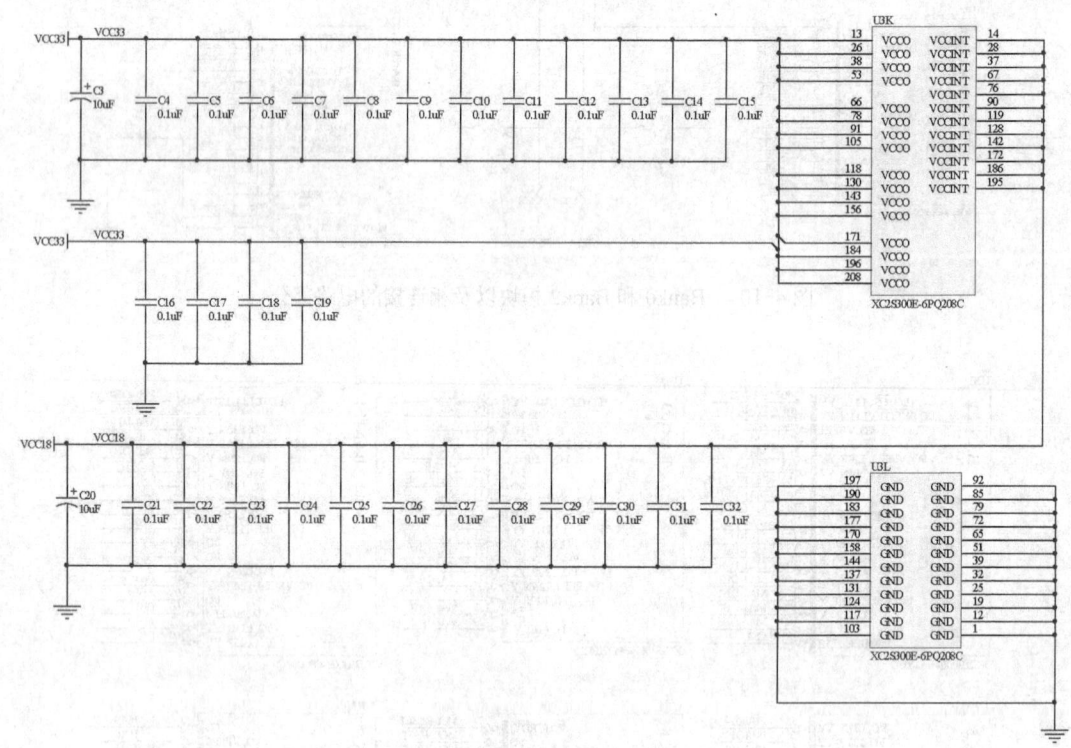

图 4-106　抗干扰模块原理图

**5．扩展端口的原理图**

1）创建新的原理图文件，保存为 Connector.SchDoc。图纸大小设置为 A4。执行 Tools→Schematic Preferences 命令，在对话框的 Schematic 选项卡中，按照图 4-101 所示设置图纸的参数。

2）选择、放置和编辑元件。首先放置 6 个 40 引脚的双排连接器，流水号分别 J1、J2、J3、J4、J5 和 J6。

3）放置网络名称，如图 4-107 所示。最后得到的扩展端口原理图也如图 4-107 所示，文件保存为 Connector.SchDoc。

### 4.12.4　建立层次原理图

前面已经完成了 FPGA 应用板的所有模块的原理图绘制，但是各个模块还是项目中独立的文件。Altium Designer 提供了层次原理图，可以使用一个总的原理图集成所有分模块原理图，这些分模块由电路方块图来表示。这里只介绍简单的层次原理图生成方法，详细操作请参考第 5 章。

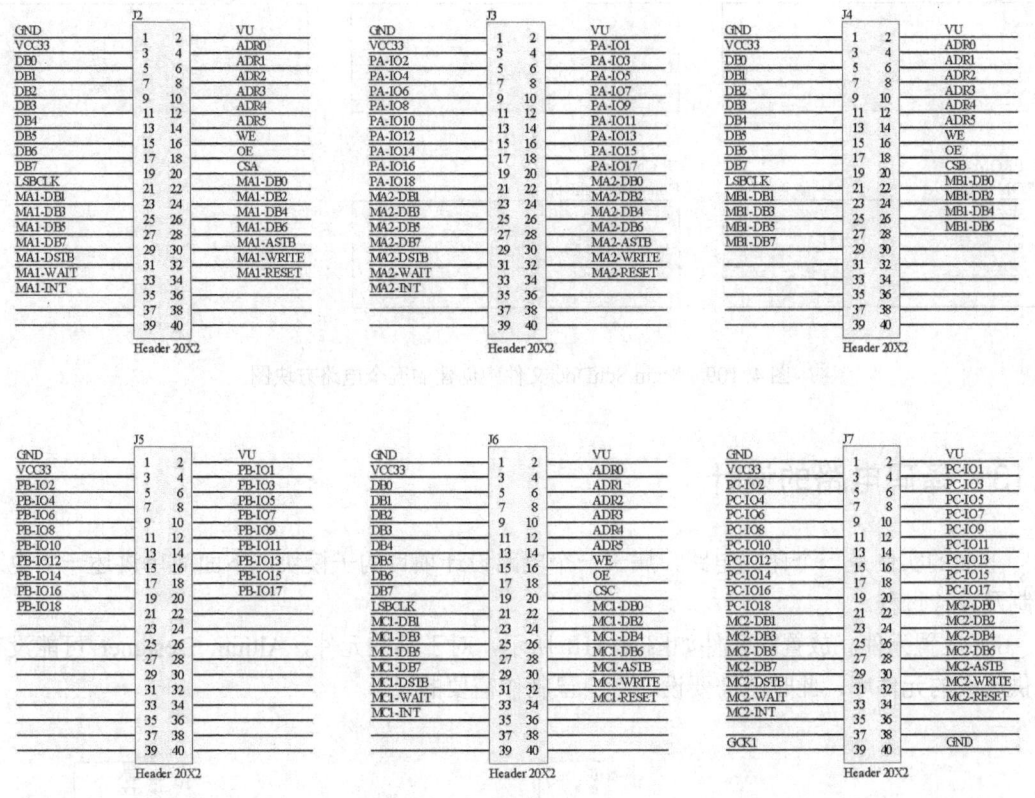

图 4-107 扩展端口原理图

1）创建新的原理图文件，保存为 Main.SchDoc。图纸大小设置为 A4。

2）执行 Design→Create Sheet Symbol From Sheet or VHDL 命令。系统会弹出如图 4-108 所示的选择放置的文档对话框，此时可以选择生成电路方块图的原理图文件。

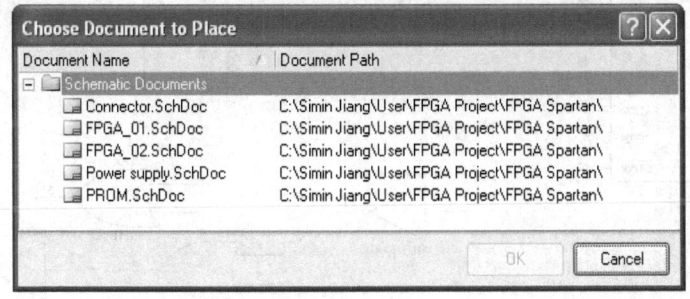

图 4-108 选择放置的文档对话框

本实例在 Main.SchDoc 文件中创建所有分模块原理图对应的电路方块图。创建的五个电路方块图如图 4-109 所示，由图可知，每个电路方块图均对应一个原理图文件。此时就可以进行生成网络表、材料明细表（BOM）和元件交叉参考表等操作，并可以进行 PCB 设计操作。请参考后面的有关章节。

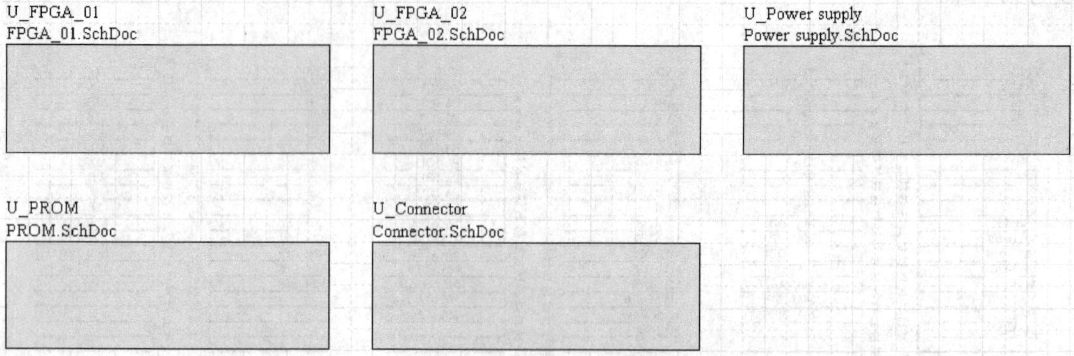

图 4-109 Main.SchDoc 文件中创建的五个电路方块图

## 4.13 译码电路的设计

下面的实例是一个译码电路，属于一个电路设计项目的子模块，下面简单讲述一下电路绘制及设计过程。

1）放置元件。放置的元件如图 4-110 所示，对于某些元件，Altium Designer 可能没有提供现成的元件库，此时就需要设计者自己制作需要的元件。

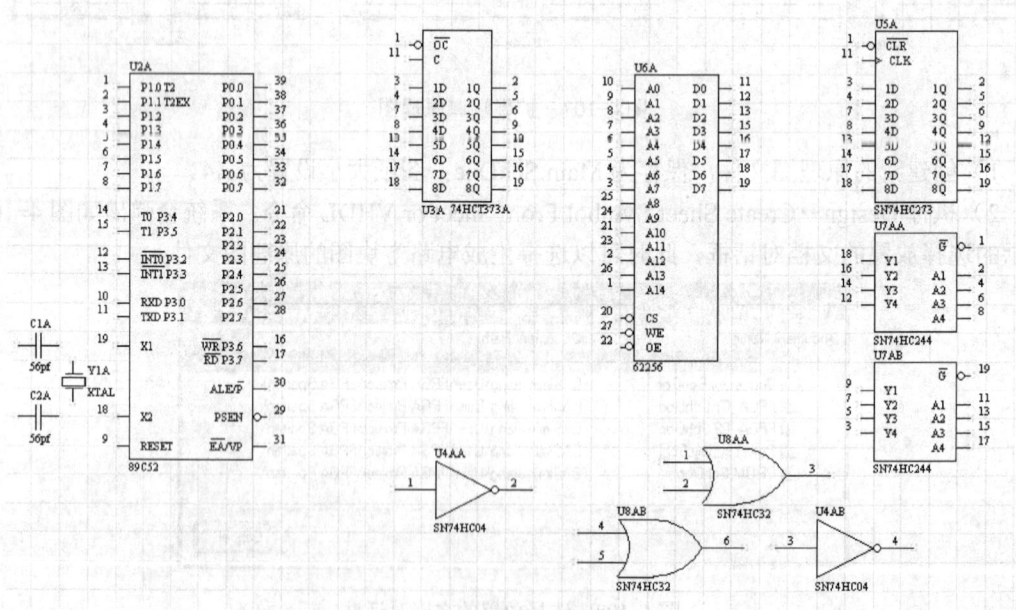

图 4-110 放置元件后的图形

2）执行 Place→Net Label 命令，分别按照图 4-111 所示放置网络标号，并修改各网络标号属性。另外，执行 Place→Wire 命令，完成部分元件的连接，如图 4-111 所示。

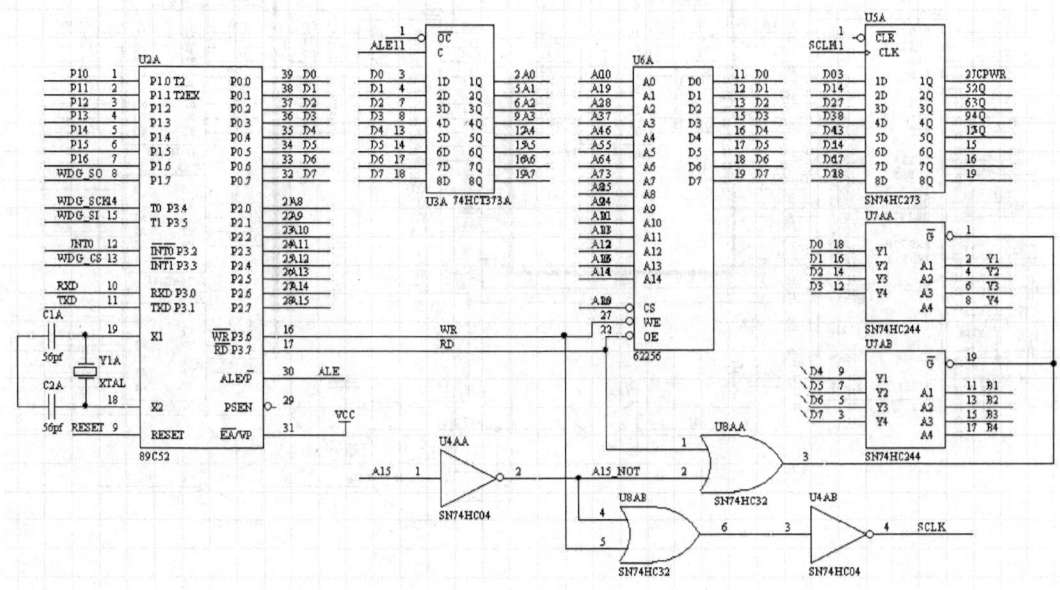

图 4-111 放置网络标号和连接部分元件的图形

3）放置总线。执行 Place→Bus 命令，放置如图 4-112 所示的总线。

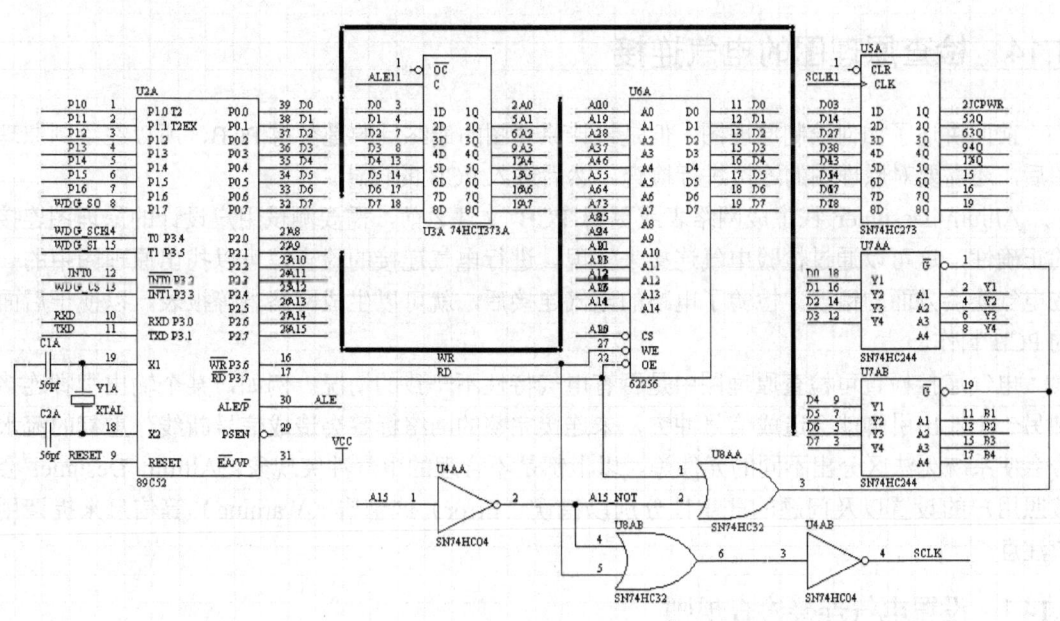

图 4-112 放置总线后的图形

4）执行 Place→Bus Entry 命令，放置总线出入端口，如图 4-113 所示，并执行 Place→Power Port 命令放置电源和接地。最终得到的原理图如图 4-113 所示。

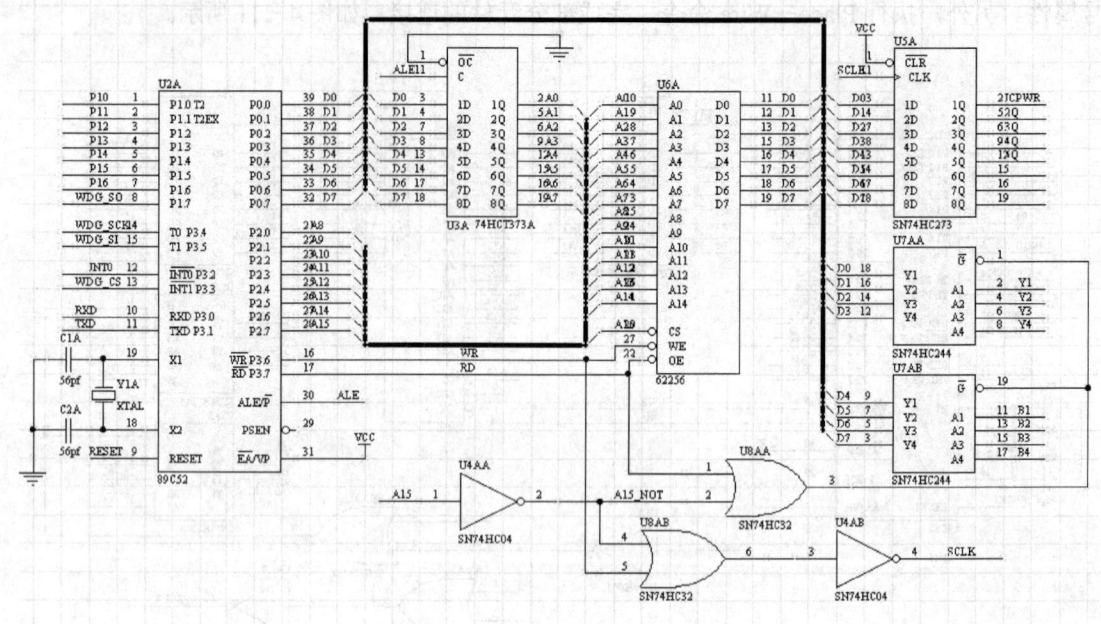

图 4-113 译码电路

> **注意**：在设计原理图时，请注意每个元件的封装是否已经定义。如果没有定义，那么需要添加一个封装属性，这样有利于在 PCB 的设计。

## 4.14 检查原理图的电气连接

前面讲述了如何绘制原理图，但是设计原理图的最终目的是获得 PCB，所以在绘制原理图后，还需要对原理图的连接进行检查，然后进入 PCB 的设计。

Altium Designer 在生成网络表或更新 PCB 文件之前，需要测试用户设计的原理图连接的正确性，这可以通过检验电气连接来实现。进行电气连接的检查，可以找出原理图中的一些电气连接方面的错误。检验了电路的电气连接后，就可以生成网络表等报表，以便于后面的 PCB 制作。

电气连接检查可检查原理图中是否有电气特性不一致的情况。例如，某个输出引脚连接到另一个输出引脚就会造成信号冲突，未连接完整的网络标签会造成信号断线，重复的流水号会使系统无法区分出不同的元件等。以上都是不合理的电气冲突现象，Altium Designer 会按照用户的设置以及问题的严重性分别以错误（Error）或警告（Warning）等信息来提请用户注意。

### 4.14.1 设置电气连接检查规则

Altium Designer 设置电气连接检查规则，是在项目选项设置中完成的。在原理图完成后，可以执行 Project→Project Options 命令，然后在弹出的如图 4-114 所示的项目选项对话框的 Error Reporting 和 Connection Matrix 选项卡中设置检查规则。

## 1. 设置错误报告

在 Options for Project（项目选项设置）对话框中的 Error Reporting（错误报告）选项卡用于设置设计草图检查，如图 4-114 所示。

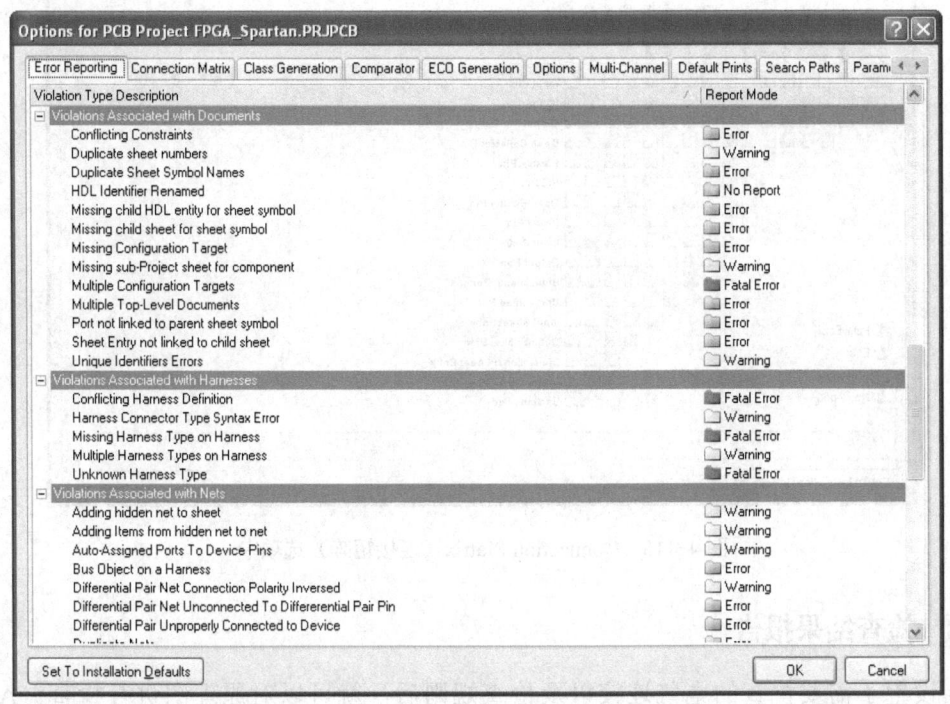

图 4-114 Error Reporting（错误报告）选项卡

1）规则违反类型描述（Violation Type Description）表示设置规则的违反类型。

2）报告模式（Report Mode）表明违反规则的严格程度。如果要修改 Report Mode，单击需要修改的违反规则对应的 Report Mode，并从下拉列表中选择严格程度。

## 2. 设置电气连接矩阵

Options for Project（项目选项设置）对话框中的 Connection Matrix（连接矩阵）选项卡（如图 4-115 所示）显示的是错误类型的严格性，这将在设计中运行错误报告以检查电气连接时产生，如引脚间的连接、元件和图纸输入。这个矩阵给出了在原理图中不同类型的连接点以及是否被允许的图表描述。

例如，在矩阵图的右边找到 Output Pin，从这一行找到 Open Collector Pin 列。在它的相交处是一个橙色的方块，表示在原理中从一个 Output Pin 连接到一个 Open Collector Pin 的颜色将在项目被编辑时启动一个错误条件。

可以用不同的错误程度来设置每一种错误类型，例如对某些非致命的错误不予报告，修改连接错误的操作方式如下：

1）单击 Options for Project 对话框的 Connection Matrix 选项卡，如图 4-115 所示。

2）单击两种类型连接的相交处的方块，例如 Output Sheet Entry 和 Open Collector Pin。

3）在方块变为图例中的 Errors 表示的颜色时停止单击，例如一个橙色方块表示一个错误将表明这样的连接是否被发现。

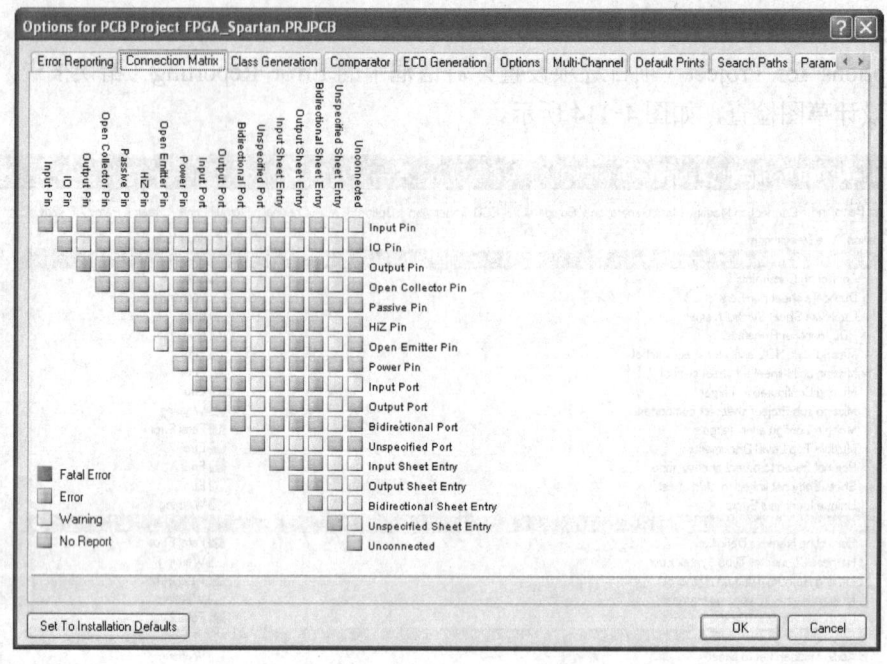

图 4-115 Connection Matrix（连接矩阵）选项卡

## 4.14.2 检查结果报告

当设置了需要检查的电气连接以及检查规则后，就可以对原理图进行检查。Altium Designer 检查原理图是通过编译项目来实现的，编译的过程中会对原理图进行电气连接和规则检查。编译项目的操作步骤如下：

1）打开需要编译的项目，然后执行 Project→Compile PCB Project 命令。

2）当项目被编译时，任何已经启动的错误均将显示在设计窗口下部的 Messages 面板中。被编辑的文件与同级的文件、元件和列出的网络以及一个能浏览的连接模型一起显示在 Compiled 面板中，并以列表方式显示。

如果电路绘制正确，Messages 面板应该是空白的。如果报告给出错误，则需要检查电路并确认所有的导线和连接是否正确，如图 4-116 所示即为一个项目的编译检查结果。

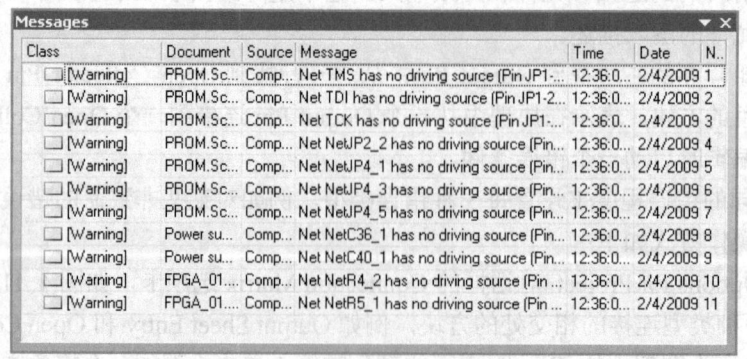

图 4-116 电气规则检查报告

如果 Message 信息框没有显示，可以执行 View→Workspace Panels→System→Message 命令显示该信息框。根据检查报告结果，设计者就可以去检查、修正原理图的设计错误。

## 4.15 生成原理图的报表

### 4.15.1 网络表

在 Schematic 所产生的各种报表中，以网络表（Netlist）最为重要。绘制原理图的最主要目的就是为了由设计电路转换出一个有效的网络表，以供其他后续处理程序（例如 PCB 设计或仿真程序）使用。由于 Altium Designer 系统高度的集成性，可以在不离开绘图页编辑程序的情况下直接执行命令，生成当前原理图或整个项目的网络表。

在由原理图生成网络表时，使用的是逻辑的连通性原则，而非物理的连通性。也就是说，只要是通过网络标签所连接的网络就被视为有效的连接，并不需要真正地由连线（Wire）将网络各端点实际地连接在一起。

网络表有很多种格式，通常为 ASCII 码文本文件。网络表的内容主要为原理图中各元件的数据（流水号、元件类型与封装信息）以及元件之间网络连接的数据。Altium Designer 中大部分的网络表格式都是将这两种数据分为不同的部分，分别记录在网络表中。

由于网络表是纯文本文件，所以用户可以利用一般的文本编辑程序自行创建或是修改已存在的网络表。当用手工方式编辑网络表时，在保存文件时必须以纯文本格式来保存。

**1. Altium Designer 网络表格式**

标准的 Altium Designer 网络表文件是一个简单的 ASCII 码文本文件，在结构上大致可分为元件描述和网络连接描述两部分。

（1）元件描述

格式如下：

```
[                元件声明开始
C1               元件序号
CC1608-0603      元件封装
0.1uf            元件注释
]                元件声明结束
```

元件的声明以"["开始，以"]"结束，将其内容包含在内。网络经过的每一个元件都须有声明。

（2）网络连接描述

格式如下：

```
(                网络定义开始
NetR18_1         网络名称
R18-1            元件序号为 R18，元件引脚号为 1
U3-106           元件序号为 U3，元件引脚号为 106
U6-10            元件序号为 U6，元件引脚号为 10
)                网络定义结束
```

网络定义以"("开始,以")"结束,将其内容包含在内。网络定义首先要定义该网络的各端口。网络定义中必须列出连接网络的各个端口。

**2. 生成网络表**

以4.12节的原理图为例,讲述生成网络表的一般步骤。

1) 执行Design→Netlist for Project→Protel命令。然后系统就会生成一个.NET文件。

2) 从项目管理器列表的 Generated 中,选择并双击 Netlist Files 中所产生的 FPGA_Spartan.NET 文件,系统将进入 Altium Designer 的文本编辑器,并打开该.NET 文件,如图4-117所示的网络表文件。

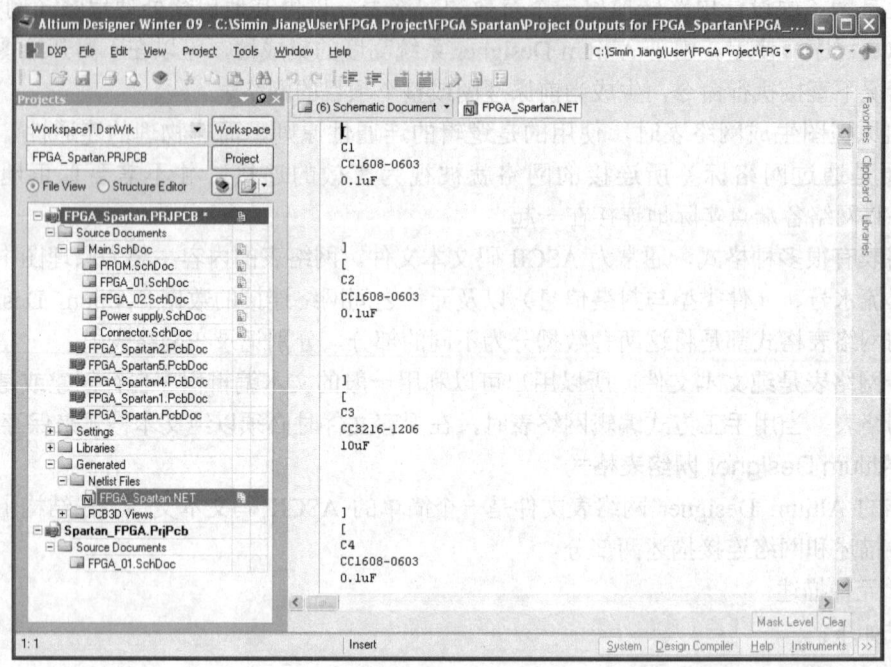

图4-117 网络表文件

注意:网络表是联系原理图和PCB的中间文件,PCB布线需要网络表文件(.NET)。网络表文件不但可以从原理图获得,而且还可以按规则自己编写,同样可以用来创建PCB。

网络表不但包括上面举例说明的 PCB 网络表,而且还可以生成 PADS、PCAD、VHDL、CPLD、EDIF 和 XSpice 等类型的网络表,这些文件表示的网络表不但 Altium Designer 可以调用,还可以为其他 EDA 软件所采用。

### 4.15.2 元件列表

元件的列表主要用于整理一个电路或一个项目文件中的所有元件。它主要包括元件的名称、标注、封装等内容。本节中以4.12节的原理图为例,讲述产生原理图元件列表的基本步骤。

1) 打开原理图文件,执行Reports→Bill of Material命令。

2) 执行该命令后,系统会弹出如图4-118所示项目的BOM(Bill of Material,材料表)

窗口，在此窗口可以看到原理图的元件列表。

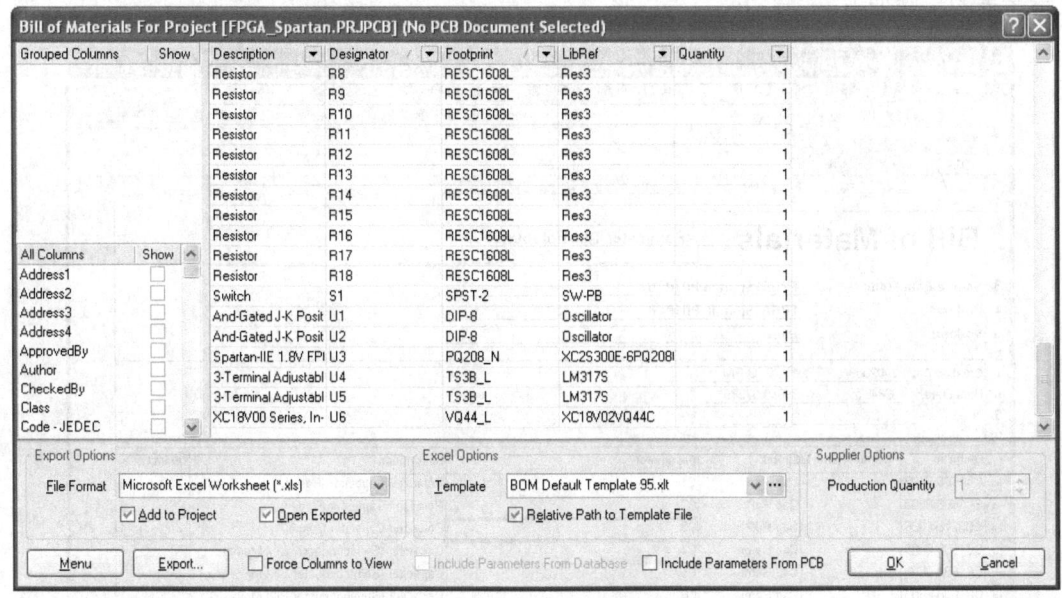

图4-118 项目的BOM窗口

3）可以在 Export Options（输出选项）操作框的 File Format（文件格式）列表中选择输出文本类型，包括 Excel 格式（.xls）、CSV 格式、PDF 格式、文本文件格式（.txt）、网页格式以及 XML 文件格式。

如果单击 Excel 按钮，系统会打开 Excel 应用程序，并生成以.xls 为扩展名的元件报表文件，不过此时需要选中"Open Exported（打开输出文件）"复选框。如果选择"Add to Project（添加到项目）"复选框，则生成的文件会添加到项目中。另外还可以在"Excel Options"操作区选择模板文件。

如果选中"Force Columns to View（强制栏在视图中显示）"复选框，则图 4-118 所示 BOM 窗口的所有列会被强制在视图中显示。如果选择"Include Parameters From Database"，则会包括来自数据库中的参数，但是该项目必须有数据库文件，合则就不能操作。如果选择 "Include Parameters From PCB"，则会包括来自当前项目的 PCB 文件的参数，但是该项目必须有已经存在的 PCB 文件，否则就不能操作。

当然，也可以从 Menu 菜单中选择快捷命令来操作，包括：Export（导出）命令，相当于上面的 Export 按钮； Report（生成报告）命令。

4）单击 Export 按钮，系统会弹出一个提示生成输出文件的对话框，此时可以命名需要输出的文件名，然后单击 OK 按钮即可生成所选择文件格式的 BOM 文件。如图 4-119 所示即为生成的.xls 格式的 BOM 文件。

5）输出了 BOM 文件后，就可以单击 OK 按钮结束操作。

### 4.15.3 元件交叉参考表

元件交叉参考表（Component Cross Reference）可为多张原理图中的每个元件列出其元

件类型、流水号和隶属的绘图页文件名称。这是一个 ASCII 码文件，扩展名为.xrf。建立交叉参考表的步骤如下：

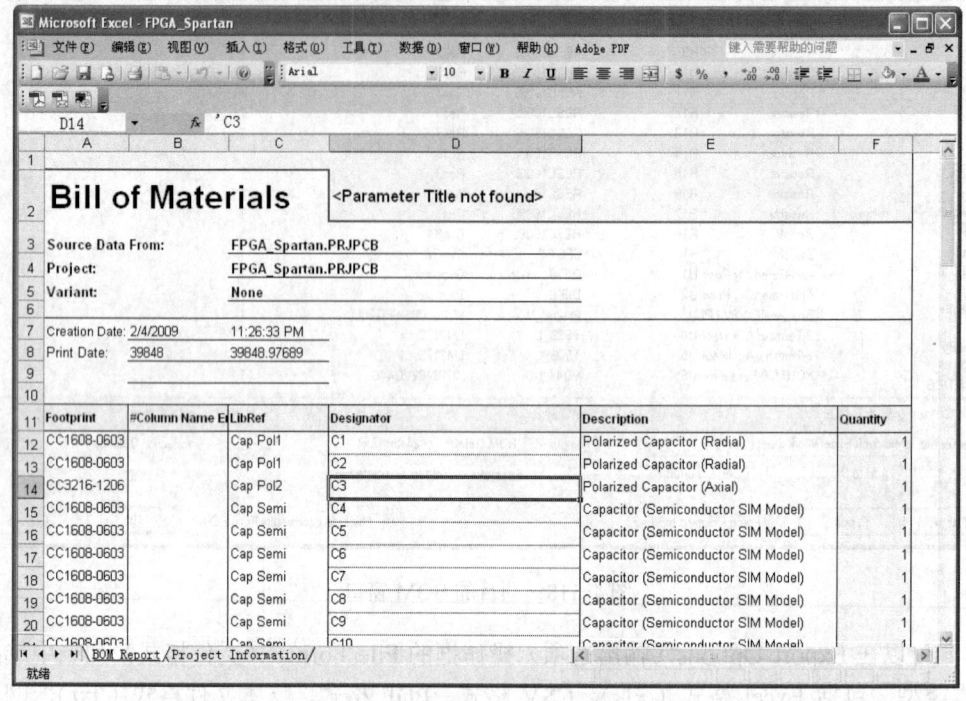

图 4-119　元件列表的.xls 格式文件

1）执行 Reports→Component Cross Reference 命令。

2）执行该命令后，系统会弹出如图 4-120 所示项目的元件交叉参考表窗口，在此窗口可以看到原理图的元件交叉参考表。

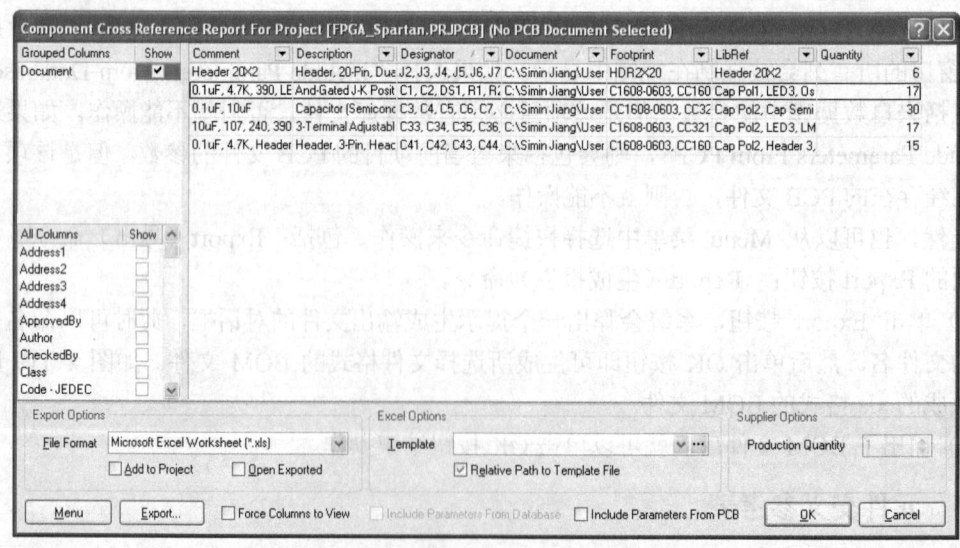

图 4-120　项目的元件交叉参考表窗口

3）可以单击 Export 按钮，生成预览元件交叉参考表报告。

图 4-120 中的各项操作与生成 BOM 窗口的对话框操作类似，读者可以参考 4.15.2 节的讲解。

## 4.15.4  项目层次表

项目层次表（Project Hierarchy）可以显示项目文件中的原理图层次关系，这样有助于直观了解项目的文件结构。项目层次表是一个 ASCII 码文件，其扩展名为.rep。生成项目层次表的操作过程如下：

1）执行 Reports→Report Project Hierarchy 命令。
2）执行该命令后，会生成一个 ASCII 码文件，其扩展名为.rep。
3）打开该文件，将会显示项目文件中的原理图层次关系，如下面的文档即为一个项目的层次表：

```
---------------------------------------------------------
Design Hierarchy Report for FPGA_Spartan.PRJPCB
-- 2/4/2009
-- 11:55:07 PM
---------------------------------------------------------
Main                        SCH           (Main.SchDoc)
    U_Connector             SCH           (Connector.SchDoc)
    U_FPGA01                SCH           (FPGA01.SchDoc)
    U_FPGA02                SCH           (FPGA02.SchDoc)
    U_Power supply          SCH           (Power supply.SchDoc)
    U_PROM                  SCH           (PROM.SchDoc)
```

 注意：项目的任何报表生成之前，必须对项目进行编译处理。

## 4.15.5  原理图的打印输出

原理图绘制结束后，往往要通过打印机或绘图仪输出，以供设计人员参考、备档。用打印机打印输出，首先要对页面进行设置，然后设置打印机，包括打印机的类型、纸张大小、原理图纸等内容。

### 1. 页面设置

1）执行 File→Page Setup 命令，系统将弹出如图 4-121 所示的原理图打印属性对话框。

2）设置各项参数。在这个对话框中需要设置打印机类型、选择目标图形文件类型、设置颜色等。

- Size：选择打印纸的大小，并设置打印纸的方向，包括 Portrait（纵向）和 Landscape（横向）。
- Scale Mode：设置缩放比例模式，可以选择 Fit Document On Page（文档适应整个页面）和 Scaled Print（按比例打印）。当选择了 Scaled Print 时，Scale 和 Corrections 编辑框将有效，设计人员可以在此输入打印比例。

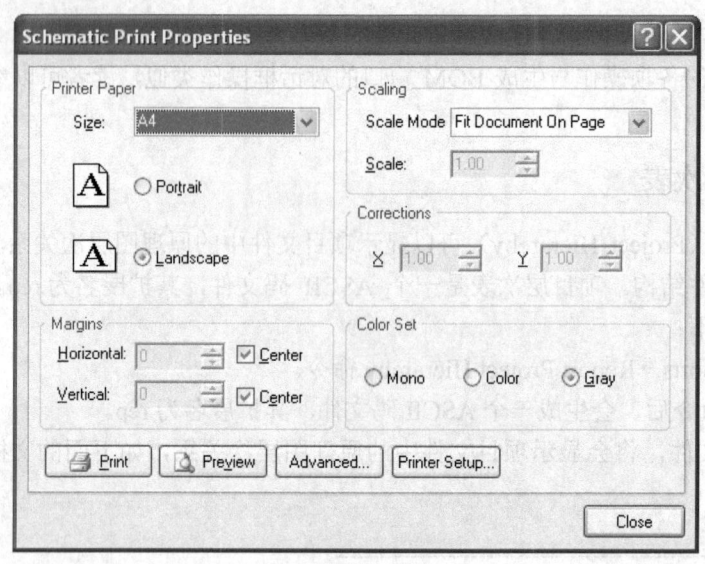

图 4-121　原理图打印属性对话框

- Margins：设置页边距，分别可以设置水平和垂直方向的页边距，如果选中 Center 复选框，则不能设置页边距，默认中心模式。
- Color Set：输出颜色的设置，可以分别输出 Mono（单色）、Color（彩色）和 Gray（灰色）。

**2．打印机设置**

单击图 4-121 所示对话框中的 Printer Setup 按钮或者直接执行 File→Print 命令，系统将弹出如图 4-122 所示的打印机配置对话框。

此时可以设置打印机的配置，包括打印的页码、份数等，设置完毕后单击 OK 按钮即可实现图纸的打印。

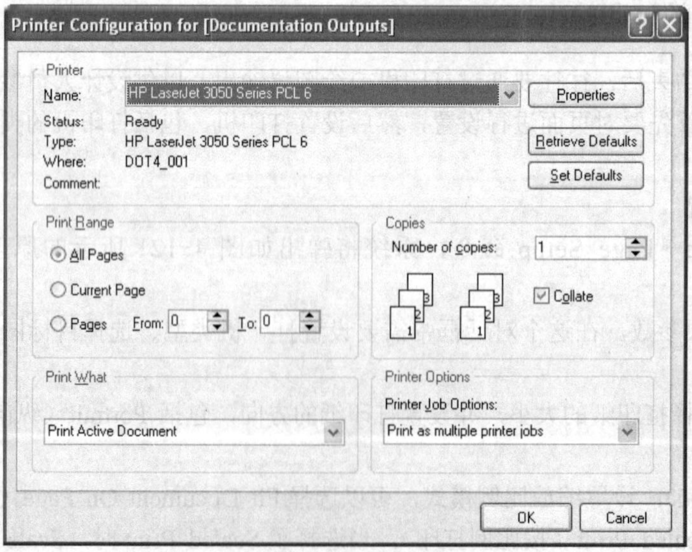

图 4-122　打印机配置对话框

## 3．打印预览

如果单击图 4-121 所示对话框中的 Preview 按钮，则可以对打印的图形进行预览，如图 4-123 即为原理图的打印预览图形。

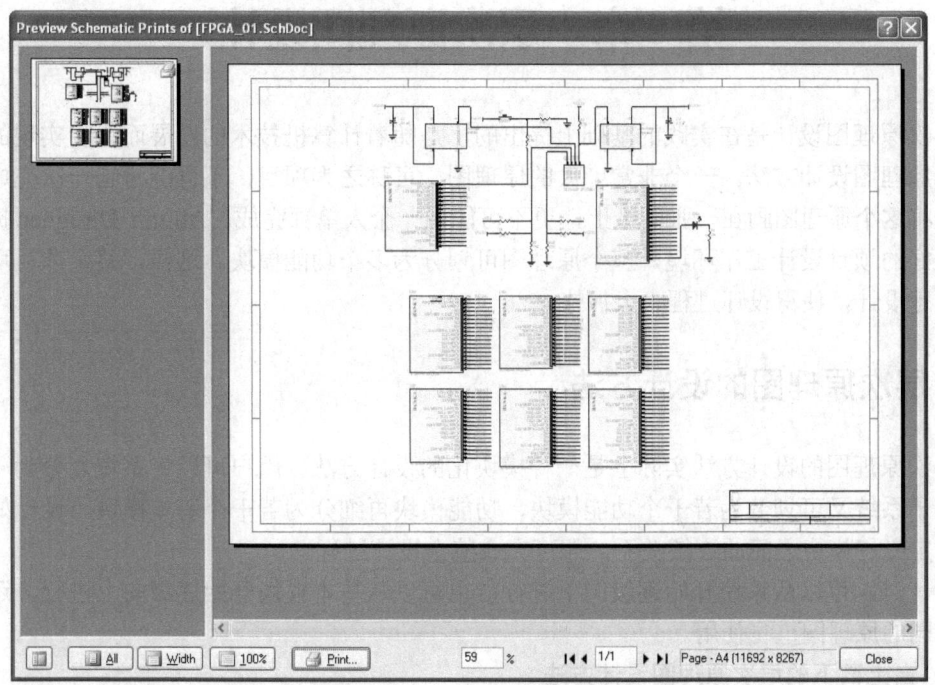

图 4-123　打印预览图形

# 第 5 章　层次原理图设计

层次原理图设计是在实践的基础上提出的，是随着计算机技术的发展而逐步实现的一种先进的原理图设计方法。一个非常庞大的原理图，可称之为项目，不可能将它一次完成，也不可能将这个原理图画在一张图纸上，更不可能由一个人单独完成。Altium Designer 提供了一个很好的项目设计工作环境，整个原理图可划分为多个功能模块。这样，整个项目可以分层次并行设计，使得设计进程大大加快。

## 5.1 层次原理图的设计方法

层次原理图的设计方法实际上是一种模块化的设计方法。用户可以将系统划分为多个子系统，子系统又可划分为若干个功能模块，功能模块再细分为若干个基本模块。设计好基本模块并定义好模块之间的连接关系，即可完成整个设计过程。

设计时，可以从系统开始逐级向下进行，也可以从基本模块开始逐级向上进行，还可以调用相同的原理图重复使用。

### 1．自上而下的层次原理图设计方法

所谓自上而下就是由电路方块图产生原理图，因此用自上而下的方法来设计层次原理图，首先应放置电路方块图，其流程如图 5-1 所示。

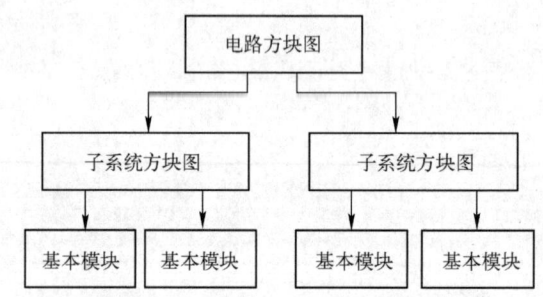

图 5-1　自上而下的层次原理图设计流程

### 2．自下而上的层次原理图设计方法

所谓自下而上就是由原理图（基本模块）产生电路方块图，因此用自下而上的方法来设计层次原理图，首先需要放置原理图，其流程如图 5-2 所示。

### 3．多通道层次原理图的设计方法

Altium Designer 引入了一个多通道设计系统，它可以支持与其他通道相嵌的通道设计。许多涉及包含重复的电路，一块电路板有可能重复一个模块多达三十多次，或者会包含 4 个一样的子模块，每个子模块又具有 8 个子通道等。设计人员必须努力使这种设计在原理图级

就与 PCB 布线关联起来。尽管简单地复制和粘贴原理图部分是相当容易的，但是修改或更新这些原理图部分就会任务很繁重。Altium Designer 提供了一个真正的多通道设计，意味着用户可以在项目中重复引用一个原理图部分。如果需要改变这个被引用的原理图部分，只需要修改一次即可。无任如何，Altium Designer 不但支持多通道设计，而且还支持多通道的嵌套。典型的多通道层次原理图的示意如图 5-3 所示。

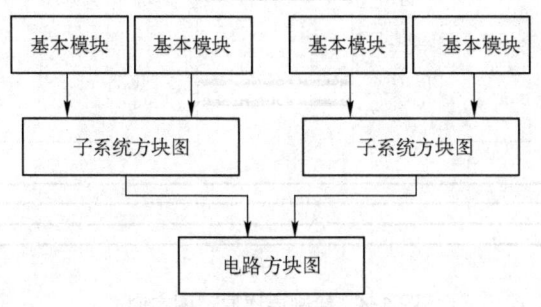

图 5-2　自下而上的层次原理图设计流程

图 5-3 中，主原理图 Main.SchDoc 具有 4 个子模块，每个子模块均调用了原理图 A.SchDoc 和 B.SchDoc 各一次。因此可以采用重复调用原理图的方法来设计，将 A. SchDoc 和 B.SchDoc 分别设计为一个基本模块，然后使用多通道设计方法实现对这两个模块的重复多次调用。

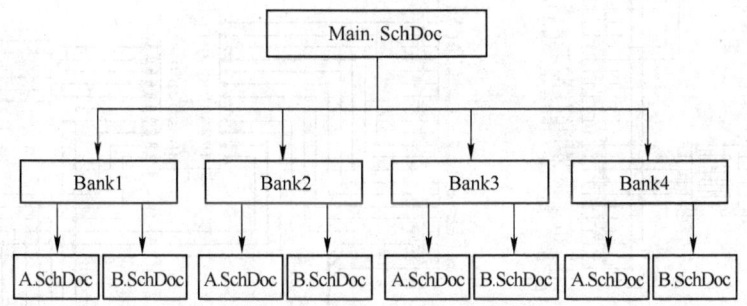

图 5-3　多通道层次原理图的示意图

关于多通道层次原理图的具体操作，将在本章后面进行详细讲解。

## 5.2　建立层次原理图

前面讲到了层次原理图设计的几种方法，现在就先利用其中的自上而下的层次原理图设计方法，以图 5-4 至图 5-6 为例，详细讲述绘制层次原理图的一般过程。

图 5-4 所示是一个层次原理图，整张原理图表示了一张完整的电路。它分别由 ISA 总线和地址译码模块（ISA Bus and Address Decoding.SchDoc，如图 5-5 所示）、串口通信和线驱动模块（4 Port UART and Line Drivers.SchDoc，如图 5-6 所示）以及层次原理图模块，其 3 个模块组成。

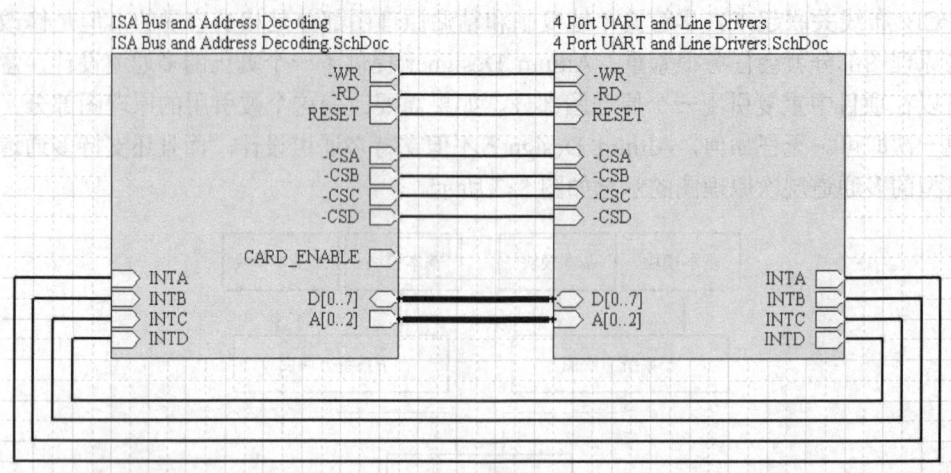

图 5-4  绘制层次原理图实例

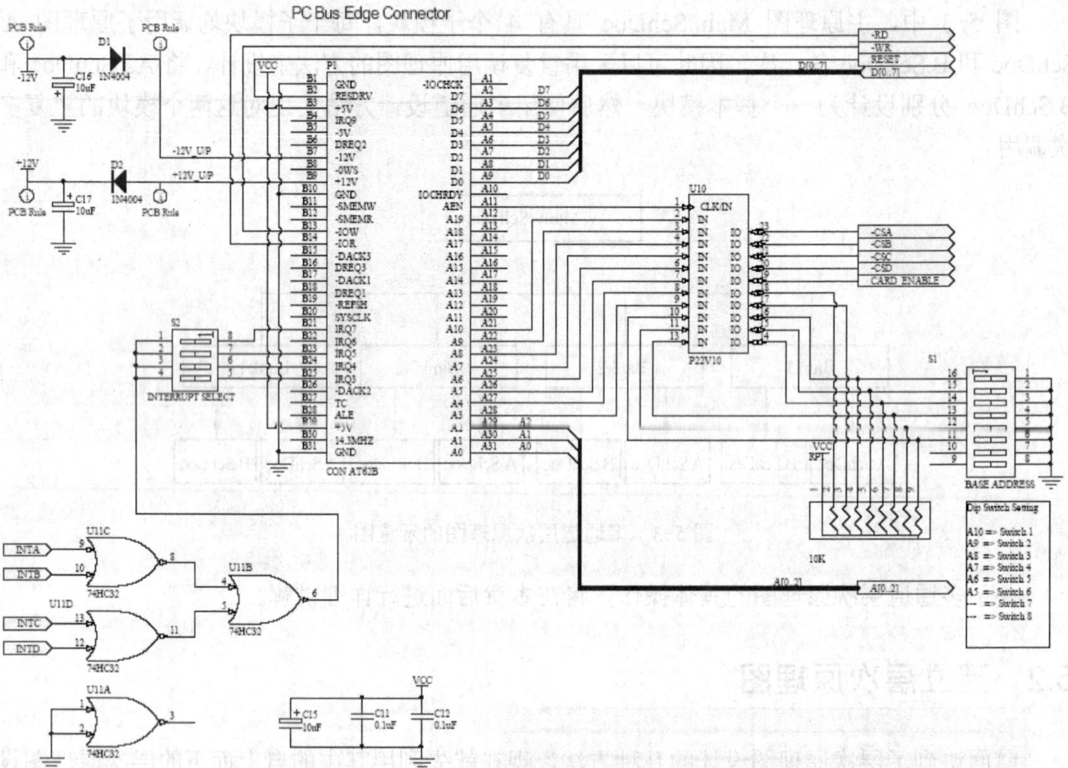

图 5-5  层次原理图的 ISA 总线和地址译码模块

  本实例将重点讲述如何绘制层次原理图模块，该模块图的作用就是将两个子模块连接起来，形成一个完整的原理图。对于 ISA Bus and Address Decoding.SchDoc 和 4 Port UART and Line Drivers.SchDoc 文件，读者可以直接调用 C:\Program Files\Altium Designer Winter

09\Examples\Reference Designs\4 Port Serial Interface 目录中的文件。

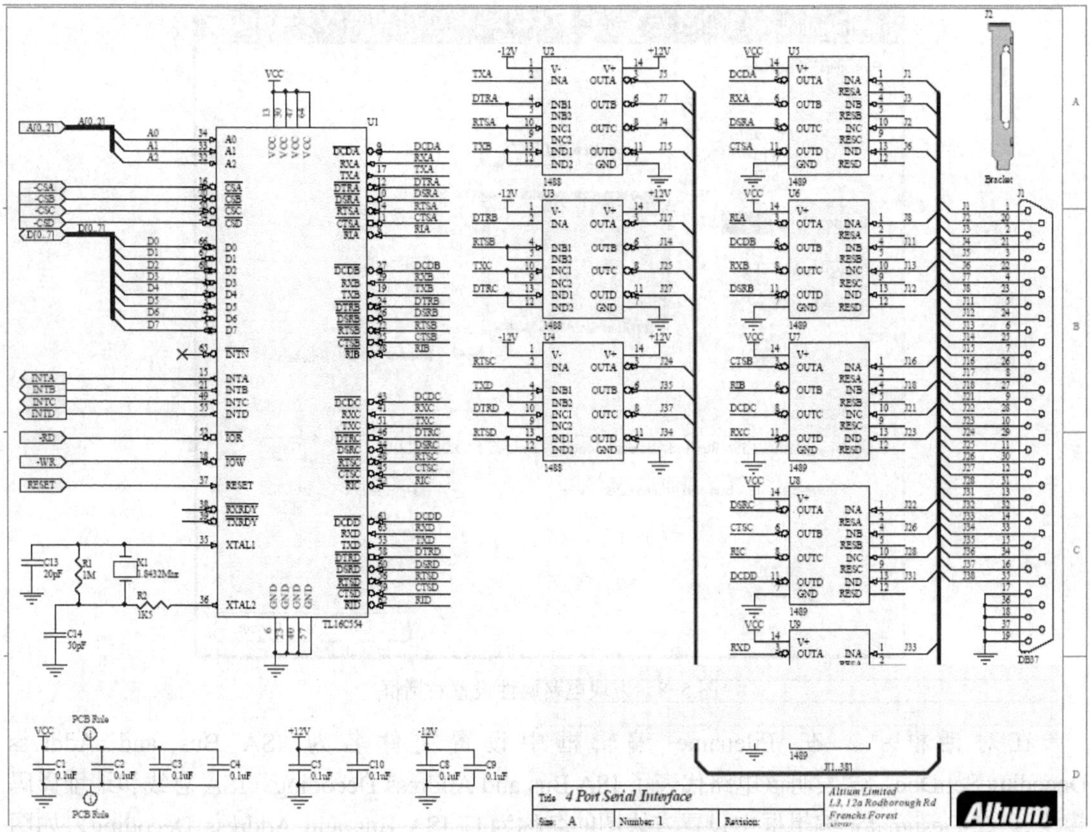

图 5-6  层次原理图的串口通信和线驱到模块

绘制层次原理图的详细操作过程如下：

1）启动原理图设计管理器，建立一个层次原理图文件，命名为 4 Port Serial Interface.SchDoc。

2）在工作平面上打开布线工具栏（Wiring Tools），执行绘制方块电路命令。用鼠标左键单击布线工具栏上的按钮 或者执行 Place→Sheet Symbol 命令。

3）执行命令后，光标变为十字形状，并带着方块电路，如图 5-7 所示。

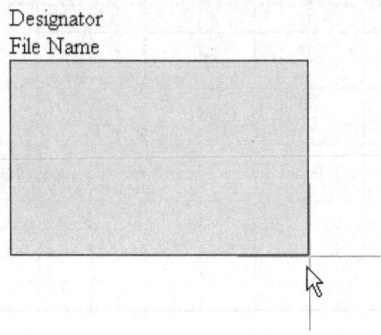

图 5-7  放置方块电路的状态

4）在此命令状态下，按〈Tab〉键，会出现方块电路属性设置对话框，如图 5-8 所示。

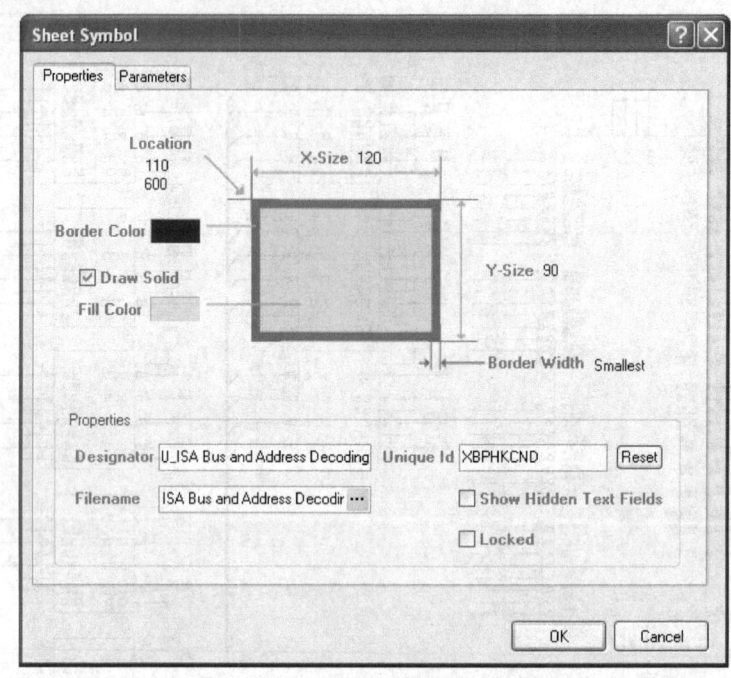

图 5-8　方块电路属性设置对话框

在对话框中，在 Filename 编辑框中设置文件名为 ISA Bus and Address Decoding.SchDoc。这表明该电路代表了 ISA Bus and Address Decoding（ISA 总线和地址译码模块）。在 Designator 编辑框中设置方块图的名称为 U_ISA Bus and Address Decoding，如图 5-8 所示。

5）设置完属性后，确定方块电路的大小和位置。将光标移动到适当的位置后，单击鼠标左键，确定方块电路的左上角位置。然后拖动鼠标，移动到适当的位置后，单击鼠标左键，确定方块电路的右下角位置。这样就定义了方块电路的大小和位置，绘制出了一个名为 U_ISA Bus and Address Decoding 的模块，如图 5-9 所示。

图 5-9　绘制名为 U_ISA Bus and Address Decoding 的方块电路

用户如果要更改方块电路名称或其代表的文件名，只需用鼠标双击文字标注，会出现如图 5-10 所示的方块电路文字属性设置对话框。

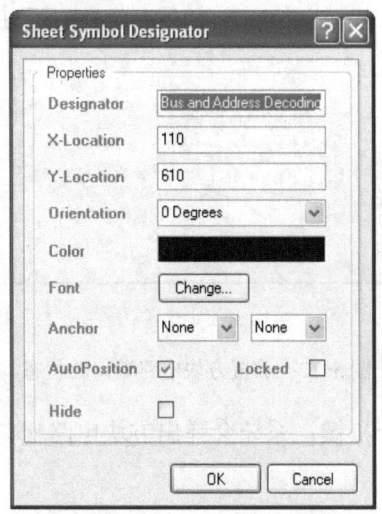

图 5-10　方块电路文字属性设置对话框

6）绘制完一个方块电路后，仍处于放置方块电路的命令状态下，用户可以用同样的方法放置其他的方块电路，并设置相应的方块电路文字属性，结果如图 5-11 所示。

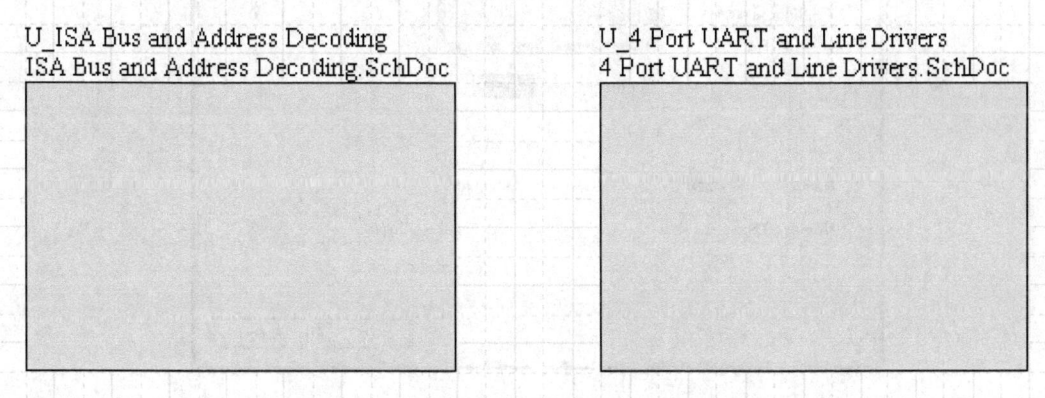

图 5-11　绘制完所有的方块电路

7）执行放置方块电路端口的命令，方法是用鼠标左键单击布线（Wiring）工具栏中的 按钮或者执行 Place→Add Sheet Entry 命令。

8）执行命令后，光标变为十字形状，然后在需要放置端口的方块电路上单击鼠标左键，此时光标处就显示方块电路的端口符号，如图 5-12 所示。

注意：当在需要放置端口的方块电路上单击鼠标左键，光标处出现方块电路的端口符号后，光标就只能在该方块电路内部移动，直到放置了端口并结束该操作以后，光标才能在绘图区域自由移动。

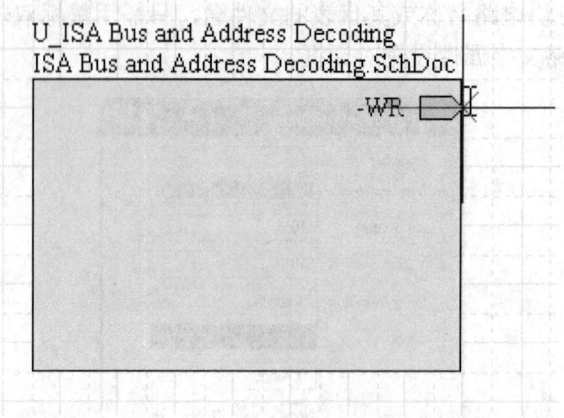

图 5-12 放置方块电路端口的状态

在此命令状态下，按〈Tab〉键，系统会弹出方块电路端口属性设置对话框，如图 5-13 所示。

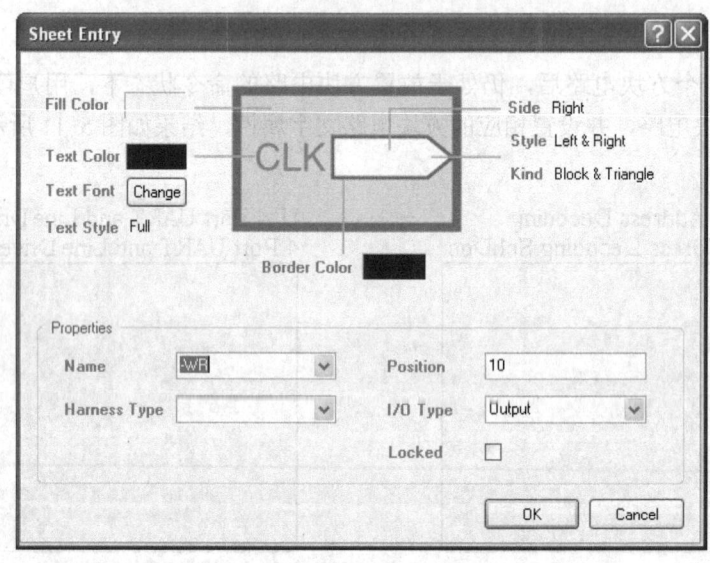

图 5-13 方块电路端口属性设置对话框

在对话框中，将端口名（Name）编辑框设置为-WR，即将端口名设为写选通信号；I/O Type 选项有不指定（Unspecified）、输出（Output）、输入（Input）和双向（Bidirectional）4 种，在此设置为 Output，即将端口设置为输出；端部形状（Side）设置为 Right；端口样式（Style）设置为 Right；其他选项可根据用户的个人习惯来设置。

9）设置完属性后，将光标移动到适合的位置，单击鼠标左键将其定位，如图 5-14 所示。同样，根据实际电路的安排，可以在 ISA Bus and Address Decoding 模块上放置其他端口，如图 5-15 所示。

10）重复上述操作，设置其他方块电路，如图 5-16 所示。

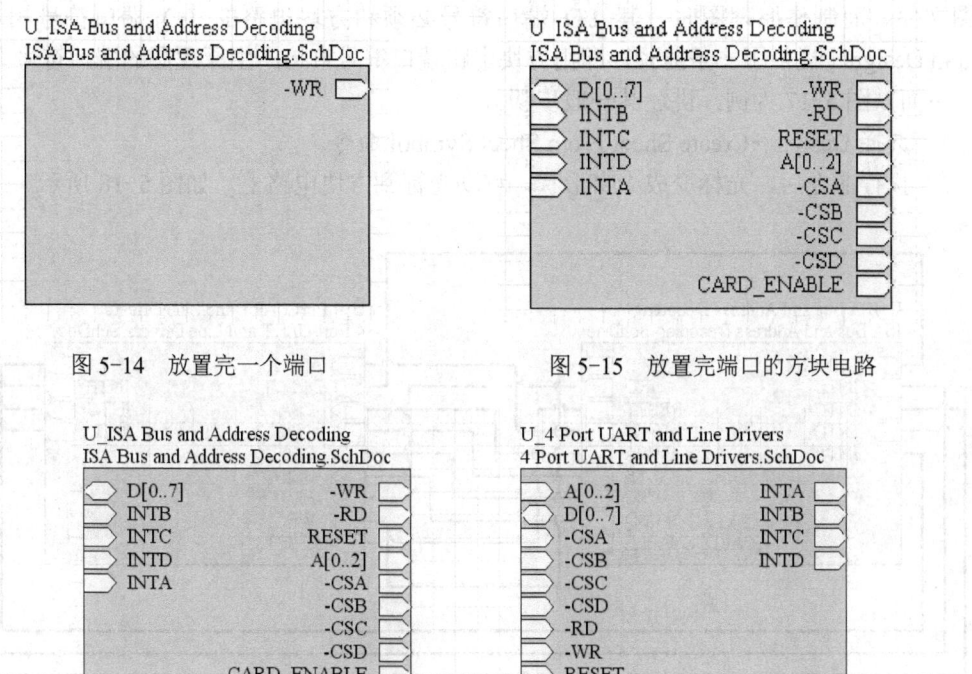

图 5-14 放置完一个端口    图 5-15 放置完端口的方块电路

图 5-16 放置完所有端口的层次原理图

11）在图 5-16 的基础上，将电气上具有相连关系的端口用导线或总线连接在一起，如图 5-17 所示。

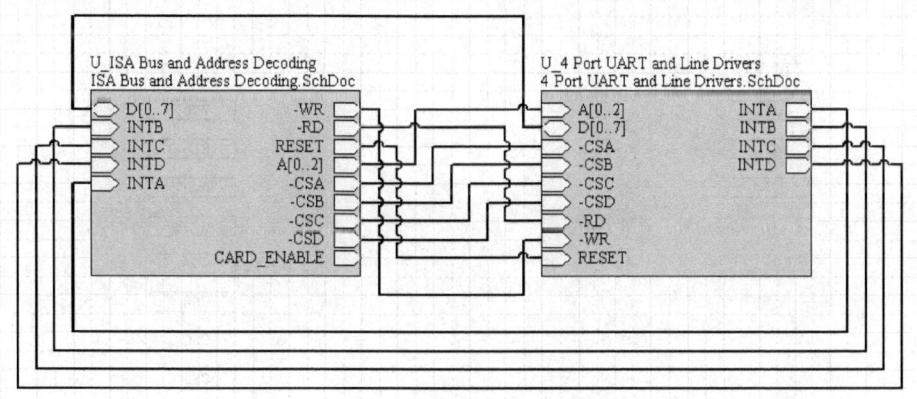

图 5-17 层次原理图的最终结果

通过上述步骤，就建立了一个层次原理图，其子模块为如图 5-5 和图 5-6 所示的子模块。

## 5.3 由方块电路符号产生新原理图的 I/O 端口符号

在采用自上而下设计层次原理图时，首先建立方块电路，再制作该方块电路相对应的原

*159*

理图文件。而制作原理图时，其 I/O 端口符号必须和方块电路的 I/O 端口符号相对应。Altium Designer 提供了一条捷径，即由方块电路端口符号直接产生原理图的端口符号。

下面以图 5-17 为例，讲述其一般步骤。

1）选择 Design→Create Sheet From Sheet Symbol 命令。

2）执行命令后，光标变成十字形状，移动光标到方块电路上，如图 5-18 所示。

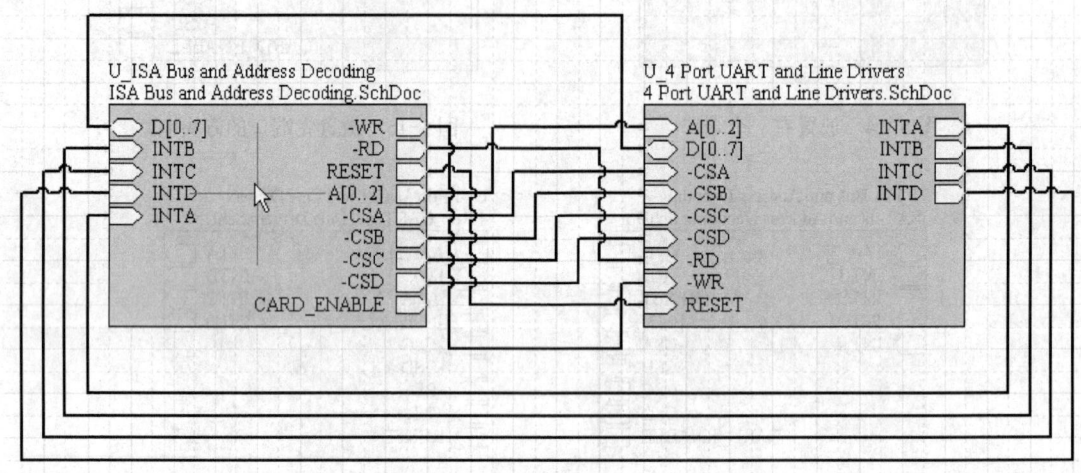

图 5-18　移动光标至方块电路

3）单击鼠标左键，则 Altium Designer 自动生成一个文件名为 ISA Bus and Address Decoding.SchDoc 的原理图，并布置好 I/O 端口，如图 5-19 所示。

图 5-19　产生新原理图的端口

## 5.4　由原理图文件产生方块电路符号

如果在设计中采用自下而上的设计方法，则应先设计原理图，再设计方块电路。Altium

Designer 提供了一条捷径,即由一张已经设置好端口的原理图直接产生方块电路符号,4.12 节已经讲述过由原理图产生层次图的方块电路。下面以图 5-17 为例,讲述其一般步骤。

1)选择 Design→Create Sheet Symbol From Sheet or VHDL 命令。

2)执行命令后,会出现如图 5-20 所示的对话框。选择要产生方块电路的原理图文件,然后确认。方块电路会出现在光标上,如图 5-21 所示。

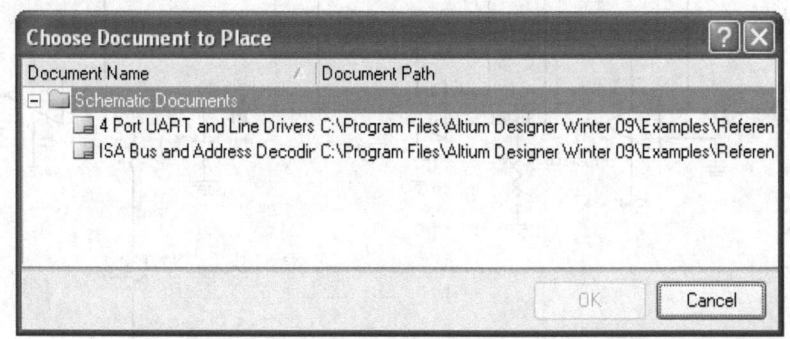

图 5-20 选择产生方块电路的原理图文件对话框

3)移动光标到适当位置,按照前面放置方块电路的方法,将其定位,则可自动生成名为 U_4 Port UART and Line Drivers 的方块电路,如图 5-22 所示。然后根据层次原理图设计的需要,可以对方块电路上的端口进行适当调整。

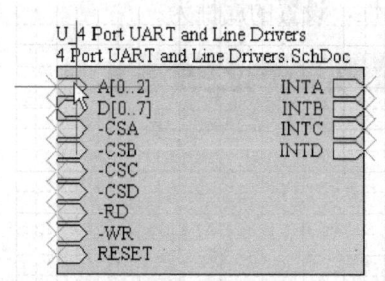

图 5-21 由原理图文件产生的方块电路符号的状态

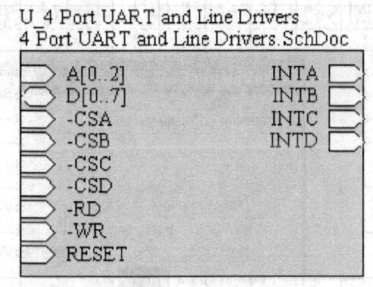

图 5-22 产生的方块电路

## 5.5 建立多通道原理图

Altium Designer 提供了多通道原理图设计的功能,用户可以绘制一个能被多个原理图模块使用的原理图子模块。这种多通道原理图设计可以放置多个方块电路,允许单个子原理图被调用多次。

前面讲到了方块电路原理图的设计方法,多通道原理图的设计方法与此类似。现在根据实例详细讲述绘制多通道原理图的一般过程。

**1. 建立多通道原理图**

1)首先建立一个多通道原理图的项目,文件名为 Peak Detector-Mul Channel.PrjPcb。

2）启动原理图设计管理器，创建一个名为 Peak Detector MulChannel.SchDoc 的原理图文件。启动原理图设计管理器后，执行放置元件和绘图命令，绘制如图 5-23 所示的原理图。

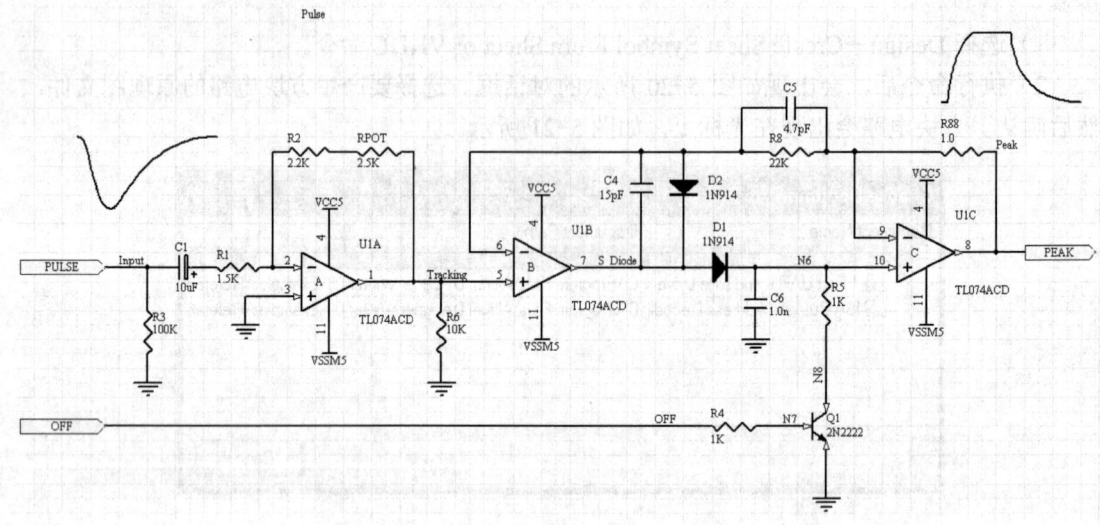

图 5-23  Peak Detector MulChannel.SchDoc 的原理图

3）建立一个新的原理图文件，文件名为 Bank.SchDoc，然后绘制一个方块电路图，实现多通道连接到 Peak Detector MulChannel.SchDoc。

4）执行 Place→Sheet Symbol 命令，在图纸上放置方块电路。然后使用鼠标双击方块电路，在如图 5-24 所示的方块图属性对话框中设置其属性，设置的属性为：

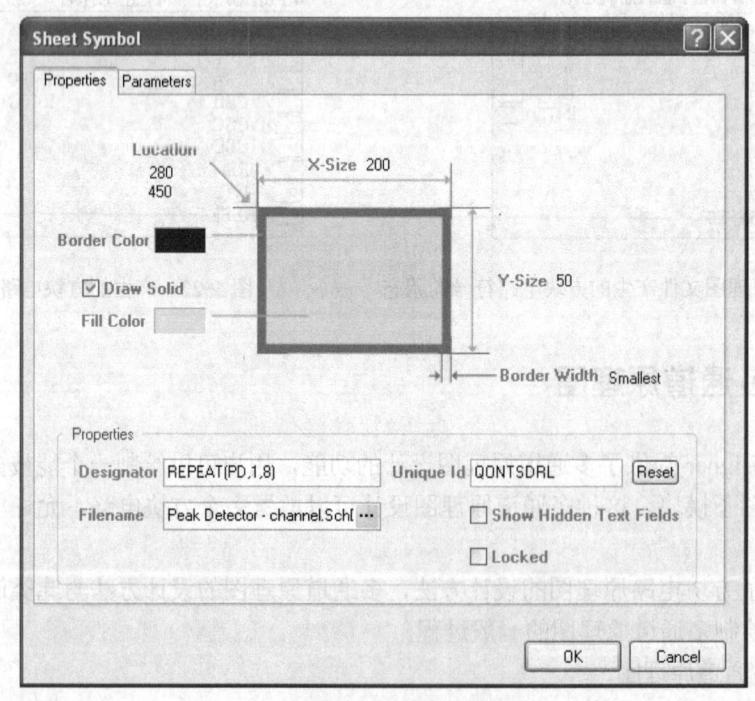

图 5-24  方块图属性对话框

- 在 Filename 编辑框中输入 Peak Detector MulChannel.SchDoc。
- 在 Designator 编辑框中输入 Repeat（PD，1，8）。多通道原理图设计时，重复使用子原理图的次数可以使用如下的表达式来实现：

    Repeat(Sheet_symbol_name,first_channel,last_channel)

其中 Sheet_symbol_name 表示方块图名，first_channel 为第一通道，last_channel 为最后一个通道，本实例设计了 8 个通道，即 8 次调用 Peak Detector MulChannel.SchDoc 子原理图。

5）在方块图中添加如图 5-25 所示的方块电路出入端口，名称如图所示。

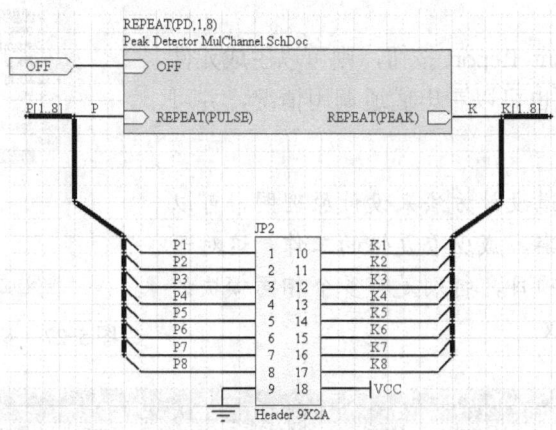

图 5-25　绘制方块电路出入端口

其中 OFF 和 REPEAT（PULSE）方块电路出入端口特性为 Input，REPEAT（PEAK）方块电路出入端口特性为 Output。另外在图纸上添加一个 OFF 端口，其 I/O Type 为 Input。

同时，在图纸上完成如图 5-25 所示的原理图绘制及连接。

6）建立一个原理图文件，名为 Peak Detector.SchDoc，然后执行与上面创建 Bank.SchDoc 类似的步骤，绘制如图 5-26 所示的原理图，该原理图调用 Bank.SchDoc 文件 4 次，即生成了 4 通道，使用了 REPEAT（BANK，1，4），其中 BANK 为方块电路名。

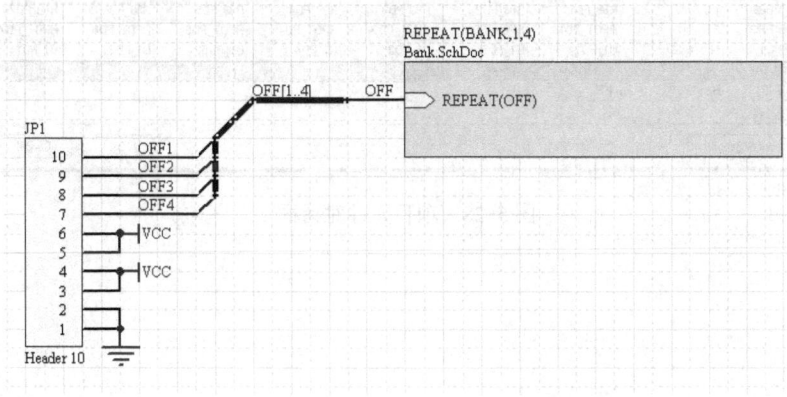

图 5-26　绘制的 Peak Detector.SchDoc 原理图文件

7）执行 Project→Compile PCB Project 命令，对 Peak Detector - Mul Channel.PrjPcb 进行编译，可以从编译管理器（如图 5-27 所示）中看到多通道原理图设计的情况，读者可以看到多通道调用情况。

图 5-27　多通道原理图编译管理器

## 2. 查看多通道原理图

执行 Project→View Channels 命令，系统将弹出如图 5-28 所示的项目元件对话框，在该对话框中，可以看出原理图有多少通道，每个元件被调用了多少次。本实例共有 32 个通道。

如果单击 Component Report 按钮，则可以生成元件报表，从元件报表情况也可以看出通道调用情况，并可以打印出来。

**技巧：**使用多通道设计方法来设计原理图，可以大大提高设计效率，减少重复性的工作，这对于大型的电路设计项目，特别是有多个相同模块的原理图，尤为有效。

Project Components

| Logical Designator | Comment | Channel 1 | Channel 2 | Channel 3 | Channel 4 | Channel 5 | Channel 6 | Channel 7 |
|---|---|---|---|---|---|---|---|---|
| Bank.SchDoc | | | | | | | | |
| JP2 | Header 9X2A | JP2_BANK1 | JP2_BANK2 | JP2_BANK3 | JP2_BANK4 | | | |
| Peak Detectc | | | | | | | | |
| C1 | 10uF | C1_PD1 | C1_PD2 | C1_PD3 | C1_PD4 | C1_PD5 | C1_PD6 | C1_PD7 |
| C4 | 15pF | C4_PD1 | C4_PD2 | C4_PD3 | C4_PD4 | C4_PD5 | C4_PD6 | C4_PD7 |
| C5 | 4.7pF | C5_PD1 | C5_PD2 | C5_PD3 | C5_PD4 | C5_PD5 | C5_PD6 | C5_PD7 |
| C6 | 1.0n | C6_PD1 | C6_PD2 | C6_PD3 | C6_PD4 | C6_PD5 | C6_PD6 | C6_PD7 |
| D1 | 1N914 | D1_PD1 | D1_PD2 | D1_PD3 | D1_PD4 | D1_PD5 | D1_PD6 | D1_PD7 |
| D2 | 1N914 | D2_PD1 | D2_PD2 | D2_PD3 | D2_PD4 | D2_PD5 | D2_PD6 | D2_PD7 |
| Q1 | 2N2222 | Q1_PD1 | Q1_PD2 | Q1_PD3 | Q1_PD4 | Q1_PD5 | Q1_PD6 | Q1_PD7 |
| R1 | 1.5K | R1_PD1 | R1_PD2 | R1_PD3 | R1_PD4 | R1_PD5 | R1_PD6 | R1_PD7 |
| R2 | 2.2K | R2_PD1 | R2_PD2 | R2_PD3 | R2_PD4 | R2_PD5 | R2_PD6 | R2_PD7 |
| R3 | 100K | R3_PD1 | R3_PD2 | R3_PD3 | R3_PD4 | R3_PD5 | R3_PD6 | R3_PD7 |
| R4 | 10K | R4_PD1 | R4_PD2 | R4_PD3 | R4_PD4 | R4_PD5 | R4_PD6 | R4_PD7 |
| R5 | 1K | R5_PD1 | R5_PD2 | R5_PD3 | R5_PD4 | R5_PD5 | R5_PD6 | R5_PD7 |
| R6 | 10K | R6_PD1 | R6_PD2 | R6_PD3 | R6_PD4 | R6_PD5 | R6_PD6 | R6_PD7 |
| R8 | 22K | R8_PD1 | R8_PD2 | R8_PD3 | R8_PD4 | R8_PD5 | R8_PD6 | R8_PD7 |
| R88 | 1.0 | R88_PD1 | R88_PD2 | R88_PD3 | R88_PD4 | R88_PD5 | R88_PD6 | R88_PD7 |
| RPOT | 2.5K | RPOT_PD1 | RPOT_PD2 | RPOT_PD3 | RPOT_PD4 | RPOT_PD5 | RPOT_PD6 | RPOT_PD7 |
| U1 | TL074ACD | U1_PD1 | U1_PD2 | U1_PD3 | U1_PD4 | U1_PD5 | U1_PD6 | U1_PD7 |
| Peak Detectc | | | | | | | | |
| JP1 | Header 10 | JP1 | | | | | | |

Component Report...　OK　Cancel

图 5-28　项目元件对话框

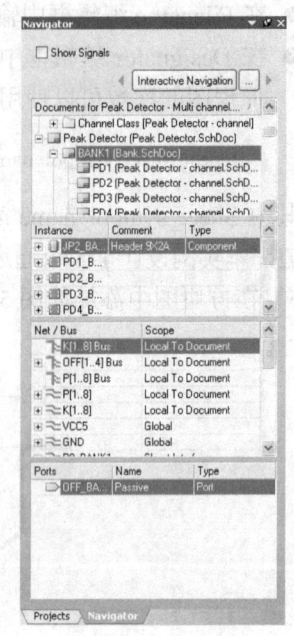

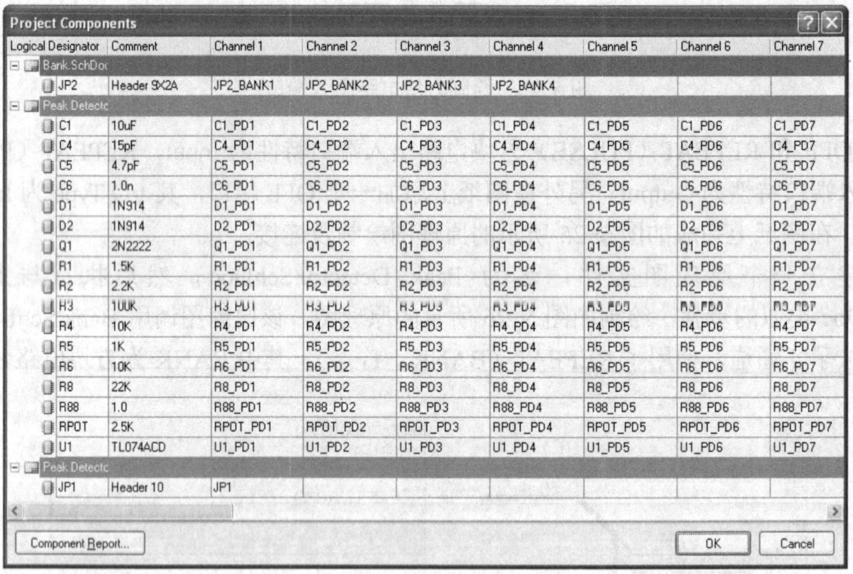

# 第 6 章　制作元件与创建元件库

当绘制原理图时，常常在放置元件之前，需要添加元件所在的库。因为元件一般保存在一些元件库中，这样能很方便用户设计使用。尽管 Altium Designer 内置的元件库已经相当完整，但有时用户还是无法从这些元件库中找到自己想要的所有元件，比如某种很特殊的元件或新出现的元件。在这种情况下，就需要自行创建新的元件及元件库。Altium Designer 提供了一个完整的创建元件库的工具，即元件库编辑（Library Editor）管理器。下面讲解如何使用元件库编辑器来生成元件和创建元件库。

## 6.1　元件库编辑器

制作元件和创建元件库是使用 Altium Designer 元件库编辑管理器来进行的，在进行元件制作前，先熟悉一下元件库编辑器。

在当前设计管理器环境下，执行 File→New→Library→Schematic Library 命令，就可以进入原理图元件库编辑工作界面，然后选中 View→Workspace Panels→SCH→SCH Library，系统会打开元件库编辑管理器，如图 6-1 所示。如果执行命令后，元件库编辑管理器没有显示，则可以在项目管理器下面的状态栏处选择 SCH Library 选项卡。

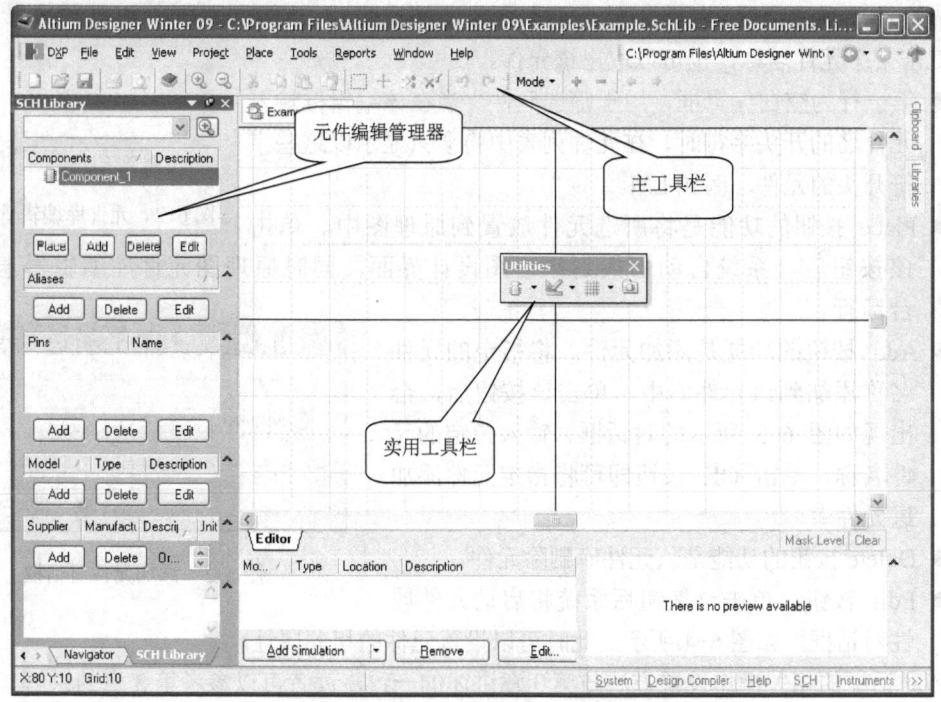

图 6-1　元件库编辑管理器以及编辑界面

元件库编辑管理器界面与原理图设计编辑器界面相似。主要由元件库编辑管理器、主工具栏、菜单、实用工具栏、编辑区等组成。不同的是在编辑区有一个"十"字坐标轴，将元件编辑区划分为四个象限。一般在第四象限进行元件的编辑工作。

除了主工具栏以外，元件库编辑管理器提供了两个重要的工具栏，即绘制图形工具栏和IEEE工具栏，如图 6-1 所示，后面将会介绍。

## 6.2 元件库的管理

在讲述如何制作元件和创建元件库前，首先了解元件管理工具的使用，以便在后面创建新元件时可以有效管理。下面主要介绍元件库编辑管理器的组成和使用方法，同时还将介绍其他一些相关命令。

### 6.2.1 元件库编辑管理器

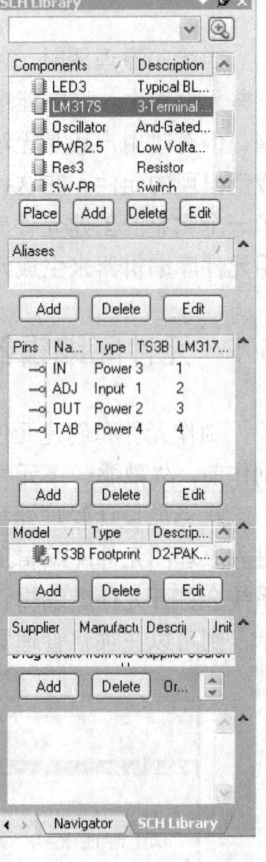

单击如图 6-2 所示的元件库编辑管理器的选项卡 SCH Library，就可以看到元件库编辑管理器。元件库编辑管理器有四个区域：Components（元件）区域、Aliases（别名）区域、Pins（引脚）区域、Model（元件模式）区域。

（1）Components 区域

主要功能是查找、选择及取用元件。当打开一个元件库时，元件列表就会列出本元件库内所有元件的名称。要取用元件，只要将光标移动到该元件名称上，然后单击 Place 按钮即可。如果直接双击某个元件名称，也可以取出该元件。

- 第一行为空白编辑框，用于筛选元件。当在该编辑框输入元件名的开头字符时，在元件列表中将会只显示以这些字符开头的元件，例如 LM。
- Place 按钮的功能是将所选元件放置到原理图中。单击该按钮后，系统自动切换到原理图设计界面，同时原理图元件库编辑器退到后台运行。

图 6-2 元件库编辑管理器

- Add 按钮的功能是添加元件。将指定的元件名称添加到该元件库中，单击该按钮后，会出现如图 6-3 所示的对话框。输入指定的元件名称，单击 OK 按钮即可将指定元件添加进元件库。

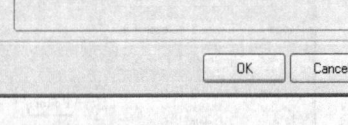

- Delete 按钮的功能是从元件库删除元件。
- Edit 按钮。单击该按钮后系统将启动元件属性对话框，如图 6-4 所示，此时可以设置元件的相关属性。

图 6-3 添加元件对话框

该对话框的相关操作设置方法与第 3 章讲述的一致，读者可以参考第 3 章的讲解。

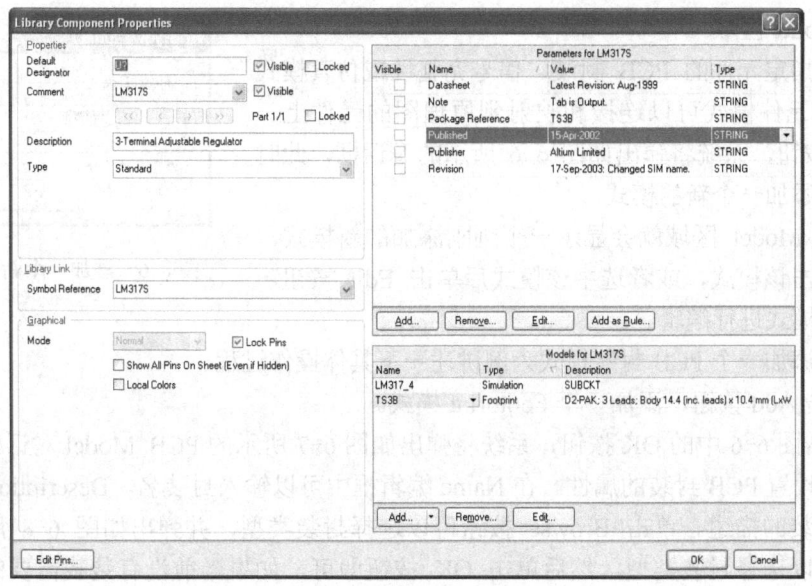

图 6-4 元件属性对话框

（2）Aliases 区域

主要用来设置所选中元件的别名。

（3）Pins 区域

主要功能是将当前工作区域中元件引脚的名称及状态列于引脚列表中，引脚区域用于显示引脚信息。

- 单击 Add 按钮可以向选中元件添加新的引脚。
- 单击 Delete 按钮可以从所选中元件中删除引脚。
- 单击 Edit 按钮，系统将会弹出如图 6-5 所示的元件引脚属性对话框，关于元件引脚的属性设置可以参考 6.3.2 节的讲解。

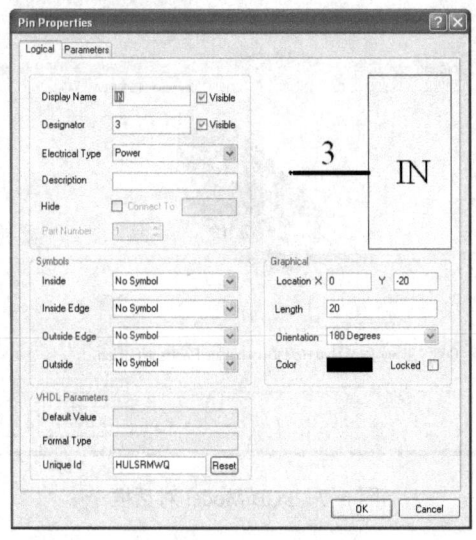

图 6-5 元件引脚属性对话框

*167*

(4) Model 区域

功能是指定元件的 PCB 封装、信号完整性或仿真模式等。指定的元件模式可以连接和映射到原理图的元件上。单击 Add 按钮，系统将弹出如图 6-6 所示的对话框，此时可以为元件添加一个新的模式。

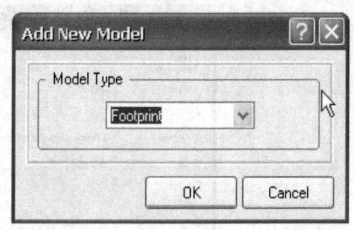

图 6-6  添加一个新的元件模式

然后在 Model 区域就会显示一个刚刚添加的新模式，使用鼠标双击该模式，或者选中该模式后单击 Edit 按钮，则可以对该模式进行编辑。

下面以添加一个 PCB 封装模式为例讲述一下具体操作过程。

1）单击 Add 按钮，添加一个 Footprint 模式。

2）单击图 6-6 中的 OK 按钮，系统将弹出如图 6-7 所示的 PCB Model 对话框，在该对话框中可以设置 PCB 封装的属性。在 Name 编辑框中可以输入封装名，Description 编辑框中可以输入封装的描述。单击 Browse 按钮可以选择封装类型，并弹出如图 6-8 所示的对话框，此时可以选择封装类型，然后单击 OK 按钮即可，如果当前没有装载需要的元件封装库，则可以单击图 6-8 中的按钮 装载一个元件库或单击 Find 按钮进行查找，具体操作可以参考 3.1 节。

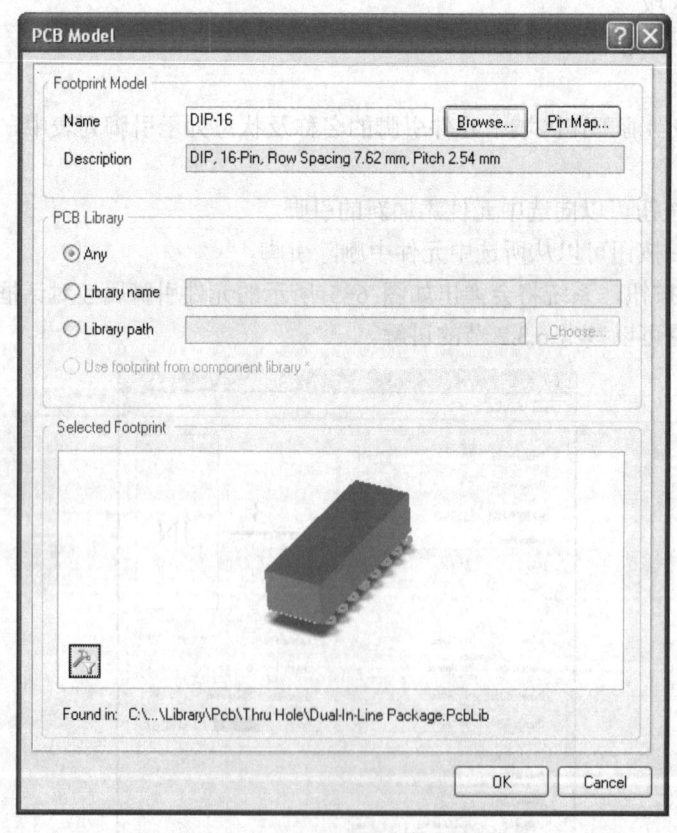

图 6-7  PCB Model 对话框

其他模式的编辑操作过程与上面的过程类似，只是模式的属性不同。

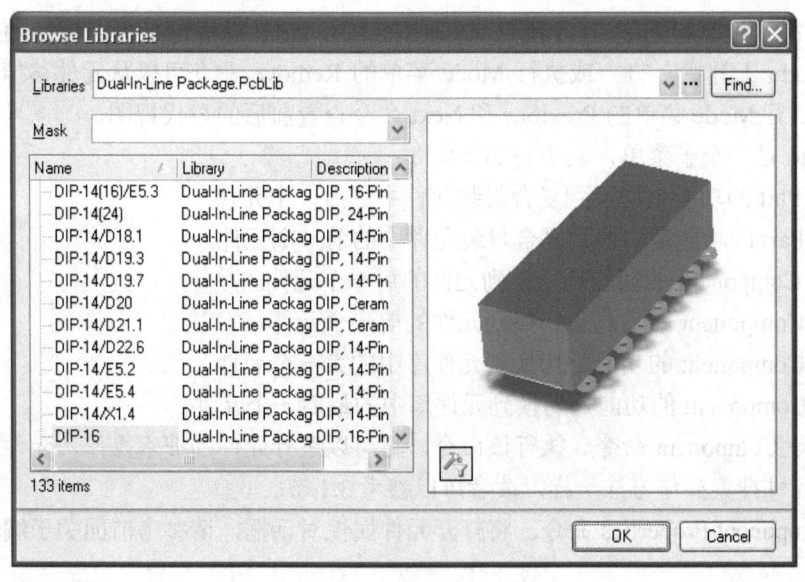

图 6-8　浏览封装库对话框

## 6.2.2　利用 Tools 菜单管理元件

元件库编辑管理器的功能也可以通过选择 Tools 菜单命令来实现元件操作的目的，Tools 菜单如图 6-9 所示。各命令说明如下：

1）New Component 的功能是添加元件。

2）Remove Component 的功能是删除元件库编辑管理器 Component 区域中指定的元件。

3）Remove Duplicates 的功能是删除元件库中重复的元件。

4）Rename Component 的功能是修改元件库编辑管理器 Component 区域中指定元件的名称。

5）Copy Component 的功能是将该元件复制到指定的元件库中。单击此命令后，会弹出对话框，选择元件库后按 OK 按钮即可将该元件复制到指定的元件库中。

6）Move Component 的功能是将该元件移到指定的元件库中。单击此命令后，会出现对话框，选择元件库后按 OK 按钮即可将该元件移到指定的元件库中。

7）New Part 的功能是在复合封装元件中新增元件。

8）Remove Part 的功能是删除复合封装元件中的元件。

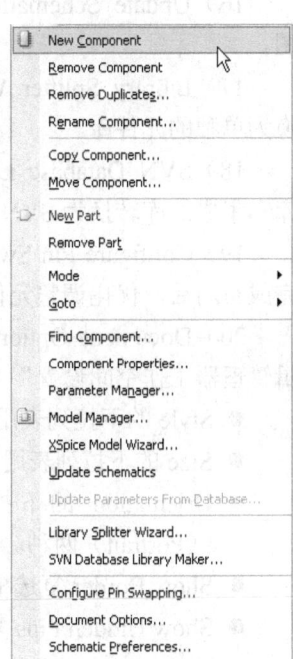

9）Mode 菜单命令为元件创建一个可代替的视图模式。这些视图模式可以包含元件的不同图形表示，例如 IEEE 符号等。

图 6-9　Tools 菜单

如果元件的任何一个替代视图被添加，则通过 Mode 菜单命令选择替代模式，它们会显示在元件库编辑管理器中。当元件被放置在原理图中，视图模式也可以从元件属性图形操作框的 Mode 下拉列表中选择。

*169*

单击 Mode 工具栏上的 或执行 Mode 菜单的 Add 命令可以为元件添加一个替代视图。单击 Mode 工具栏上的 或执行 Mode 菜单的 Remove 命令可以从元件移掉一个替代视图。还可以执行 Mode 菜单的 Previous 和 Next 命令查看前后的替代视图。

10）Goto 是一个子菜单，其中有如下命令：
- Next Part 的功能是切换到复合封装元件中的后一个元件。
- Prev Part 的功能是切换到复合封装元件中的前一个元件。
- Next Component 的功能是切换到元件的后一个元件。
- Prev Component 的功能是切换到元件的前一个元件。
- First Component 的功能是切换到元件库中的第一个元件。
- Last Component 的功能是切换到元件库中的最后一个元件。

11）Find Component 命令。执行该命令，将可以进行元件的搜索操作，元件搜索操作与第 3 章关于元件搜索操作方法一样，读者可以参考 3.1 节。

12）Component Properties 命令。将打开元件属性对话框，请参考前面关于编辑元件属性的讲解。

13）Parameter Manager 命令。可以使用该命令对元件的属性参数进行修改。

14）Model Manager 命令。该命令用来对元件的模型（比如仿真模型）进行管理。

15）Xpice Model Wizard 命令。该命令可以启动 Spice 模型创建向导，然后可以为元件创建 Spice 模型。

16）Update Schematics 的功能是用元件库编辑管理器中所作的修改，更新打开的原理图。

17）Library Splitter Wizard 的功能是将原理图元件库、PCB 元件库和 PCB3D 元件库转换为单独的元件库。

18）SVN Database Library Maker 命令。可以用于将原理图元件库、PCB 元件库、数据库和集成的库转换为 SVN 数据库。

19）Configure Pin Swapping 命令。提供了封装引脚自定义交换优化的功能，可以在 PCB 完成布局后，优化调整元件上同类型的管脚。

20）Document Options 命令。执行该命令后，系统将弹出如图 6-10 所示的"元件库编辑管理器工作空间设置"对话框。
- Style 的下拉列表用来选择图纸的样式。
- Size 的下拉列表用来选择图纸的尺寸。
- Orientation 的下拉列表用来设置图纸的方向，包括横向（Landscape）和纵向（Portrait）两种。
- Show Border 复选框，选中该复选框则在图纸上可以显示边框。
- Show Hidden Pins 复选框，选中该复选框则可以显示隐藏的引脚。
- Use Custom Size 复选框，选中该复选框则使用用户自定义的图纸尺寸，X 和 Y 编辑框分别输入图纸的宽度和高度。
- Colors 操作框中的两个编辑选项分别定义图纸边框和工作空间的颜色。
- Grids 操作框中的两个复选框分别设置栅距（Snap）和可见性（Visible）。前者设定的距离为鼠标在图纸上移动的最小可分辨距离。

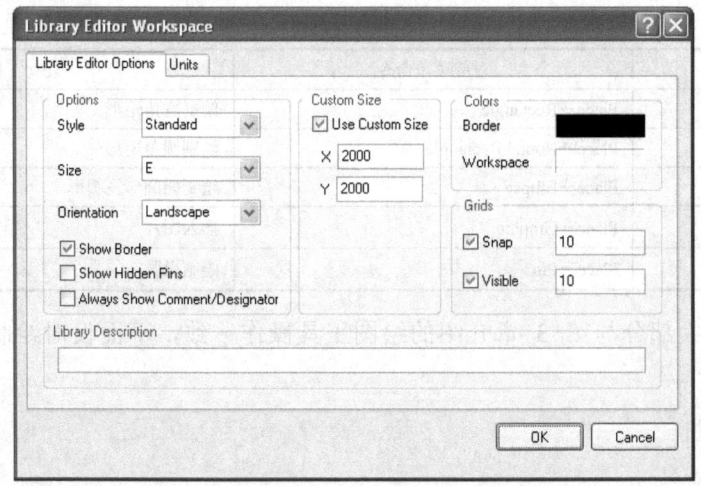

图 6-10　元件库编辑管理器工作空间设置对话框

21) Schematic Preferences 命令。执行该命令后，系统将弹出元件图的参数设置对话框，该对话框的各项设置与原理图的参数设置对话框一致，可以参考 3.7 节的讲解。

## 6.3　元件绘图工具

前面讲述了元件库编辑管理器的使用，现在讲解如何制作元件。制作元件可以利用绘图工具来进行，常用的绘图工具集成在实用工具栏中，包括一般绘图工具栏和 IEEE 工具栏。

### 6.3.1　一般绘图工具

图 6-11 所示为元件库编辑系统中的一般绘图工具栏。一般绘图工具栏的打开与关闭可以通过选取实用工具栏里的图标 来实现。

一般绘图工具栏上的命令也对应 Place 菜单上的各命令，所以也可以从 Place 菜单上直接选取命令。一般绘图工具栏上各按钮的功能见表 6-1。

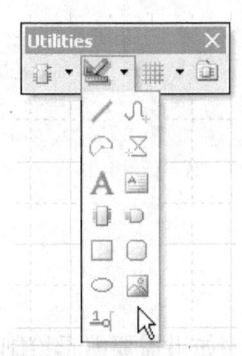

图 6-11　一般绘图工具栏

表 6-1　一般绘图工具栏按钮功能

| 按　钮 | 对应菜单命令 | 功　能 |
| --- | --- | --- |
| / | Place→Line | 绘制直线 |
| ∫ | Place→Bezier | 绘制贝塞尔曲线 |
| ⌒ | Place→Elliptical Arc | 绘制椭圆弧线 |
| ⋈ | Place→Polygon | 绘制多边形 |
| A | Place→Text String | 插入文字 |
| ▨ | Place→Text Frame | 插入文本框 |
| ▮ | Tools→New Component | 插入新元件 |
| ⊃ | | 添加新元件至当前显示的元件 |

*171*

(续)

| 按钮 | 对应菜单命令 | 功　　能 |
|---|---|---|
|  | Place→Rectangle | 绘制直角矩形 |
|  | Place→Round Rectangle | 绘制圆角矩形 |
|  | Place→Ellipse | 绘制椭圆形及圆形 |
|  | Place→Graphic | 插入图片 |
|  | Place→Pin | 绘制引脚 |

这些命令中大部分与第 3 章介绍的绘图工具操作一致，下面仅对绘制引脚命令进行讲解。

### 6.3.2　绘制引脚

执行菜单命令 Place→Pin 或单击一般绘图工具栏的按钮 ，可将编辑模式切换到放置引脚模式，此时鼠标指针旁会多出一个大十字符号及一条短线，这时就可以进行引脚的绘制工作。如果在放置引脚前按〈Tab〉键，则会打开当前引脚属性对话框，此时可以先设置引脚属性。放置完引脚后，单击鼠标右键结束操作，图 6-12 所示即为绘制引脚的实例，引脚在原理图上放置是按增加流水号顺序进行。

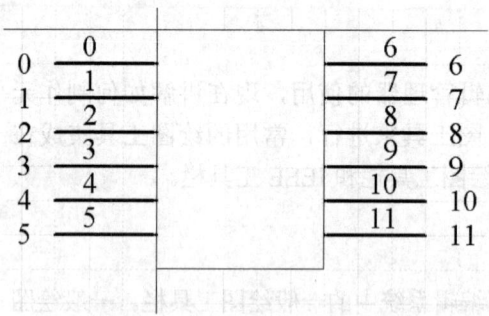

图 6-12　绘制引脚

如果需要编辑绘制的引脚，则可以双击需要编辑的引脚，或者先选中引脚，然后单击鼠标右键，从快捷菜单中选取 Properties 命令，就可以进入引脚属性对话框，如图 6-13 所示。

引脚属性对话框中的各操作框的意义如下：
- Display Name 编辑框中为引脚名，是引脚左边的一个符号，用户可以进行修改。选择"Visible"复选框则显示该引脚名，否则不显示。
- Designator 编辑框中为引脚号，是引脚右边的一个符号，用户也可以进行修改。选择"Visible"复选框则显示该引脚号，否则不显示。
- Electrical Type 下拉列表选项用来设定该引脚的电气属性。元件引脚的电气属性通常包括：Input（输入）、IO（输入输出）、Output（输出）、OpenCollector（开路集电极）、Passive（无源）、HiZ（高阻抗）、Emitter（发射极）和 Power（电源）。
- Description 编辑框可以设置引脚的描述属性。

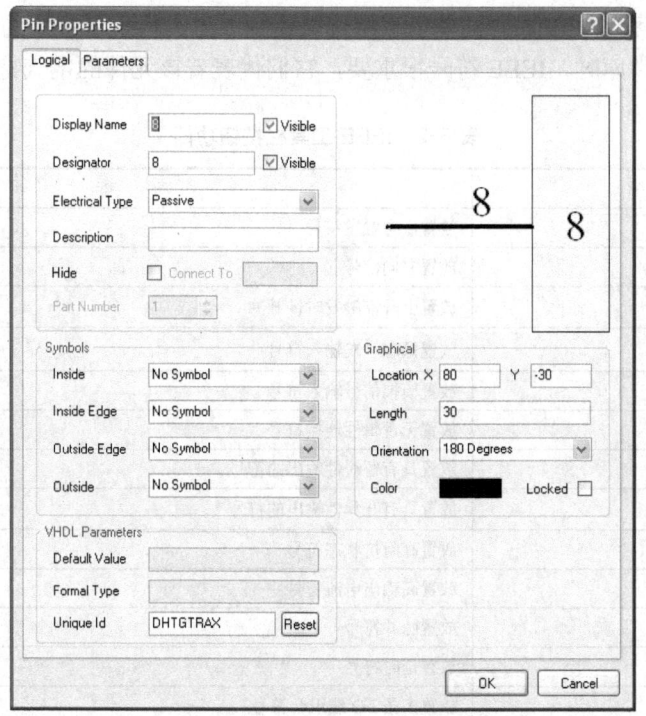

图 6-13 引脚属性对话框

- Hide 复选框。选择该复选框，则隐藏该引脚，并且可以在"Connect To"编辑框中输入该引脚所连接的网络名称，如 GND 或 VCC 等。
- Part Number 编辑框。一个元件可以包含多个子元件，例如一个 74LS00 包含 4 个子元件，在该编辑框就可以设置复合元件的子元件号。
- Symbols 操作框。在该操作框中可以分别设置引脚的输入输出符号，Inside 用来设置引脚在元件内部的表示符号；Inside Edge 用来设置引脚在元件内部边框上的表示符号；Outside 用来设置引脚在元件外部的表示符号；Outside Edge 用来设置引脚在元件外部边框上的表示符号。这些符号是标准的 IEEE 符号，请参考后面的讲解。
- Location X 和 Y 编辑框中为引脚 X 向位置和 Y 向位置。
- Orientation 是一个下拉列表选择框，为引脚方向选择，有 0°、90°、180°和 270°四种旋转角度。
- Length 编辑框用来设置引脚的长度。
- Color 操作框为引脚设定颜色。
- VHDL 属性框可以设置 VHDL 语言所描述的相关属性。

### 6.3.3 IEEE 符号

图 6-14 所示为元件库编辑系统中的 IEEE 工具栏。IEEE 工具栏的打开与关闭可以通过选取实用工具栏里的图标 来实现。

IEEE 工具栏上的命令也对应 Place 菜单上 IEEE Symbols 子菜

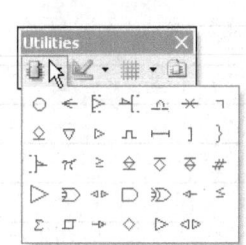

图 6-14 IEEE 工具栏

单上的各命令,也可以从 Place 菜单上直接选取命令。工具栏上各按钮的功能见表 6-2。在制作元件和创建元件库时,IEEE 符号很重要,它们代表着该元件的电气特性。

表 6-2 IEEE 工具栏按钮功能

| 图 标 | 功 能 |
| --- | --- |
| ○ | 放置低态触发符号 |
| ← | 放置左向信号 |
| ▷ | 放置上升沿触发时钟脉冲 |
| ⊥ | 放置低态触发输入符号 |
| ⊥ | 放置模拟信号输入符号 |
| ✳ | 放置无逻辑性连接符号 |
| ⌐ | 放置具有暂缓性输出的符号 |
| ◇ | 放置具有开集性输出的符号 |
| ▽ | 放置高阻抗状态符号 |
| ▷ | 放置高输出电流符号 |
| ⊓ | 放置脉冲符号 |
| ⊢⊣ | 放置延时符号 |
| ] | 放置多条 I/O 线组合符号 |
| } | 放置二进制组合的符号 |
| ⊥ | 放置低态触发输出符号 |
| π | 放置 π 符号 |
| ≥ | 放置大于等于号 |
| ⊻ | 放置具有提高阻抗的开集电极输出符号 |
| ◇ | 放置开射极输出符号 |
| ⊽ | 放置具有电阻接地的开射极输出符号 |
| # | 放置数字输入信号 |
| ▷ | 放置反相器符号 |
| ⅅ | 放置或门符号 |
| ◁ | 放置双向信号 |
| ▭ | 放置与门符号 |
| ⅅ | 放置与或门符号 |
| ← | 放置数据左移符号 |
| ≤ | 放置小于等于号 |
| Σ | 放置 Σ 符号 |
| ⊓ | 放置施密特触发输入特性符号 |
| → | 放置数据右移符号 |
| ◇ | 放置开路输出 |
| ▷ | 放置由左至右的信号流 |
| ◁▷ | 放置双向信号流 |

## 6.4 创建一个新元件

现在利用前面介绍的绘图工具,来绘制一个元件。绘制的实例为图 6-15 所示的触发器,并将它保存在"74LS"元件库中,具体操作步骤如下。

1)执行菜单 File→New→Schematic Library 命令,系统将进入原理图元件库编辑工作界面,默认文件名为 Schlib1.Schlib。

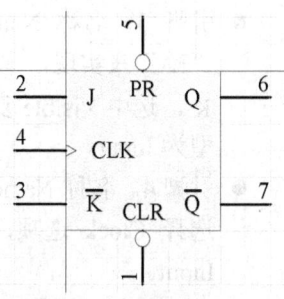

图 6-15 触发器实例

2)使用菜单命令 Place→Rectangle 或单击一般绘图工具栏上的按钮  来绘制一个直角矩形,将编辑状态切换到画直角矩形模式。此时鼠标指针旁会多出一个大十字符号,将大十字指针中心移动到坐标轴原点处(X:0,Y:0),单击鼠标左键把它定为直角矩形的左上角;移动鼠标指针到矩形的右下角,再单击鼠标左键,就会结束这个矩形的绘制过程,直角矩形的大小为 6 格×6 格,如图 6-16 所示。

> 注意:绘制元件时,一般元件均放置在第四象限,而象限交点即为元件基准点。

3)绘制元件的引脚。执行菜单命令 Place→Pin 或单击一般绘图工具栏上的按钮 ,可将编辑模式切换到放置引脚模式,此时鼠标指针旁会多出一个大十字符号及一条短线,接着分别绘制 7 个引脚,如图 6-17 所示。

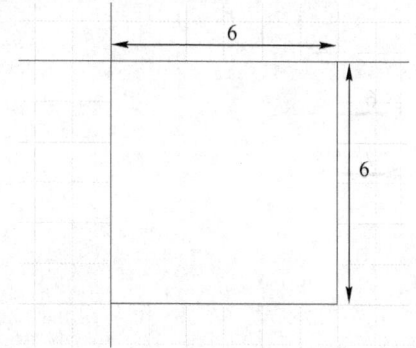

图 6-16 绘制矩形

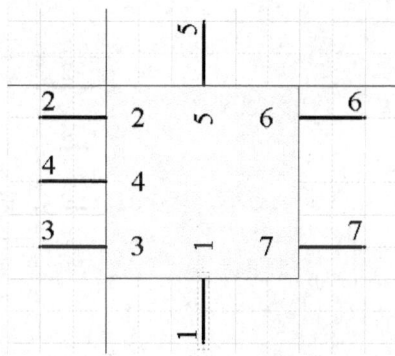

图 6-17 放置引脚后的图形

在放置引脚时,可以按〈Space〉键使引脚旋转一定角度,如引脚 1 旋转 270°,引脚 5 旋转 90°,引脚 2、3 和 4 旋转 180°,6 和 7 旋转 0°,或者在引脚属性对话框中设置,不过在对话框中设置的话,还需要移动引脚(如下所述)。

4)编辑各引脚,双击需要编辑的引脚,或者先选中引脚,然后单击鼠标右键,从快捷菜单中选取 Properties 命令,进入引脚属性对话框,如图 6-13 所示,在对话框中对引脚属性进行修改。具体修改方式如下。

- 引脚 1。名称 Name 修改为 CLR,不选中 Visible 复选框(因为引脚名一般是水平布置的,而旋转后名称也会旋转),并在 Outside Edge 下拉列表中选择 Dot 选项,旋转

*175*

角度为 270º，Length 编辑框中输入 20，即引脚长设置为 20，引脚的电气类型为 Input。

- 引脚 2。名称 Name 修改为 J，选中 Visible 复选框，旋转角度为 180º，Length 编辑框中输入 20，引脚的电气类型为 Input。
- 引脚 3。名称 Name 修改为 K，当用户需要输入字母上带一横的字符时，可以使用"K\"来实现，本例中引脚 3 的 Name 编辑框中输入"K\"，在图形中显示的即为 $\overline{K}$，选中 Visible 复选框，旋转角度为 180º，Length 编辑框中输入 20，引脚的电气类型为 Input。
- 引脚 4。名称 Name 修改为 CLK，选中 Visible 复选框，并在 Inside Edge 下拉列表中选择 Clock 选项，旋转角度为 180º，Length 编辑框中输入 20，引脚的电气类型为 Input。
- 引脚 5。名称 Name 修改为 PR，不选中 Visible 复选框，并在 Outside Edge 下拉列表中选择 Dot 选项，旋转角度为 90º，Length 编辑框中输入 20，引脚的电气类型为 Input。
- 引脚 6。名称 Name 修改为 Q，选中 Visible 复选框，旋转角度为 0º，Length 编辑框中输入 20，引脚的电气类型为 Output。
- 引脚 7。名称 Name 修改为 $\overline{Q}$，Length 编辑框中输入 20，引脚的电气类型为 Output。

引脚属性修改后的图形如图 6-18 所示。

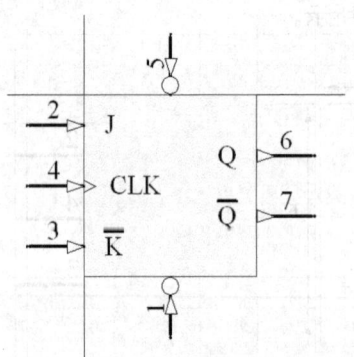

图 6-18　修改引脚属性后的元件图

 **注意**：当用户需要输入字母上带一横的字符时，可以使用"*\"来实现，本例中引脚 7 的 Name 编辑框中输入"Q\"，在图形中显示的即为 $\overline{Q}$。

 **注意**：当放置引脚时，可以直接旋转到需要的角度，因为引脚 0º 时的电气段为左侧，所以需要旋转设置引脚的旋转角度，读者可以在引脚属性对话框的预览框察看引脚与元件边框的连接关系。

 **说明**：如果不是在放置引脚时使用〈Space〉键来旋转引脚，而是在引脚属性对话框中设置引脚的旋转角度，则旋转了引脚后，还需要移动引脚，使它们移到与直角矩形相交，这个过程也可以在修改坐标值的大小时来实现。

5）绘制隐藏的引脚，通常在原理图中会把电源引脚隐藏起来。所以在绘制电源引脚时，需要将其属性设置为 Hidden（在引脚属性对话框中设置）。本实例分别绘制两个电源引脚：
- 引脚 16 的名称为 VCC，电气特性为 Power，引脚旋转角度为 180°，长度为 20。
- 引脚 8 名为接地 GND，电气特性为 Power，引脚旋转角度为 0°，长度为 20。

绘制了这两个引脚后的图形如图 6-19 所示。

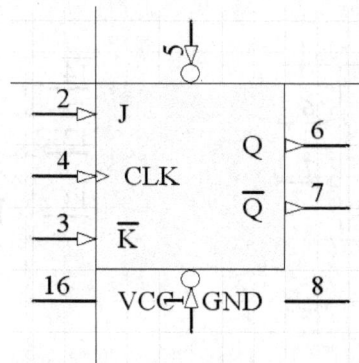

图 6-19　绘制电源引脚后的元件图

6）电源引脚有时候在元件图中不显示，本实例绘制的元件图就不显示这两个电源引脚。所以可以分别双击引脚 8 和 16，或选择快捷菜单的 Properties 命令，进入引脚属性对话框中选中 Hide 复选框，并在"Connect To"编辑框中输入该引脚所连接的网络名，如引脚 8 连接的为 GND，引脚 16 连接的为 VCC。然后关闭对话框，这两个电源引脚将不会显示出来，并且已经设置其分别和 GND 网络及 VCC 网络相连接，图形与图 6-19 一样。

 说明：引脚 1 和 5 的名称分别为 CLR 和 PR，也没有显示，但是与引脚隐藏不一样，而是不选择 Name 后的 Visible 复选框。

7）从图 6-19 中可以看出引脚 1 和 5 的名称因为没有显示出来，所以必须分别向这两个引脚添加文本，即执行 Place→Text String 命令，或直接从绘图工具栏中选择放置文本的命令，分别在引脚 1 和 5 的名称端放置 CLR 和 PR 文字。

刚放置注释文字时，仅仅放置了 Text 文字块，只需要对其属性进行修改就可实现插入 CLR 和 PR 注释文字，放置文本时，按〈Tab〉键或者放置了文本再进入文本属性对话框，引脚 1 和 5 的文本属性修改如下。
- 引脚 1 的文本：Text 文本修改为 CLR，Location X 修改为 22，Location Y 修改为-58，颜色修改为黑色。
- 引脚 5 的文本：Text 文本修改为 PR，Location X 修改为 25，Location Y 修改为-12，颜色修改为黑色。

插入注释文字后元件如图 6-20a 所示，这就是最终获得的元件图。

8）执行 Tools→Schematic Preferences，设置元件号和名称与元件边界的距离（在 Pin Margin 编辑框操作），并选中 Pin Direction 复选框显示引脚的方向。具体操作请参考 2.7 节的讲解。

9）如果该元件是复合封装的，则可以执行 Tools→New Part 命令，即可向该元件中添加绘制封装的另一部分，过程与上面一致，不过电源通常是共有的。本实例中，该元件为复合封装的，包含两个子模块。A 模块与前面绘制的一样，B 模块的结构与 A 模块一样，但是引脚号不同，图 6-20b 所示为 B 模块。

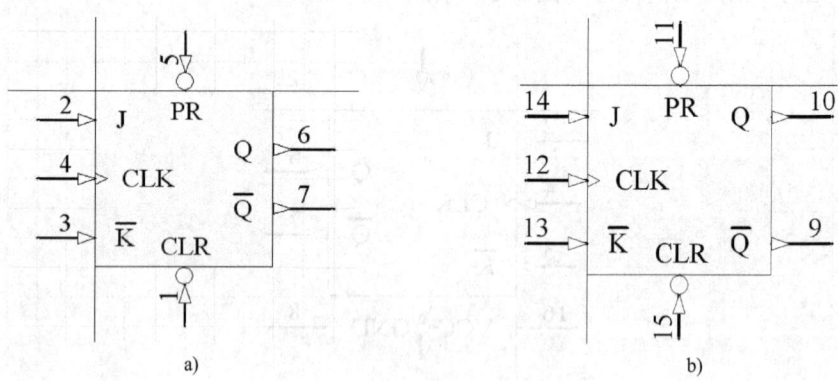

图 6-20 最终获得的元件图

10）保存已绘制好的元件。执行菜单命令 Tools→Rename Component，打开"Rename Component"对话框，如图 6-21 所示，将元件名称改为 SN74LS109，然后执行菜单命令 File→Save，将元件保存到当前元件库文件中，库文件名为 74LSxx.SchLib。

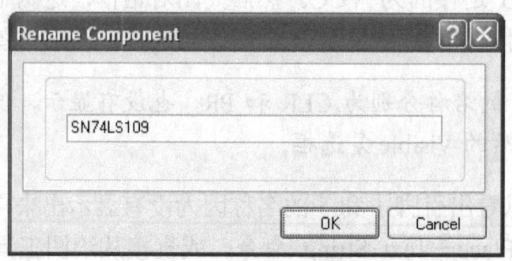

图 6-21 元件重命名对话框

当执行完上述操作后，可以查看以下元件库管理器，如图 6-22 所示，其中已经添加了一个 SN74LS109 的元件，该元件位于 Example.SchLib。

11）最后还需要设置一下元件的描述特性和其他属性参数。在元件库编辑管理器中选中该元件，然后单击 Edit 按钮，系统将弹出如图 6-23 所示的元件属性对话框。此时可以设置默认流水号、元件封装形式以及其他相关描述，设置结果如图 6-23 对话框所示。

- Designator（流水号）：元件默认流水号为 U?。
- Description（描述）：元件的描述为"双 J-K 正边缘触发器"。
- Parameters list（参数表）：单击 Add 按钮可以添加参数，如图 6-23 所示，所有均不选中。

178

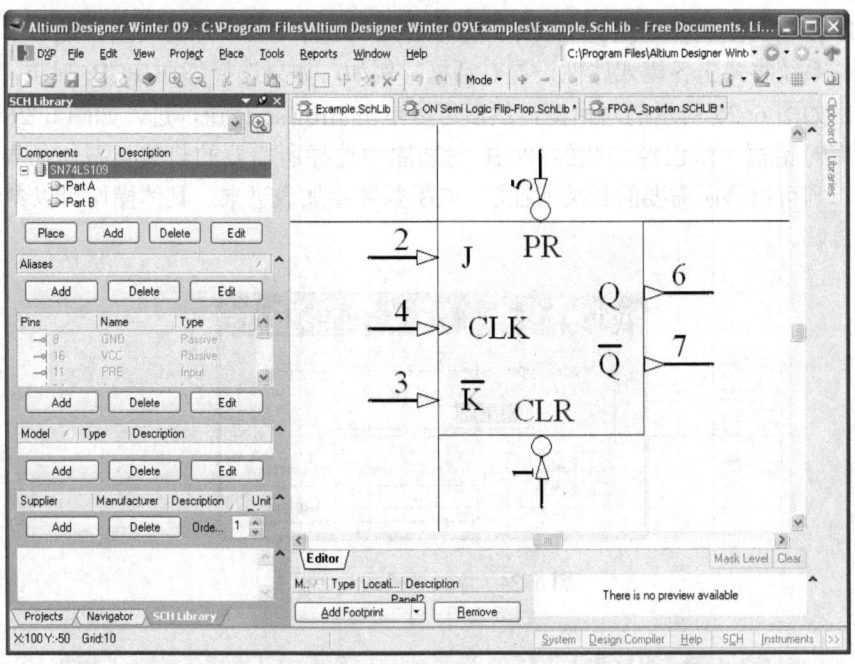

图 6-22　添加元件 SN74LS109 后的元件库编辑管理器

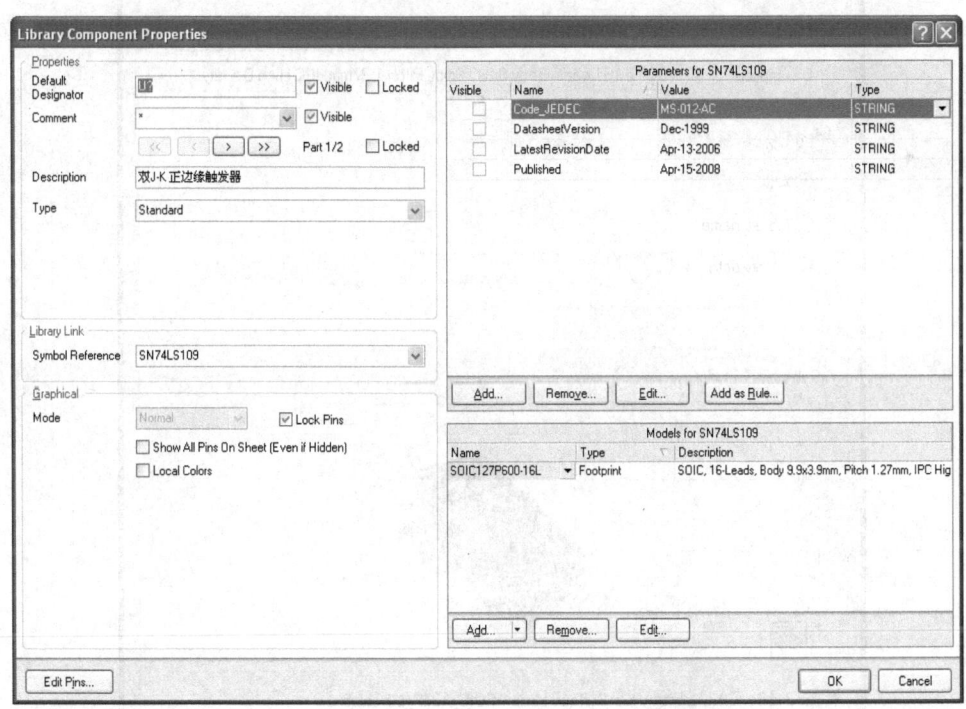

图 6-23　元件属性对话框

- Models list（模式表）：本实例绘制的元件，设置了三种模式，即 PCB 封装（Footprint）、仿真（Simulation）和信号完整性（Signal Integrity）。具体操作为单击

*179*

Add 按钮，然后在如图 6-24 所示的对话框中选择需要添加的类型；然后单击 OK 按钮，系统将弹出各模式属性设置对话框。例如，如果选择添加 PCB 封装，则系统会弹出如图 6-25 所示的对话框，然后可以单击 Browse 按钮，进入如图 6-26 所示的浏览库对话框，从已经加载的 PCB 封装库中选择所需要的封装类型。如果没有加载库，则可以将所需要的封装所在的 PCB 封装库加载进来，具体操作可以参考第 3 章的讲解。

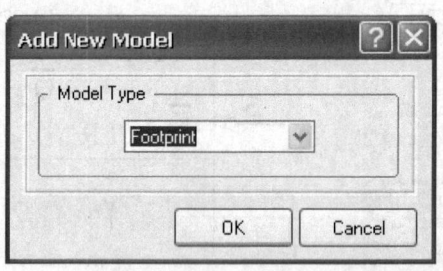

图 6-24 添加新模式对话框

图 6-25 PCB 模式对话框

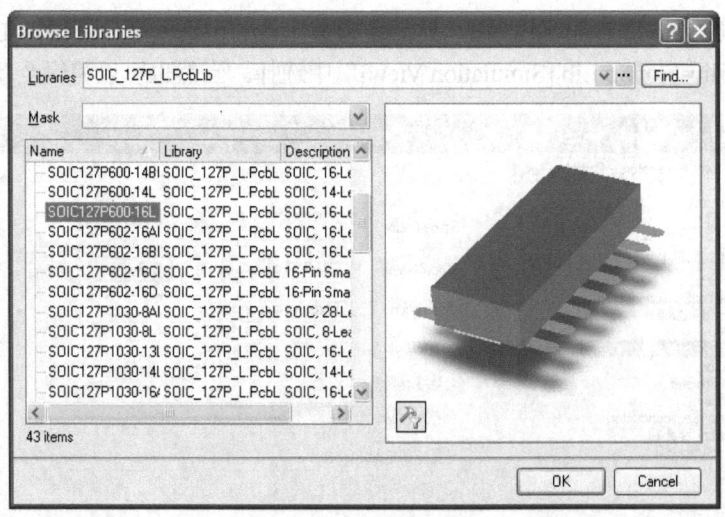

图 6-26 浏览库对话框

如果选择添加信号完整性模型（Signal Integrity），则系统会弹出如图 6-27 所示的对话框，然后可以根据元件的类型和功能设置模型类型和相关的参数。

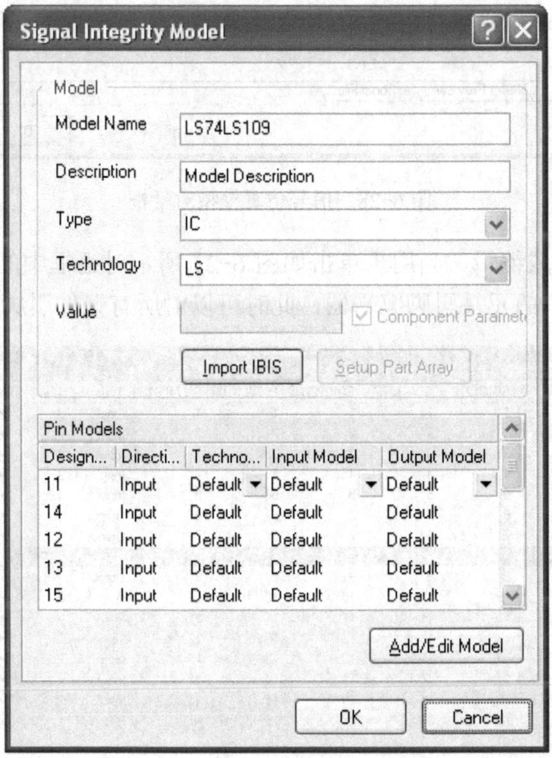

图 6-27 信号完整性模型对话框

如果选择添加仿真模型（Simulation），则系统会弹出如图 6-28 所示的对话框，然后可以根据元件的仿真功能设置模型的相关参数。通常，Altium Designer 已经提供了许多元件类型的

*181*

仿真模型,可以直接单击 Browse 按钮,然后选择该元件的仿真模型,例如 74LS109 元件就可以从"TI Logic Flip-Flop.IntLib [Simulation View]"中选择。当然也可以编辑全新的仿真模型。

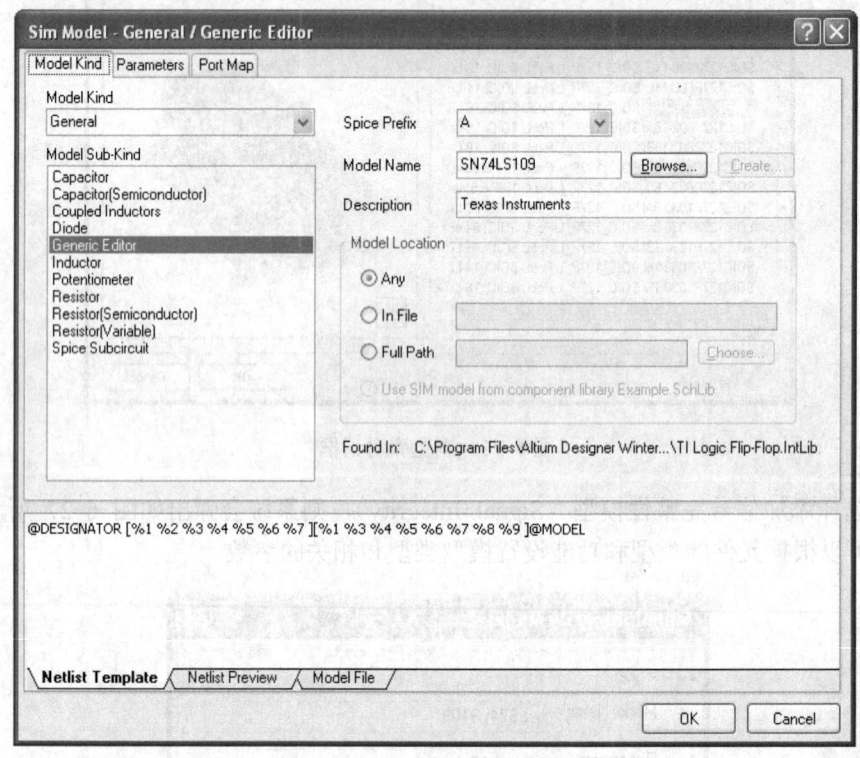

图 6-28 信号仿真模型对话框

12) 元件引脚的集成编辑。当用户单击如图 6-23 所示对话框中的 Edit Pins 按钮时,系统将弹出如图 6-29 所示的元件引脚编辑器,此时可以对所有元件引脚进行编辑。

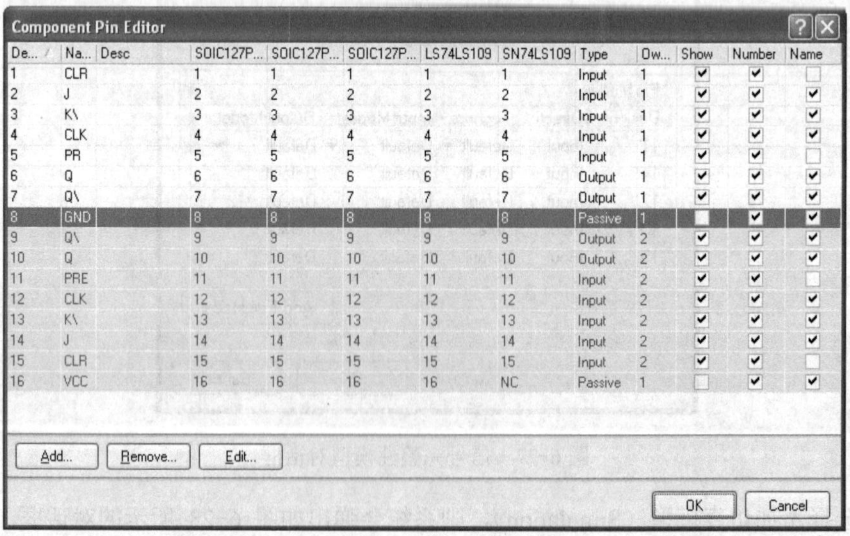

图 6-29 元件引脚编辑器

此时可以在该对话框中对元件的所有引脚进行一次性的编辑设置。

13）如果想在原理图设计时使用此元件，只需将该库文件装载到元件库中，取用元件 SN74LS109 即可。另外，如果要在现有的元件库中加入新设计的元件，只要进入元件库编辑管理器，选择现有的元件库文件，再执行 Tools→New Component 命令，就可以按照上面的步骤设计新的元件。

## 6.5 生成项目的元件库

当已经绘制好原理图后，如果原理图中有些元件是自己设计绘制的，那么有必要生成项目元件库，下面以 3.11 节实例中的项目文件为例来说明。

1）打开设计的原理图项目文件 FPGA_Spartan.PRJPCB。

2）执行 Design→Make Project Library 命令，系统就会生成以项目名来命名的元件库文件，如本实例的项目名为 FPGA_Spartan.PRJPCB，所以生成的元件库文件为 FPGA_Spartan.SchLib，如图 6-30 所示。

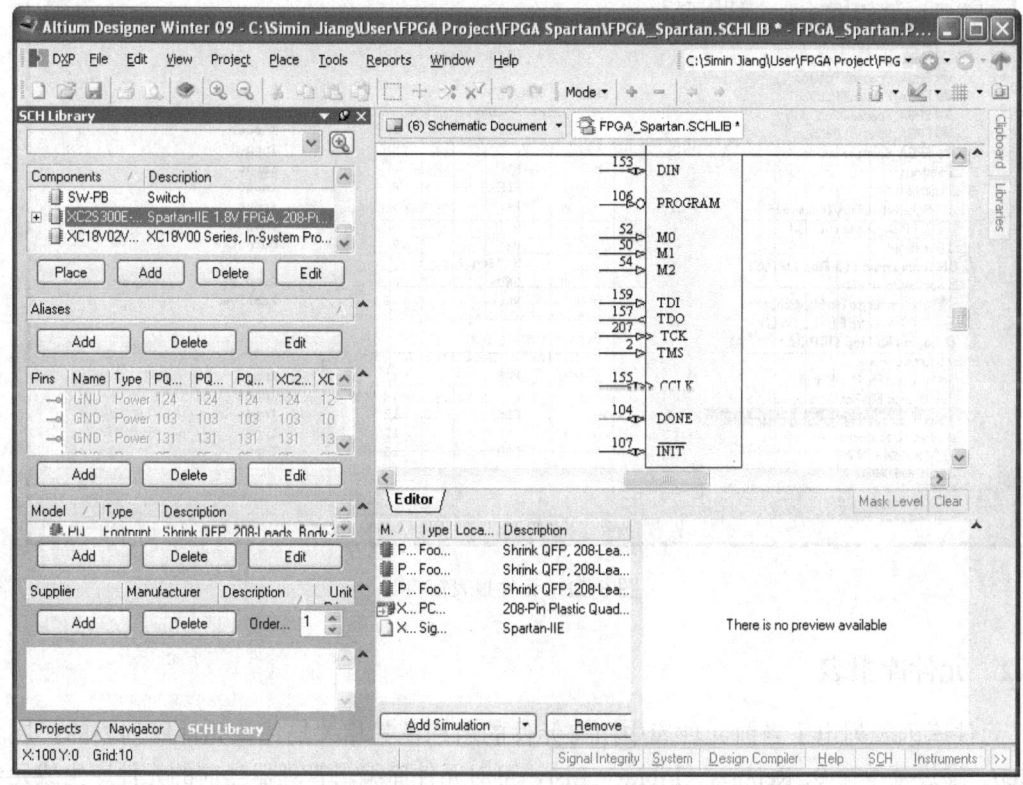

图 6-30　生成项目元件库文件

## 6.6 生成元件报表

在元件库编辑器里，可以生成以下三种报告：元件报表（Component Report）、元件库报表(Library Report)和元件规则检查报表(Component Rule Check Report)。

### 6.6.1 元件报表

通过菜单命令 Reports→Component,可对元件库编辑管理器当前窗口中的元件生成元件报表,系统会自动打开文本编辑程序来显示其内容,如图 6-31 所示。图示为元件报表 Example.Lib 中 SN74LS109 元件的元件报表内容。

元件报表的扩展名为.cmp,元件报表列出了该元件的所有相关信息,如子元件个数、元件组名称以及各个子元件的引脚细节等,以前面设计的 SN74LS109 为例,其报表如图 6-31 所示。

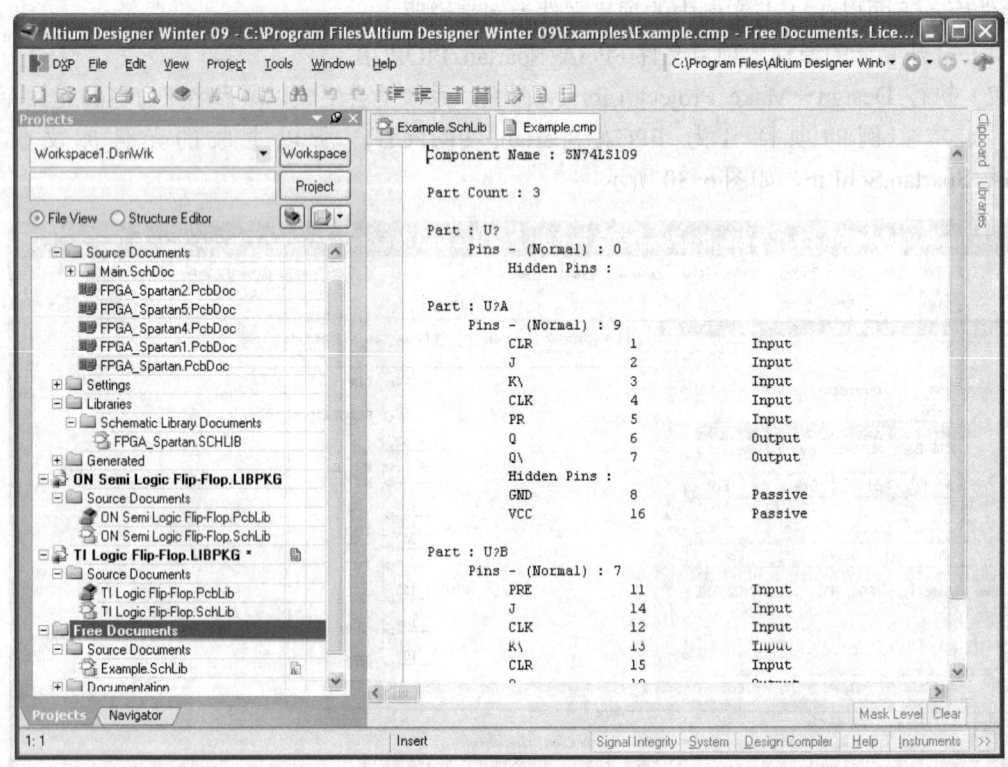

图 6-31 元件报表窗口

### 6.6.2 元件库报表

元件库列表列出了当前元件库中所有元件的名称及其相关描述,元件库列表的扩展名为.rep。通过菜单命令 Reports→Library List,可对元件库编辑管理器当前的元件库生成元件库列表,系统会自动打开文本编辑程序来显示其内容。图 6-32 所示为上一节创建的 FPGA_Spartan.SchLib 元件库的元件库列表内容。

### 6.6.3 元件规则检查报表

元件规则检查报表主要用于帮助用户进行元件的基本验证工作,包括检查元件库中的元件是否有错，并将有错的元件列出来、指明错误原因等。

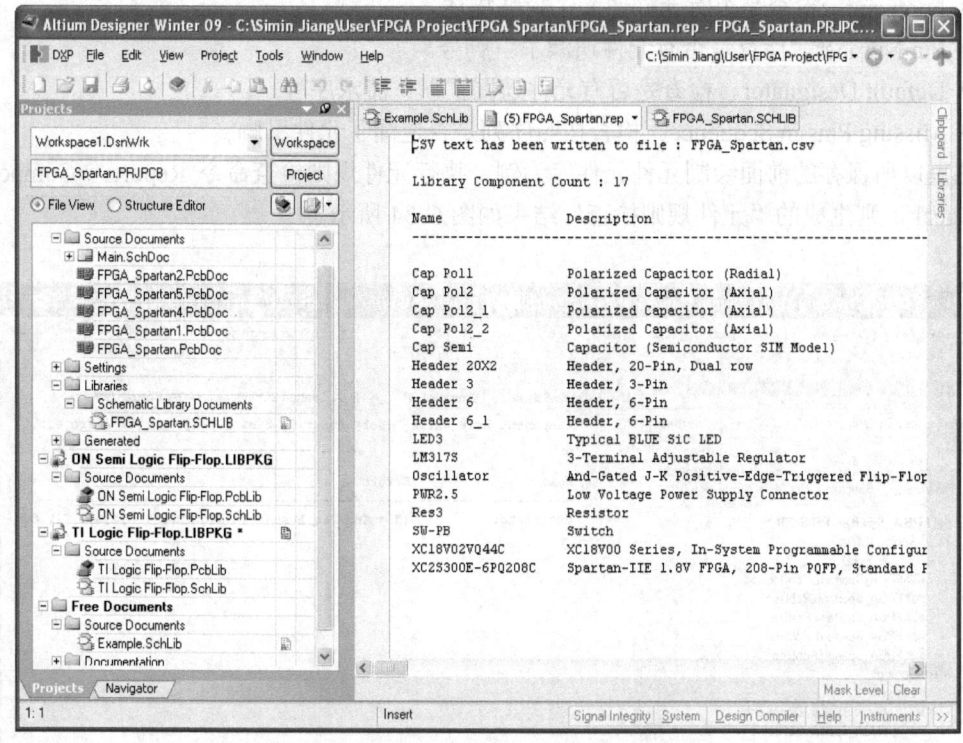

图 6-32　FPGA_Spartan.SchLib 元件库报表内容

执行菜单命令 Reports→Component Rule Check，系统将弹出如图 6-33 所示的"Library Component Rule Check"对话框，在该对话框中可以设置检查属性。

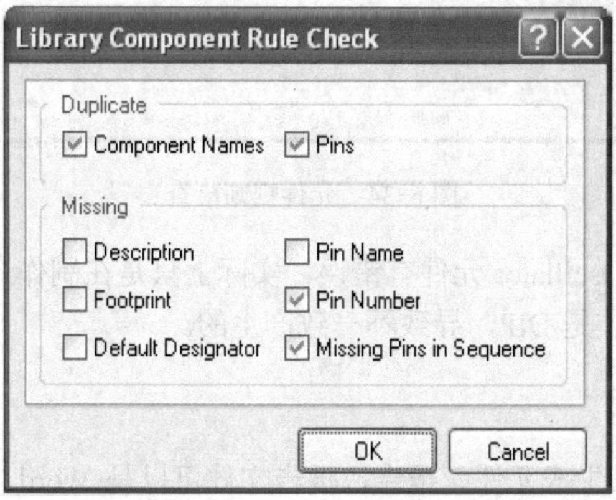

图 6-33　元件规则检查对话框

元件规则检查对话框中各复选框的含义如下：
- Component Names。设置元件库中的元件是否有重名的情况。
- Pins。设置元件的引脚是否有重名的情况。
- Description。检查是否有元件遗漏了元件描述。

185

- Pin Name。检查是否有元件遗漏了引脚名称。
- Footprint。检查是否有元件遗漏了封装描述。
- Pin Number。检查是否有元件遗漏了引脚号。
- Default Designator。检查是否有元件遗漏了默认流水序号。
- Missing Pins in Sequence。检查按照序列是否遗漏了元件引脚。

这里以所保存的前面绘制元件元件库为例，执行元件规则检查命令 Reports→Component Rule Check，则生成的"元件规则检查"结果如图 6-34 所示。

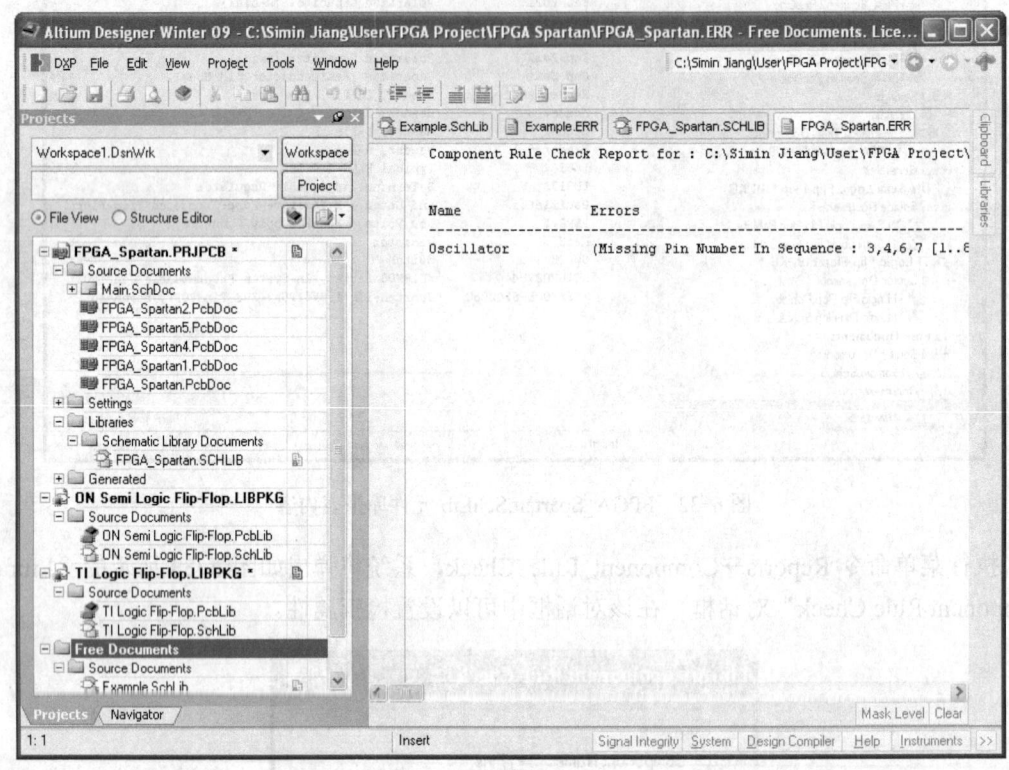

图 6-34  元件规则检查

注意，图 6-34 显示 Oscillator 元件有错误，实际上只是在制作该元件时，省掉了 3、4、6 和 7 引脚，而选择的封装是 DIP，导致不一致产生的。

## 6.6.4 产生元件库报告

Altium Designer 可以生成元件库报告，报告文件可以是 Word 文档。元件库报告中包含了元件库所有元件的各种信息，如元件的图形、元件名称、参数等。

执行菜单命令 Reports→Library Reports，系统会弹出如图 6-35 所示的报告设置对话框。在该对话框中，可以选择生成的文件类型，如.doc 或.html 文件；还可以设置包含到报告中的内容，如元件参数、元件引脚或元件模型等。设置好了需要输出的内容后，按 OK 按钮就可以生成当前打开的元件库的元件报告。

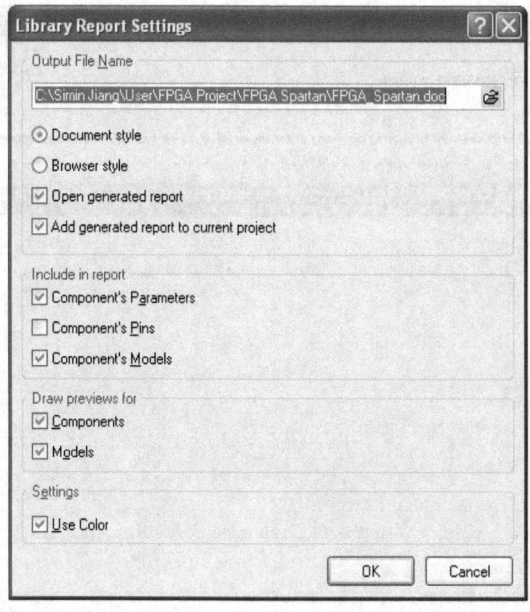

图 6-35 报告设置对话框

## 6.7 转换元件库

Altium Designer 可以允许将已经存在的元件库转换为单独的元件库,例如某元件库中包含了多个元件,则可以执行 Tools→Library Splitter Wizard 命令,对某个元件库进行转换操作。Altium Designer 可以将原理图元件库、PCB 元件库和 PCB3D 元件库转换为单独的元件库。

1) 执行 Tools→Library Splitter Wizard 命令后,系统会弹出如图 6-36 所示的分割库对话框。单击 Next(下一步)按钮,系统会进入如图 6-37 所示的选择分割的库对话框。

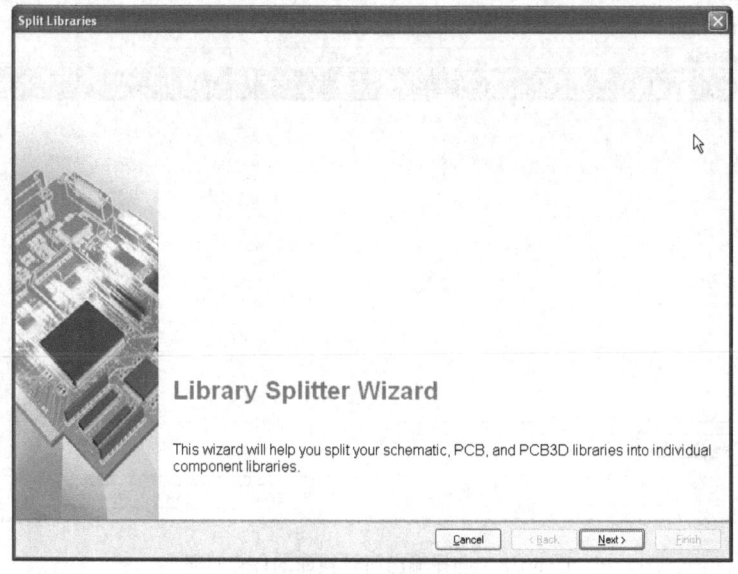

图 6-36 分割库对话框

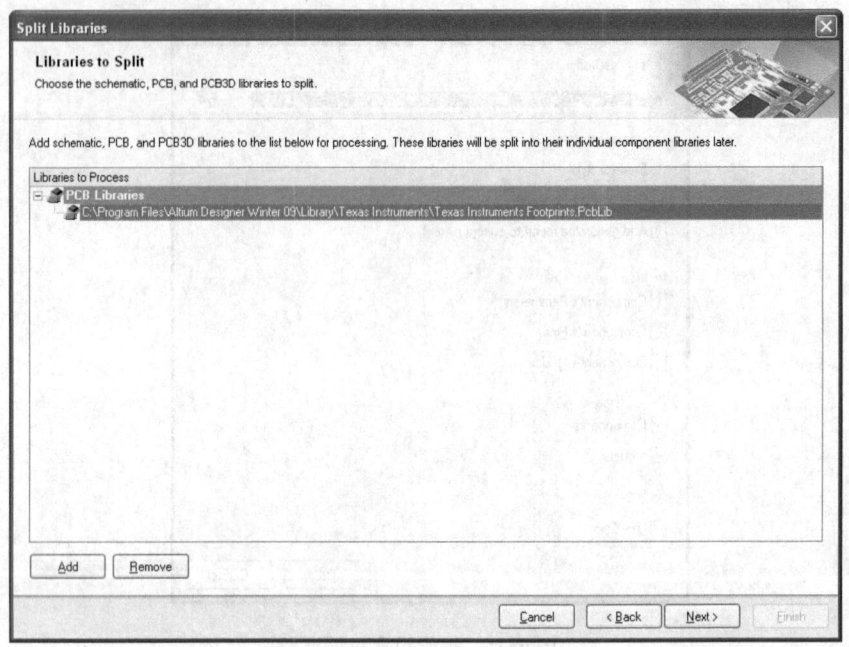

图 6-37 选择分割的库对话框

2）单击 Add 按钮，即可加载将要被分割转换的库，例如图 6-37 中显示了所选择的将被分割转换的库 Texas Instruments Footprints.PcbLib。

3）单击 Next（下一步）按钮，系统会打开如图 6-38 所示的对话框，此时可以设置输出所转换库的保存目录。

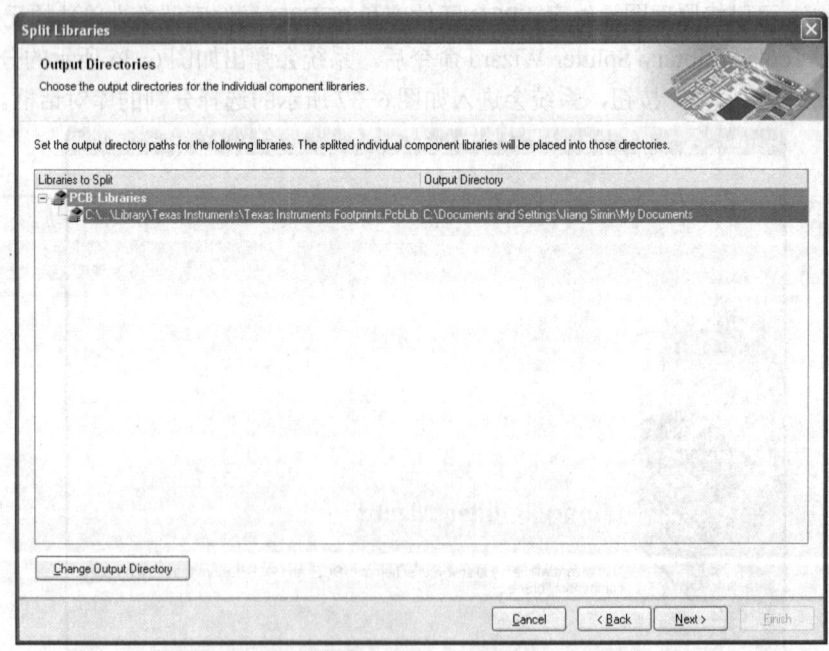

图 6-38 选择输出所转换库的保存目录

4）单击 Next（下一步）按钮，系统会打开如图 6-39 所示的对话框，此时可以设置输出所转换元件是否覆盖已经存在的元件库。

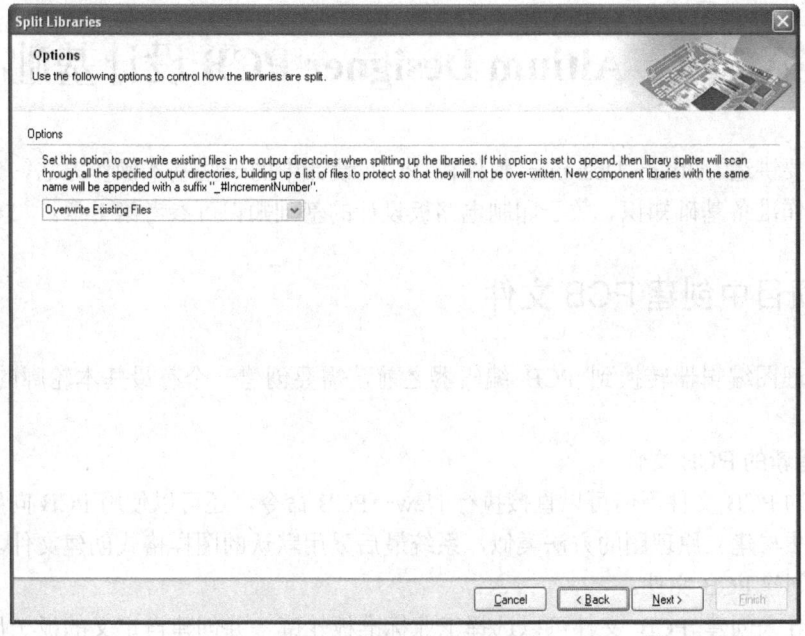

图 6-39 设置是否覆盖已经存在的元件库

5）单击 Next（下一步）按钮，系统会打开如图 6-40 所示的对话框，此时可以查看哪些元件将会被转换为单独的库。最后再单击 Next（下一步）按钮，并在新出现的对话框中单击 Finish 按钮完成元件库的分割转换操作。

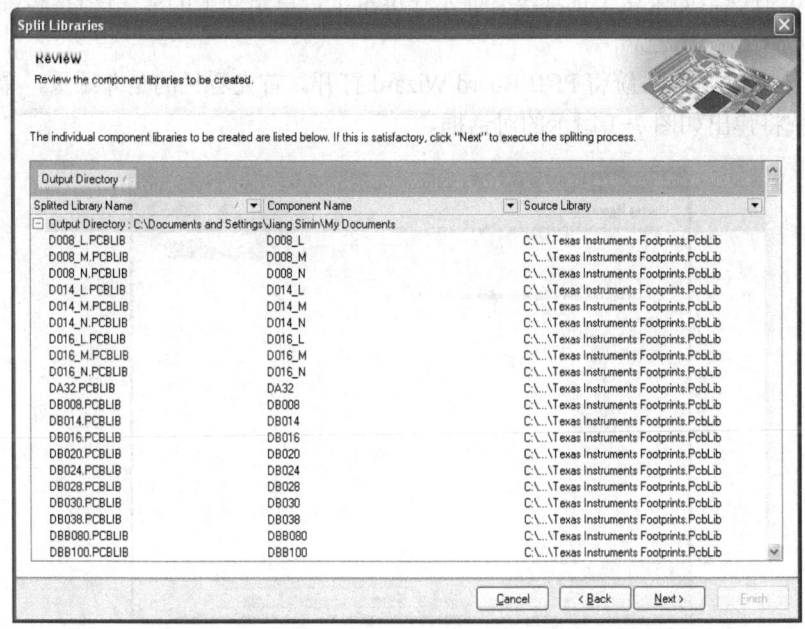

图 6-40 查看可以被转换的元件

# 第 7 章  Altium Designer PCB 设计基础

本章主要讲述 Altium Designer 软件在 PCB 设计中的一些基本操作方法，为后面进行 PCB 设计制作准备基础知识。关于印制电路板设计的基础知识可参考第 1 章。

## 7.1 在项目中创建 PCB 文件

在从原理图编辑器转换到 PCB 编辑器之前，需要创建一个有最基本轮廓的空白 PCB 文件。

**1. 创建新的 PCB 文件**

创建新的 PCB 文件不但可以直接执行 New→PCB 命令，还可以使用 PCB 向导。使用菜单命令的方法与建立原理图的方法类似，系统最后采用默认的图样格式创建文件。下面介绍使用向导来创建 PCB 文件。

使用向导来创建 PCB 文件可以选择工业标准板轮廓，并创建自定义的板子尺寸。在向导的任何阶段，用户都可以使用 Back 按钮来检查或修改前页中的内容。使用 PCB 向导来创建 PCB 的操作步骤如下：

1）在 Files 面板底部的 New from Template 单元单击 PCB Board Wizard，创建新的 PCB，或者打开主页面，从印制电路板设计的命令选项列表（如图 2-3 所示）中选择 PCB Board Wizard 命令。如果这个选项没有显示在屏幕上，单击向上的箭头图标 ，关闭上面的一些单元。

2）执行该命令后，系统将 PCB Board Wizard 打开，首先看见的是介绍页，单击 Next 按钮继续，系统将弹出如图 7-1 所示的对话框。

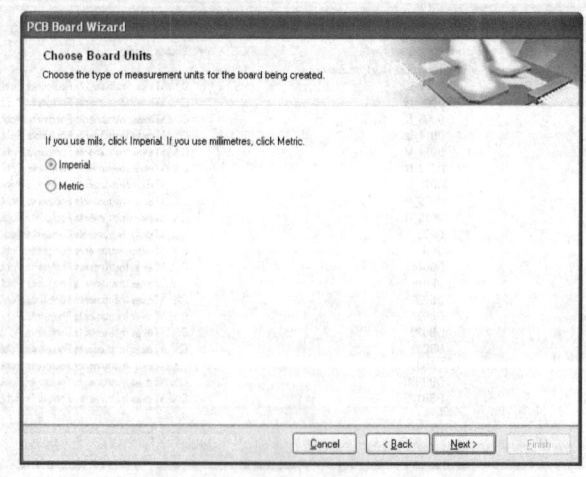

图 7-1  PCB 向导——选择度量单位

此时可以设置度量单位为英制（Imperial）或公制（Metric）。注意：1000mil = 1in（英寸）。

3）单击 Next 按钮，向导将弹出如图 7-2 所示的对话框，此时允许用户选择要使用 PCB 的图样轮廓尺寸。本书将使用自定义的 PCB 尺寸，从板轮廓列表中选择 Custom 即可，然后单击 Next 按钮。

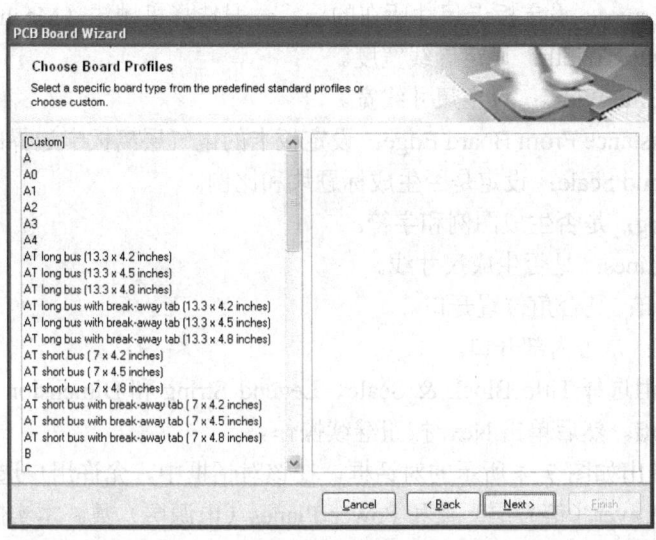

图 7-2　PCB 向导——选择板子尺寸

这里需要自定义板卡的尺寸、边界和图形标志等参数，而选择其他选项则直接采用系统已经定义的参数，用户也可以选择标准尺寸的板卡。

4）单击 Next 按钮，系统将弹出如图 7-3 所示的对话框，在该对话框中可以设定板卡的相关属性。

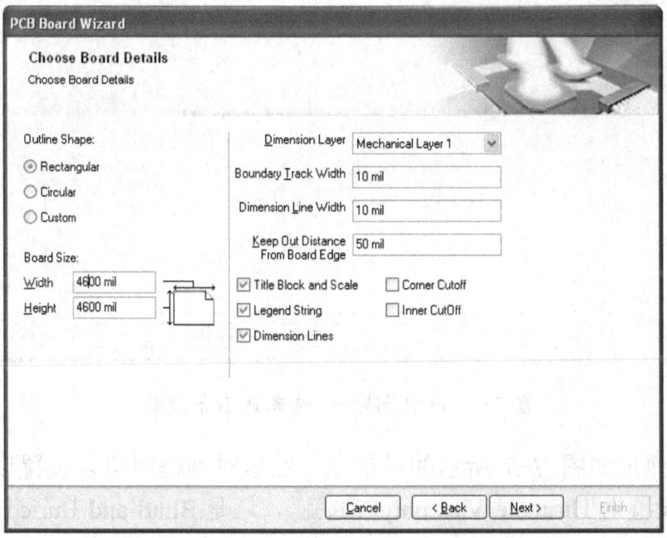

图 7-3　PCB 向导——自定义板卡的参数设置

- Rectangular：设定板卡为矩形（选择该项，则可以设定板卡的宽和高）。
- Circular：设定板卡为圆形（选择该项，则需要设定的几何参数为 Radius，即半径）。
- Custom：用户自定义板卡形状。
- Width：设定板卡的宽度。
- Height：设定板卡的高度。
- Dimension Layer：设定板卡尺寸所在的层，一般选择机械层（Mechanical Layer）。
- Boundary Track Width：设定导线宽度。
- Dimension Line Width：设定尺寸线宽。
- Keep Out Distance From Board Edge：设定板卡的电气层离板卡边界的距离。
- Title Block and Scale：设定是否生成标题块和比例。
- Legend String：是否生成图例和字符。
- Dimension Lines：是否生成尺寸线。
- Corner Cutoff：是否角位置开口。
- Inner Cutoff：是否内部开口。

在本实例中取消选择 Title Block & Scale、Legend String 和 Dimension Lines 以及 Corner Cutoff 和 Inner Cutoff。然后单击 Next 按钮继续操作。

5）此时系统弹出如图 7-4 所示的对话框，在该对话框中，允许用户选择 PCB 的层数，即可以选择 Signal Layer（信号层）数和 Power Planes（电源层）数。本实例中选择 2 层信号层和 2 内电源层。然后单击 Next 按钮继续操作。

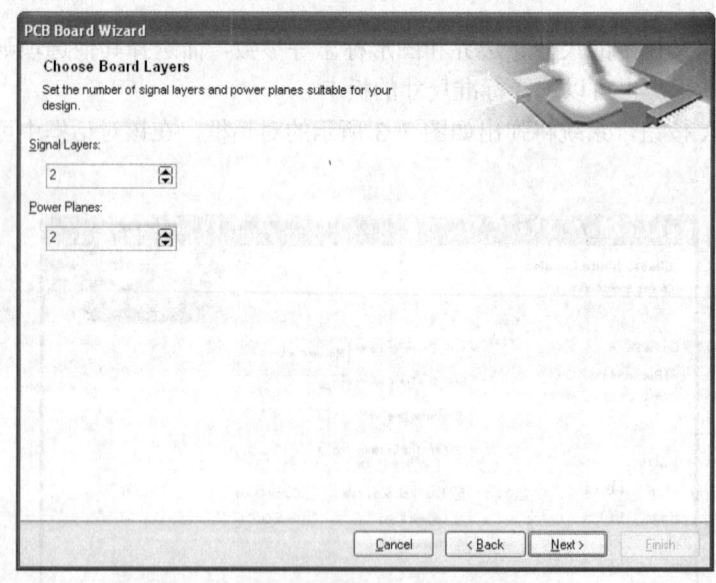

图 7-4　PCB 向导——选择 PCB 的层数

6）此时系统弹出如图 7-5 所示的对话框，在该对话框中可以设置设计中使用的过孔（Via）样式，是设置为 Thruhole Vias only（通孔），还是 Blind and Buried Vias only（盲孔或埋孔）。在此选择 Thruhole Vias only，然后单击 Next 按钮继续操作。

7）系统弹出如图 7-6 所示的对话框，此时可以设置将要使用的布线技术，用户可以选择放置 Surface-mount components（表面贴装元件），还是 Thru-hole components（通孔式元件）。如果选择了表面贴装元件方式，则还需要选择元件是否放置在板的两面；如果选择了通孔式元件，则要选择将相邻焊盘（Pad）间的导线数设为 One Track、Two Track 或者 Three Track。然后单击 Next 按钮继续操作。

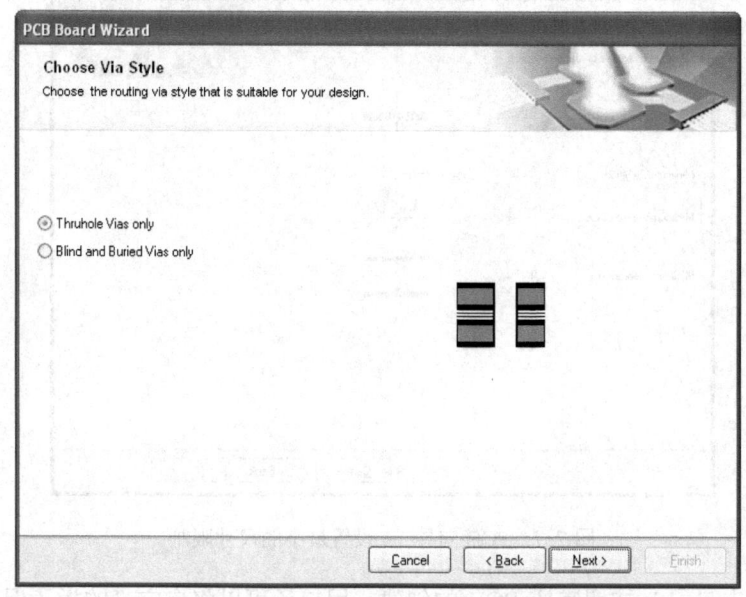

图 7-5　PCB 向导——选择过孔样式

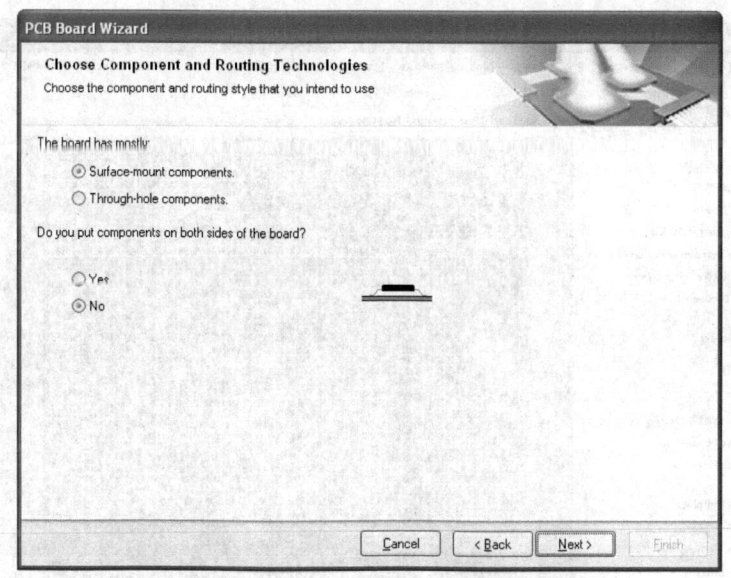

图 7-6　PCB 向导——设置将要使用的布线技术

8）单击 Next 按钮，系统将弹出如图 7-7 所示的对话框，此时可以设置最小的导线尺寸、过孔宽度和尺寸和导线间的距离。

● Minimum Track Size：设置最小的导线尺寸。

- Minimum Via Width：设置最小的过孔宽度。
- Minimum Via HoleSize：设置过孔的孔尺寸。
- Minimum Clearance：设置最小的线间距。

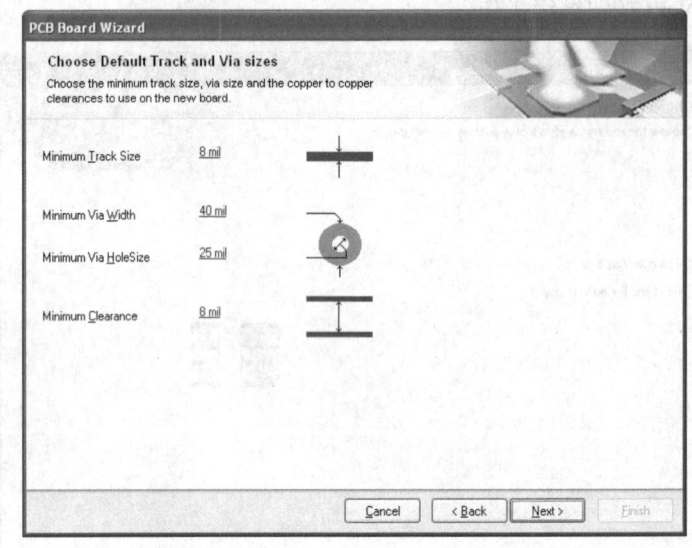

图 7-7　PCB 向导——设置最小的尺寸限制

9）可以单击 Finish 按钮完成 PCB 的创建，用户还可以将自定义的板子保存为模板，允许按前面输入的规则来创建新的板子，最后生成 PCB 的轮廓如图 7-8 所示。

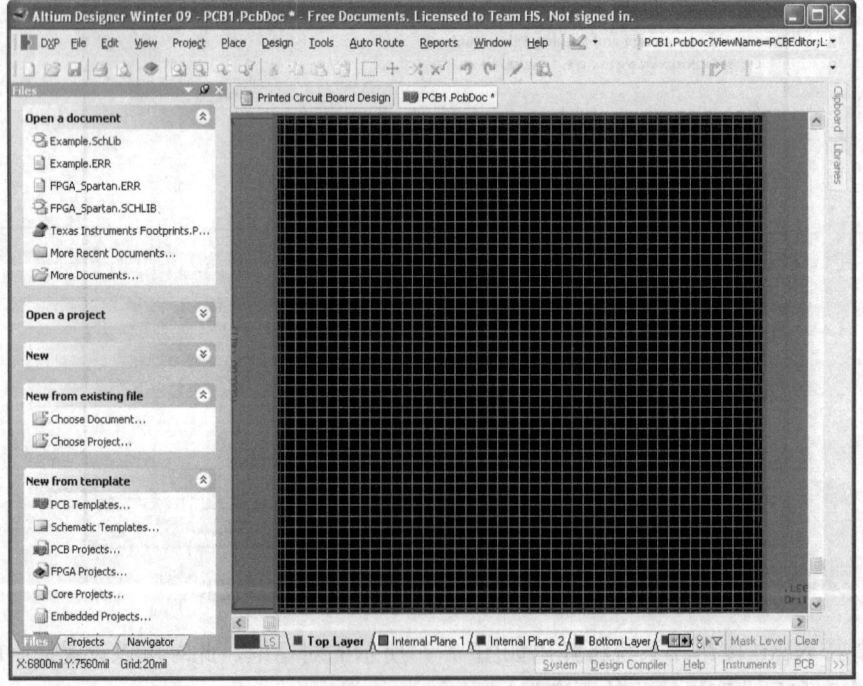

图 7-8　最后生成的 PCB 初始板图

10）执行 Design→Board Options 命令，设置板图的参数。执行该命令后将会出现如图 7-9 所示的 Board Options（板选项）对话框，然后就可以进行正式的 PCB 元件导入、布局以及布线，文件保存为 FPGA_Spartan.PcbDoc。关于板参数设置将会在本章 7.3 节进行介绍。

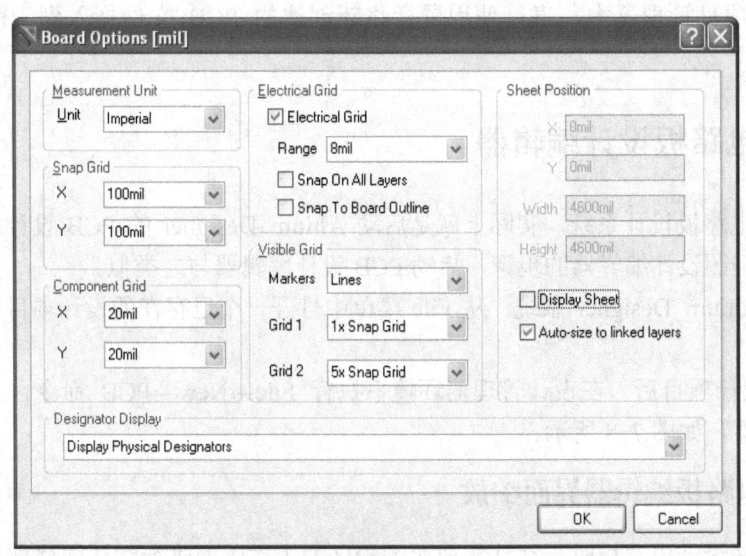

图 7-9　Board Options（板选项）对话框

### 2. 从模板创建新的 PCB 文件

Altium Designer 提供了各种 PCB 模板，可以直接使用模板创建新的 PCB 文件。在 Files 面板底部 New from Template 单元单击 PCB Templates，系统会打开如图 7-10 所示的模板文件选择对话框。此时可以选择一个创建新 PCB 的模板文件，然后单击 Open 按钮即可以用选择的模板来创建新的 PCB。

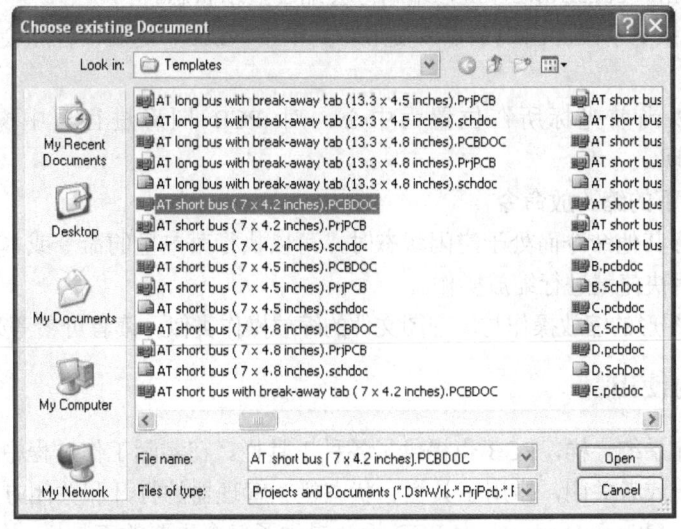

图 7-10　模板文件选择对话框

3．将 PCB 添加到项目中

如果已经设计了一张 PCB 图，并且保存为一个文件，那么可以将该文件直接添加到项目中。用户只需要执行 Project→Add Existing to Project 命令，就可以选择前面保存的 PCB 文件，并直接添加到项目中，具体操作与前面讲述的原理图文件添加类似。

也可以在项目管理器中，直接使用鼠标将新创建的 PCB 文件拖入到当前打开的项目中去。

## 7.2 印制电路板设计编辑器

进入印制电路板设计系统，实际上就是启动 Altium Designer 的 PCB 设计编辑器。前面介绍过启动原理图设计编辑器的步骤，启动 PCB 设计编辑器与之类似。

1）进入 Altium Designer 系统，从 File 菜单中打开一个已存在的设计项目或者创建一个新的设计项目。

2）启动设计项目后，在设计管理器环境下执行 File→New→PCB 命令，系统将进入印制电路板编辑器，如图 7-8 所示。

### 7.2.1 印制电路板编辑器界面缩放

设计人员在设计电路板时，往往需要对编辑区的工作画面进行缩放或局部显示等，以方便编辑、调整。实现的方法比较灵活，可以执行菜单命令，也可以单击主工具栏里的图标，或使用快捷键。

#### 1．命令状态下的缩放

当系统处于其他命令状态下时，鼠标无法移出工作区去执行一般的命令。此时要缩、放显示状态，必须要用快捷键来完成此项工作。

1）放大，单击〈PageUp〉键，编辑区会放大显示状态。

2）缩小，单击〈PageDown〉键，编辑区会缩小显示状态。

3）更新，如果显示画面出现杂点或变形时，单击〈End〉键后，程序会更新画面，恢复正确的显示图形。

4）居中，以当前光标所在位置为中心，对 PCB 图形进行居中操作，可以单击〈Home〉键来实现。

#### 2．空闲状态下的缩、放命令

当系统未执行其他命令而处于空闲状态时，可以执行菜单里的命令或单击主工具栏里的按钮，也可以使用快捷键进行缩放操作。

实际上 PCB 图形的缩放操作与原理图文件的缩放操作类似，读者可参考第 2 章的讲解。

### 7.2.2 工具栏的使用

与原理图设计系统一样，PCB 也提供了各种工具栏。在实际工作过程中往往要根据需要将这些工具栏打开或者关闭，常用工具栏、状态栏、管理器的打开和关闭方法与原理图设计系统的基本相同，Altium Designer 为 PCB 设计提供了三个重要的工具栏，包括 PCB 标准工具栏（PCB Standard Tools）、布线工具栏（Wiring Tools）和实用工具栏（Utilities Tools），而实用工具栏又包括元件位置调整（Component Placement）工具栏、查找选择集（Find Selections）工具栏和尺寸标注（Dimensions）工具栏。

（1）PCB 标准工具栏

Altium Designer 的 PCB 标准工具栏如图 7-11 所示，该工具栏为用户提供缩放、选取对象等命令按钮。

图 7-11　PCB 标准工具栏

（2）布线工具栏

如图 7-12 所示，该工具栏主要为用户提供布线命令。

（3）实用工具栏

如图 7-13 所示，该工具栏包含几个常用的子工具栏：

 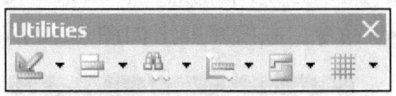

图 7-12　布线工具栏　　　　　　　　　图 7-13　实用工具栏

- 绘图工具栏。如图 7-14 所示，单击图标 即可显示绘图工具栏。
- 元件位置调整工具栏。可方便元件排列和布局，如图 7-15 所示。

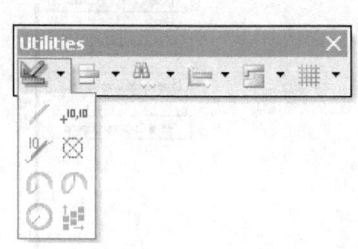 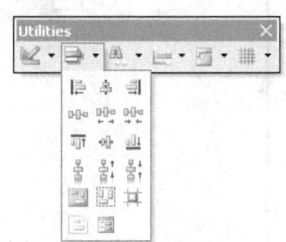

图 7-14　绘图工具栏　　　　　　　　　图 7-15　元件位置调整工具栏

- 查找选择集工具栏。可方便选择原来所选择的对象，如图 7-16 所示。工具栏上的按钮允许从一个选择的元件以向前或向后的方向走向下一个。这种方式是很有用的，用户既能在选择的属性中也能在选择的元件中查找。
- 尺寸标注工具栏。如图 7-17 所示。
- 放置元件集合（Room）定义工具栏。如图 7-18 所示。

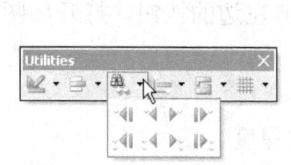 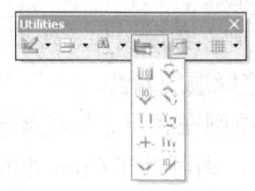 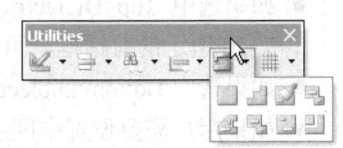

图 7-16　查找选择集工具栏　　图 7-17　尺寸标注工具栏　　图 7-18　放置元件集合定义工具栏

- 栅格设置菜单。单击按钮 ⊞ 即可弹出栅格设置菜单，根据布线需要，可以设置栅格的大小。

## 7.3 设置电路板工作层

### 7.3.1 层的管理

Altium Designer 可以设置 74 个板层，包含 32 层 Signal（信号走线层）、16 层 Mechanical（机械层）；16 层 Internal Plane（内电源层）、2 层 Solder Mask（阻焊层）、2 层 Paste Mask（助焊层，即锡膏层）、2 层 Silkscreen（丝印层）、2 层钻孔层（钻孔引导和钻孔冲压）、1 层 Keep Out（禁止层）和 1 层 Multi-Layer（横跨所有的信号板层）。

Altium Designer 提供层堆栈管理器对各层属性进行管理。在层堆栈管理器，用户可定义层的结构，看到层堆栈的立体效果。对电路板工作层的管理可以执行 Design→Layer Stack Manager 命令，系统将弹出如图 7-19 所示的对话框。

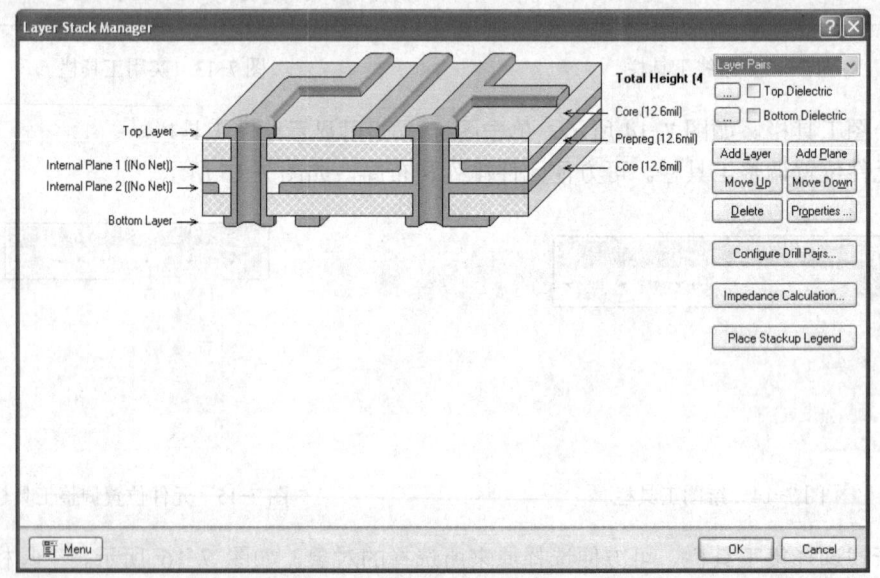

图 7-19  PCB 层堆栈管理器对话框

- 单击 Add Layer 按钮可以添加中间信号层。
- 单击 Add Plane 按钮可添加内电源/接地层，不过添加信号层前，应该首先使用鼠标单击信号层添加位置处，然后再设置。
- 如果选中 Top Dielectric 复选框则在顶层添加绝缘层，单击其左边的按钮，打开如图 7-20 所示的对话框，可以设置绝缘层的属性。
- 如果选中 Bottom Dielectric 复选框则在底层添加绝缘层。
- 如果用户需要设置中间层的厚度，则可以在 Core 处编辑设定厚度。
- 如果用户想重新排列中间的信号层，可以使用 Move Up 和 Move Down 按钮来操作。
- 如果用户需要设置某一层的厚度，则可以选中该层，然后单击 Properties 按钮，系统将弹出如图 7-21 所示的对话框，可以设置信号层的厚度、层名、网络名以及用于设置内层铜膜和过孔铜膜不相交时的缩进值（Pullback）。

图 7-20　绝缘层属性对话框

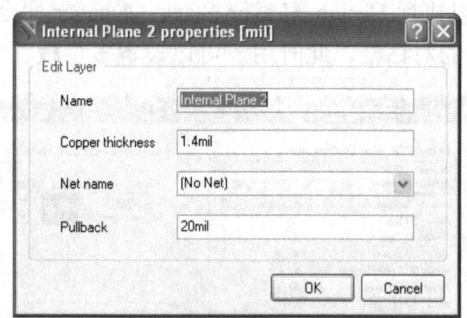

图 7-21　内部电源层属性设置对话框

### 7.3.2　设置内部电源层的属性

当使用内部电源层时，可以大大提高电路板的抗干扰特性。通常内部电源层是一层很薄的铜箔，可以起到对信号的干扰隔离作用。通常使用内部电源层后，需要定义内部电源层的属性。

首先选中需要设置属性的内部电源层，然后单击鼠标右键，弹出快捷菜单，然后从快捷菜单选择 Properties 选项。系统将弹出如图 7-21 所示的内部电源层属性设置对话框。

此时可以设置内部电源层的名称、铜箔的厚度、该电源层所连接的网络以及电源层离边界的距离。

- Name 编辑框：用于给该层指定一个名字，在这里设置为 Power，表示布置的是电源层。
- Copper thickness 编辑框：用于设置内层铜膜的厚度。
- Net Name 下拉列表：用于指定层所对应的网络名。
- Pullback 编辑框：用于设置内层铜膜和过孔铜膜不相交时的缩进值。

### 7.3.3　定义层和设置层的颜色

如果查看 PCB 工作区的底部，会看见一系列层标签。PCB 编辑器是一个多层环境，设计人员所做的大多数编辑工作都将在一个特殊层上。使用 Board Layers & Colors 对话框可以显示、添加、删除、重命名及设置层的颜色。

在设计印制电路板时，往往会遇到工作层选择的问题。Altium Designer 提供了多个工作层供用户选择，用户可以在不同的工作层上进行不同的操作。当进行工作层设置时，应该执行 PCB 设计管理器的 Design→Board Layers & Colors 命令，系统将弹出如图 7-22 所示的 Board Layers & Colors 对话框，其中显示用到的信号层、平面层、机械层以及层的颜色和图纸的颜色。

Altium Designer 提供的工作层在 Board Layers & Colors 对话框中设置，主要有以下几种。

**1. 信号层**

Altium Designer 可以绘制多层板，如果当前板是多层板，则在信号层（Signal Layers）

可以全部显示出来，用户可以选择其中的层面，主要有 Top Layer、Bottom Layer、MidLayer1、MidLayer2、…，如果用户没有设置 Mid 层，则这些层不会显示在该对话框中，用户可以执行 Design→Layer Stack Manager 命令设置信号层，执行该命令后，系统弹出如图 7-21 所示的对话框，此时用户可以设置多层板。

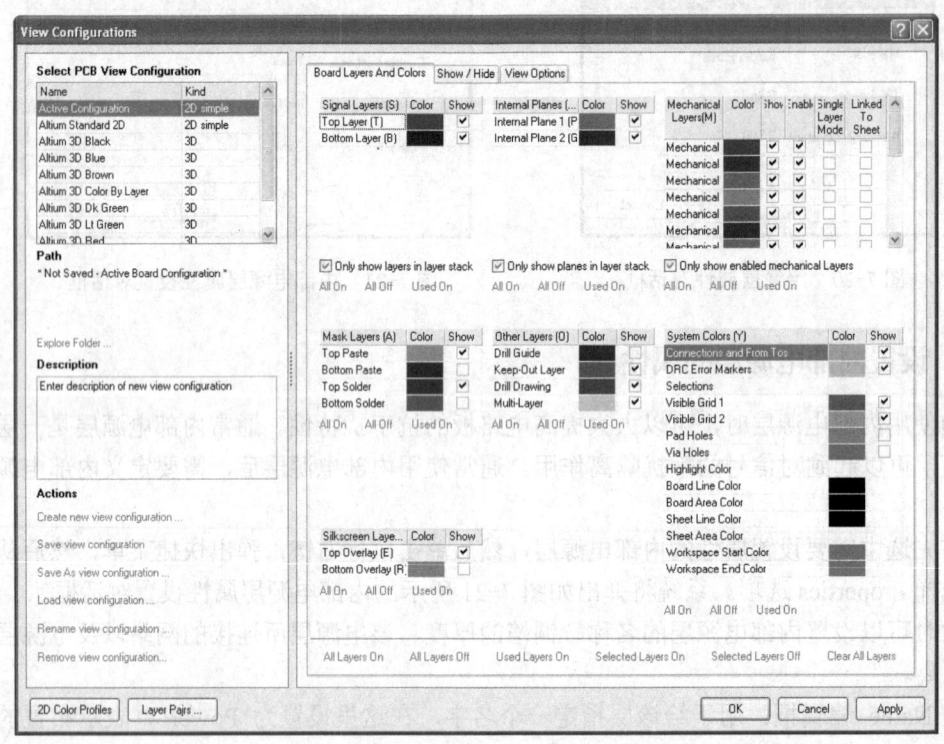

图 7-22　Board Layers & Colors 对话框

　　Altium Designer 包括 32 个信号层。信号层主要用于放置与信号有关的电气元素，如 Top Layer 为顶层，用于放置元件面；Bottom Layer 为底层，用作焊锡面；Mid 层为中间工作层，用于布置信号线。

　　如果在图 7-22 中选中 Only show layers in layer stack 复选框，则只显示层堆栈管理器中创建的信号层。

　2．内部平面层

　　如果用户绘制的是多层板，则用户可以执行 Design→Layer Stack Manager 命令设置内部平面层（Internal Plane）。如果用户设置内部平面层，则在 Board Layers & Colors 对话框的 Internal Plane（平面层）会显示如图 7-22 所示的层面，否则不会显示。其中 Internal Plane1 表示设置内部平面层第一层，Plane2、Plane3 依此类推。内部平面层主要用于布置电源线及接地线。

　　如果在图 7-22 中选中 Only show layers in layer stack 复选框，则只显示层堆栈管理器中创建的平面层。

　3．机械层

　　Altium Designer 有 16 个用途的机械层，用来定义板轮廓、放置厚度、制造说明或其他设计需要的机械说明。这些层在打印和底片文件产生时都是可选择的。在 Board Layers & Colors 对话框中可以添加、移除和命名机械层。制作 PCB 时，系统默认的信号层为两层，默认的机械层（Mechanical Layers）只有一层，不过用户可以在图 7-22 对话框中为 PCB 设置更多的机械层。

如果不选中 Only show enabled mechanical layers 复选框，则会显示所有机械层，如果选中该复选框，则只显示已激活的机械层，如图 7-22 所示。

### 4．助焊膜及阻焊膜

Altium Designer 提供的助焊膜及阻焊膜（Solder Mask 和 Paste Mask）有：Top Solder 为设置顶层助焊膜、Bottom Solder 为设置底层助焊膜，Top Paste 为设置顶层阻焊膜、Bottom Paste 为设置底层阻焊膜。

### 5．丝印层

丝印层（Silkscreen Layers）主要用于在印制电路板的上、下两表面上印刷所需要的标志图案和文字代号等，主要包括顶层丝印层（Top Overlay）、底层丝印层（Bottom Overlay）两种。

### 6．其他工作层

Altium Designer 除了提供以上的工作层以外，还提供以下的其他工作层（Others）。其他工作层共有 4 个复选框，各复选框的意义如下：

- Keep-Out Layer 用于设置是否禁止布线层，用于设定电气边界，此边界外不能布线。
- Multi-Layer 用于设置是否显示复合层，如果不选择此项，过孔就无法显示。
- Drill Guide 主要用于选择绘制钻孔导引层。
- Drill drawing 主要用于选择绘制钻孔冲压层。

### 7．系统设置

用户还可以在 System Colors 操作框中设置 PCB 设计系统的颜色，各选项如下：

- Connections and From Tos。用于设置是否显示飞线，在绝大多数情况下都要显示飞线。
- DRC Error Markers。用于设置是否显示自动布线检查错误标记。
- Pad Holes。用于设置是否显示焊盘通孔。
- Via Holes。用于设置是否显示过孔的通孔。
- Visible Grid1。用于设置是否显示第一组栅格。
- Visible Grid2。用于设置是否显示第二组栅格。

说明：一般地，系统默认的 PCB 内部（Board Area）的颜色为黑色，设计人员可以根据自己的习惯设置此颜色，本书将设置为浅黄色（颜色号为 214）。

## 7.3.4 印制电路板选项设置

在实际的设计过程中，不可能打开所有的工作层，这就需要用户设置工作层，将自己需要的工作层打开。

### 1．工作层设置步骤

1) 执行 Design→Board Options 命令，系统将会弹出如图 7-23 所示的 Board Options 对话框。

2）在图 7-23 中，包括移动栅格（Snap Grid）设置、电气栅格（Electrical Grid）设置、可视栅格（Visible Grid）设置、计量单位设置和图纸大小设置等。

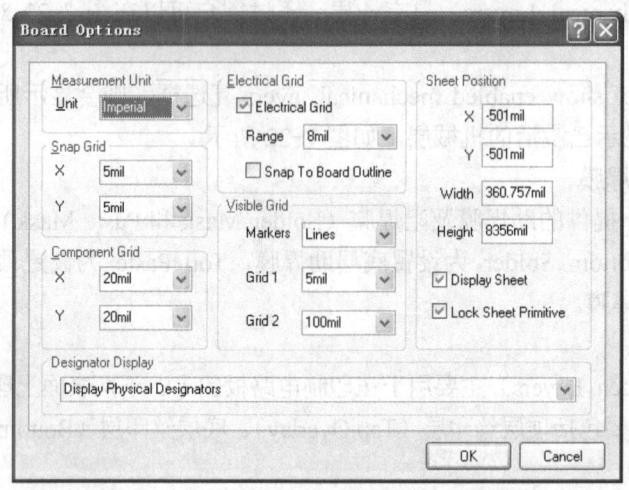

图 7-23　Board Options 对话框

**2．设置参数**

在图 7-23 的各个选项中可以进行相关参数设置。

1）Measurement Units（度量单位）用于设置系统度量单位，系统提供了两种度量单位，即 Imperial（英制）和 Metric（公制），系统默认为英制。

2）栅格的设置包括移动栅格（Snap Grid）的设置和可视栅格（Visible Grid）的设置。移动栅格主要用于控制工作空间中的对象移动栅格的间距，是不可见的。光标移动的间距由在 Snap Grid 编辑框输入的尺寸确定，用户可以分别设置 X、Y 向的栅格间距。

如果已经在设计 PCB 的工作界面中，可以使用〈CTRL+G〉快捷键打开设置 Snap Grid 的对话框来操作。

3）Component Grid 用于设置元件移动的间距。
- X：用于设置 X 向移动间距。
- Y：用于设置 Y 向移动间距。

4）Electrical Grid（电气栅格）设置主要用于设置电气栅格的属性，它的含义与原理图中电气栅格的相同。选中 Electrical Grid 复选框表示具有自动捕捉焊盘的功能。Range（范围）用于设置捕捉半径。在布置导线时，系统会以当前光标为中心，以 Range 设置值为半径捕捉焊盘，一旦捕捉到焊盘，光标会自动加到该焊盘上。

5）Visible Grid 用于设置可视栅格的类型和栅距。系统提供了两种栅格类型，即 Lines（线状）和 Dots（点状），可以在 Makers 列表中选择。

可视栅格可以用作放置和移动对象的可视参考。一般设置栅距可以为细栅距和粗栅距。如图 7-23 所示的 Grid1 设置为 5mil，Grid2 设置为 100mil。可视栅格的显示受当前图纸缩放的限制，如果不能看见一个活动的可视栅格，可能是因为缩放太大或太小的缘故。

6）Sheet Position（图纸位置）操作选项用于设置图纸的大小和位置。X/Y 编辑框设置图纸左下角的位置，Width 编辑框设置图纸的宽度，Height 编辑框设置图纸的高度。

如果选中 Display Sheet 复选框，则显示图纸，否则只显示 PCB 部分。

如果选中 Lock Sheet Primitive 复选框，则可以链接具有模板元素（如标题块）的机械层到该图纸。在图 7-22 所示的 Board Layers & Colors 对话框中，选中某机械层后面的 Linked to Sheet 选项，就可以将该机械层链接到当前图纸。

技巧：工作层的选择也可直接使用鼠标单击图纸屏幕上的标签，如图 7-24 所示。

图 7-24 工作层选择标签

## 7.4 印制电路板电路参数设置

设置系统参数是电路板设计过程中非常重要的一步。系统参数包括光标显示、层颜色、系统默认设置、PCB 设置等。许多系统参数应符合用户的个人习惯，因此一旦设定，将成为用户个性化的设计环境。

执行 Tools→Preferences 命令，系统将弹出如图 7-25 所示的 Preferences 对话框。它包括 General 选项卡、Display 选项卡、Board Insight Display 选项卡、Board Insight Modes 选项卡、Board Insight Lens 选项卡、Interactive Routing 选项卡、Defaults 选项卡、True Type Fonts 选项卡、Mouse Wheel Configuration 选项卡、Layers Colors 选项卡。下面就具体讲述部分选项卡的设置。

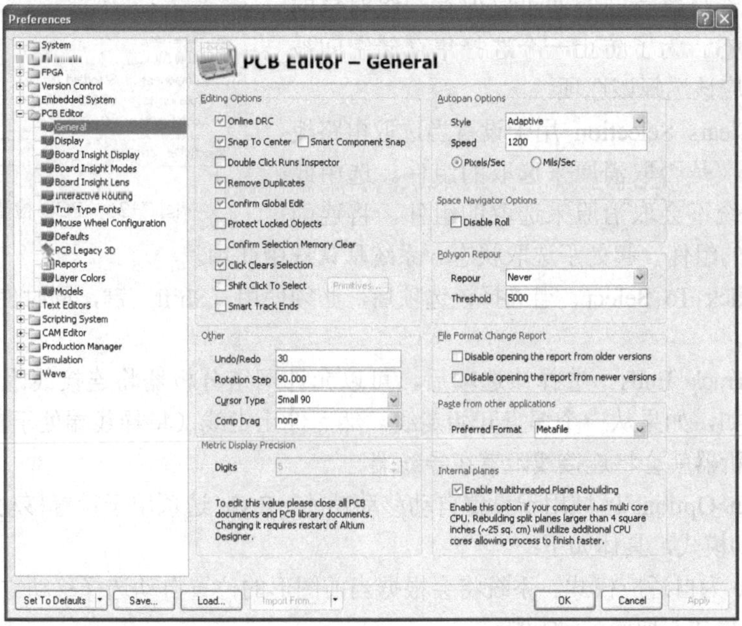

图 7-25 Preferences 对话框

### 1. General 选项卡的设置

单击 General 标签即可进入 General 选项卡，如图 7-25 所示。General 选项卡用于设置一些常用的的功能，包括 Editing Options（编辑选项）、Autopan Options（自动摇景选项）、Polygon Repour（多边形推挤）、Interactive Routing（交互布线）和 Other（其他）设置等。

1）Editing Options（编辑选项）用于设置编辑操作时的一些特性。包括如下设置：

- Online DRC 复选框用于设置在线设计规则检查。选中此项，在布线过程中，系统自动根据设定的设计规则进行检查。
- Snap To Center 用于设置当移动元件封装或字符串时，光标是否自动移动到元件封装或字符串参考点。系统默认选中此项。
- Smart Component Snap 复选框。选择该复选框后，当用户双击选取一个元件时，光标会出现在相应元件最近的焊盘上。
- Double Click Runs Inspector。选中该选项后，如果使用鼠标左键双击元件或引脚，将会弹出如图 7-26 所示的 PCB Inspector（PCB 检查器）窗口，此窗口会显示所检查元件的信息。
- Remove Duplicates 用于设置系统是否自动删除重复的组件。系统默认选中此项。
- Confirm Global Edit 用于设置在进行整体修改时，系统是否出现整体修改结果提示对话框。系统默认选中此项。
- Protect Locked Objects 用于保护锁定的对象，选中该复选框有效。
- Confirm Selection Memory Clear 选中该复选框后，选择集存储空间可以保存一组对象的选择状态。为了防止一个选择集存储空间被覆盖，应该选择该选项。
- Click Clears Selection 用于设置当选取电路板组件时，是否取消原来选取的组件。选中此项，系统不会取消原来选取的组件，将连同新选取的组件一起处于选取状态。系统默认选中此项。
- Shift Click To Select。当选择该选项后，必须使用〈Shift〉键，同时使用鼠标才能选中对象。
- Smart Track Ends。选择该选项后，可以允许网络分析器将连接线附着到导线的端点。例如，如果从一个焊盘开始走线，然后停止走线（将导线端处于自由空间），则网络分析器就会将连接线附着在导线端。

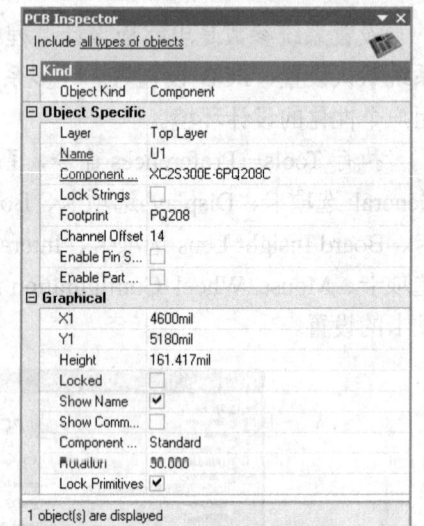

图 7-26 PCB 检查器窗口

2）Autopan Options 区域用于设置自动移动功能。Style 选项用于设置移动模式，系统共提供了 7 种移动模式，具体如下：

- Adaptive 为自适应模式。系统将会根据当前图形的位置自动选择移动方式。
- Disable 模式，取消移动功能。
- Re-Center 模式。当光标移到编辑区边缘时，系统将光标所在的位置设置为新的编辑区中心。
- Fixed Size Jump 模式。当光标移到编辑区边缘时，系统将以 Step Size 项的设定值为移动量向未显示的部分移动；当按下〈Shift〉键后，系统将以 Shift Step 项的设定值为移动量向未显示的部分移动。注意：当选中 Fixed Size Jump 模式时，相应对话框中才会显示 Step Size 和 Shift Step 操作项。
- Shift Accelerate 模式。当光标移到编辑区边缘时，如果 Shift Step 项的设定值比 Step Size 项的设定值大的话，系统将以 Step Size 项的设定值为移动量向未显示的部分移动；当按下〈Shift〉键后，系统将以 Shift Step 项的设定值为移动量向未显示的部分移动。如果 Shift Step 项的设定值比 Step 项的设定值小的话，不管按不按〈Shift〉键，系统都将以 Shift Step 项的设定值为移动量向未显示的部分移动。注意：当选中 Shift Accelerate 模式时，相应对话框中才会显示 Step Size 和 Shift Step 操作项。
- Shift Decelerate 模式。当光标移到编辑区边缘时，如果 Shift Step 项的设定值比 Step Size 项的设定值小的话，系统将以 Shift Step 项的设定值为移动量向未显示的部分移动；当按下〈Shift〉键后，系统将以 Step Size 项的设定值为移动量向未显示的部分移动。如果 Shift Step 项的设定值比 Step Size 项的设定值大的话，不管按不按〈Shift〉键，系统都将以 Shift Step 项的设定值为移动量向未显示的部分移动。注意：当选中 Shift Decelerate 模式时，相应对话框中才会显示 Step Size 和 Shift Step 操作项。
- Ballistic 模式。当光标移到编辑区边缘时，越往编辑区边缘移动，移动速度越快。

系统默认移动模式为 Fixed Size Jump 模式。

Speed 编辑框设置移动的速度；Pixels/Sec 单选框为移动速度单位，即每秒多少像素；Mils/Sec 单选框为每秒多少英寸的速度。

3）Space Navigation Options。在该区域可以设置是否使能空间导航器选项。如果选则 Disable Roll 复选框，则系统允许使用 3D 运动，此时 PCB 可以 Z 轴转动，而不是一般的旋转。

4）Polygon Repour 区域用于设置交互布线中的避免障碍和推挤布线方式。每当一个多边形被移动时，它可以自动或者根据设置被调整，以避免障碍。

如果 Repour 中选为 Always，则可以在已敷铜的 PCB 中修改走线，敷铜会自动重敷；如果选择 Never，则不采用任何推挤布线方式；如果选择 Threshold，则设置一个避免障碍的门槛值，此时仅当超过了该值后，多边形才被推挤。

5）Other（其他）选项设置。包括如下内容：
- Rotation Step 选项用于设置旋转角度。在放置组件时，按一次空格键，组件会旋转一个角度，这个旋转角度就是在此设置的。系统默认值为 90°，即按一次空格键，组件会旋转 90°。
- Cursor Type 选项用于设置光标类型。系统提供了三种光标类型，即 Small 90（小的 90°光标）、Large 90（大的 90°光标）、Small 45（小的 45°光标）。
- Undo/Redo 选项用于设置撤消操作/重复操作的步数。
- Comp Drag 区域的下拉列表框中共有两个选项，即 Component Tracks 和 None。选择 Component Tracks 项，在使用命令 Edit→Move→Drag 移动组件时，与组件连接的铜膜导线会随着组件一起伸缩，不会和组件断开；选择 None 项，在使用命令 Edit→Move→Drag 移动组件时，与组件连接的铜膜导线会和组件断开，此时使用命令 Edit→Move→Drag 和 Edit→Move→Move 没有区别。

6）File Format Change Report 区域可以设置文件格式修改报告。如果选择"Disable Opening the report for older versions"选项，则在打开旧格式文件时，不会打开一个文件格式修改报告；如果选择"Disable Opening the report for newer versions"选项，则在打开新格式文件时，不会打开一个文件格式修改报告。

7）Paste from other applications 区域可以设置从其他应用程序复制对象到 Altium Designer。可以在 Preferred Format 选择列表中选择所使用的格式，如 Metafile 格式或文本格式。

8）Metric Display Precision 区域可设置公制单位显示精度。通常该操作项是不可操作的。如果需要设置，则需要关闭所有 PCB 文档和 PCB 库，然后重新启动 Altium Designer 才能进行设置。

9）Internal Planes 区域可以设置是否使能多线程平面重建。如果用户计算机具有多个核，那么可以使能该选项。

**2．Display 选项卡的设置**

单击 Display 标签即可进入 Display 选项卡，如图 7-27 所示。Display 选项卡用于设置屏幕显示和元件显示模式，其中主要可以设置如下一些选项。

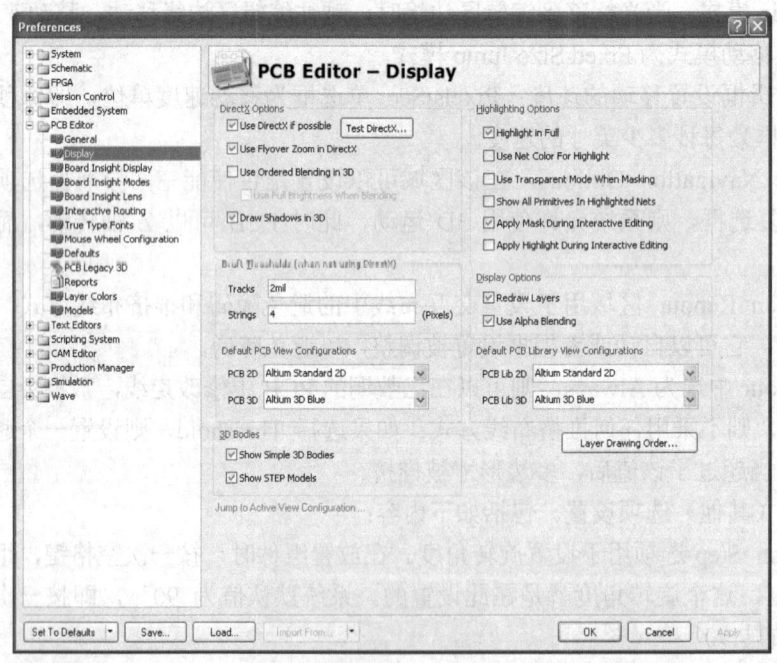

图 7-27　Display 选项卡

1）DierctX Options 设置区可以设置如何使用 Microsoft DirectX 进行显示操作。
- Use DirectX if possible。复选框被选中后，则尽可能使用 Microsoft DirectX 进行图形渲染。

*206*

- Use Flyover Zoom in DirectX。如果选择该复选框，则使用平滑动态的缩放模式。
- Use Ordered Blending in 3D。如果选中该复选框，则使位于其他对象前面或顶部的对象透明，使其看起来就在其他对象的前面或顶部。

如果选择了 Use Ordered Blending in 3D 复选框，则 Use Full Brightness When Blending 复选框也可操作。此时如果选择 Use Full Brightness When Blending，则可以使透明层颜色在透明层模式下处于一般亮度。

- Draw Shadows in 3D。如果选择该复选框，则在 3D 模式下对象具有阴影效果。

2）Highlight Options（亮显选项）设置。亮显可以通过 Highlight Options 区域的选项设置。

- Highlight in Full 复选框如果被选中，则被选中的对象完全以当前选择集颜色亮显显示；否则选择的对象仅仅以当前选择集颜色显示外形。
- Use Net Color For Highlight 复选框如果被选择，则对于选中的网络，可用于设置是否仍然使用网络的颜色，还是一律采用黄色。
- Use Transparent Mode When Masking 复选框被选中，则当对象被屏蔽时，对象变为透明，此时可以看到被屏蔽对象到其下面的层对象。
- Show All Primitives In Highlighted Nets 复选框如果被选中，则可以显示隐藏层上的所有图元（当在单层模式下）和显示当前层亮显网络的图元。如果不选择该选项，则只有当前层上的亮显网络图元（在单层模式下），或者所有层的亮显网络图元（在多层模式下）。
- Apply Mask During Interactive Editing 复选框如果被选中，则在交互编辑时会应用屏蔽模式。
- Apply Highlight During Interactive Editing 复选框如果被选中，则在交互编辑时应用亮显模式。

3）Draft thresholds（草图显示极限）区域用于设置图形显示极限，Tracks 框设置导线显示极限，如果大于该值的导线，则以实际轮廓显示，否则只以简单直线显示；Strings 框设置字符显示极限，如果像素大于该值的字符，则以文本显示，否则只以框显示。

4）Display Options（显示选项）区域的操作。

- Redraw Layers 复选框用于设置当重画电路板时，系统将一层一层地重画。当前的层最后才会重画，所以最清晰。
- Use Alpha Blending 复选框如果被选中，则在 PCB 上拖动 PCB 设计对象到一个存在的对象上方时，该对象就表现为半透明状态。

5）Default PCB View Configurations（默认的 PCB 视图配置）区域的操作，可以分别设定 PCB 的 2D 和 3D 视图模式。

6）Default PCB Library View Configurations（默认的 PCB 库视图配置）区域的操作，可以分别设定 PCB 库的 2D 和 3D 视图模式。

7）3D Bodies 区域的操作，可以分别设定是否显示简单的 3D 元件或显示 STEP 模型。

8）Layer Drawing Order（层绘制次序）设置。如果单击 Layer Drawing Order 按钮，则系统会打开如图 7-28 所示的对话框，此时就可以设置层的绘制次序。单击 Promote 提高其绘制次序，Demote 则降低其次序。

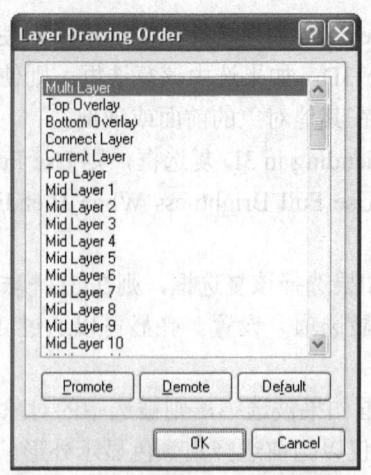

图 7-28 层绘制次序设置对话框

### 3. Board Insight Display 选项卡的设置

Board Insight Display 选项卡可以设置板的过孔和焊盘的显示模式，如单层显示模式以及高亮显示模式等。Board Insight Display 选项卡如图 7-29 所示。

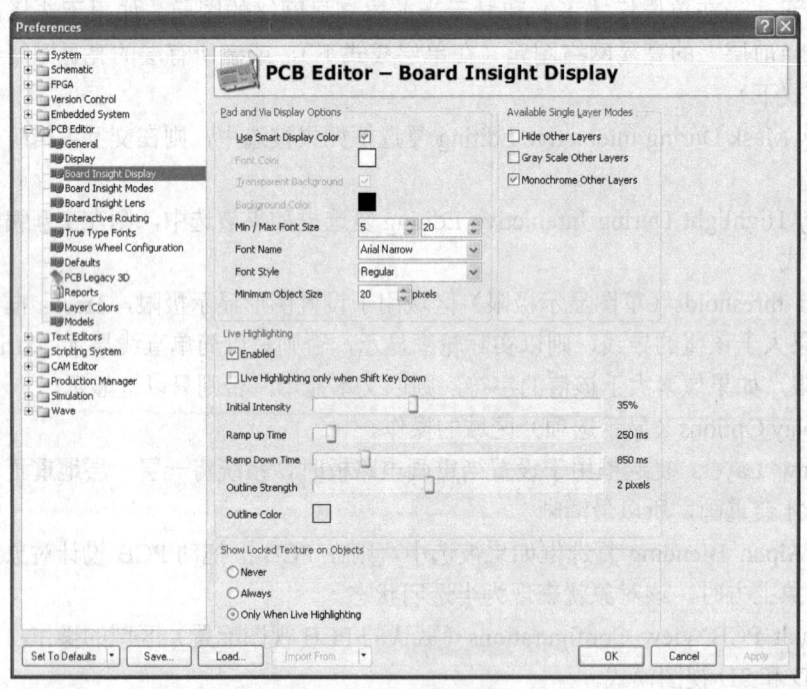

图 7-29 Board Insight Display 选项卡

1) 焊盘和过孔显示选项设置。在 Pad and Via Display Options 区域可以设置焊盘和过孔显示。可以设置显示颜色、字体的大小以及字体的类型，以及最小对象尺寸。

2) 单层模式。在 Available Single Layer Modes 区域可以设置单层模式。如果选择 Hide Other Layers 则会隐藏其他层。如果选择 Gray Scale Other Layers，则灰度显示其他层的图元。如果选择 Monochrome Other Layers,则以相同的灰色阴影显示其他层的图元。

3）实时亮显设置。在 Live Highlighting 区域可以设置为实时的亮显模式。

4）在 Show Locked Texture on Objects 区域可以设置如何显示锁定在对象上的文本。

### 4. Board Insight Modes 选项卡的设置

Board Insight Modes 选项卡可以设置板的仰视显示模式。使用仰视显示模式，可以把光标对象的重要信息和状态直接显示在设计人员面前，仰视信息范围覆盖了从上次点击位置的微小移动距离到当前光标下组件、网络等的详细信息。Board Insight Modes 选项卡如图 7-30 所示，在该对话框中，可以设置是否显示仰视信息、字体大小、颜色、仰视信息的不透明度以及可见的信息内容、其他仰视显示选项。

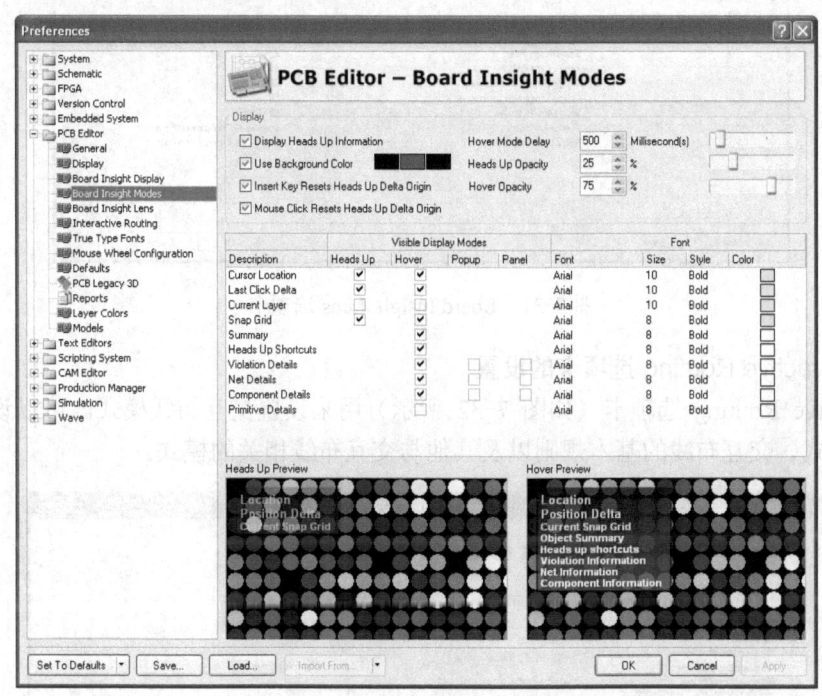

图 7-30　Board Insight Modes 选项卡

### 5. Board Insight Lens 选项卡的设置

Board Insight Lens 选项卡（如图 7-31 所示）可以设置透镜模式。使用透镜显示模式，可以把光标所在的对象使用透镜放大模式进行显示。Insight Len 工作起来就像一个放大镜，可以显示板卡上某区域的放大视图。不过它不仅仅是一个简单的放大镜，因为可以使用这个工作辅助很多细节工作：

- 放大或缩小视图，无须改变当前板卡的缩放级别（〈Alt〉+滚动滚轮）。
- 对单层模式来回切换（〈Shift+Ctrl+S〉）。
- 切换透镜中的当前层（〈Shift+Ctrl〉+滚动滚轮）。
- 把透镜停靠在工作空间某处，然后重新使用（〈Shift+N〉）。
- 将其停在光标中间（〈Shift+Ctrl+N〉）。
- 再次关闭（〈Shift+M〉）。

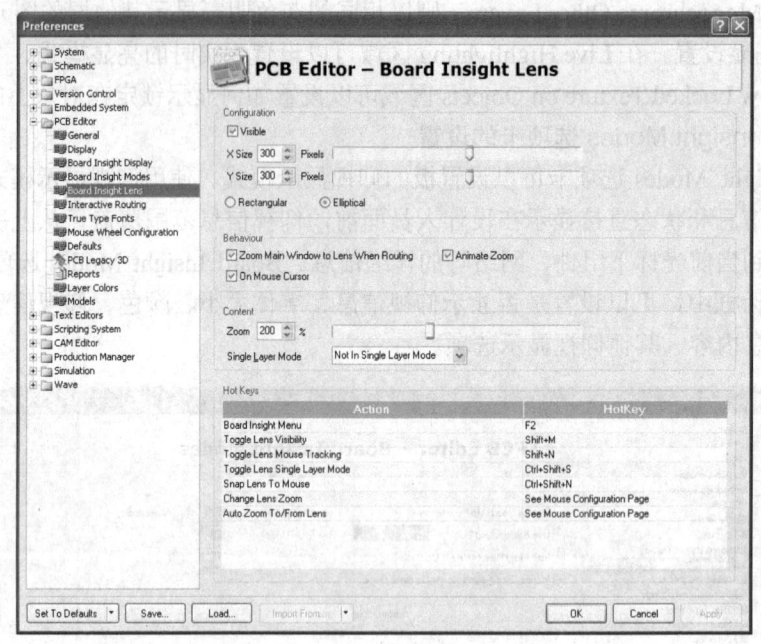

图 7-31 Board Insight Lens 选项卡

### 6．Interactive Routing 选项卡的设置

Interactive Routing 选项卡（如图 7-32 所示）用来设置交互布线模式。可以设置布线冲突的解决方式、交互布线的基本规则以及其他与交互布线相关的模式。

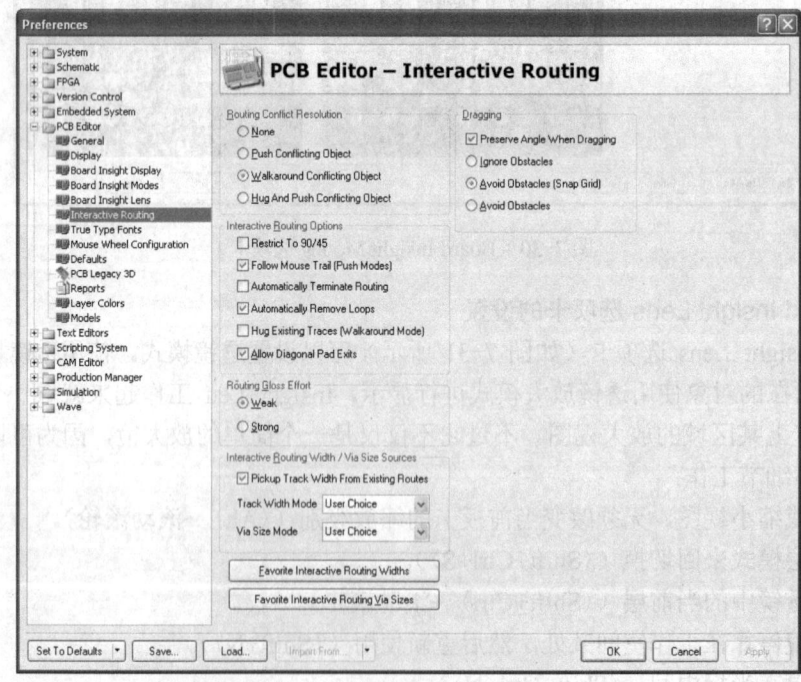

图 7-32 Interactive Routing 选项卡

1）Routing Conflict Resolution（布线冲突解决）。Altium Designer 提供了几种布线冲突解决方式，即 Push Conflicting Object（推挤冲突对象）、Walkaround Conflict Object（绕过冲突对象）、Hug And Push Conflicting Object（紧贴并推挤冲突对象）。

2）Dragging（拖动）。在该区域可以设置拖动布线时的几种处理障碍的方式：Preserve Angle When Dragging（当拖动时保留角度）、Ignore Obstacle（忽略障碍）、Avoid Obstacle（Snap Grid）（按栅格避开障碍）和 Avoid Obstacle（避开障碍）。

3）Interactive Routing Options（交互布线设置选项）。包括以下内容：
- Restrict to 90/45。复选框选中后，布线的方向只能限制为 90°和 45°。
- Follow Mouse Trail（Push Modes）。如果被选择，则可以跟随鼠标的轨迹，这样的工作模式为推挤模式。
- Automatically Terminate Routing（自动终止布线）。复选框如果被选中，则当完成一次到目标焊盘的布线时，布线工具不会再持续从该目标焊盘进行后面的布线，而是退出布线状态，并准备下一次的布线。
- Automatically Remove Loops。复选框用于设置自动回路删除。选中此项，在绘制一条导线后，如果发现存在另一条回路，则系统将自动删除原来的回路。
- Hug Existing Traces（Walkaround Mode）。复选框如果被选中，则交互布线器会将导线布得与存在的障碍（导线、焊盘、过孔等）尽可能近。当使用绕过模式时，可以提供一个快速而整齐的布线方式。
- Allow Diagonal Pad Exits（允许对角退出焊盘）。复选框被选中，则允许交互布线器尽可能以对角方式退出焊盘。如果不选该项，则尽可能以 90°退出焊盘。

4）Routing Gloss Effort（布线优化强度）。在该操作区可以选择布线优化的强度，即指定在布了一条导线后，立刻进行优化清理的量。如果选择 Weak，则对导线上已布的铜减少最小；如果选择 Strong，则对导线上已布的铜减少最多。

5）Interactive Routing Width/Via Size Sources 区域可以设置交互布线的导线宽度和过孔的大小。

如果选择 Pickup Track Width From Existing Routes 复选框，则当从一个已经布线的导线开始时，会选择该导线宽度作为布线宽度。

在 Track Width Mode 下拉列表中可以选择导线宽度模式。如果选择 User Choice（用户选择），则在布线时可以按〈Shift+W〉键，系统会弹出选择宽度对话框，然后用户可以选择导线宽度；如果选择 Rule Minimum 选项，则使用设计规则定义的最小宽度；如果选择 Rule Preferred 选项，则使用设计规则定义的首先宽度；如果选择 Rule Maximum 选项，则使用设计规则定义的最大宽度。

在 Via Size Mode 下拉列表中可以选择过孔大小模式。如果选择 User Choice（用户选择），则在布线时可以按〈Shift+W〉键，系统会弹出选择过孔大小对话框，然后用户可以选择过孔的大小；如果选择 Rule Minimum 选项，则使用设计规则定义的最小过孔大小；如果选择 Rule Preferred 选项，则使用设计规则定义的首先过孔大小；如果选择 Rule Maximum 选项，则使用设计规则定义的最大过孔大小。

如果单击 Favorite Interactive Routing Widths 按钮，则系统会打开常用的交互布线宽度对话框（如图 7-33 所示），通过该对话框，可以添加更多的布线宽度。

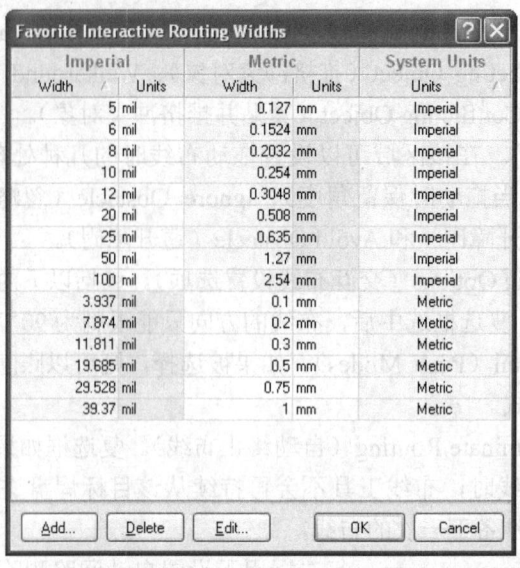

图 7-33 常用的交互布线宽度对话框

如果单击 Favorite Interactive Routing Via Size 按钮，则系统会打开常用的交互布线过孔大小对话框（如图 7-34 所示），通过该对话框，可以添加更多的过孔大小。

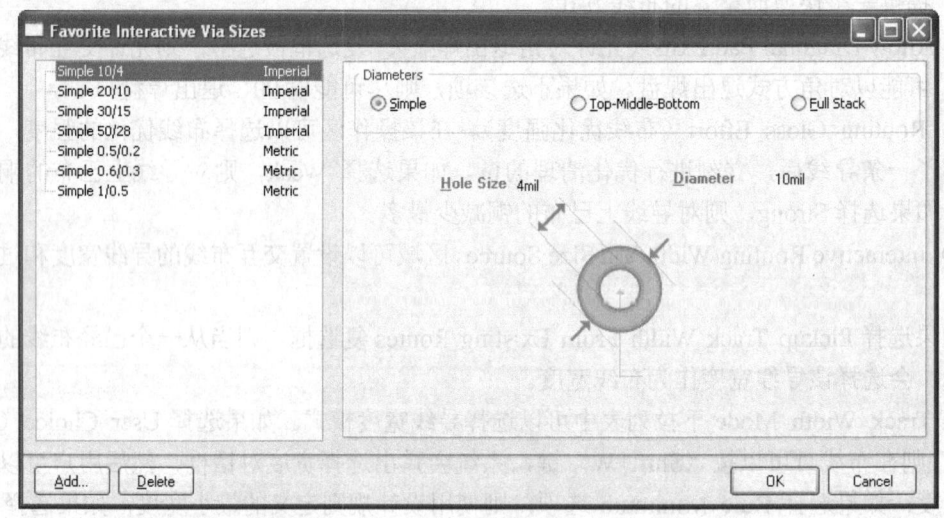

图 7-34 常用的交互布线过孔大小对话框

### 7. Defaults 选项卡的设置

单击 Defaults 标签即可进入 Defaults 选项卡，如图 7-35 所示。Defaults 选项卡用于设置各个组件的系统默认设置。各个组件包括 Arc（圆弧）、Component（元件封装）、Coordinate（坐标）、Dimension（尺寸）、Fill（金属填充）、Pad（焊盘）、Polygon（敷铜）、String（字符串）、Track（铜膜导线）、Via（过孔）等。

要将系统设置为默认设置的话，在图 7-35 所示的对话框中，选中组件，单击 Edit Values 按钮即可进入选中对象的属性对话框，如图 7-36 所示。

*212*

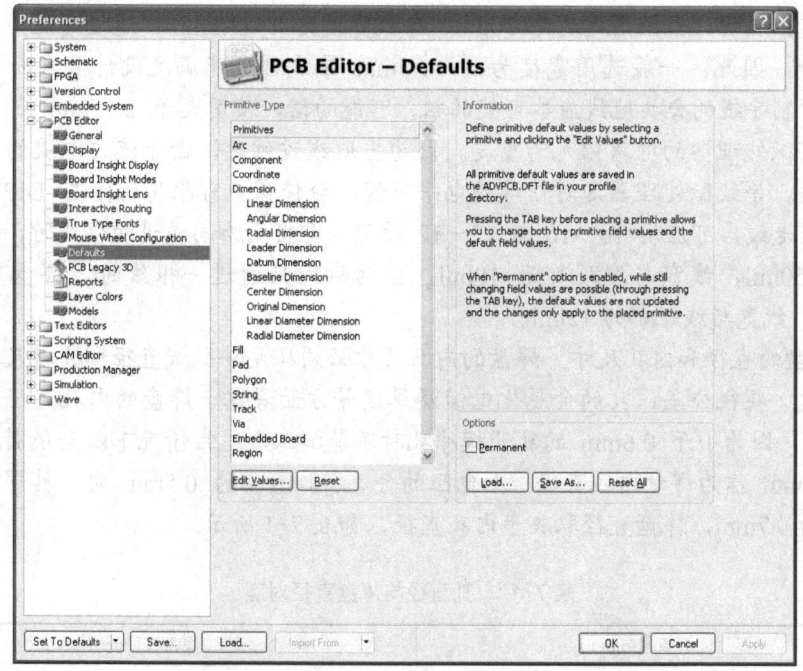

图 7-35 Defaults 选项卡

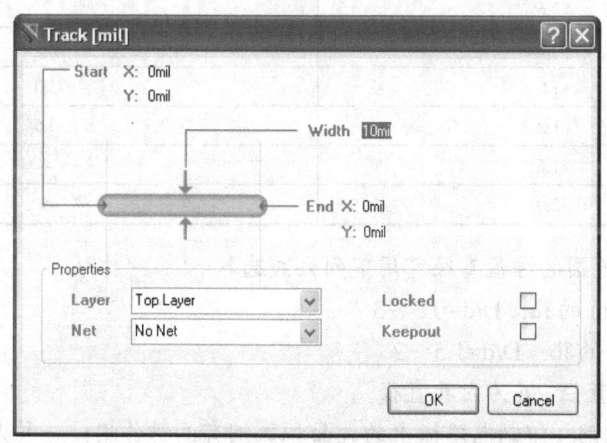

图 7-36 选中对象的属性对话框

假设选中了导线元件,则单击 Edit Values 按钮即可进入导线属性编辑对话框,如图 7-36 所示。各项的修改会在放置导线时反映出来。

在参数设置对话框中,通常还可以设置 True Type 字体、鼠标滚轮的配置、PCB 三维显示、图层颜色等,这些都相对简单,在此就不一一介绍。

技巧:
1)印制导线的宽度。导线宽度应以能满足电气性能要求而又便于生产为宜,它的最小值根据承受的电流大小而定,但最小不宜小于 0.2mm,在高密度、高精度的印制线路中,导线宽度和间距一般可取 0.3mm;导线宽度在大电流情况下还要考虑其温升,单面板实验表明，当铜箔厚度为 50μm、导线宽度为 1～1.5mm、通过电流为 2A 时，温升很小，因此，一般选用宽度为 1～1.5mm 导线就可能满足设计要求而不致引起温升；印制导线的公共地线应尽可能的粗，可能的话，使用大于 2～3mm 的线条，这点在带有微处理器的电路中尤为重要，因为当地线过细时，由于流过电流的变化，地电位变动，导致微处理器定时信号的电平不稳，会使噪声容限劣化；在 DIP 封装的 IC 管脚间走线，可应用 10-10 与 12-12 原则，即当两脚间通过两根线时，焊盘直径可设为 50mil，线宽与线距都为 10mil，当两脚间只通过一根线时，焊盘直径可设为 64mil，线宽与线距都为 12mil。

2）焊盘的直径和内孔尺寸。焊盘的内孔尺寸必须从元件引线直径和公差尺寸以及焊锡层厚度、孔径公差、孔的金属化电镀层厚度等方面考虑。焊盘的内孔直径一般不小于 0.6mm，因为小于 0.6mm 的孔开模冲孔时不易加工，通常情况下以金属引脚直径值加上 0.2mm 作为焊盘内孔直径，如电阻的金属引脚直径为 0.5mm 时，其焊盘内孔直径对应为 0.7mm，焊盘直径取决于内孔直径，如表 7-1 所示。

表 7-1　孔直径与焊盘直径对照

| 孔直径/mm | 焊盘直径/mm |
|---|---|
| 0.4 | 1.5 |
| 0.5 | 1.5 |
| 0.6 | 2 |
| 0.8 | 2.5 |
| 1.0 | 3.0 |
| 1.2 | 3.5 |
| 1.6 | 4 |
| 2.0 | 5 |

对于超出上表范围的焊盘直径可用下列公式选取：

直径小于 0.4mm 的孔：$D/d=0.5～3$

直径大于 2mm 的孔：$D/d=1.5～2$

式中 $D$ 为焊盘直径，$d$ 为内孔直径。

3）大面积的敷铜。印制电路板上的大面积敷铜有两种作用：一种是散热，另一种是用于屏蔽来减小干扰。初学者设计印制电路板时常犯的一个错误是大面积敷铜上没有开窗口，由于印制电路板板材的基板与铜箔间的粘合剂在浸焊或长时间受热时，会产生挥发性气体无法排除，热量不易散发，以致产生铜箔膨胀、脱落现象。因此在使用大面积的敷铜时，应将其开窗口设计成网状。

4）印制电路板的厚度。应根据印制电路板的功能及所装元件的重量、印制电路板插座规格、印制电路板的外形尺寸和所承受的机械负荷来决定。多层印制电路板的总厚度及各层间厚度的分配应根据电气和结构性能的需要以及覆箔板的标准规格来选取。常见的印制电路板厚度有 0.5mm、1mm、1.5mm、2mm 等。

# 第8章 制作印制电路板

本章将结合实例讲述如何使用 Altium Designer 制作 PCB（印制电路板），以及制作 PCB 所需的绘图工具和布线知识。

## 8.1 印制电路板布线工具

印制电路板（PCB）设计管理器提供了布线工具栏（Wiring Tools）和绘图工具栏。布线工具栏如图 8-1 所示，可以通过执行命令 View→Toolbars→Wiring 打开工具栏，工具栏中每一项都与菜单 Place 下的各命令项对应。绘图工具栏如图 8-2 所示，该工具栏是实用工具栏的一个子工具栏。

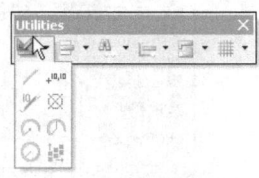

图 8-1 布线工具栏　　　　　　　　　　　图 8-2 绘图工具栏

### 8.1.1 交互布线

当需要手动交互布线时，一般首先选择交互布线命令 Place→Interactive Routing 或用鼠标单击布线工具栏中的按钮，执行交互布线命令。执行布线命令后，光标变成十字状，将光标移到所需的位置，单击鼠标左键，确定网络连接导线的起点，然后将光标移到导线的下一个位置，再单击鼠标左键，即可绘制出一条导线，如图 8-3 所示。

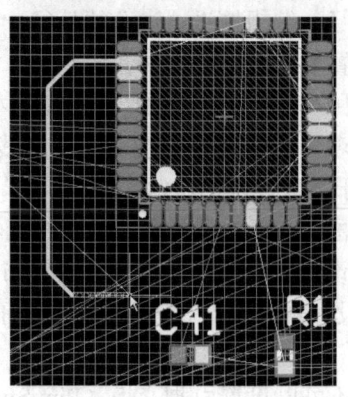

图 8-3 绘制一条网络连接导线

完成一次布线后，单击鼠标右键，完成当前网络的布线，光标变成十字状，此时可以继续其他网络的布线。将光标移到新的位置，按照上述步骤，再布其他网络连接导线。双击鼠标右键或按两次〈Esc〉键，光标变成箭头状，退出该命令状态。

### 1. 交互布线参数设置

在放置导线时，可以按〈Tab〉键打开交互布线设置对话框，如图 8-4 所示，在该对话框中，可以设置布线的相关参数。具体设置的参数包括：

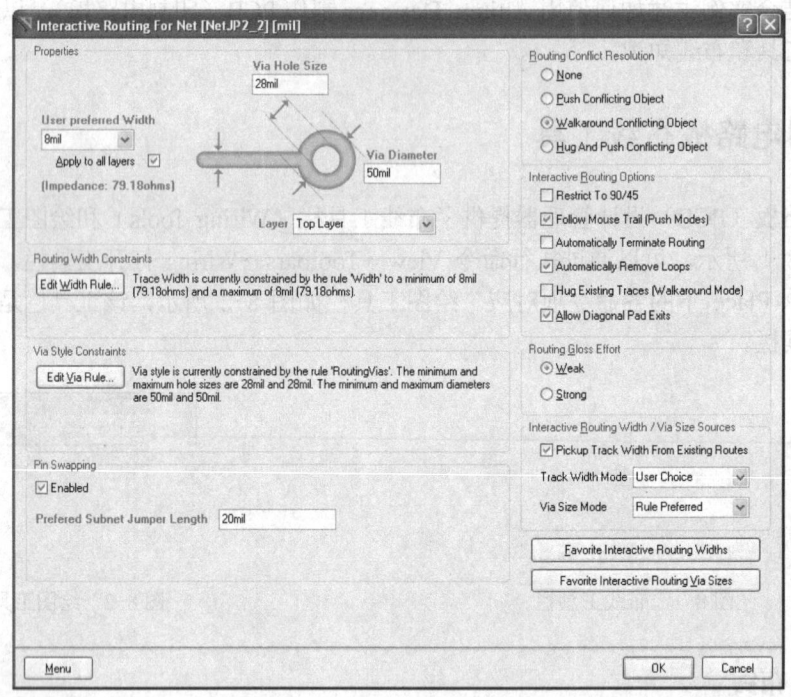

图 8-4  交互布线设置对话框

- Via Hole Size（过孔尺寸）编辑框设置板上过孔的孔直径。
- User Preferred Width（导线宽度）编辑框设置布线时的导线宽度。
- Apply to all layer 复选框选中后，则所有层均使用这种交互布线参数。
- Via Diameter（过孔的外径）编辑框设置过孔的外径。
- Layer（层）下拉列表设置要布的导线的所在层。
- 在对话框右侧的设置列中，可以设置 PCB 的布线基本参数，如布线冲突解决方法、相关的交互布线优先选项、布线优化强度、交互布线的导线宽和过孔的大小等，这些设置可参考第 7 章关于参数设置的讲解。
- 通过交互布线设置对话框，也可以设置布线宽度约束和过孔约束。单击"Edit Width Rule"，即可进入 PCB 设计规则设置对话框，设置布线的宽度规则。单击"Edit Via Rule"，也可进入 PCB 设计规则设置对话框，设置过孔的大小规则。关于设计规则的设置将在 8.10 节讲述。
- 在交互布线设置对话框还可以设置引脚交换（Pin Swapping）。引脚交换就是指两个或更多同样类型的交换。选中 Enabled 复选框则可以使能该功能。

## 2. 查看导线属性

绘制了导线后，可以查看导线属性，并对导线进行编辑处理。使用鼠标双击已布的导线，系统将弹出如图 8-5 所示的 PCB 检查器界面，其中会显示所选择导线的属性，PCB 检查器界面的导线属性说明如下：

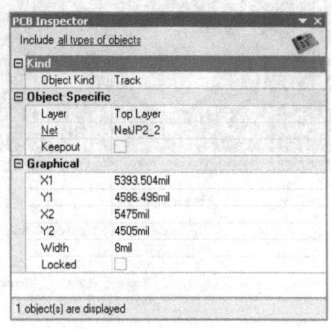

图 8-5　PCB 检查器界面

- Width：设定导线宽度。
- Layer：设定导线所在的层。
- Net：设定导线所在的网络。
- X1：设定导线起点的 X 轴坐标。
- Y1：设定导线起点的 Y 轴坐标。
- X2：设定导线终点的 X 轴坐标。
- Y2：设定导线终点的 Y 轴坐标。
- Locked：设定导线位置是否锁定。
- Keepout：该复选框选中后，则无论其属性设置如何，此导线均在禁止布线层（Keep Out Layer）。

## 8.1.2　放置焊盘

### 1. 放置焊盘的步骤

1）用鼠标单击绘图工具栏中的放置焊盘命令按钮 ，或执行 Place→Pad 命令。

2）执行该命令后，光标变成十字状，将光标移到所需的位置，单击鼠标左键，即可将一个焊盘放置在该处。

3）将光标移到新的位置，按照上述步骤，再放置其他焊盘。如图 8-6 所示为放置了多个焊盘的电路板。双击鼠标右键，光标变成箭头状，退出该命令状态。

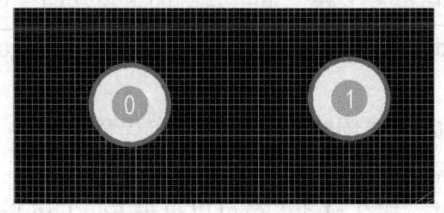

图 8-6　放置焊盘

4)用户还可以在此命令状态下,按〈Tab〉键,进入如图 8-7 所示的焊盘属性对话框,作进一步的修改。

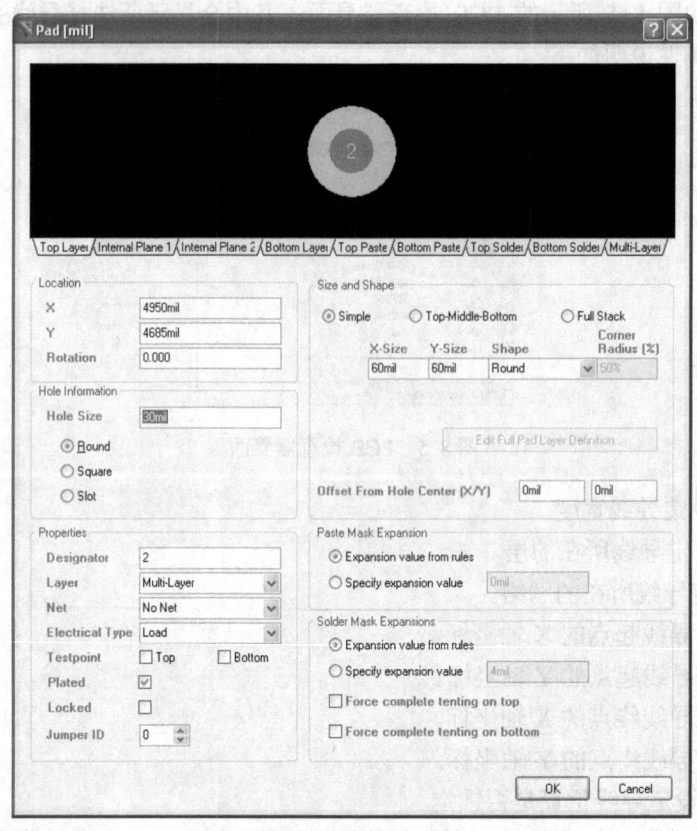

图 8-7 焊盘属性对话框

**2. 焊盘属性设置**

在放置焊盘的状态下按〈Tab〉键即可以打开如图 8-7 所示的焊盘属性设置对话框。具体设置如下:

(1)焊盘位置设置

Location X/Y 编辑框设置焊盘的中心坐标。Rotation(旋转)编辑框设置焊盘的旋转角度。

(2)焊盘的尺寸和形状(Size and Shape)

Size and Shape 编辑选项用来设置焊盘的形状和焊盘的外形尺寸。

当选择 Simple 形状时,则可以设置 X-Size:设定焊盘 X 轴尺寸;Y-Size:设定焊盘 Y 轴尺寸;Shape(形状):选择焊盘形状,单击右侧的下拉按钮,即可选择焊盘形状,这里共有四种焊盘形状,即 Round(圆形)、Rectangle(矩形)、Octagonal(八角形)和 Rounded Rectangle(圆角矩形)。

当选择 Top-Middle-Bottom 选项时,则需要指定焊盘在顶层、中间层和底层的大小和形状,每个区域里的选项都具有相同的三个设置选项。

当选择 Full Stack 选项时,那么设计人员可以单击 Edit Full Pad Layer Definition(编辑整个焊盘层定义)按钮,将弹出如图 8-8 所示的对话框,此时可以按层设置焊盘尺寸。

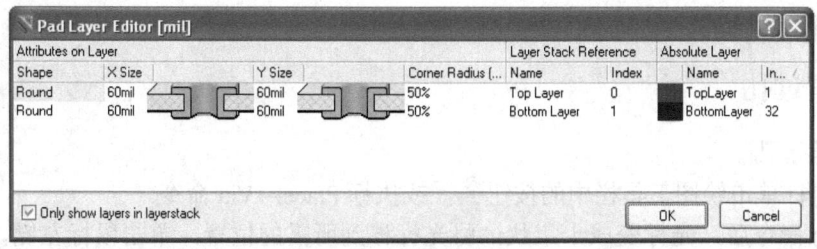

图 8-8 焊盘层编辑器

(3) 焊盘尺寸信息

Hole Size(孔尺寸)编辑框设置焊盘的孔尺寸。另外还可以设置焊盘的形状,包括 Round(圆形)、Square(正方形)和 Slot(槽形)。如果选择圆形,则只需在 Hole Size 编辑框中输入焊盘的孔尺寸即可。如果选择正方形,则除了可以在 Hole Size 编辑框输入正方形的尺寸外,还可以输入旋转角度(Rotation)。如果选择槽形,则除了可以在 Hole Size 编辑框输入槽的宽度尺寸外,还可以输入槽的长度(Length)和旋转角度(Rotation)。

(4) Properties 选项设置

- Designator:设定焊盘序号。
- Layer:设定焊盘所在层。通常多层电路板焊盘层为 Multi Layer。
- Net:设定焊盘所在网络。
- Electrical type:指定焊盘在网络中的电气属性,包括 Load(中间点)、Source(起点)和 Terminator(终点)。
- Testpoint:有两个选项,即 Top 和 Bottom,如果选择了这两个复选框,则可以分别设置该焊盘的顶层或底层为测试点,设置测试点属性后,在焊盘上会显示 Top & Bottom Test-point 文本,并且 Locked 属性同时也被自动选中,使该焊盘被锁定。
- Locked:该属性被选中时,焊盘被锁定。
- Plated:设定是否将焊盘的通孔孔壁加以电镀。
- Jumper ID:使用该编辑框,可以为焊盘提供一个跳线连接 ID,从而可以用作 PCB 的跳线连接。

(5) Paste Mask Expansion(阻焊膜)属性设置

- Expansion value from rules(由规则设定阻焊膜延伸值):如果选中该复选框,则采用设计规则中定义的阻焊膜尺寸。
- Specify expansion value(指定阻焊膜延伸值):如果选中该复选框,则可以在其后的编辑框中设定阻焊膜尺寸。

(6) Solder Mask Expansions(助焊膜)属性设置

Solder Mask Expansions(助焊膜)延伸值属性设置选项与阻焊膜属性设置选项意义类似。

- 当选择 Force complete tenting on top 选项时,设置的助焊膜延伸值无效,并且在顶层的助焊膜上不会有开口,助焊膜仅仅是一个隆起。
- 当选择 Force complete tenting on bottom 选项时,设置的助焊膜延伸值无效,并且在底层的助焊膜上不会有开口,助焊膜仅仅是一个隆起。

如果在已放置的焊盘上双击鼠标,即可进入 PCB 检查器界面,可以查看焊盘的属性,并且可以进行属性编辑。

### 8.1.3 放置过孔

**1. 放置过孔**

1）用鼠标单击绘图工具栏中的按钮 ，或执行 Place→Via 命令。

2）执行命令后，光标变成十字状，将光标移到所需的位置，单击鼠标左键，即可将一个过孔放置在该处。将光标移到新的位置，按照上述步骤，再放置其他过孔，如图 8-9 所示为放置过孔后的图形。

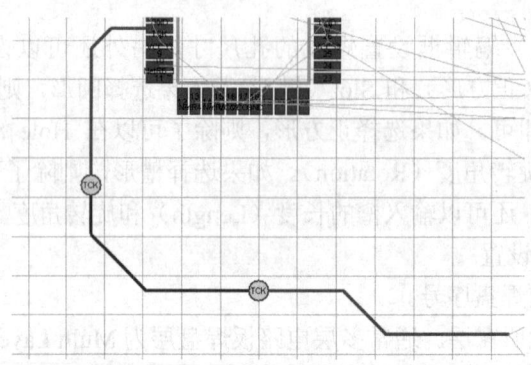

图 8-9 放置多个过孔

3）双击鼠标右键，光标变成箭头状，退出该命令状态。

**2. 过孔属性设置**

在放置过孔时按〈Tab〉键，系统将会弹出如图 8-10 所示的过孔属性对话框。对话框中的各项设置意义如下：

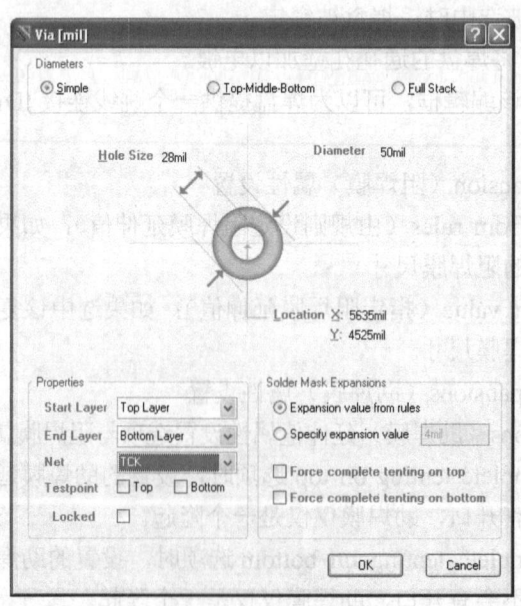

图 8-10 过孔属性对话框

（1）孔的形状和大小设置

当选择 Simple 形状时，可以设置过孔的通孔大小（Hole Size）、过孔的直径（Diameter）以及 X/Y 位置。

当选择 Top-Middle-Bottom 选项时，需要指定在顶层、中间层和底层的过孔直径大小。

当选择 Full Stack 选项时，设计人员可以单击 Edit Full Pad Layer Definition（编辑整个过孔层定义）按钮。然后进入过孔层编辑器进行过孔的大小参数设置。

（2）过孔属性设置

在 Properties 区域，可以设置过孔的电气属性。

- Start Layer：设定过孔穿过的开始层，设计者可以选择 Top（顶层）和 Bottom（底层）。
- End Layer：设定过孔穿过的结束层，设计者也可以选择 Top（顶层）和 Bottom（底层）。
- Net：过孔是否与 PCB 的网络相连。
- Testpoint：与焊盘的属性对话框相应的选项意义一致。
- Locked：该属性被选中时，该过孔被锁定。

（3）Solder Mask Expansions（助焊膜）属性设置

- Expansion value from rules（由规则设定助焊膜延伸值）：如果选中该复选框，则采用设计规则中定义的助焊膜尺寸。
- Specify expansion value（指定助焊膜延伸值）：如果选中该复选框，则可以在其后的编辑框中设定助焊膜尺寸。
- 当选择 Force complete tenting on top 选项时，设置的助焊膜延伸值无效，并且在顶层的助焊膜上不会有开口，助焊膜仅仅是一个隆起。
- 当选择 Force complete tenting on bottom 选项时，设置的助焊膜延伸值无效，并且在底层的助焊膜上不会有开口，助焊膜仅仅是一个隆起。

注意：过孔尽量少用，一旦选用了过孔，务必处理好它与周边各实体的间隙，特别是容易被忽视的中间各层与过孔不相连的线与过孔的间隙，如果是自动布线，可选择"过孔数量最小化"自动解决。另外如果需要的载流量越大，所需的过孔尺寸也越大，如电源层和地层与其他层连接所用的过孔就要大一些。

如果在已放置的过孔上双击鼠标，可以进入 PCB 检查器界面，可以查看过孔的属性，并且可以进行属性编辑。

## 8.1.4 设置补泪滴

焊盘和过孔等可以进行补泪滴设置。泪滴焊盘和过孔形状可以定义为弧形或线形，可以对选中的实体，也可以对所有过孔或焊盘进行设置。可以执行选项命令 Tools→Teardrops 来进行设置，执行该命令后，系统将弹出如图 8-11 所示的补泪滴设置对话框。

注意：对于贴片和单面板一定要对过孔和焊盘补泪滴。

如果要对单个焊盘或过孔补泪滴，可以先双击焊盘或过孔，使其处于选中状态，然后选择补泪滴对话框中的 All Pads 或 Selected Objects Only 选项，最后单击 OK 按钮结束。

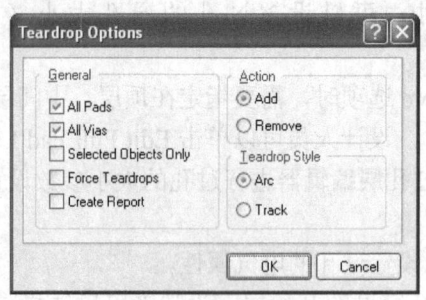

图 8-11　补泪滴设置对话框

### 8.1.5　放置填充

填充一般用于制作 PCB 插件的接触面或者用于增强系统的抗干扰性能而设置的大面积电源或地。在制作电路板的接触面时，放置填充的部分在实际制作的电路板上是外露的敷铜区。填充通常放置在 PCB 的顶层、底层或内部的电源层或接地层上，放置填充的一般操作方法如下：

1）使用鼠标单击绘图工具栏中的按钮　，或选择执行 Place→Fill 命令。

2）执行该命令后，用户只需确定矩形块的左上角和右下角位置即可，如图 8-12 所示为放置的填充。

当放置了填充后，如果需要对其进行编辑，则可选中填充，然后单击鼠标右键，从快捷菜单中选取 Properties 命令项，系统将会弹出如图 8-13 所示的填充属性对话框。在放置填充状态下，也可以按〈Tab〉键，先编辑好对象，再放置填充。具体的属性设置如下：

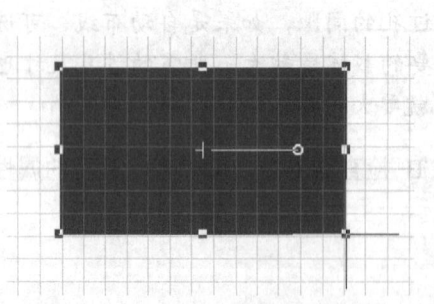

图 8-12　放置的填充

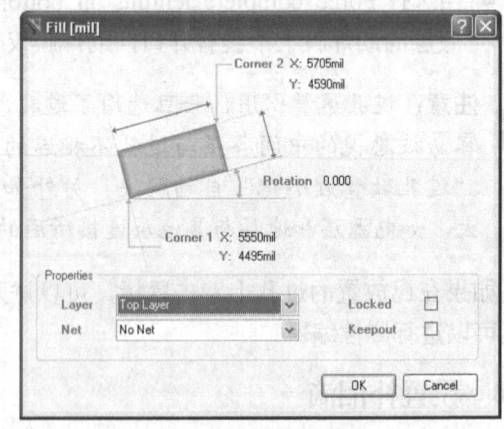

图 8-13　填充属性对话框

- Corner1 X 和 Y：用来设置填充的第一个角的坐标位置。
- Corner2 X 和 Y：用来设置填充的第二个角的坐标位置。
- Rotation：用来设置填充的旋转角度。
- Layer 下拉列表：用来选择填充所放置的层。

- Net 下拉列表：用来设置填充的网络层。
- Locked：用来设定是否锁定填充。
- Keepout：该复选框选中后，则无论其属性设置如何，此填充均在禁止布线层（Keep Out Layer）。

如果在已放置的填充上双击鼠标，可以进入 PCB 检查器界面，可以查看填充的属性，并且可以进行属性编辑。

## 8.1.6 放置多边形敷铜平面

该功能用于为大面积电源或接地敷铜，以增强系统的抗干扰性能。下面讲述放置多边形敷铜平面的方法。

1）首先使用鼠标单击绘图工具栏中的按钮 ，或执行 Place→Polygon Pour 命令。

2）执行此命令后，系统将会弹出如图 8-14 所示的多边形平面属性对话框。

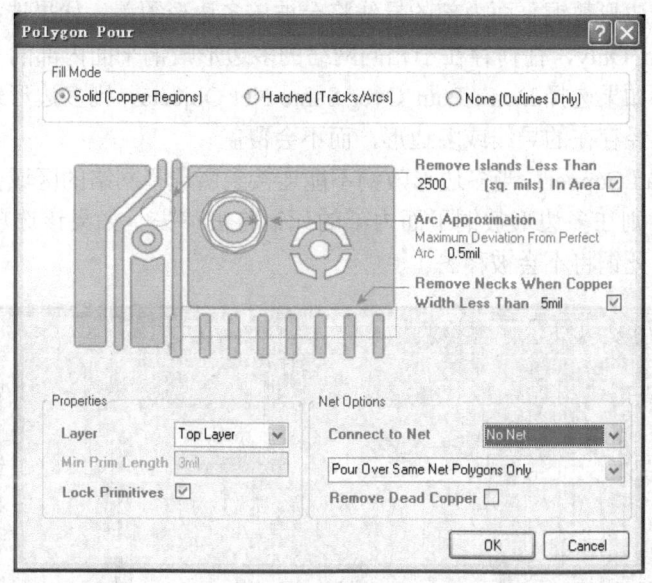

图 8-14 "多边形平面属性" 对话框

3）设置完对话框后，光标变成十字状，将光标移到所需的位置，单击鼠标左键，确定多边形的起点。然后再移动鼠标到适当位置单击鼠标左键，确定多边形的中间点。

4）在终点处单击鼠标右键，程序会自动将终点和起点连接在一起，形成一个封闭的多边形平面，如图 8-15 所示。

当放置了多边形平面后，如果需要对其进行编辑，则可选中多边形平面，然后单击鼠标右键，从快捷菜单中选取 Properties 命令项，系统将会弹出如图 8-14 所示的多边形平面属性对话框，设置选项如下。

- Fill Mode 操作框：在该操作框中，可以选择敷铜的模式，Solid（Copper Regions）表示实体填充模式；Hatched（Tracks/Arcs）表示网格状填充模式；None（Outline Only）表示只在外轮廓上敷铜。
- Remove Island Less Than (sq miles) In Area：将小于指定面积的多边形岛移去。

- Arc Approximation 编辑框：包围焊盘或过孔的多边形圆弧的精度。
- Remove Necks When Copper Width Less Than：该编辑框定义了一个多边形区域的最小宽度的限值。小于这个限值的狭窄的多边形区域将会被移去。默认值为 5mil。
- Layer 下拉列表：选择多边形平面所放置的层。
- Connect to Net 下拉列表：设置多边形平面的网络层。
- Min Prim Length：该编辑框设定推挤一个多边形时的最小允许图元尺寸。当多边形被推挤时，多边形可以包含很多短的导线和圆弧，这些导线和圆弧用来创建包围存在的对象的光滑边。该值设置越大，则推挤的速度越快。
- Lock Primitives：如果该选项被选中，所有组成多边形的导线被锁定在一起，并且这些图元作为一个对象被编辑操作。如果该选项没有选中，则可以单独编辑那些组成的图元。
- 选择覆盖相同网络的模式：如果选择 Pour Over All Same Net Objects，任何存在于相同网络的多边形敷铜平面内部的导线将会被该多边形覆盖。如果选择 Pour Over Same Net Polygon Only，任何存在于相同网络的多边形敷铜平面内部的多边形将会被该多边形覆盖。如果选择 Don't Pour Over Same Net Objects，则多边形敷铜平面将只包围相同网络已经存在的导线或多边形，而不会覆盖。
- Remove Dead Copper：当多边形敷铜不能连接到所选择网络的区域会生成死铜。该选项选中后，则在多边形敷铜平面内部的死铜将被移去。如果该选项没有被选中，则任何区域的死铜将不会被移去。

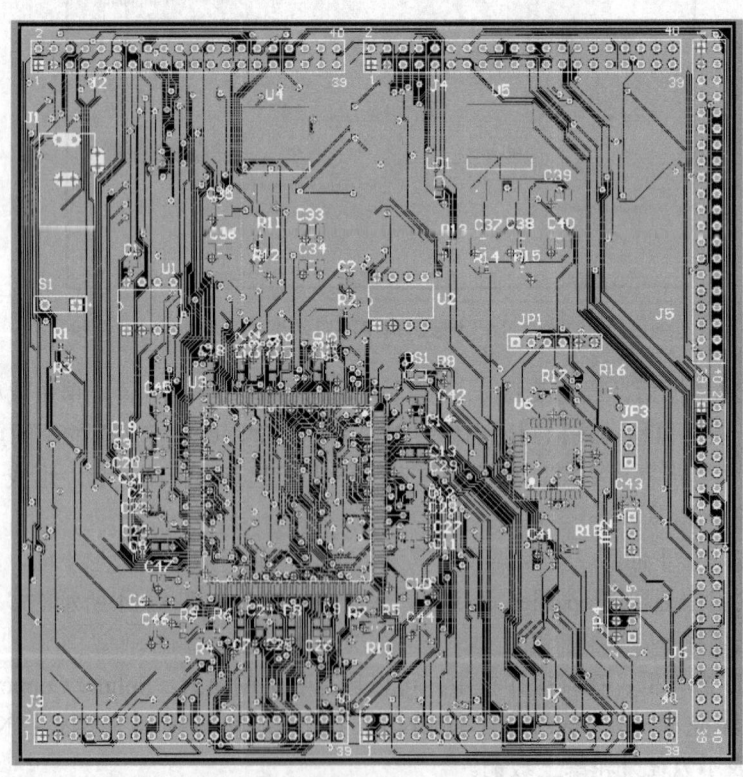

图 8-15 多边形敷铜平面

如果在已放置的多边形敷铜平面上双击鼠标，可以进入 PCB 检查器界面，可以查看多边形敷铜平面的属性，并且可以进行属性编辑。

 **注意**：如果在选中的网络上，多边形没有封闭任何焊盘，则整个多边形会被移去，因为此时多边形将会被看作为死铜。

## 8.1.7 分割多边形

Altium Designer 提供了分割多边形的命令 Place→Slice Polygon Pour，可以用来分割已经绘制的多边形敷铜平面。下面讲述分割多边形敷铜平面的方法：

1）绘制多边形敷铜平面，如图 8-15 所示。
2）执行 Place→Slice Polygon Plane 命令。
3）执行此命令后，就可以拖动鼠标对多边形进行分割，设计人员可以根据自己的需要进行分割操作。
4）分割操作完成后，系统将会弹出一个确认对话框，如图 8-16 所示。然后单击 Yes 按钮即可实现多边形的分割。

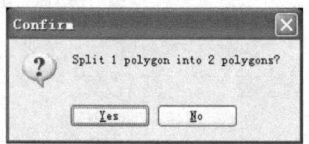

图 8-16　确认对话框

5）获得两个分开的多边形如图 8-17 所示。使用了两次分割命令，该敷铜平面被分割为三部分。

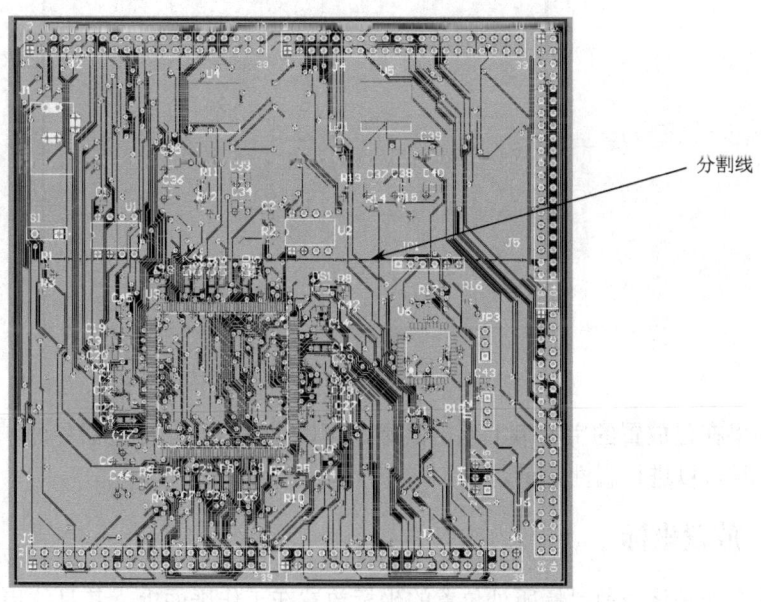

图 8-17　分割多边形敷铜

### 8.1.8 放置字符串

在绘制印制电路板时,常常需要在板上放置字符串(仅为英文),放置字符串的具体步骤如下:

1)用鼠标单击绘图工具栏中的按钮 A,或执行 Place→String 命令。

2)执行命令后,光标变成十字状,在此命令状态下,按〈Tab〉键,会出现如图 8-18 所示的字符串属性对话框,在这里可以设置字符串的内容、所在层和大小等。

3)设置完成后,退出对话框,单击鼠标左键,把字符串放到相应的位置。

4)用同样的方法放置其他字符串。用户要更换字符串的方向只需按〈Space〉键即可进行调整,或在图 8-18 所示的字符串属性对话框中的 Rotation 编辑框中输入字符串旋转角度。

当放置了字符串后,如果需要对其进行编辑,则可选中字符串,然后单击鼠标右键,从快捷菜单中选取 Properties 命令项,系统也将会弹出如图 8-18 所示的字符串属性对话框。

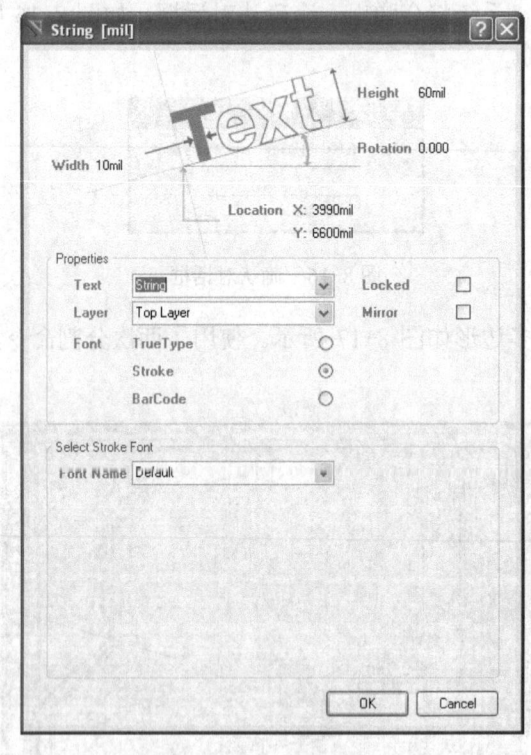

图 8-18 字符串属性对话框

如果在已放置的字符串上双击鼠标,可以进入 PCB 检查器界面,可以查看字符串的属性,并且可以进行属性编辑。

### 8.1.9 放置坐标

此命令是将当前鼠标所处位置的坐标放置在工作平面上,其具体步骤如下:

1)用鼠标单击绘图工具栏中的按钮,或执行 Place→Coordinate 命令。

2）执行命令后，光标变成十字状，在此命令状态下，按〈Tab〉键，会出现如图 8-19 所示的坐标属性对话框。按要求设置该对话框。

3）设置完成后，退出对话框，单击鼠标左键，把坐标放置到相应的位置，如图 8-20 所示。

4）用同样的方法放置其他坐标。

当放置了坐标后，如果需要对其进行编辑，则可选中坐标，然后单击鼠标右键，从快捷菜单中选取 Properties 命令项，系统也将会弹出如图 8-19 所示的坐标属性对话框。

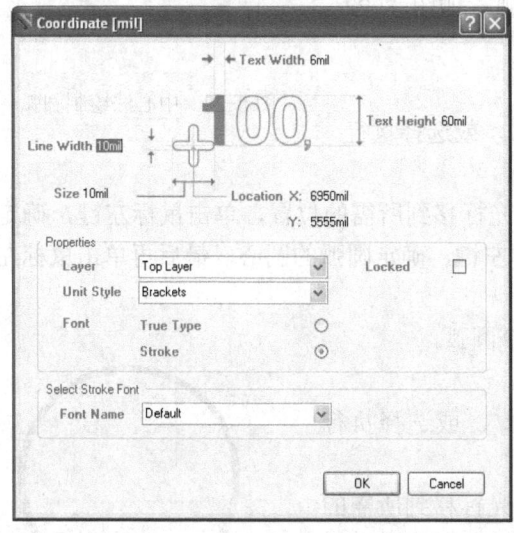

图 8-19 坐标属性对话框

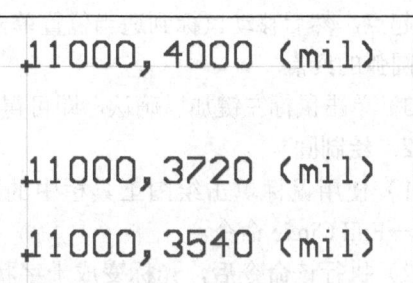

图 8-20 放置多个坐标

如果在已放置的坐标上双击鼠标，可以进入 PCB 检查器界面，可以查看坐标的属性，并且可以进行属性编辑。

### 8.1.10 绘制圆弧或圆

Altium Designer 提供了三种绘制圆弧或圆的方法：边缘法、中心法和角度旋转法。

**1．绘制圆弧**

（1）边缘法

边缘法是通过圆弧上的两点即起点与终点来确定圆弧的大小，其绘制过程如下：

1）使用鼠标单击布线工具栏中的按钮 ，或选择执行 Place→Arc（Edge）命令。

2）执行该命令后，光标变成十字状，将光标移到所需的位置，单击鼠标左键，确定圆弧的起点。然后再移动鼠标到适当位置单击鼠标左键，确定圆弧的终点。

3）单击鼠标左键确认，即得到一个圆弧，如图 8-21 所示为使用边缘法绘制的圆弧。

（2）中心法

中心法绘制圆弧是通过确定圆弧中心、圆弧的

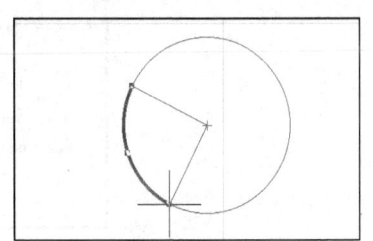

图 8-21 边缘法绘制圆弧

起点和终点来确定一个圆弧。

1）使用鼠标单击绘图工具栏中的按钮，或选择执行 Place→Arc（Center）命令。

2）执行命令后，光标变成十字状，将光标移到所需的位置，单击鼠标左键，确定圆弧的中心。

3）将光标移到所需的位置，单击鼠标左键，确定圆弧的起点，再移动鼠标到适当位置单击鼠标左键，确定圆弧的终点。

4）单击鼠标左键确认，即可得到一个圆弧，如图 8-22 所示为使用中心法绘制的圆弧。

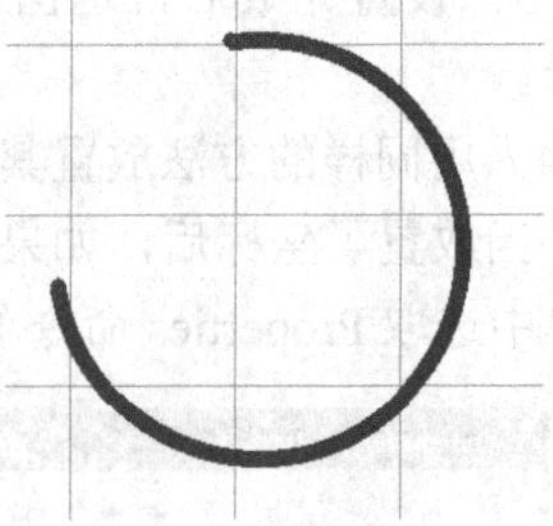

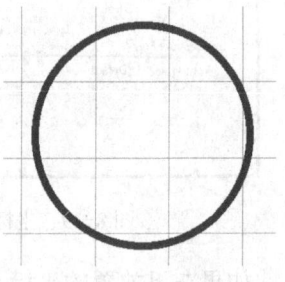

图 8-22　中心法绘制圆弧

（3）角度旋转法

1）使用鼠标单击绘图工具栏中的按钮，或选择执行 Place→Arc（Any Angle）命令。

2）执行该命令后，光标变成十字状，将光标移到所需的位置，单击鼠标左键，确定圆弧的起点。然后移动鼠标到适当位置单击鼠标左键，确定圆弧的圆心，最后再单击鼠标左键确定圆弧的终点。

3）单击鼠标左键加以确认，即可得到一个圆弧。

2．绘制圆

1）使用鼠标单击绘图工具栏中的按钮，或选择执行 Place→Full Circle 命令。

2）执行该命令后，光标变成十字状，将光标移到所需的位置，单击鼠标左键，确定圆的圆心，然后单击鼠标左键确定圆的半径。

3）单击鼠标左键加以确认，即可得到一个圆，如图 8-23 所示。

图 8-23　绘制的圆

3．编辑圆弧或圆

当绘制好圆弧或圆后，如果需要对其进行编辑，则可选中圆弧或圆，然后单击鼠标右键，从快捷菜单中选取 Properties 命令项，系统将会弹出如图 8-24 所示的圆弧属性对话框。在绘制圆弧时，也可以按〈Tab〉键，先编辑好对象，再绘制圆弧。

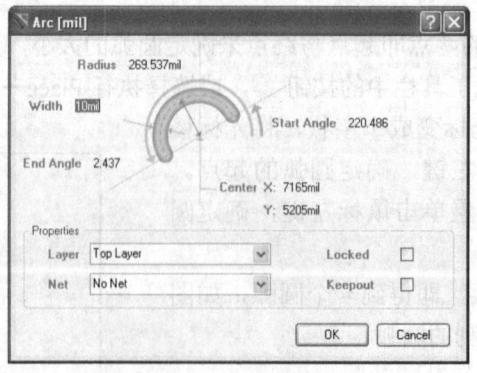

图 8-24　圆弧属性对话框

- Width：用来设置圆弧的宽度。
- Layer 下拉列表：用来选择圆弧所放置的层。
- Net 下拉列表：用来设置圆弧的网络层。
- Center X 和 Y：用来设置圆弧的圆心位置。
- Radius：用来设置圆弧的半径。
- Start Angle：用来设置圆弧的起始角。
- End Angle：用来设置圆弧的终止角。
- Locked：用来设定是否锁定圆弧。
- Keepout：该复选框选中后，则无论其属性设置如何，此圆弧均在禁止布线层（Keep Out Layer）。

如果在已放置的圆弧或圆上双击鼠标，可以进入 PCB 检查器界面，可以查看圆弧或圆的属性，并且可以进行属性编辑。

## 8.1.11 放置尺寸标注

在设计印制电路板时，有时需要标注某些尺寸的大小，以方便印制电路板的制造。Altium Designer 提供了一个尺寸标注工具栏，其是实用工具栏的子工具栏。并且尺寸标注工具栏上的命令与 Place→Dimension 子菜单中命令一一对应。放置尺寸标注的具体步骤如下：

1）用鼠标单击尺寸标注工具栏的命令按钮（如 ，标注线性尺寸），或从 Place→Dimension 子菜单中选择命令 Linear，即可标注线性尺寸，如图 8-25 所示。

2）移动光标到尺寸的起点，单击鼠标左键，即可确定标注尺寸的起始位置。

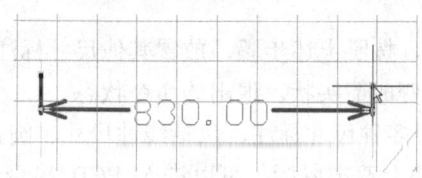

图 8-25　执行尺寸标注命令后的状态

3）移动光标，中间显示的尺寸随着光标的移动而不断发生变化，到合适的位置单击鼠标左键加以确认，即可完成尺寸标注，如图 8-26 所示。

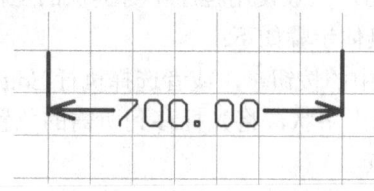

图 8-26　完成的线性尺寸标注

4）用户还可以在放置尺寸标注命令状态下，按〈Tab〉键，进入如图 8-27 所示的尺寸标注属性对话框，作进一步修改。

当放置了尺寸标注后，如果需要对其进行编辑，则可选中尺寸标注，然后单击鼠标右键，从快捷菜单中选取 Properties 命令项，系统也将会弹出如图 8-27 所示的尺寸标注属性对话框。

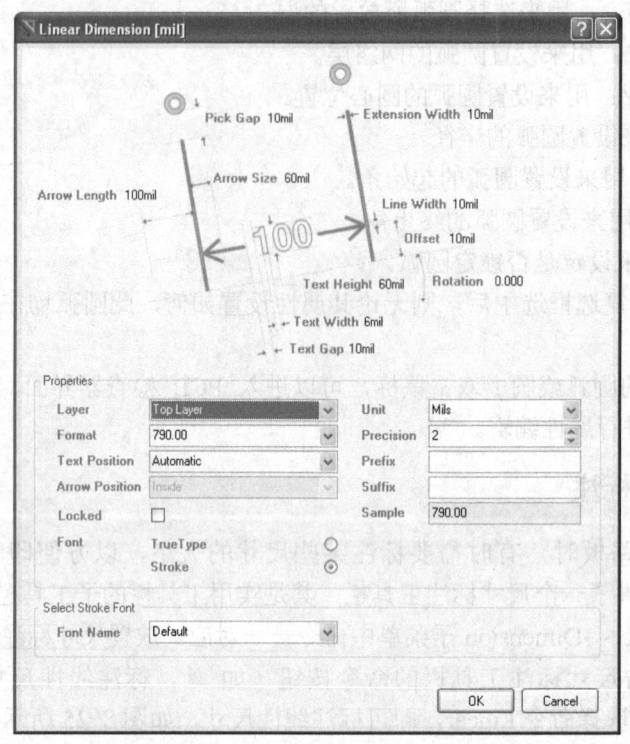

图 8-27 尺寸标注属性对话框

5）将光标移到新的位置，按照上述步骤，放置其他尺寸标注。

6）双击鼠标右键，光标变成箭头状，退出该命令状态。

Altium Designer 提供了很多种尺寸标注，包括线性尺寸、圆弧、角度、半径和直径等。

如果在已放置的尺寸标注上双击鼠标，可以进入 PCB 检查器界面，可以查看尺寸标注的属性，并且可以进行属性编辑。

### 8.1.12 设置初始原点

在设计电路板的过程中，用户一般使用程序本身提供的坐标系，如果用户自己定义坐标系，只需设置用户坐标原点，具体步骤如下：

1）用鼠标单击绘图工具栏中的按钮 ▦，或者选择执行 Edit→Origin→Set 命令。

2）执行命令后，光标变成十字状，将光标移到所需的位置，单击鼠标左键，即可将该点设置为用户定义坐标系的原点。

3）如用户想恢复原来的坐标系，执行命令 Edit→Origin→Reset 即可。

### 8.1.13 放置元件封装

当设计人员在制作 PCB 时，如果需要向当前的 PCB 中添加新的封装和网络，可以执行 Place→Component 命令或单击布线工具栏的按钮 ▦ 来添加新的封装，然后就可以添加与该元件相关的新网络连接。

执行该命令后，系统会弹出如图 8-28 所示的放置元件对话框。此时可以选择放置的类型（封装还是元件），并可以选择需要封装的名称、封装类型以及流水号等。

1）Placement Type（放置类型）操作框。在此操作框中，应该选择 Footprint（封装），如果选择 Component（元件）的话，则放置的是元件。

2）Component Details（元件细节）操作框。在此操作框中，可以设置元件的细节。

Footprint：用来输入封装，即装载哪种封装。用户也可以单击 Browse 按钮，系统将弹出如图 8-29 所示的对话框，用户可以通过该对话框选择所需要放置的封装，此时还可以单击 Find 按钮查找需要的封装。

 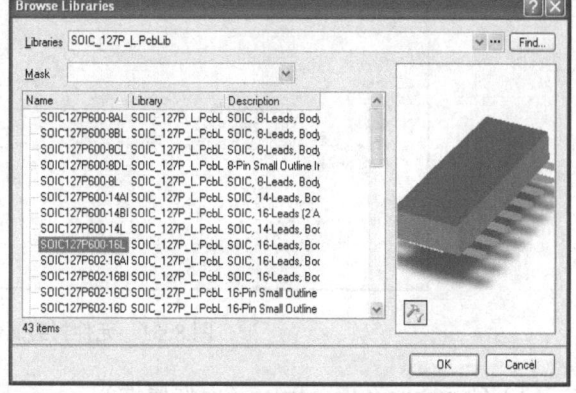

图 8-28　放置元件对话框　　　　　　　　图 8-29　浏览元件库对话框

3）用户还可以在放置封装前，即在命令状态下，按〈Tab〉键，进入元件封装属性对话框，进行封装属性的设置。

4）用户可以根据实际需要设置完参数后，即可把元件放置到工作区中，如图 8-30 所示。

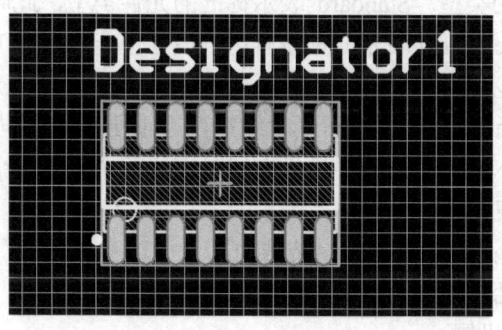

图 8-30　放置的元件封装

设置元件封装属性需要开启元件封装属性对话框。当在放置元件封装时按〈Tab〉键，或者选中封装，然后单击鼠标右键，从快捷菜单中选取 Properties 命令项，均可以开启如图 8-31 所示的元件封装属性对话框。

在图 8-31 所示的元件封装属性对话框中，可以分别对 Component Properties（元件属性）、Designator（流水标号）、Comment（注释）、Footprint（封装）等进行设置。

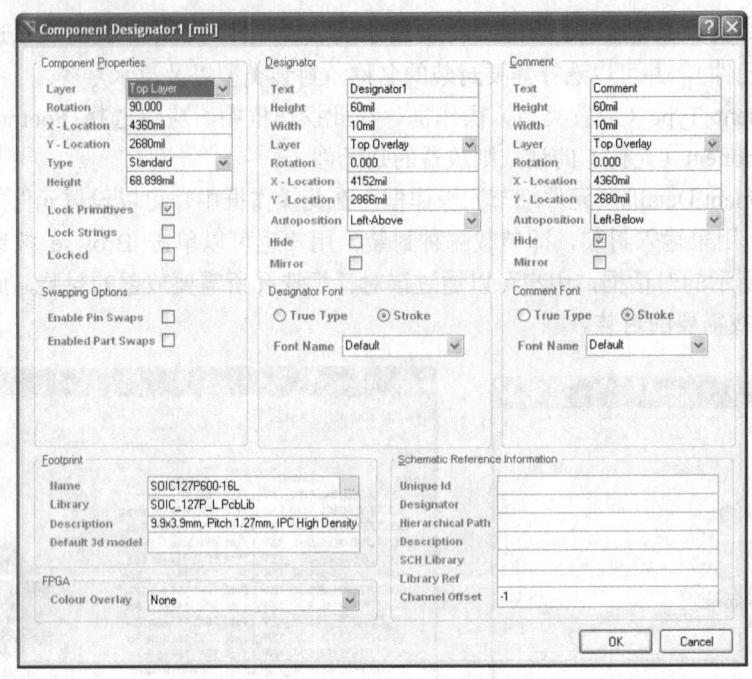

图 8-31　元件封装属性对话框

(1) Component Properties（元件属性）

主要设置元件本身的属性，包括所在层、位置等属性。

- Layer：设定元件封装所在的层。
- Rotation：设定元件封装旋转角度。
- X－Location：设定元件封装 X 轴坐标。
- Y－Location：设定元件封装 Y 轴坐标。
- Type：选择元件的类型。Standard 表示标准的元件类型，此时元件具有标准的电气属性，最常用；Mechanical 表示元件没有电气属性但能生成在 BOM 表中；Graphical 表示元件不用于同步处理和电气错误检查，该元件仅用于表示公司日志等文档；Tie Net in BOM 表示该元件用于布线时缩短两个或更多个不同的网络，该元件出现在 BOM 表中；Tie Net 表示该元件用于布线时缩短两个或更多个不同的网络，该元件不会出现在 BOM 表中。
- Lock Prims：设定是否锁定元件封装结构。
- Locked：设定是否锁定元件封装的位置。

(2) Designator 选项设置

该设置选项用于设置元件的流水标号，具体包括如下属性。

- Text：设定元件封装的序号。
- Height：设定元件封装流水标号的高度。
- Width：设定元件封装流水标号的线宽。
- Layer：设定元件封装流水标号所在的层。
- Rotation：设定元件封装流水标号的旋转角度。

*232*

- X－Location：设定元件封装流水标号的 X 轴坐标。
- Y－Location：设定元件封装流水标号的 Y 轴坐标。
- Font：设定元件封装流水标号的字体。
- Autoposition：设定流水标号定位方式，即在元件封装的方位。
- Hide：设定元件封装流水标号是否隐藏。
- Mirror：设定元件封装流水标号是否翻转。

（3）Comment（注释）选项设置

各选项的意义与 Designator 选项设置的意义一致。

用户还可以对流水标号文本和引脚进行编辑，当单独编辑它们时，只需使用鼠标双击文本或引脚即可进入相应的属性对话框，以进行编辑调整。

（4）Footprint（封装）

该操作选项主要用来设置封装的属性，包括封装名、所属的封装库和描述。

如果在已放置的元件封装上双击鼠标，可以进入 PCB 检查器界面，可以查看元件封装的属性，并且可以进行属性编辑。

## 8.2 单面板与多层板制作简介

印制电路板有单面板、双面板和多层板三种。单面板由于成本低而被广泛采用。在印制电路板设计中，单面板设计是一个重要的组成部分，也是印制电路板设计的基础。双面板的电路一般比单面板复杂，但是由于双面都能布线，设计并不比单面板困难，深受广大设计人员的喜爱。如图 8-32 所示为几种多层板。

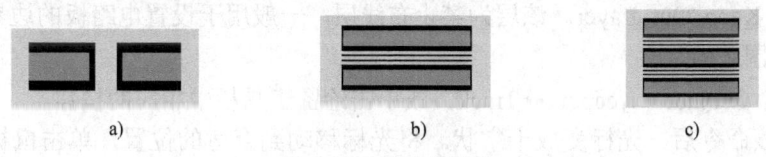

图 8-32 几种多层板
a）双面板 b）四层板 c）六层板

单面板与双面板两者的设计过程类似，均可按照电路板设计的一般步骤进行。在设计电路板之前，准备好原理图和网络表，为设计印制电路板打下基础。然后进行电路板的规划，也就是电路板边界的确定，即确定电路板的尺寸大小。规划好电路板后，接下来的任务就是将网络表和元件封装装入。装入元件封装后，元件是重叠的，需要对元件封装进行布局。布局的好坏直接影响到电路板的自动布线，因此非常重要。元件的布局可以采用自动布局，也可以手工对元件布局进行调整。元件封装在规划好的电路板上布完后，可以运用 Altium Designer 提供的强大的自动布线功能，进行自动布线。在自动布线结束之后，往往还存在一些不能令人满意的地方，这就需要设计人员利用经验通过手工去修改调整。当然对于那些经验丰富的设计人员，从元件封装的布局到布线，都可以手工完成。

现在最普遍的电路设计方式是用双面板设计，双面板的主要特点是可以跨线。当两点之间的连线不能在一面布通时，可以通过过孔到另一面接着布线。一般说来，在线密度允许的情况下，双面板的线路一般都能布通。因此双面板能够制作比较复杂的电路。随着电子技术的飞速发展，集成电路已经渗透到了生活中的各个领域，应用这些集成电路的电子产品也不断涌现。而双面板由于布线比单面板简单，又比多层板制作费用低，工艺要求简单，因此深受广大设计人员的青睐，需求量日益增加。本书主要以双面板设计来介绍印制电路板的设计。

## 8.3 规划电路板和电气定义

对于要设计的电子产品，需要设计人员首先确定其电路板的尺寸，因此首要的工作就是电路板的规划，也就是说电路板边界的确定，并且确定电路板的电气边界。

在执行 PCB 布局处理前，必须创建一个 PCB 的电气定义。一个 PCB 的电气定义涉及到一个元件的生成和 PCB 的跟踪路径轮廓，PCB 的布局将在这个轮廓中进行。规划 PCB 的布局有两种方法：一是手动设计规划电路板和电气定义，另一种方法是利用 Altium Designer 的 PCB Board Wizard。

### 8.3.1 手动规划电路板

元件布置和路径安排的外层限制一般由 Keep Out Layer 中放置的轨迹线或圆弧所确定，这也就确定了电路板的电气轮廓。一般这个外层轮廓边界与板的物理边界相同，设置这个电路板边界时，必须确保轨迹线和元件不会距离边界太近，该轮廓边界为设计规则检查器（Design Rule Checker）、自动布局器（Autoplacer）和自动布线器（Autorouter）所用。

手动电路板规划及定义电气边界的一般步骤如下：

1）执行 File→New→PCB 命令，系统将启动 PCB 设计管理器。

2）用户用鼠标单击编辑区下方的标签 Keep-Out Layer，如图 8-33 所示，即可将当前的工作层设置为 Keep Out Layer。该层为禁止布线层，一般用于设置电路板的边界，以将元件限制在这个范围之内。

3）执行命令 Place→Keepout→Track，或单击绘图工具栏中相应的按钮 。

4）执行该命令后，光标变成十字状。将光标移动到合适的位置，单击鼠标左键，即可确定第一条板边的起点。然后拖动鼠标，将光标移动到合适位置，单击鼠标左键，即可确定第一条板边的终点。用户在该命令状态下，按〈Tab〉键，可进入 Line Constraints 对话框，如图 8-34 所示，此时可以设置板边的线宽和层面。

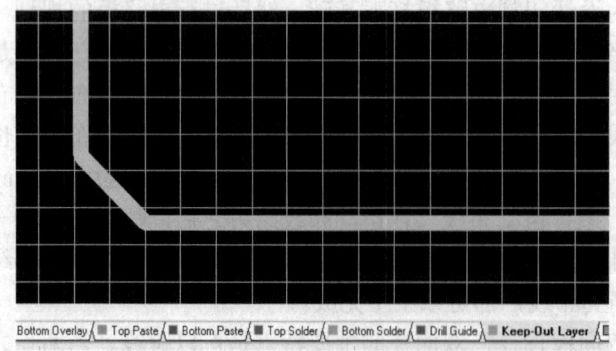 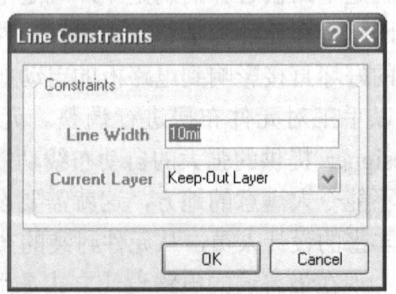

图 8-33　当前的工作层设置为 Keep Out Layer　　　　图 8-34　Line Constraints 对话框

如果用户已经绘制了封闭的 PCB 限制区域，则可使用鼠标双击区域的边界，系统将会弹出如图 8-35 所示的 Track 属性对话框，在该对话框中可以进行精确的定位，并且可以设置工作层和线宽。

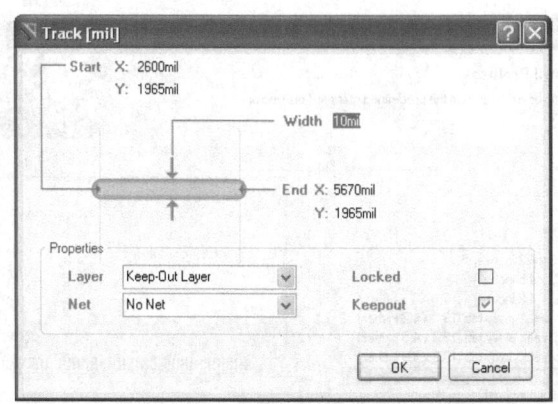

图 8-35　Track 属性对话框

5）用同样的方法绘制其他三条板边，并对各边进行精确编辑，使之首尾相连。绘制完的电路板边框如图 8-36 所示，这里设置了图纸板卡区的颜色为浅色（214 号颜色），板卡区的底色在 Board Layers & Colors 对话框中设置，可参考第 7 章的讲述。

6）单击鼠标右键，退出该命令状态。

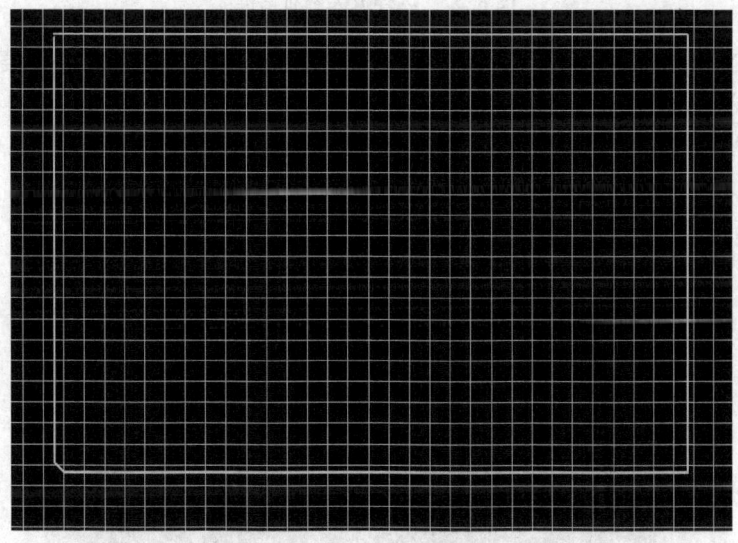

图 8-36　绘制完电路板的板边

### 8.3.2　使用向导生成电路板

另一种规划电路板的方法是利用 Altium Designer 的 PCB Board Wizard。具体操作过程请参考 7.1 节。7.1 节讲述了选择用户自定义的方式生成 PCB 图，这里简单介绍选择标准的 PCB 模板创建新的 PCB 文件。

在 Files 面板底部的 New from Template 单元单击 PCB Board Wizard 创建新的 PCB。当进入如图 8-37 所示的对话框选择板的类型时，可以选择系统已经定义的 PCB 模板，如 AT short bus 类型的 PCB。

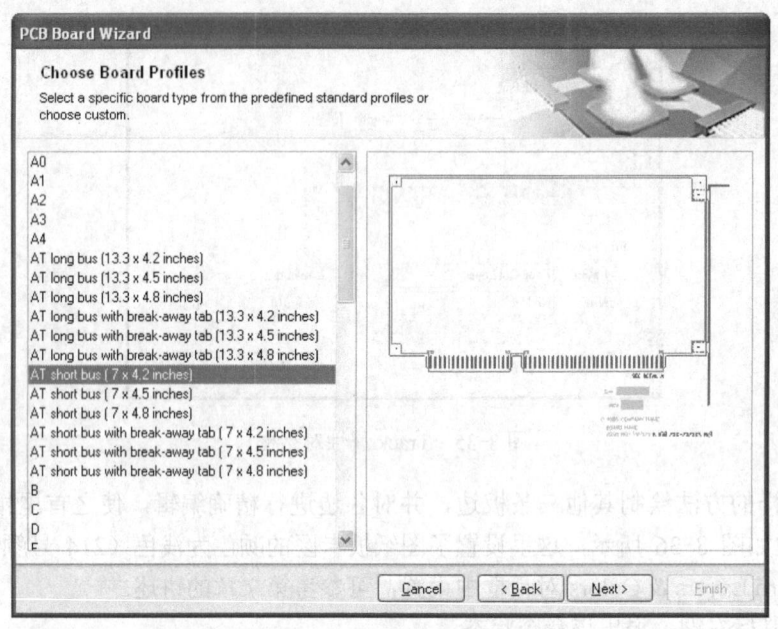

图 8-37　选择板类型对话框

然后单击 Next 按钮继续操作，完成了层的设置、过孔类型的选择、将要使用的布线技术选择以及导线宽度和过孔尺寸等参数的设置后，就可得到如图 8-38 所示的 PCB。该印制电路板已经规划好，所以可以直接在上面放置网络和元件。

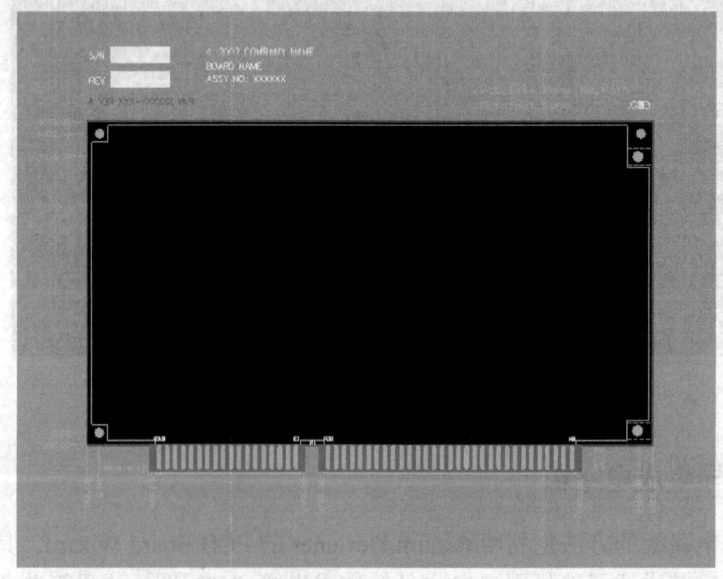

图 8-38　新生成的 PCB

如果板卡的尺寸与图纸的尺寸相差较大，可以执行 Design→Board Options 命令打开板卡选项设置对话框，设置图纸的宽度。

**技巧**：对于初学者来说，建议使用向导来规划电路板，这样 Altium Designer 就以上面的各步骤指导完成 PCB 的规划。

## 8.4 准备原理图和印制电路板

下面以 3.11 节绘制的 FPGA 应用板原理图为例讲述如何制作一块印制电路板。要制作印制电路板，需要有原理图，并且原理图的元件必须具有封装定义，这是制作印制电路板的前提。

1）在原理图编辑器中设计原理图，并且确保所有元件均具有有效的封装定义，元件的封装必须是 Altium Designer 系统中具有的封装，否则应该自己绘制元件的封装。原理图的设计过程请参考第 3 章。本实例中 PCB 设计对应的 FPGA 应用板原理图设计请参考 3.11 节。

2）按照 8.3 节讲述的方法规划好 PCB 的大小。采用用户自定义的方式，PCB 的宽度和高度均为 4600mil，板层数为四层板（两层信号层，两层内部电源层）。具体可参考 7.3 节的讲解。得到的 PCB 规划如图 8-39 所示。

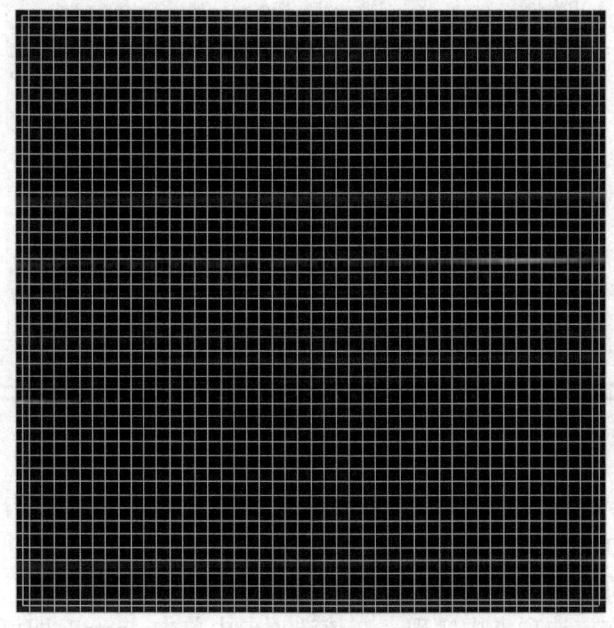

图 8-39 空的 PCB 电路板

**注意**：在将原理图信息转换到新的 PCB 之前，确认与原理图和 PCB 关联的所有库均可用。由于在本实例中只用到默认安装的集成元件库，所有封装也已经包括在内。只要项目已经编译并且原理图中的任何错误均已修改，那么使用 Update PCB 命令来启动 ECO，就能将原理图的电气信息和封装信息转换到目标 PCB。

## 8.5 元件封装库的操作

电路板规划好后，接下来的任务就是装入网络和元件封装。在装入网络和元件封装之前，必须装入所需的元件封装库。如果没有装入元件封装库，在装入网络及元件的过程中系统将会提示用户装入过程失败。

### 8.5.1 装入元件库

根据设计的需要，装入设计印制电路板所需要使用的几个元件库，其基本步骤如下：

1）执行 Design→Add/Remove Library 命令，或单击控制面板上的 Libraries 按钮打开元件库浏览器，再单击 Libraries 按钮即可。

2）执行该命令后，系统会弹出可用元件库对话框，如图 8-40 所示。在该对话框中，可以看到有三个选项卡。

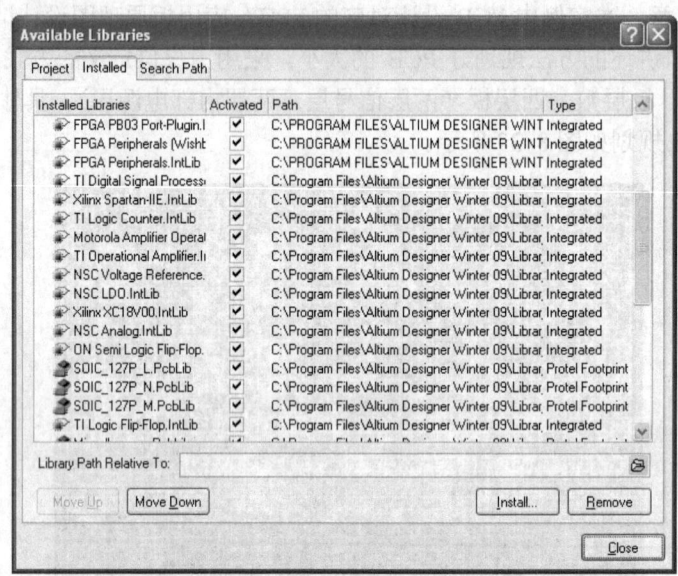

图 8-40  可用元件库对话框

- Project 选项卡：显示当前项目的 PCB 元件库，在该选项卡中单击 Add Library 即可向当前项目添加元件库。
- Installed 选项卡：显示已经安装的 PCB 元件库，一般情况下，如果要装载外部的元件库，则在该选项卡中实现。在该选项卡中单击 Install 即可装载元件库到当前项目。
- Search Path 选项卡：显示搜索的路径，即如果在当前安装的元件库中没有需要的元件封装，则可以按照搜索的路径进行搜索。

在弹出的打开文件对话框中找出原理图中的所有元件所对应的元件封装库。选中这些库，然后用鼠标单击按钮"打开"，即可添加这些元件库。用户可以选择一些自己设计所需的元件库。

3）添加完所有需要的元件封装库，然后单击 OK 按钮完成该操作，即可将所选中的元件库装入。

## 8.5.2 浏览元件库

当装入元件库后，可以对装入的元件库进行浏览，查看是否满足设计要求。因为 Altium Designer 为用户提供了大量的 PCB 元件库，所以进行电路板设计制作时，也需要浏览元件库，选择自己需要的元件，浏览元件库的具体操作方法如下：

1）执行 Design→Browse Components 命令，执行该命令后，系统会弹出浏览元件库对话框，如图 8-41 所示。

2）在该对话框中可以查看元件的类别和形状等。

- 在图 8-41 所示的对话框中，单击 Libraries 按钮，则可以进行元件库的装载操作，具体操作可以参考 8.5.1 节。
- 单击 Search 按钮，则系统弹出搜索元件库对话框，如图 8-42 所示。此时可以进行元件或封装的搜索操作。

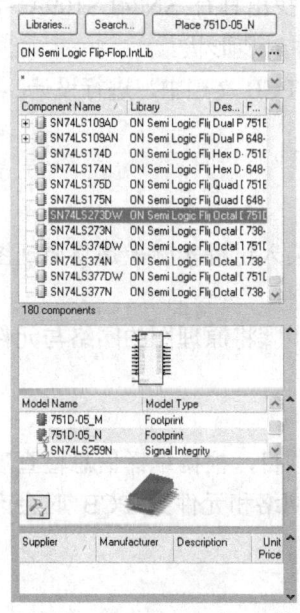

图 8-41 浏览元件库对话框

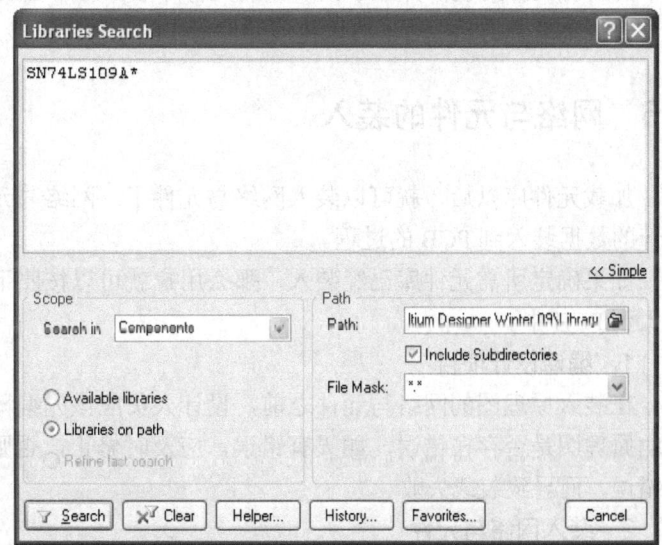

图 8-42 搜索元件库对话框

- 单击 Place 按钮可以将选中的元件封装放置到电路板。

## 8.5.3 搜索元件库

在图 8-41 所示的对话框中，单击 Search 按钮，则系统弹出搜索元件库对话框，如图 8-42 所示。此时可以进行元件的搜索操作。

（1）查找元件

在该对话框中，可以设定查找对象以及查找范围，可以查找的对象为包含在.lib 文件中的元件封装。该对话框的操作使用方法如下：

1）Scope 操作框用来设置查找的范围。当选中 Available Libraries 时，则在已经装载的元件库中查找；当选中 Libraries on path 时，则在指定的目录中进行查找。

2）Path 操作框用来设定查找的对象的路径，该操作框的设置只有在选中 Libraries on path 时有效。Path 编辑框设置查找的目录，选中 Include Subdirectories 则包含指定目录中的子目录也进行搜索。如果单击 Path 右侧的按钮，则系统会弹出浏览文件夹，可以设置搜索路径。File Mask 可以设定查找对象的文件匹配域，"*"表示匹配任何字符串。

3）Search In 下拉列表可以选择查找对象的模型类别，如元件库、封装库或3D模型库。

4）最上面的空白编辑框中可以输入需要查询的元件或封装名称。如本例的 SN74LS109A* 封装。

然后就可以单击 Search 按钮，Altium Designer 就会在指定的目录中进行搜索。同时图 8-42 的对话框会暂时隐藏，并且图 8-41 所示界面中的 Search 按钮会变成 Stop 按钮。如果需要停止搜索，则可以单击 Stop 按钮。

（2）找到元件

当找到元件封装后，系统将会在如图 8-41 所示的浏览元件库对话框中显示结果。在上面的信息框中显示该元件封装名，如本例的 SN74LS109A*，会查找出具有 SN74LS109A 字符串的所有元件封装，并显示其所在的元件库名，在下面显示元件封装形状。

查找到需要的元件后，可以将该元件所在的元件库直接放置到 PCB 文档中，进行设计。

## 8.6  网络与元件的装入

加载元件库以后，就可以装入网络与元件了。网络与元件的装入过程实际上是将原理图设计的数据装入到 PCB 的过程。

如果确定所需元件库已经装入，那么用户就可以按照下面的步骤将原理图的网络与元件装入到 PCB 中。

### 1．编译设计项目

在装入原理图的网络与元件之前，设计人员应该先编译设计项目，根据编译信息检查项目的原理图是否存在错误，如果有错误，应及时修正，否则装入网络和元件到 PCB 时会产生错误，而导致装载失败。

### 2．装入网络与元件

1）打开已经创建的 PCB 文件，本实例的 PCB 文件如图 8-39 所示，其原理图文件请参考 4.13 节的实例。

2）执行 Design→Import Changes From FPGA_Spartan.PRJPCB 命令，系统会弹出如图 8-43 所示的对话框。

> **技巧**：除了在 PCB 编辑环境下，执行 Design→Import Changes From 命令装入原理图的网络和元件外，还可以在原理图编辑环境下，执行 Design→Update PCB Design PcbDoc 命令，同样可以实现元件和网络的装入操作。

3）用鼠标拖动右边的滚动条到底部，此时会看到系统将会添加几个 ROOM（元件集合），如果选中这几个添加项，则将会把不同文件加载的元件组合起来形成相应的元件集合。这里取消这些添加项。

然后单击图 8-43 所示对话框中的 Validate Changes 按钮,检查工程变化顺序(ECO),并使工程变化顺序有效。

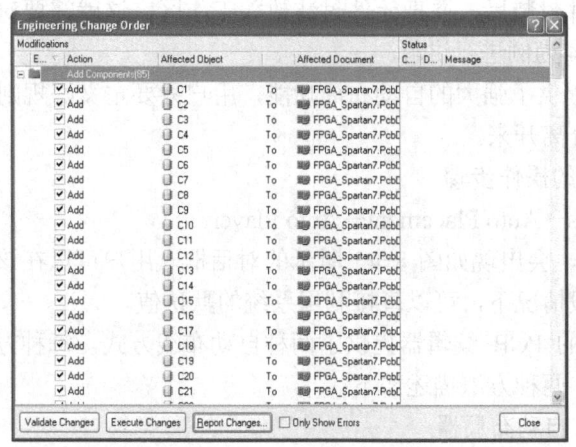

图 8-43 工程改变顺序对话框

4)单击 Execute Changes 按钮,接受工程变化顺序,将元件封装和网络添加到 PCB 编辑器中。如果 ECO 存在错误,即检查时存在错误,则装载不能成功;如果没有装入元件封装库,即找不到所需的元件封装库,也无法成功。

 **注意**:每个元件必须具有引脚的封装形式,对于原理图中从元件库中装载的元件,一般均具有封装形式,但是如果是用户自己创建的元件库或从 Digital Tools 工具栏上选择装入的元件,则应该设定其封装形式(即属性 Footprint 项),例如电阻引脚封装可设定为 CR1608-0603。

如果没有设定封装形式,或者封装形式不匹配,则在装入网络时,会在列表框中显示某些宏是错误的,这将不能正确装载该元件。用户应该返回原理图,修改该元件的属性或电路连接,再重新生成网络表,然后切换到 PCB 文件中进行操作。

5)单击 Close 按钮,实现装入网络与元件,结果如图 8-44 所示。

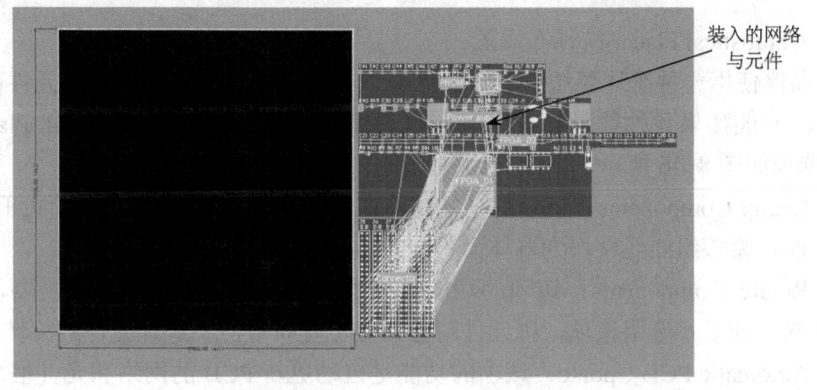

图 8-44 装入的网络与元件

## 8.7 元件的自动布局

装入网络表和元件封装后,要把元件封装放入工作区,这就需要对元件进行布局,下面继续以 8.6 节的图 8-44 为例进行讲解。

Altium Designer 提供了强大的自动布局功能,用户只要定义好规则,Altium Designer 可以将重叠的元件封装分离开来。

**1. 元件自动布局的操作步骤**

1) 执行命令 Tools→Auto Placement→Auto Player。

2) 执行该命令后,会出现如图 8-45 所示的对话框。用户可以在该对话框中设置有关的自动布局参数。在一般情况下,可以直接利用系统的默认值。

Altium Designer 的 PCB 编辑器提供了两种自动布线方式,每种方式使用不同的计算和优化元件位置的方法,两种方法描述如下:

(1) Cluster Placer 自动布局器

这种布局方式将元件按连通属性分为不同的元件束,并且将这些元件按照一定几何位置布局。这种布局方式适合于元件数量较少(小于 100)的 PCB 制作。Cluster Placer 自动布局器如图 8-45 所示。

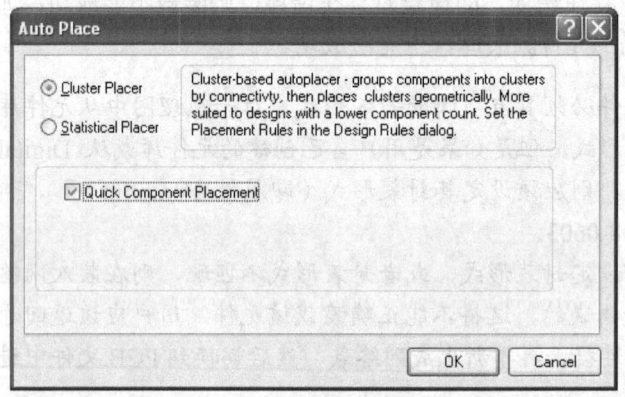

图 8-45 元件自动布局设置对话框

(2) Statistical Placer 统计布局器

布局器使用一种统计算法来放置元件,以便使连接长度最优化,使元件间用最短的导线来连接。一般如果元件数量超过 100,建议使用统计布局器(Statistical Placer)。Statistical Placer 选项如图 8-46 所示,下面介绍各项的含义。

- Group Components:该项的功能是将在当前网络中连接密切的元件归为一组。在排列时,将该组的元件作为群体而不是个体来考虑。
- Rotate Components:该项的功能是依据当前网络连接与排列的需要,使元件重组转向。如果不选用该项,则元件将按原始位置布置,不进行元件的旋转。
- Automatic PCB Update:该项的功能是自动更新 PCB 的网络和元件信息。
- Power Nets:定义电源网络名称。

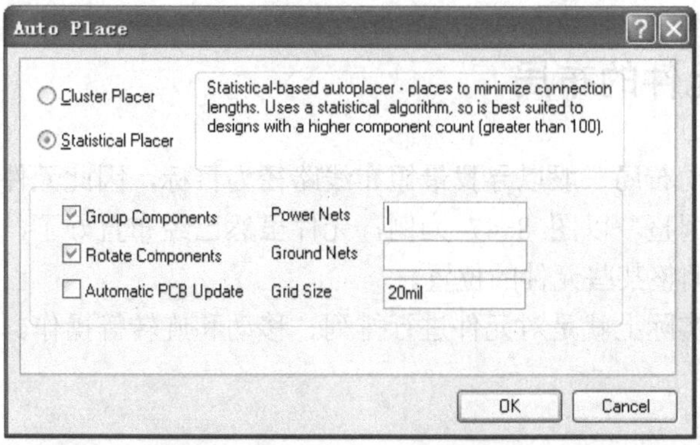

图 8-46  Statistical Placer 选项

- Ground Nets：定义接地网络名称。
- Grid Size：设置元件自动布局时的栅格间距大小。

因为本实例元件少，连接也少，所以选择 Cluster Placer 布局方式，并选择快速放置元件的方式。然后单击 OK 按钮，系统出现如图 8-47 所示的画面，即元件自动布局完成后的状态。从图中可以看出，所有元件封装均被布置到电路板的电气边界之内了。

注意：在运行自动布局前，应确保已经定义了一个 PCB 的电气边界，并确保电气边界的属性为 Keep out（参考 8.4 节）。

注意：在执行自动布局前，应该将当前原点设置为系统默认的绝对原点位置（可以执行 Edit →Origin→Reset 命令），因为自动布局使用绝对原点为参考点。

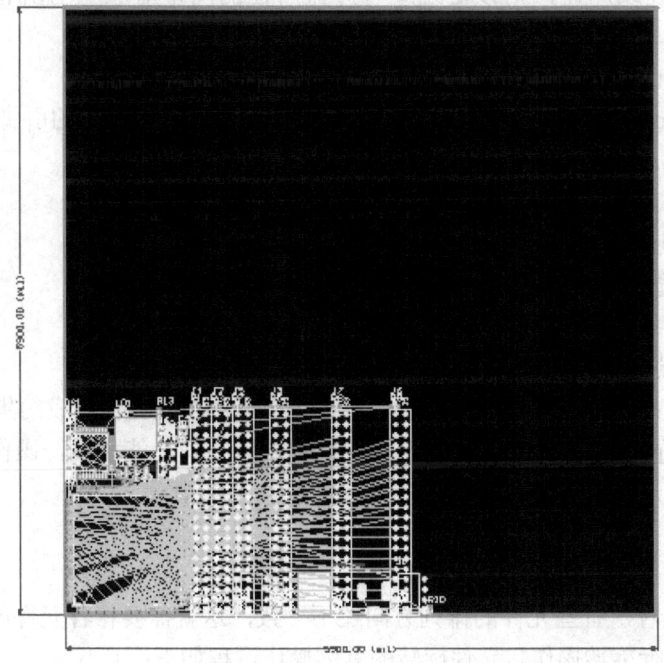

图 8-47  元件自动布局状态

## 8.8 手工调整元件的布局

系统对元件的自动布局一般以寻找最短布线路径为目标,因此元件的自动布局往往不太理想,需要用户手工调整。以图 8-47 为例,元件虽然已经布置好了,但元件的位置还不够整齐,因此必须重新调整某些元件的位置。

进行位置调整,实际上就是对元件进行排列、移动和旋转等操作。下面讲述如何手工调整元件的布局。

### 8.8.1 选取元件

手工调整元件的布局前,应该选中元件,然后才能进行元件的移动、旋转、翻转等操作。选中元件的最简单方法是拖动鼠标,直接将元件放在鼠标所形成的矩形框中。系统也提供了专门的选取对象和释放对象的命令,选取对象的菜单命令为 Edit→Select。如果用户想释放元件的选择,可以使用 Edit→Deselect 子菜单中的命令来实现。

1)选取对象,执行 Edit→Select 子菜单的命令,具体包括以下内容。

- Inside Area:将鼠标拖动的矩形区域中的所有元件选中。
- Outside Area:将鼠标拖动的矩形区域外的所有元件选中。
- All:将所有元件选中。
- Board:将整块 PCB 选中。
- Net:将组成某网络的元件选中。
- Connected Copper:通过敷铜的对象来选定相应网络中的对象。当执行该命令后,如果选中某条走线或焊盘,则该走线或者焊盘所在的网络对象上的所有元件均被选中。
- Physical Connection:表示通过物理连接来选中对象。
- Component Connection:表示选择元件上的连接对象,比如元件上的引脚。
- Component Nets:表示选择元件上的网络。
- Room Connections:表示选择电气方块上的连接对象。
- All on Layer:选定当前工作层上的所有对象。
- Free Objects:选中所有自由对象,即不与电路相连的任何对象。
- All Locked:选中所有锁定的对象。
- Off Grid Pads:选中图中的所有焊盘。
- Toggle Selection:逐个选取对象,最后构成一个由所选中的元件组成的集合。

2)释放选取对象的命令的各选项与对应的选择对象命令的功能相反,操作类似,这里就不再重述。

### 8.8.2 旋转元件

从图 8-47 中可以看出有些元件的排列方向还不一致,这就需要将各元件的排列方向调整为一致,并对元件进行旋转操作。元件旋转的具体操作过程如下:

1)执行 Edit→Select→Inside all 命令,然后拖动鼠标选中需要旋转的元件。也可以直接拖动鼠标选中元件对象。

2）执行 Edit→Move→Rotate Selection 命令，系统将弹出如图 8-48 所示的旋转角度设置对话框。

3）设定了角度（-90°）后，单击 OK 按钮，系统将提示用户在图纸上选取旋转基准点。当用户用鼠标在图纸上选定了一个旋转基准点后，选中的元件就实现了旋转。

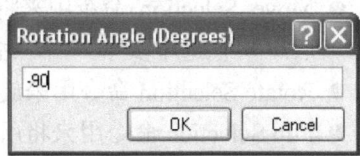

图 8-48 旋转角度设置对话框

4）U6 旋转前后的情况如图 8-49 所示。

 **技巧**：用户也可以使用一种简单的操作方法实现对象旋转，即直接使用鼠标双击需要旋转的元件，然后在其属性对话框中设定旋转角度。

用户也可以使用鼠标选中元件后，按住鼠标左键，然后按〈Space〉键即可旋转元件。

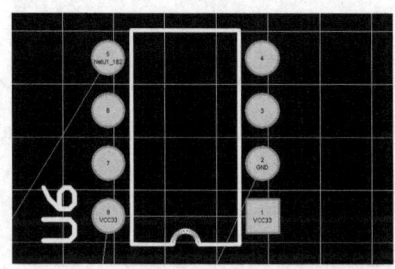 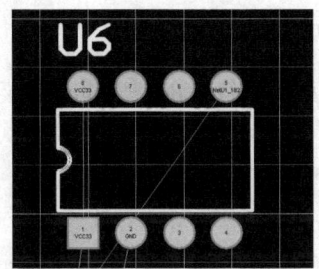

图 8-49 旋转调整元件方向的前后比较

### 8.8.3 移动元件

在 Altium Designer 中，可以使用命令来实现元件的移动，当选择了元件后，执行移动命令就可以实现移动操作。元件移动的命令在菜单 Edit→Move 中。Move 子菜单中各个移动命令的功能如下所述：

- Move 命令用于移动元件。当选中元件后，选择该命令，用户就可以拖动鼠标，将元件移动到合适的位置，这种移动方法不够精确，但很方便。当然在使用该命令时，也可以先不选中元件，可以在执行命令后选择元件。
- Drag 也是一个很有用的命令，启动该命令前，可以不选取元件，也可以选中元件。启动该命令后，光标变成十字状。在需要拖动的元件上单击一下鼠标，元件就会跟着光标一起移动，将元件移到合适的位置，再单击一下鼠标即可完成此元件的重新定位。
- Component 命令的功能与上述两个命令的功能类似，也是实现元件的移动，操作方法也与上述命令类似。
- Re-Route 命令用来对移动后的元件重生成布线。
- Break Track 命令用来打断某些导线。
- Drag Track End 用来选取导线的端点为基准移动元件对象。

- Move/Resize Track 用来移动并改变所选取导线对象。
- Move Selection 命令用来将选中的多个元件移动到目标位置，该命令必须在选中了元件（可以选中多个）后，才能有效。
- Rotate Selection 命令用来旋转选中的对象，执行该命令必须先选中元件。
- Flip Selection 命令用来将所选的对象翻转 180º，与旋转不同。

在进行手动移动元件期间，按〈CTRL+N〉键可以使网络飞线暂时消失，当移动到指定位置后，网络飞线自动恢复。

技巧：用户也可以使用一种简单的操作方法，具体如下：
- 首先用鼠标左键单击需要移动的元件，并按住左键不放，此时光标变为十字状，表明已选中要移动的元件了。
- 按住鼠标左键不放，然后拖动鼠标，则十字光标会带动被选中的元件进行移动，将元件移动到合适的位置后，松开鼠标左键即可。

### 8.8.4 排列元件

排列元件可以执行 Edit→Align 子菜单的相关命令来实现，该子菜单有多个选项，如图 8-50 所示。用户也可以从元件位置调整（Tool→Component Placement）工具栏选取相应命令来排列元件。

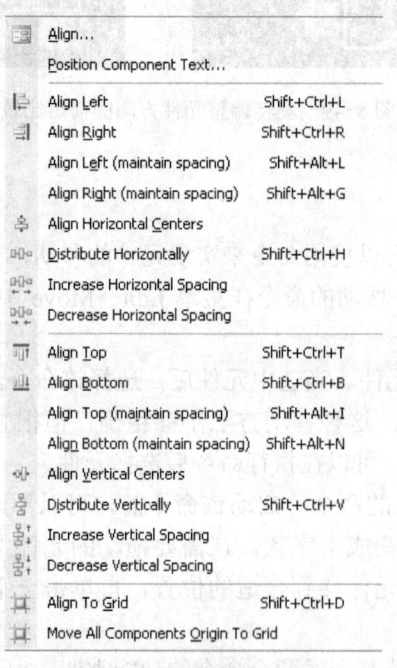

图 8-50 排列元件菜单

**1．子菜单中的主要命令和功能**

1）Align。选取该菜单将弹出对齐元件对话框，该对话框列出了多种对齐的方式，如图 8-51 所示，该命令也可以从工具栏上选择按钮 来激活。

- Left：将选取的元件，向最左边的元件对齐。
- Right：将选取的元件，向最右边的元件对齐。
- Center（Horizontal）：将选取的元件，按元件的水平中心线对齐。
- Space equally（Horizontal）：将选取的元件水平平铺，相应的工具栏按钮为 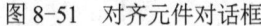。
- Top：将选取的元件，向最上面的元件对齐。
- Bottom：将选取的元件，向最下面的元件对齐。
- Center（Vertical）：将选取的元件，按元件的垂直中心线对齐。
- Space equally（Vertical）：将选取的元件垂直平铺，相应的工具栏按钮为 。

2）Position Component Text。执行该命令后，系统弹出如图 8-52 所示的元件文本位置设置对话框，可以在该对话框中设置元件文本的位置，也可以直接手动调整文本位置。

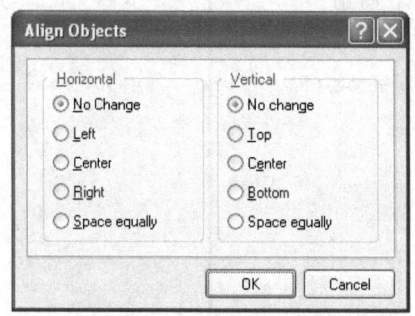
图 8-51　对齐元件对话框

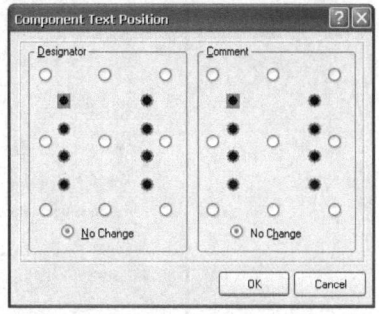
图 8-52　元件文本位置设置对话框

3）Align Left：将选取的元件，向最左边的元件对齐，相应的工具栏按钮为 。
4）Align Right：将选取的元件，向最右边的元件对齐，相应的工具栏按钮为 。
5）Align Top：将选取的元件，向最顶部的元件对齐，相应的工具栏按钮为 。
6）Align Bottom：将选取的元件，向最底部的元件对齐，相应的工具栏按钮为 。
7）Align Horizontal Centers：将选取的元件，按元件的水平中心线对齐，相应的工具栏按钮为 。
8）Align Vertical Centers：将选取的元件，按元件的垂直中心线对齐，相应的工具栏按钮为 。
9）Distribute Horizontally：将选取的元件，水平平铺，相应的工具栏按钮为 。
10）Increase Horizontal Spacing：将选取元件的水平间距增大，相应的工具栏按钮为 。
11）Decrease Horizontal Spacing：将选取元件的水平间距减小，相应的工具栏按钮为 。
12）Distribute Vertically：将选取的元件，垂直平铺，相应的工具栏按钮为 。
13）Increase Vertical Spacing：将选取元件的垂直间距增大，相应的工具栏按钮为 。
14）Decrease Vertical Spacing：将选取元件的垂直间距减小，相应的工具栏按钮为 。
15）Align To Grid：将选取的元件对齐到栅格。
16）Move All Components Origin To Grid：将选取的所有元件的原点对齐到栅格。

### 8.8.5 调整元件标注

元件的标注不合适虽然不会影响电路的正确性，但是对于一个有经验的电路设计人员来说，电路板板面的美观也是很重要的。因此，用户可按如下步骤对元件标注加以调整：

1) 选中标注字符串，然后单击鼠标右键，从快捷菜单中选取 Properties 命令项，系统将会弹出如图 8-53 所示的字符串属性对话框，此时可以设置文字标注属性。

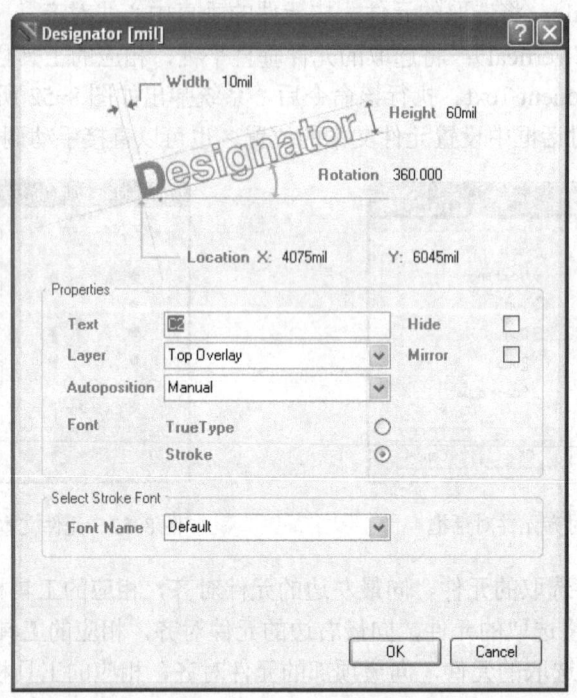

图 8-53 字符串属性对话框

2) 通过该对话框，可以设置文字标注。

### 8.8.6 剪贴复制元件

**1．一般性的粘贴复制**

当需要复制元件时，可以使用 Altium Designer 提供的复制、剪切和粘贴元件的命令。

1) 复制。执行 Edit→Copy 命令，将选取的元件作为副本，放入剪贴板中。

2) 剪切。执行 Edit→Cut 命令，将选取的元件直接移入剪贴板中，同时电路图上的被选元件被删除。

3) 粘贴。执行 Edit→Paste 命令，将剪贴板中的内容作为副本，复制到电路图中。

这些命令也可以在主工具栏中选择执行。另外，系统还提供了功能热键来实现剪贴复制操作。

- Copy 命令：〈Ctrl+C〉键。
- Cut 命令：〈Ctrl+X〉键。
- Paste 命令：〈Ctrl+V〉键。

### 2. 选择性的粘贴

执行 Edit→Paste Special 命令可以进行选择性粘贴。选择性的粘贴是一种特别的粘贴方式，选择性粘贴可以按设定的粘贴方式复制元件，也可以采用阵列方式粘贴元件。

### 8.8.7 元件的删除

#### 1. 一般元件的删除

当图形中的某个元件不需要时，可以对其进行删除。删除元件可以使用 Eidt 菜单中的两个删除命令，即 Clear 和 Delete 命令。

Clear 命令的功能是删除已选取的元件。启动 Clear 命令之前需要选取元件，启动 Clear 命令之后，已选取的元件立即被删除。

Delete 命令的功能也是删除元件，只是启动 Delete 命令之前不需要选取元件，启动 Delete 命令后，光标变成十字状，将光标移到所要删除的元件上单击鼠标，即可删除元件。

#### 2. 导线删除

选中导线后，按〈Delete〉键即可将选中的对象删除。下面为各种导线段的删除方法。

- 导线段的删除：删除导线段时，可以选中所要删除的导线段（在所要删除的导线段上单击鼠标），然后按〈Delete〉键，即可实现导线段的删除。

另外，还有一个很好用的命令。执行 Edit→Delete 命令，光标变成十字状，将光标移到任意一个导线段上，光标上出现小圆点，单击鼠标左键，即可删除该导线段。

- 两焊盘间导线的删除：执行 Edit→Select→Physical Connection 命令，光标变成十字状左键。将光标移到连接两焊盘的任意一个导线段上，光标上出现小圆点，单击鼠标左键，可将两焊盘间所有的导线段选中，然后按〈Ctrl+Delete〉键，即可将两焊盘间的导线删除。
- 删除相连接的导线：执行 Edit→Select→Connected Copper 命令，光标变成十字状。将光标移到其中一个导线段上，光标上出现小圆点，单击鼠标左键，可将所有有连接关系的导线选中，然后按〈Ctrl+Delete〉键，即可删除连接的导线。
- 删除同一网络的所有导线：执行 Edit→Select→Net 命令，光标变成十字状。将光标移到网络上的任意一个导线段上，光标上出现小圆点，单击鼠标左键，可将网络上所有导线选中，然后按〈Ctrl+Delete〉键，即可删除网络的所有导线。

## 8.9 添加网络连接

当在 PCB 中装入了网络后，如果发现在原理图中遗漏了个别元件，那么可以在 PCB 中直接添加元件，并添加相应网络。另外通常还有些网络需要用户自行添加，比如与总线的连接，与电源的连接等。下面以图 8-54 所示的 PCB 图为例来添加网络连接，假如添加网络连接将 R5 的 1 脚和 R4 的 1 脚相连、R5 的 2 脚和 R6 的 1 脚相连、R6 的 2 脚和 R1 的 1 脚相连。

本节将以该实例为基础，详细讲述如何在 PCB 中添加网络连接，具体操作步骤如下：

1）在打开的 PCB 文件中（需要装载了网络表）执行 Design→Netlist→Edit nets 命令，系统将弹出如图 8-55 所示的网络表管理器对话框。

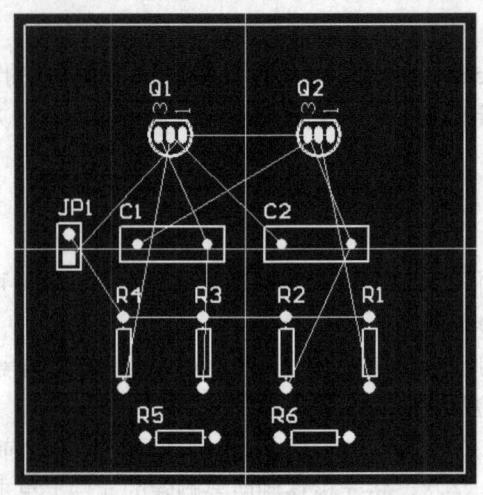

图 8-54 实例 PCB 图

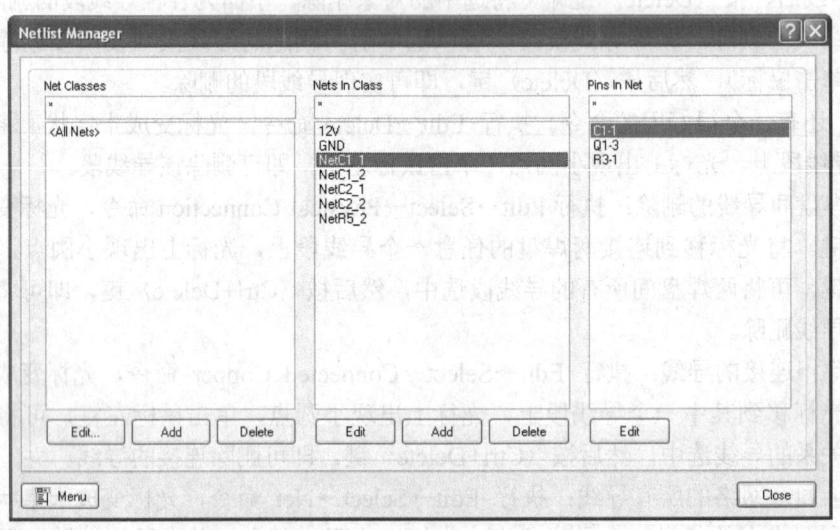

图 8-55 网络表管理器对话框

2）此时，可以在 Nets in Class 列表中选择需要连接的网络，例如 NetC2_2，然后双击该网络名或者单击下面的 Edit 按钮，系统将弹出图 8-56 所示的编辑网络对话框，此时可以选择添加连接该网络的元件引脚，如 R5-1。

3）在 Nets in Class 列表中单击下面的 Add 按钮，可以向 PCB 添加新的网络，系统弹出的对话框与图 8-56 一样。此时可以在 Net Name 编辑框中输入新的网络名，如 NetR5_2，并分别添加该网络的连接 R5-2 和 R6-1。

4）在 Nets in Class 列表中选择 NetC1_2，然后双击该网络名或者单击下面的 Edit 按钮，系统将弹出图 8-56 所示的编辑网络对话框，此时可以选择添加连接该网络的元件引脚，如 R6-2。

在 Nets in Class 列表中单击下面的 Delete 按钮，可以从 PCB 移去已有的网络。

5）添加了网络连接后，如果添加的元件和网络较多，则可以重新执行 Tools→Auto

Placement→Auto Placer 命令，否则不用重新布局，如本实例。添加网络的 PCB 如图 8-57 所示。

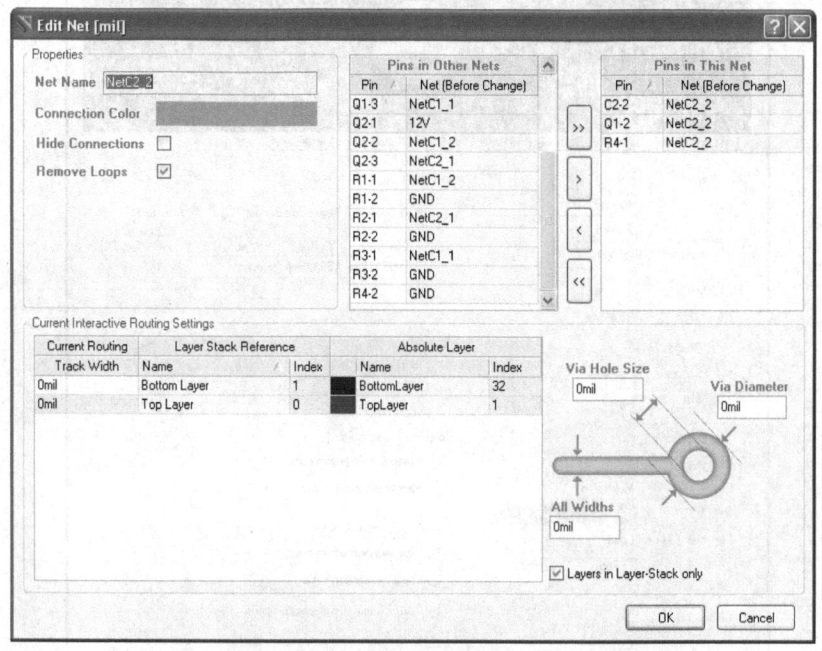

图 8-56  编辑网络对话框

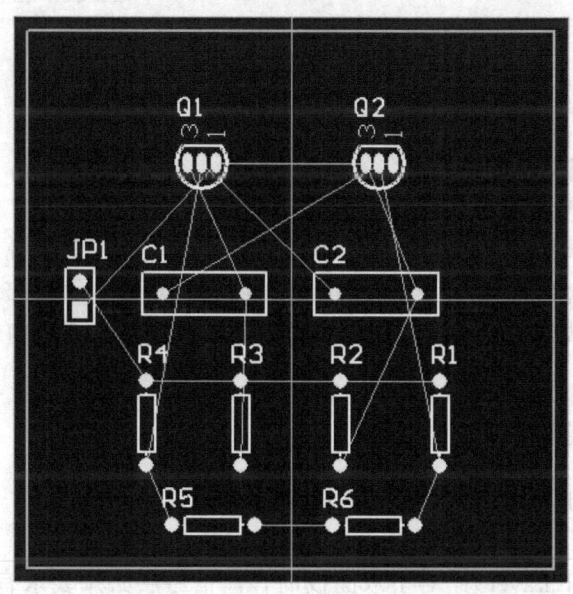

图 8-57  添加了新的网络连接

 **技巧**：网络连接也可以直接在焊盘属性对话框中修改或添加。如果新放置了一个焊盘，那么可以直接打开其属性对话框，如图 8-58 所示，在 Net 下拉列表中选择该焊盘的网络连接。

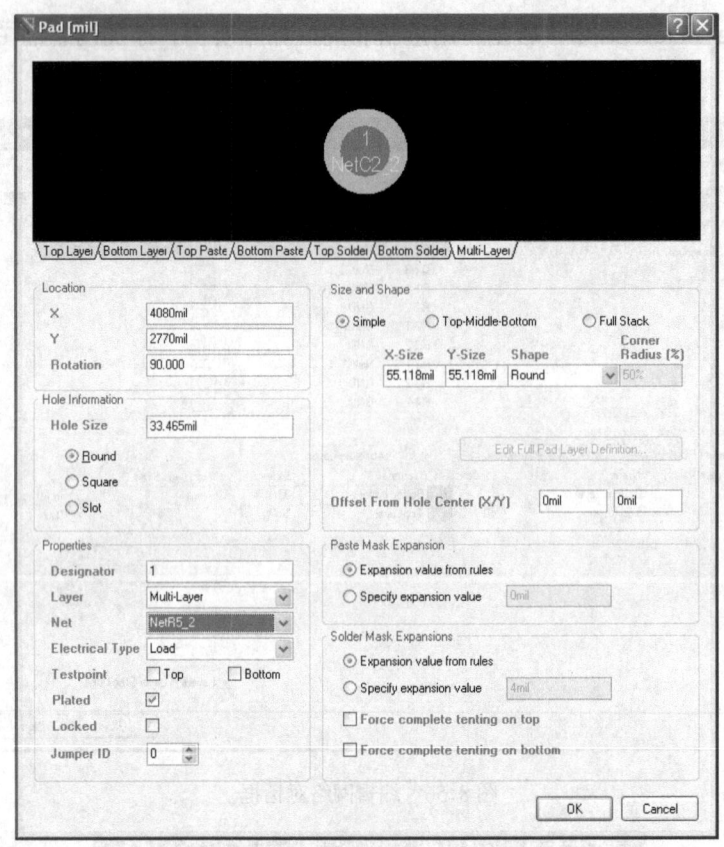

图 8-58 焊盘属性对话框

## 8.10 设计规则的设置

在印制电路板布局结束后,便进入电路板的布线阶段。一般来说,用户先是对电路板布线提出某些要求,然后按照这些要求来预置布线设计规则。预置布线设计规则设定的是否合理将直接影响布线的质量和成功率。设置完布线规则后,系统将依据这些规则进行自动布线。

### 8.10.1 布线基本知识

下面将结合本章的实例,讲述一下布线的基本知识。

**1. 工作层**
- 信号层(Signal Layer):对于双面板而言,信号层必须要求有两个,即顶层(Top Layer)和底层(Bottom Layer),这两个工作层必须设置为打开状态,而信号层的其他层面均可以处于关闭状态。
- 丝印层(Silkscreen Layer):对于双面板而言,只需打开顶层丝印层。
- 其他层面(Others):根据实际需要,还需要打开禁止布线层(Keep Out Layer)和多层(Multi-Layer)。它们主要用于放置电路板边界和文字标注等。

2. 布线规则
- 安全间距允许值（Clearance Constraint）：在布线之前，需要定义同一个层面上两个图元之间所允许的最小间距，即安全间距。根据经验结合本例的具体情况，可以设置为 10mil。
- 布线拐角模式。根据电路板的需要，将电路板上的布线拐角模式设置为 45°角模式。
- 布线层的确定。对双面板而言，一般将顶层布线设置为沿垂直方向，将底层布线设置为沿水平方向。
- 布线优先级（Routing Priority）。在这里布线优先级设置为 2。
- 布线原则（Routing Topology）。一般来说，确定一条网络的走线方式是以布线的总线长最短作为设计原则。
- 过孔的类型（Routing Via Style）。对于过孔类型，应该与电源/接地线以及信号线区别对待，在这里设置为通孔（Through Hole）。对电源/接地线的过孔，要求的孔径参数为：孔径（Hole Size）为 20mil，宽度（Width）为 50mil。一般信号类型的过孔则孔径为 20mil，宽度为 40mil。
- 对走线宽度的要求。根据电路的抗干扰性能和实际电流的大小，将电源和接地的线宽确定为 20mil，其他的走线宽度为 10mil。

3. 工作层的设置

进行布线前，还应该设置工作层，以便在布线时可以合理安排线路的布局。工作层的设置步骤如下：

1）执行命令 Design→Board Layers & Colors。

2）执行该命令后，系统将会弹出设置板层和颜色对话框，关闭不需要的机械层，并关闭内部平面层，如图 8-59 所示。

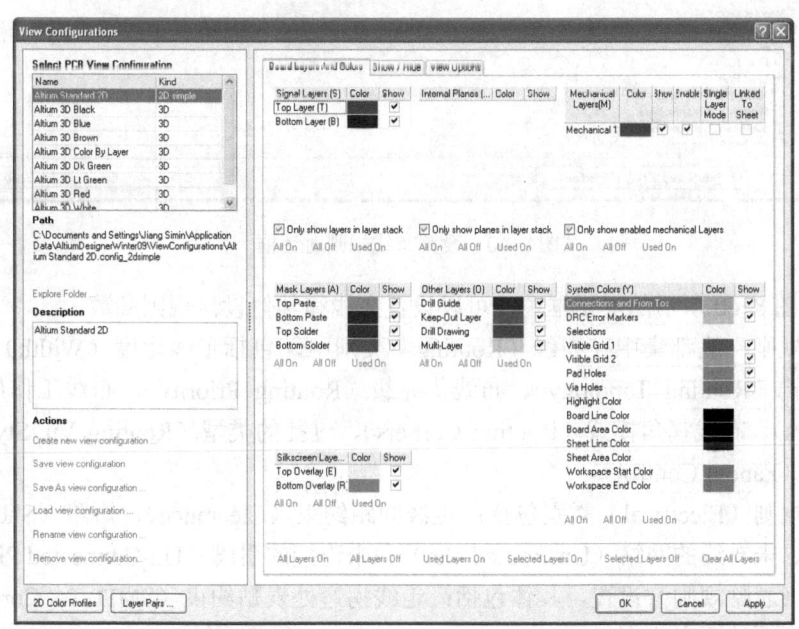

图 8-59 设置板层和颜色对话框

3）在对话框中进行工作层的设置，双面板需要选定信号层的 Top Layer 和 Bottom Layer 复选框，其他项为系统默认即可。

该对话框各选项的意义和设置可以参考 8.5 节的讲解，这里不再重述。

### 8.10.2 布线设计规则的设置

**1. 设计规则的参数设置对话框**

Altium Designer 为用户提供了自动布线的功能，除可以用来进行自动布线外，也可以进行手动交互布线。在布线之前，必须先进行其参数的设置，下面讲述布线规则的参数设置过程。

1）执行命令 Design→Rules，系统将会弹出如图 8-60 所示的对话框，在此对话框中可以设置布线参数。

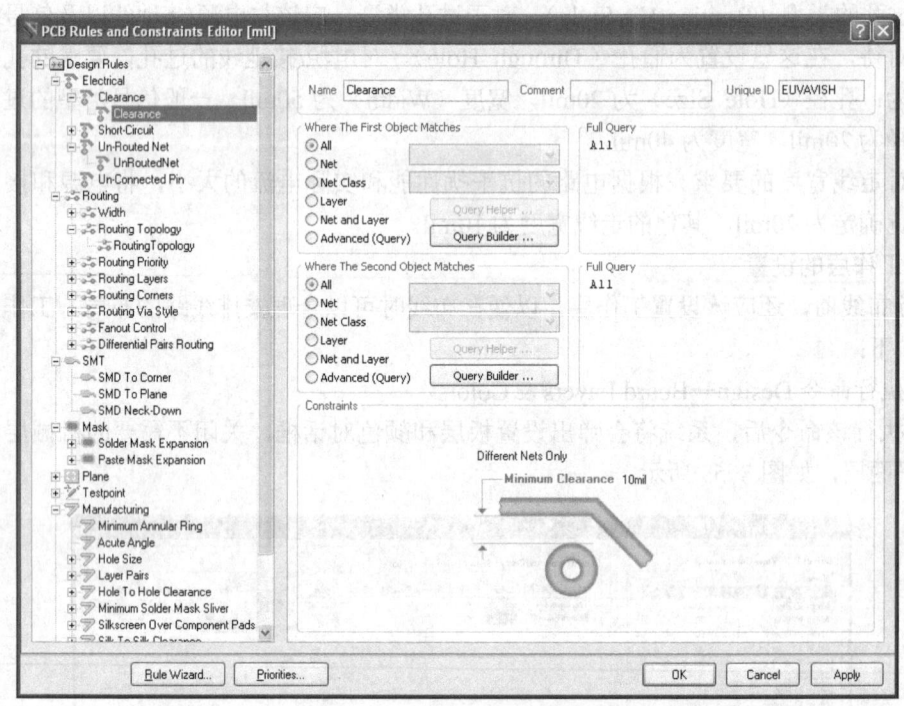

图 8-60  设置布线规则对话框

2）在如图 8-60 所示的对话框中，可以设置布线和其他设计规则参数。

- 布线规则一般都集中在布线（Routing）类别中，包括走线宽度（Width）、布线的拓扑结构（Routing Topology）、布线优先级（Routing Priority）、布线工作层（Routing Layers）、布线拐角模式（Routing Corners）、过孔的类型（Routing Via Style）和输出控制（Fanout Control）。
- 电气规则（Electrical）类别包括：走线间距约束（Clearance）、短路（Short-Circuit）约束、未布线的网络（Un-Routed Net）和未连接的引脚（Un-Connected Pin）。
- SMT（表贴规则）设置，具体包括：走线拐弯处表贴约束（SMD To Corner）、SMD 到电平面的距离约束（SMD To Plane）和 SMD 的缩颈约束（SMD Neck-Down）。
- 阻焊膜和助焊膜（Mask）规则设置，包括：阻焊膜扩展（Solder Mask Expansion）和助焊膜扩展（Paste Mask Expansion）。
- 测试点（Testpoint）的设置，包括：测试点的类型（Testpoint Style）和测试点的用处（Testpoint Usage）。

另外还有制造、高速信号、放置、信号完整性等设计规则，本节将主要讲述布线、电气等设计规则的设置，关于信号完整性规则可以参考第 12 章。

## 2．布线设计规则设置

（1）设置走线宽度（Width）

该设置可以设置走线的最大、最小和推荐的宽度。

1）在图 8-60 所示对话框中，使用鼠标选中选项 Routing 的 Width 选项，然后单击鼠标右键从快捷菜单中选择 New Rule 命令（如图 8-61 所示），系统将生成一个新的宽度约束。然后使用鼠标单击新生成的宽度约束，系统将会弹出如图 8-62 所示的对话框。

图 8-61　快捷菜单

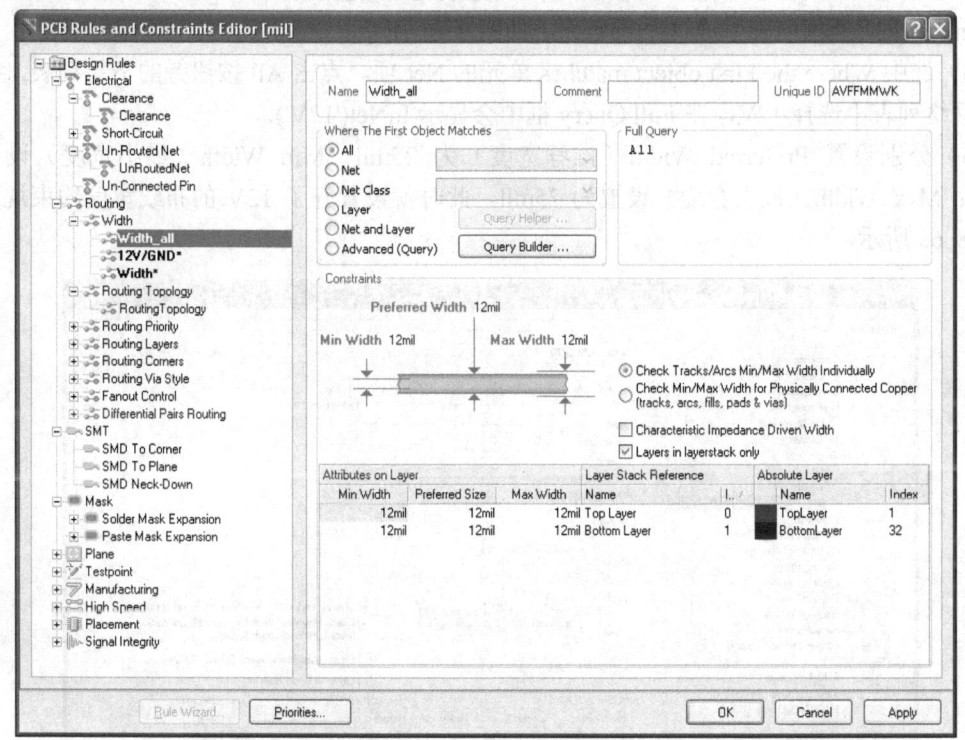

图 8-62　PCB 宽度约束规则设置

2）在 Name 编辑框中输入 Width_all，然后设定该宽度规则的约束特性和范围。在此设定该宽度规则应用到整个电路板，所以在 Where The First Object Matches 单元选择 All。并且设置宽度约束条件如下：

Preferred Width（推荐宽度）设置为 12mil；Min Width（最小宽度）设置为 12mil；Max Width（最大宽度）设置为 12mil。

其他设置项为系统默认，这样就设置了一个应用于整个 PCB 图的宽度约束。

**说明**：Altium Designer 设计规则系统的一个强大功能是：可以定义同类型的多个规则，且每个规则应用对象可以相同。每一个规则的应用对象只适用于该规则的范围内。规则系统使用预定义等级来决定将哪个规则应用到对象。

例如，可能有一个对整个电路板的宽度约束规则（即所有的导线都必须是这个宽度），而对接地网络需要另一个宽度约束规则（这个规则忽略前一个规则），在接地网络上的特殊连接却需要第三个宽度约束规则（这个规则忽略前两个规则），规则根据优先权顺序显示。

此时在设计中有一个宽度约束规则应用到整个电路板。下面为 12V 和 GND 网络再添加一个新的宽度约束规则，继续下面的操作。

3）在图 8-61 所示对话框中，单击鼠标右键从快捷菜单中选择 New Rule 命令，然后生成一个新的宽度约束规则，然后修改其范围和约束。

4）在 Name 编辑框中输入 12V/GND。当完成规则设置后在 Design Rules 面板单击，则 Design Rules 对话框中会生成这个新名称，如图 8-63 所示。

5）选中 Where the First object matches 单元的 Net 项。点击 All 按钮旁的下拉列表，从有效的网络列表中选择 12V，在 Full Query 框中会显示 InNet('12V')。

6）分别设置 Preferred Width（推荐宽度）为 25mil；Min Width（最小宽度）设置为 25mil；Max Width（最大宽度）设置为 25mil。此时就设置好了 12V 的布线宽度约束规则，如图 8-63 所示。

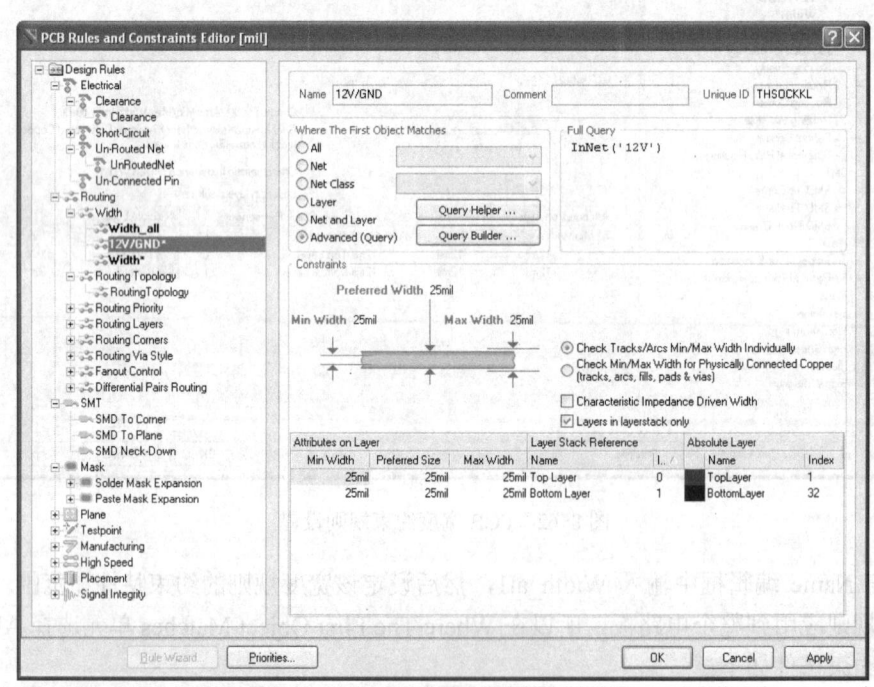

图 8-63　设置 12V 布线宽度约束规则

7）下面使用 Query Builder 将范围扩展为包括 GND 网络。首先选中 Advanced (Query)，然后单击 Query Builder 按钮。此时将弹出如图 8-64 所示的 Query Helper 对话框。

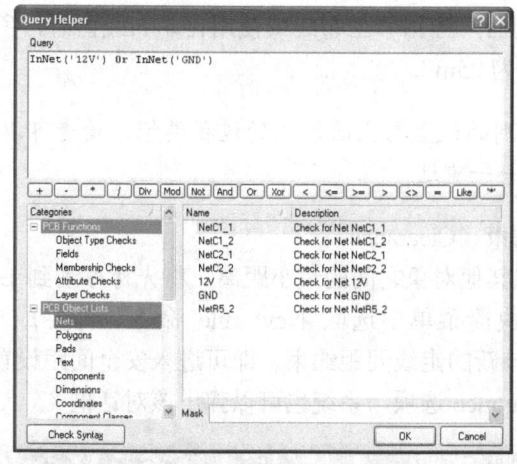

图 8-64 Query Helper 对话框

8）用鼠标单击 Query 框中 InNet('12V') 的右边，然后点击 Or 按钮。此时 Query 单元的内容变为 InNet('12V') or，这样就可以将规则范围设置为应用到两个网络中。

9）使用鼠标单击 PCB Functions 类的 Membership Checks，然后双击 Name 单元的 InNet 选项，此时 Query 框中显示为 InNet('12V') or InNet( )。

10）在 Query 框中 InNet( ) 的括号中间用鼠标单击一下，以添加 GND 网络的名称。然后在 PCB Objects Lists 类选择 Nets，然后从可用网络列表中双击选择 GND，并使用单引号 "'"、"'" 包含 GND。此时 Query 框的内容变为 InNet('12V') or InNet('GND')。

11）单击 Check Syntax 按钮，检查表达式的正确与否，如果存在错误则进行修正。

12）单击 OK 按钮关闭 Query Helper 对话框。此时在 Full Query 框的范围内就更新为新的内容。现在新的规则已经设置，如图 8-65 所示。当选择 Design Rules 面板的其他规则或关闭对话框时将予以保存。

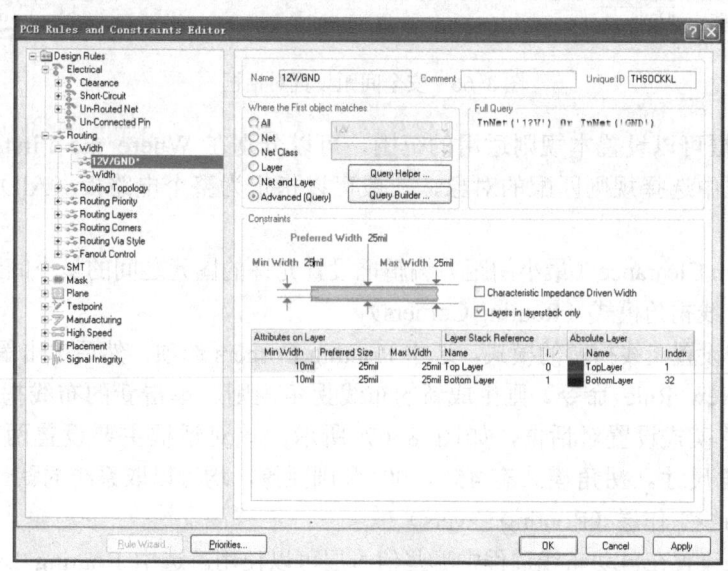

图 8-65 设置 12V/GND 宽度约束规则

257

设置了宽度约束规则后,当用手工布线或使用自动布线器时,所有的导线均为 12mil,除了 GND 和 12V 的导线为 25mil。

> **说明**:其他布线规则的设置与上面讲述的过程类似,读者可以参考进行其他布线规则的设置,后面不再一一重述。

(2)设置走线间距约束(Clearance)

该项用于设置走线与其他对象之间的最小距离。将光标移动到 Electrical 的 Clearance 处单击鼠标右键,然后从快捷菜单中选取 New rule 命令,即生成一个新的走线间距约束(Clearance)。然后单击该新的走线间距约束,即可进入安全间距设置对话框,如图 8-66 所示。用户也可以双击 Clearance 选项,系统也可以弹出该对话框。

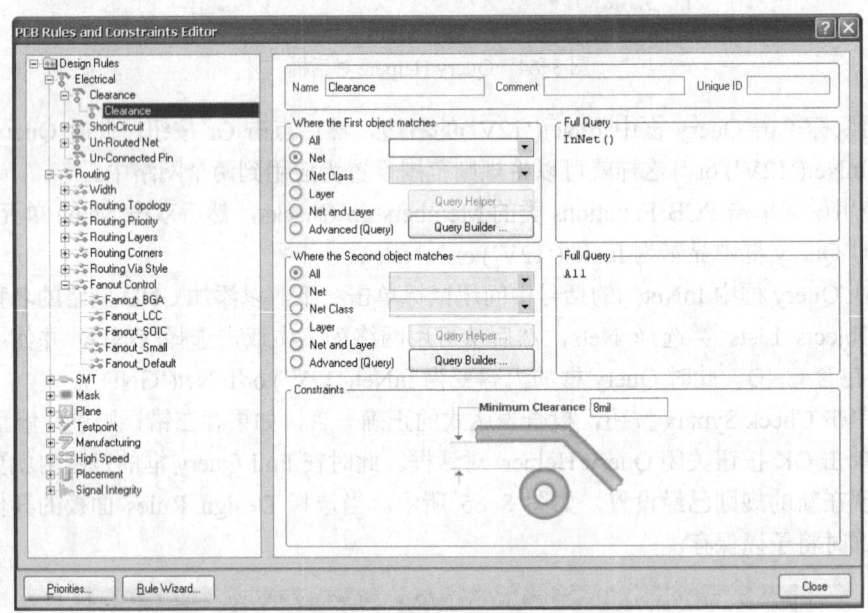

图 8-66 安全间距设置对话框

1)该对话框可以设置本规则适用的范围,可以分别在 Where the First/Second object Matches 选择框中选择规则匹配的对象,一般可以指定为整个电路板(All),也可以分别指定。

2)Minimum Clearance(最小间距)编辑框设置允许的图元之间的最小间距。

(3)设置布线拐角模式(Routing Corners)

该选项用来设置走线拐弯的模式。选中 Routing Corners 选项,然后单击鼠标右键,从快捷菜单中选择 New Rule 命令,则生成新的布线拐角规则。单击新的布线拐角规则,系统将弹出布线拐角模式设置对话框,如图 8-67 所示。该对话框主要设置两部分内容,即拐角模式和拐角尺寸。拐角模式有 45°、90°和圆弧等,均可以取系统的默认值。

(4)设置布线工作层(Routing Layers)

该选项用来设置在自动布线过程中哪些信号层可以使用。选中 Routing Layers 选项,然后单击鼠标右键,从快捷菜单中选择 New Rule 命令,则生成新的布线工作层规则。单击新的布线工作层规则，系统将弹出布线工作层设置对话框，如图 8-68 所示。

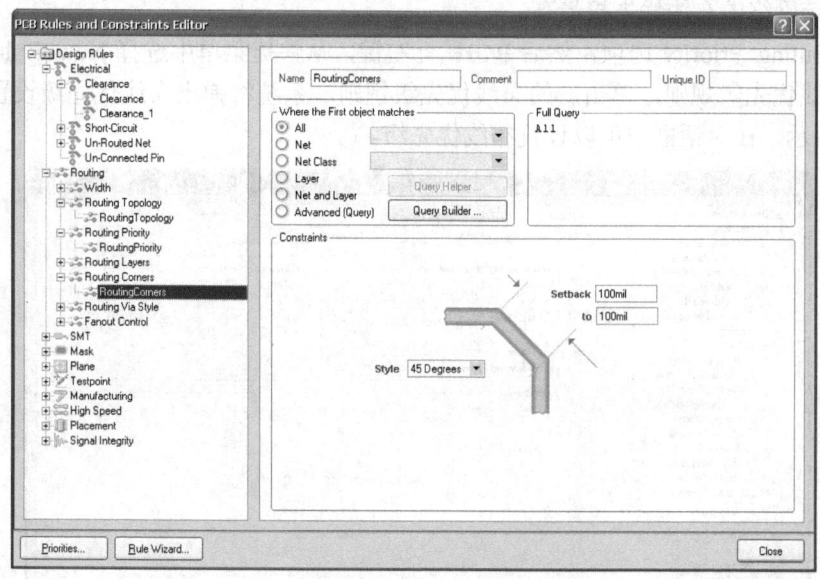

图 8-67 布线拐角模式设置对话框

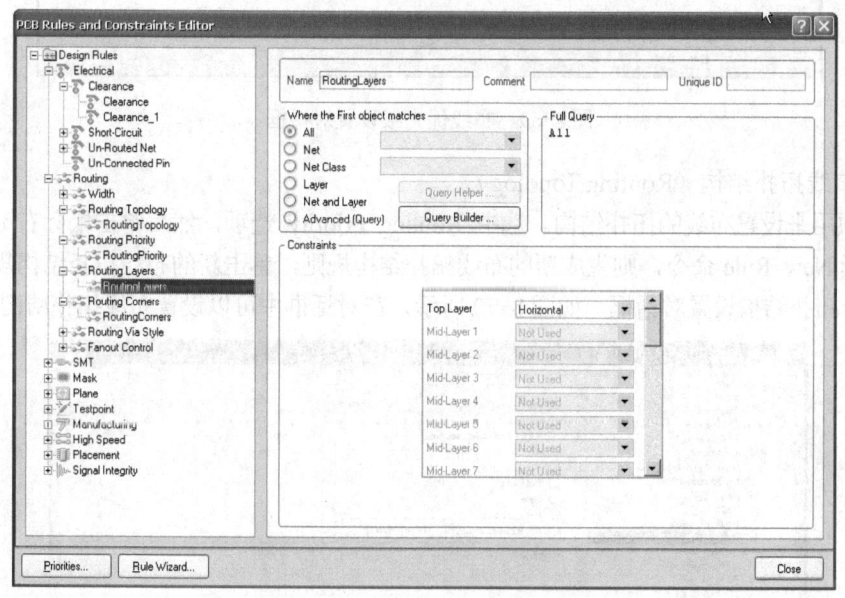

图 8-68 布线工作层设置对话框

在该对话框中，可以设置在自动布线过程中哪些信号层可以使用。可以选择的层包括顶层（Top Layer）、底层（Bottom Layer）等，各层可以设置为 Horizontal（水平）或 Vertical（垂直）的布线方式，Horizontal（水平）表示该工作层布线以水平为主，Vertical（垂直）表示该工作层布线以垂直为主。

（5）布线优先级（Routing Priority）

该选项可以设置布线的优先级，即布线的先后顺序。先布线的网络的优先权比后布线的

*259*

要高。Altium Designer 提供了 0~100 共 101 个优先权设定,数字 0 代表的优先权最低,数字 100 代表该网络的布线优先权最高。

选中 Routing Priority 选项,然后单击鼠标右键,从快捷菜单中选择 New Rule 命令,则生成新的布线优先级规则,单击新的布线优先级规则,系统将弹出布线优先级设置对话框,如图 8-69 所示,在对话框中可以设置布线优先级。

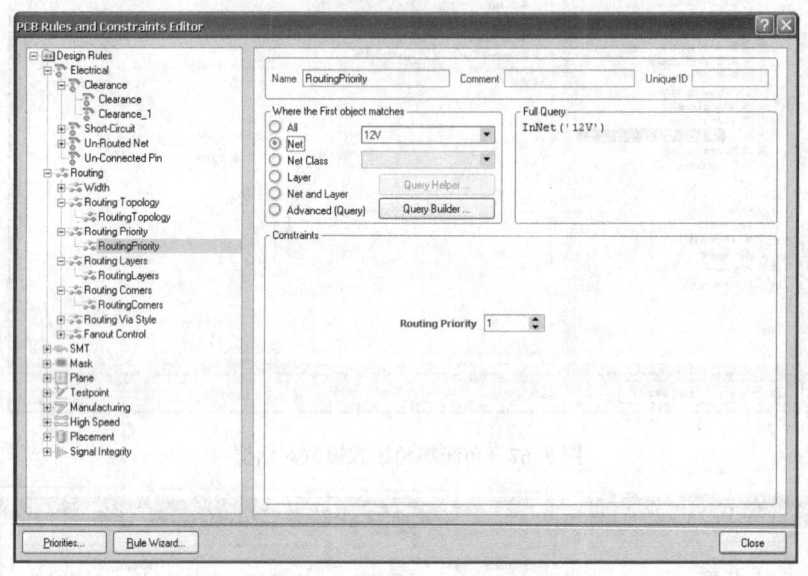

图 8-69 布线优先级设置对话框

(6)布线拓扑结构(Routing Topology)

该选项用来设置布线的拓扑结构。选中 Routing Priority 选项,然后单击鼠标右键,从快捷菜单中选择 New Rule 命令,则生成新的布线拓扑结构规则,单击新的布线拓扑结构规则,系统将弹出布线拓扑结构设置对话框,如图 8-70 所示,在对话框中可以设置布线拓扑结构。

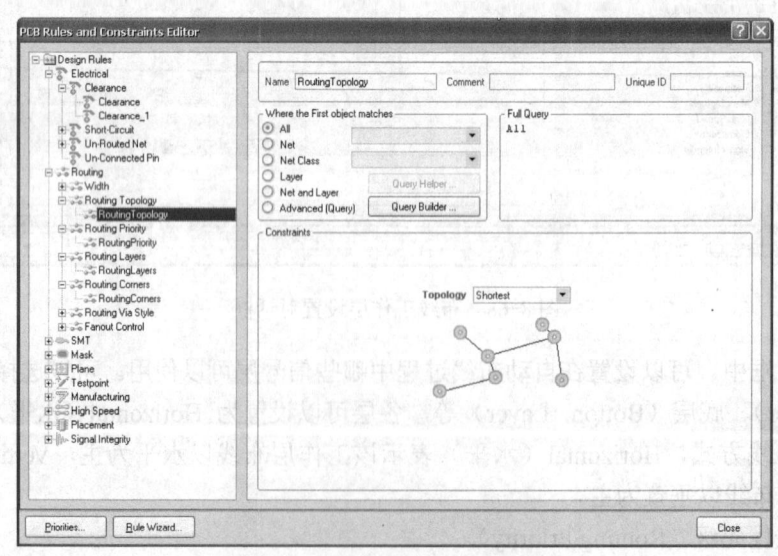

图 8-70 布线拓扑结构设置对话框

通常系统在自动布线时，以整个布线的线长最短（Shortest）为目标。用户也可以选择 Horizontal、Vertical、Daisy-Simple、Diasy-MidDriven、Diasy-Balanced 和 Starburst 等拓扑结构选项，选中各选项时，相应的拓扑结构会显示在对话框中。一般可以使用默认值 Shortest。

（7）设置过孔类型（Routing Via Style）

该选项用来设置自动布线过程中使用的过孔的样式。选中 Routing Via Style 选项，然后单击鼠标右键，从快捷菜单中选择 New Rule 命令，则生成新的过孔类型规则。单击新的过孔类型规则，系统将弹出过孔类型设置对话框，如图 8-71 所示，在对话框中可以设置过孔类型。

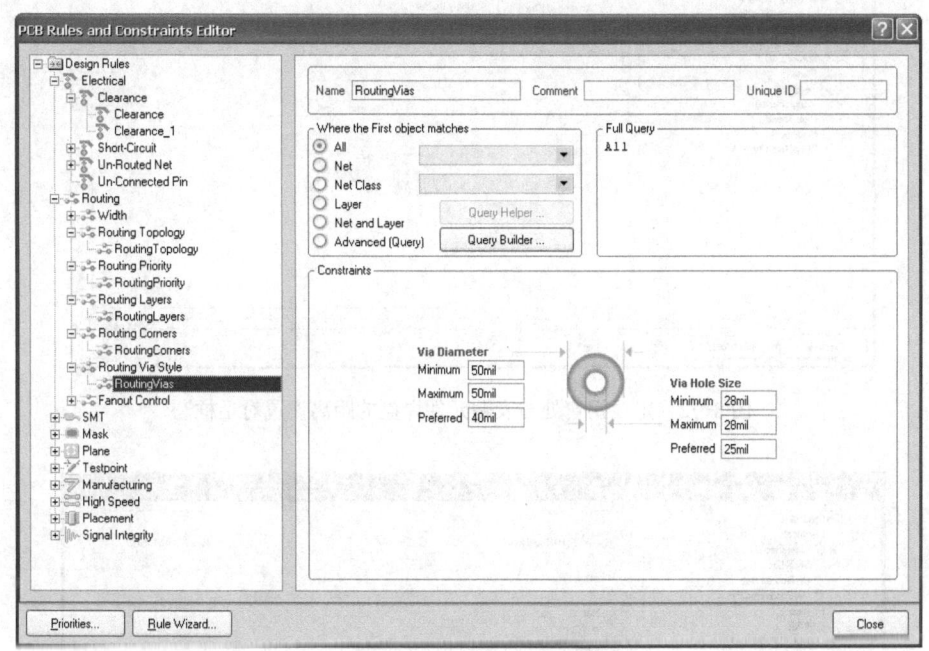

图 8-71 过孔类型设置对话框

通常过孔类型包括通孔（Through Hole）、层附近隐藏式盲孔（Blind Buried [Adjacent Layer]）和任何层对的隐藏式盲孔（Blind Buried [Any Layer Pair]）。层附近隐藏式盲孔指只穿透相邻的两个工作层；任何层对的隐藏式盲孔指可以穿透指定工作层对之间的任何工作层。本实例中选择通孔（Through Hole）。

（8）设置走线拐弯处与表贴元件焊盘的距离（SMD To Corner）

该选项用来设置走线拐弯处与表贴元件焊盘的距离。选中 SMT 的 SMD To Corner 选项，然后单击鼠标右键，从快捷菜单中选择 New Rule 命令，则生成新的走线拐弯处与表贴元件焊盘的距离规则。单击新的规则，系统将弹出走线拐弯处与表贴元件焊盘的距离设置对话框，如图 8-72 所示，在对话框中可以设置走线拐弯处与表贴元件焊盘的距离。

在该对话框右侧的 Distance 编辑框中可以输入走线拐弯处与表贴元件焊盘的距离，另外，规则的适用范围可以设定为 All。

（9）SMD 的缩颈限制（SMD Neck-Down）

该选项定义 SMD 的缩颈限制，即 SMD 的焊盘宽度与引出导线宽度的百分比。选中

SMT 的 SMD Neck-Down 选项，然后单击鼠标右键，从快捷菜单中选择 New Rule 命令，则生成新的 SMD 的缩颈限制规则，单击新的规则，系统将弹出 SMD 的缩颈限制设置对话框，如图 8-73 所示，在该对话框中可以设置 SMD 的缩颈限制。

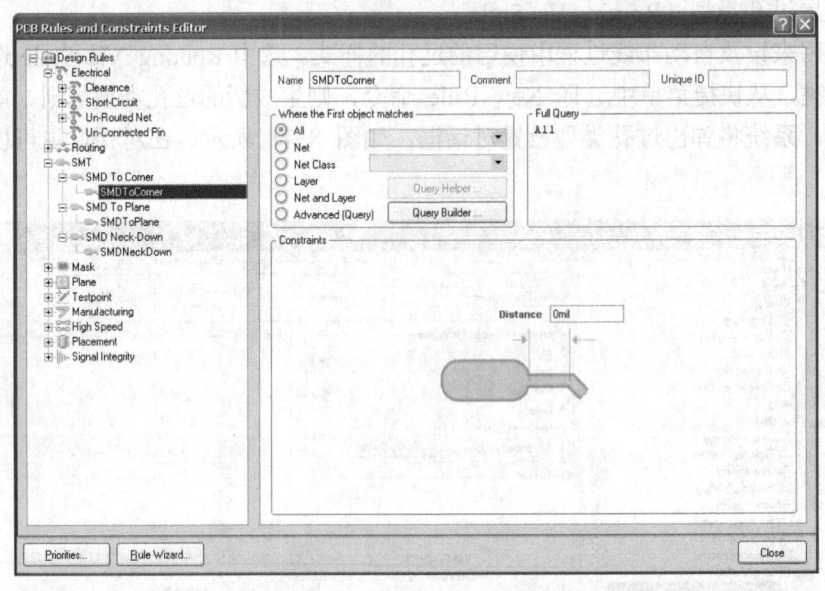

图 8-72　走线拐弯处与表贴元件焊盘的距离设置对话框

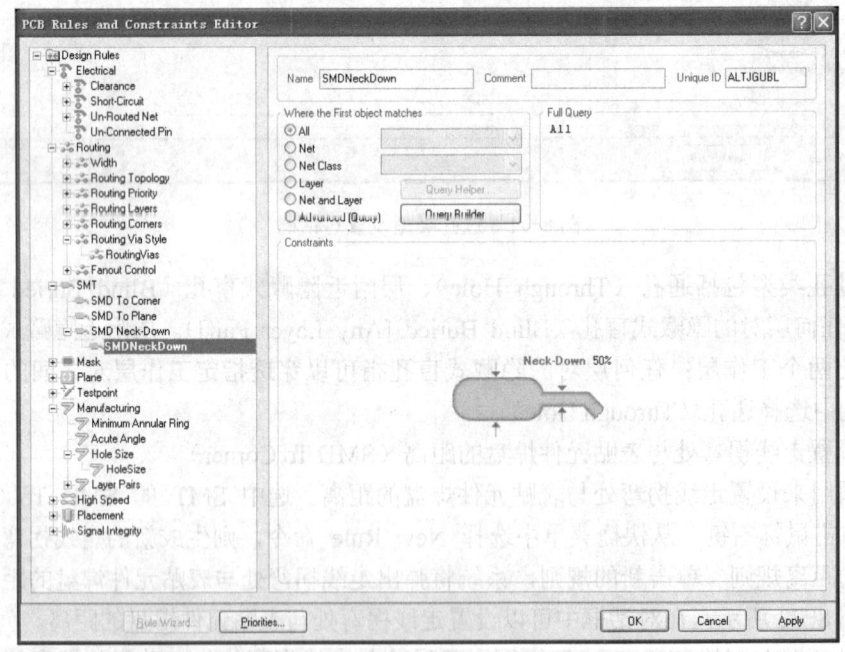

图 8-73　SMD 的缩颈限制设置对话框

上面比较全面地介绍了 PCB 布线时经常需要设置的设计规则，其他设计规则设置的操作类似，读者可以参考进行设置。对于信号完整性的设置，将在第 12 章讲解。

### 8.10.3 设置对象类

在进行板级布线时，可以设置对象类，以便于布线操作。通常设置的对象类有：网络类、元件类、层类、焊盘类、直接连接类（From to）、差分对类、设计通道类以及多边形类。对象类可以看作为一个对象组，在操作时可方便进行选择或其他编辑操作。

执行 Design→Class 命令，可以进行对象类的设置。执行该命令后，系统会弹出如图 8-74 所示的对话框。然后就可以定义所需要的对象类，例如定义一个网络类，可以使用鼠标选择 Net Class 选项，然后单击鼠标右键，选择 Add Class 快捷菜单命令，系统就会生成一个新的网络类，默认名为 New Class。使用鼠标选中 New Class，然后单击鼠标右键，选择右键快捷菜单命令 Rename Class，可以对定义的类重新命名，也可以执行 Delete Class 命令删除已定义的类。如图 8-74 所示的网络类 Power，就是重命名后的类。

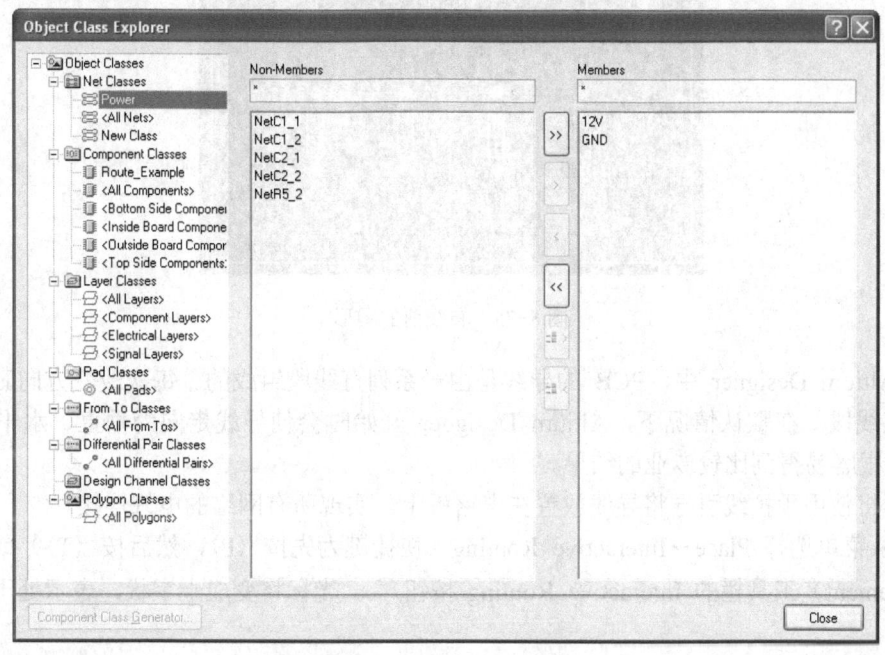

图 8-74 对象类设置对话框

定义了类后，就可以从 Non-members 列表中选择需要添加到该类中的类成员，选中后，按箭头按钮即可。也可以从类列表中移除某些类成员。

## 8.11 交互手动和自动布线

布线就是放置导线和过孔在电路板上，并将元件连接起来。前面讲述了设计规则的设置，当设置了布线规则后，就可以进行布线操作了。Altium Designer 提供了交互手动布线和自动布线两种布线方式，这两种方式不是孤立使用的，通常可以结合在一起使用，以提高布线效率，并使 PCB 具有更好的电气特性，使 PCB 更美观。

### 8.11.1 交互手动布线

Altium Designer 提供了许多有用的手动布线工具，使得布线工作非常容易。尽管自动布线器提供了一个简易而强大的布线方式，但仍然需要交互手动去控制导线的放置。下面以图 8-75 所示的简单 PCB 图来讲述如何交互手动布线。

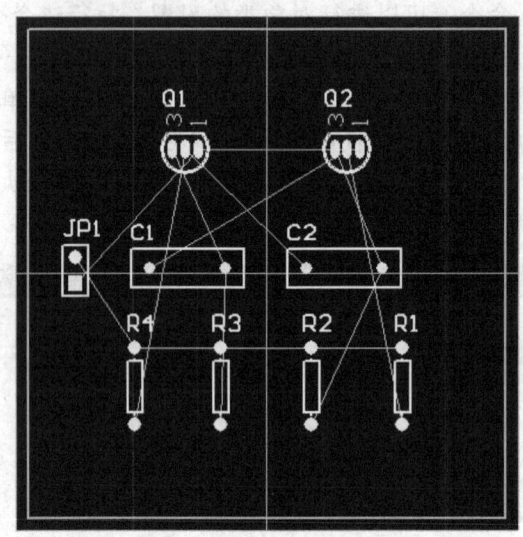

图 8-75 布线前的图形

在 Altium Designer 中，PCB 的导线是由一系列直线段组成的。每次改变方向时，会开始新的直线段。在默认情况下，Altium Designer 开始时会使导线走向为垂直、水平或 45°角，这样很容易得到比较专业的结果。

下面将使用预拉线引导将导线放置在电路板上，实现所有网络的电气连接。

1) 从菜单选择 Place→Interactive Routing（快捷键为先按〈P〉，然后按〈T〉）或单击放置（Placement）工具栏的 Interactive Routing 按钮 。光标将变成十字状，表示处于导线放置模式。

2) 检查文档工作区底部的层标签，检查 TopLayer 标签是否是被激活的当前工作层。可以按数字键盘上的〈*〉键切换到底层或者顶层而不需要退出导线放置模式，这个键仅在可用的信号层之间切换。也可以在执行放置导线命令前，使用鼠标在底部的层标签上单击需要激活的层。先设置当前层为顶层（TopLayer），即先在顶层布线。

3) 将光标放在连接器 JP1 的 2 号焊盘上，单击鼠标左键或按〈Enter〉键固定导线的第一个点。

4) 移动光标到电阻 R4 的 2 号焊盘。在默认情况下，导线走向为垂直、水平或 45°角；导线有两段，第一段（来自起点）是红色实体，是当前正在放置的导线段；第二段（连接在光标上）称做"look-ahead"段，为空心线，这一段允许预先查看要放的下一段导线的位置，以便很容易地绕开障碍物，并且一直保持初始的 45°/90°。

5) 将光标放在电阻 R4 的 2 号焊盘的中间，然后单击鼠标左键或按〈Enter〉键，此时第一段导线变为红色，表示它已经放在顶层了。

6）将光标重新定位在 R4 的 2 号焊盘上，会有一条红色实心线段从前一条线段延伸到这个焊盘，单击鼠标左键放置这条红色实心线段。这样就完成了第一个连接。

7）移动光标将它定位在电阻 R3 的 2 号焊盘上。此时一条红色实心线段延伸到 R3，单击鼠标左键放置这条线段。

8）移动光标到电阻 R2 的 2 号焊盘上。此时这条线段不是红色实心，而是空心的，表示它是一条"look-ahead"线段。这是因为每次放置导线段时，起点模式就在水平、垂直和 45°之间切换。如果处于 45°模式，则可以按〈Space〉键将线段起点模式切换到水平、垂直。此时这条线段是空心的，单击鼠标左键放置这条线段。

9）移动光标到电阻 R1 的 2 号焊盘，单击鼠标左键放置这条线段。

10）现在完成了第一个网络的布线。单击鼠标右键或按〈Esc〉键表示已完成了这条导线的放置。光标仍然是十字形状，表示仍然处于导线放置模式，准备放置下一条导线。在顶层布置的导线如图 8-76 所示。

技巧：按〈End〉键重绘屏幕，这样可以清楚地看到已经布线的网络。

11）按数字键盘上的〈*〉键切换到底层，接着在底层完成板上剩余的布线。最后按两次〈Esc〉键或单击鼠标右键两次退出导线放置模式。图 8-77 所示为交互手动布线的电路板。

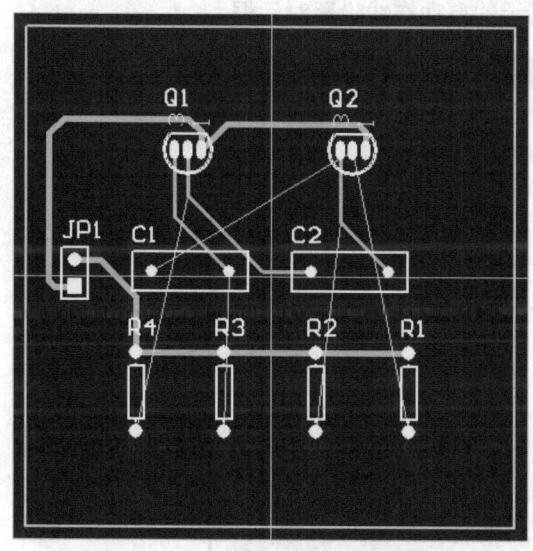
图 8-76　布置了导线的顶层图形

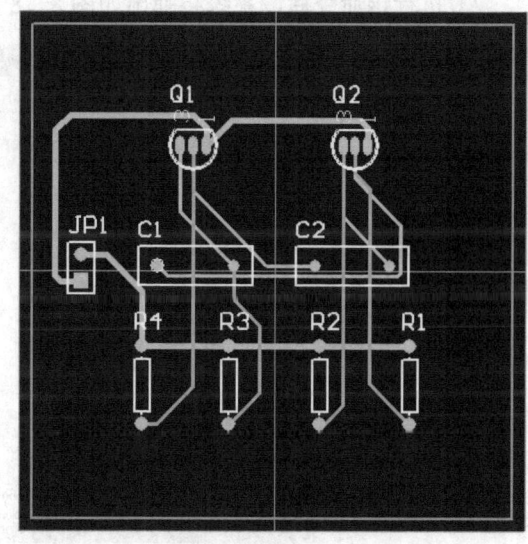
图 8-77　底层布线后的 PCB 图

注意：读者在放置导线时应注意以下几点：
- 单击鼠标左键（或按〈Enter〉键）放置实心红色的导线段。空心线段表示导线的 look-ahead 部分，放置好的导线段和所在层颜色一致。
- 按〈Space〉键来切换要放置的导线的 Horizontal（水平）、Vertical（垂直）和 Start 45°的起点模式。
- 在任何时候按〈End〉键可以重绘画面。
- 在任何时候按快捷键〈V〉、〈F〉来重绘画面并显示所有对象。

- 在任何时候按〈Page Up〉和〈Page Down〉键,将会以光标位置为中心放大或缩小。
- 按〈Back Space〉键取消放置的前一条导线段。
- 在完成放置导线后或想要开始设置一条新的导线时单击鼠标右键或按〈Esc〉键。
- 不能将不应该连接在一起的焊盘连接起来。Altium Designer 将不停地分析电路的连接情况并阻止进行错误的连接或跨越导线。
- 要删除一条导线段,单击鼠标左键选中该导线段,这条线段的编辑点将显示出来(导线的其余部分将高亮显示),然后按〈Delete〉键就可以删除被选中的导线段。
- 重新布线在 Altium Designer 中是很容易的,只要设置新的导线段即可,在单击鼠标右键完成布线后,旧的多余导线段会被自动移除。

### 8.11.2 自动布线

布线参数设置好后,就可以利用 Altium Designer 提供的具有世界一流水平的布线器进行自动布线了。执行自动布线的方法主要有以下几种。

**1. 全局布线**

1)执行 Auto Route→All 命令,对整个电路板进行布线。

2)执行该命令后,系统将弹出如图 8-78 所示的自动布线设置对话框。

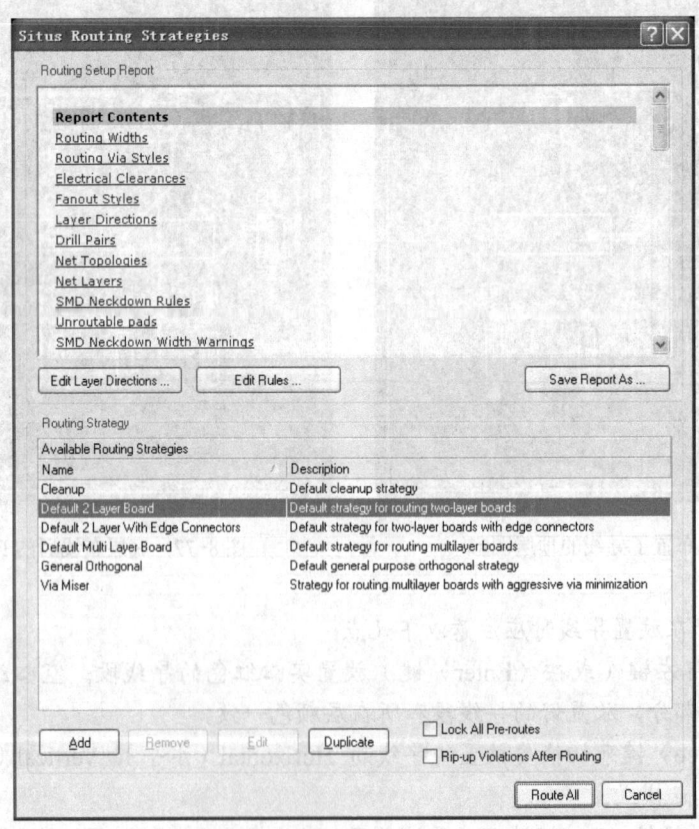

图 8-78 自动布线设置对话框

- 在该对话框中，单击 Edit Rules 按钮可以设置布线规则，读者可以参考 8.10 节。
- 如果单击 Edit Layer Directions 按钮，则可以编辑层的方向。如可以设置顶层主导为水平走线方向，设置底层主导为垂直走线方向。
- 在 Routing Strategy 列表框中，可以选择布线策略。如可以选择双层板的布线策略，如果是多层板，可以选择多层板的布线策略。
- 如果需要锁定已布好的走线，则可以选中 Lock All Pre-route 复选框，这样新布线时就不会删除已布好的走线。
- 如果选择 Rip-up Violations After Routing 复选框，则自动布线器会忽略违反规则的走线，例如短路等。当选择该选项后，那些违反规则的走线会保留在电路板上。取消该选项，则那些产生违反规则的走线不会布在电路板上，而是以飞线保持连接。

3）单击 Route all 按钮，程序就开始对电路板进行自动布线。最后系统会弹出一个布线信息框，如图 8-79 所示，用户可以通过其了解到布线的情况。完成后的布线结果如图 8-80 所示。如果电路图比较大，则可以执行 View→Area 命令局部放大某些部分。

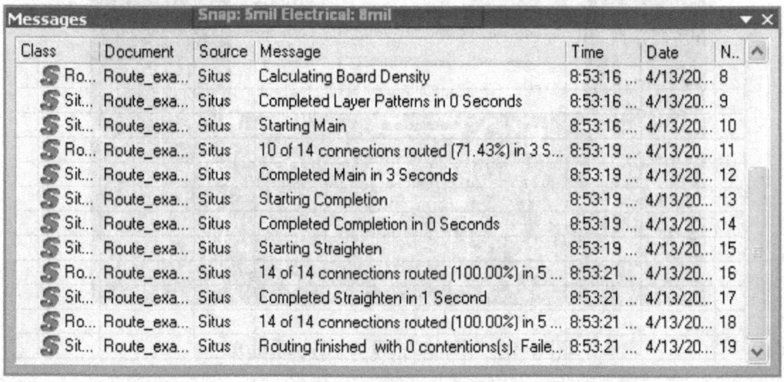

图 8-79　布线信息框

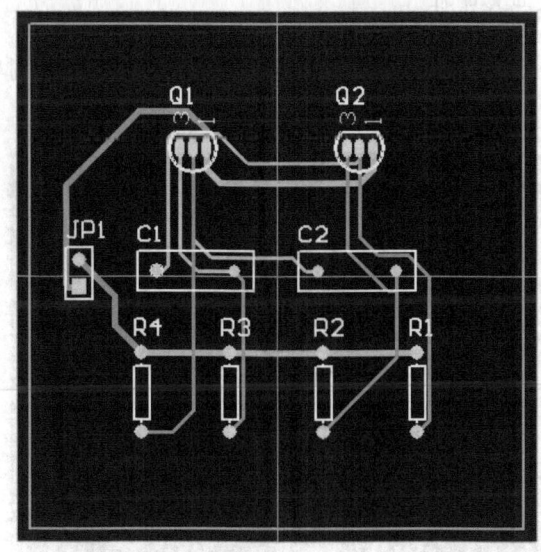

图 8-80　自动布线所得到的 PCB 图

## 2．对选定网络进行布线

用户首先定义需要自动布线的网络，然后执行 Auto Route→Net 命令，由程序对选定的网络进行布线工作。

1）执行 Auto Route→Net 命令。

2）执行该命令后，光标变成十字状，用户可以选取需要进行布线的网络。当用户单击的位置靠近焊盘时，系统可能会弹出如图 8-81 所示的菜单（该菜单对于不同焊盘可能不同），一般应该选择 Pad 或 Connection 选项，而不选择 Component 选项，因为 Component 选项仅仅局限于当前元件的布线。

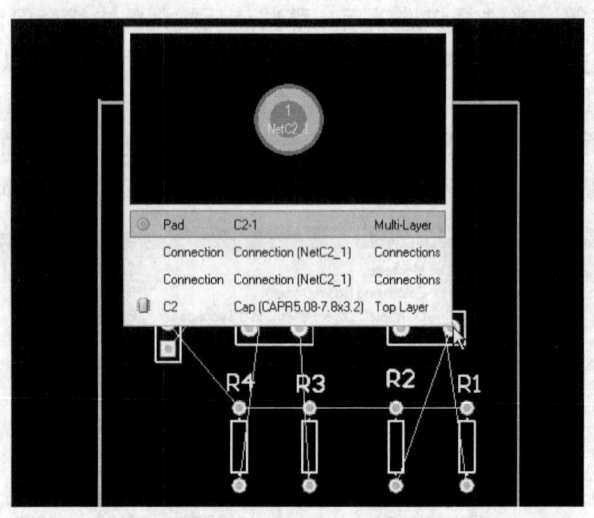

图 8-81　网络布线方式选项菜单

**技巧**：在元件排列比较紧密的情况下，用户选择元件时，也会弹出类似的菜单，用户可以通过这种菜单选择元件。

本实例选取连接 NetC2_1 之间的网络飞线，由图 8-82 可以看到与这些飞线相连的元件都已被自动布线。

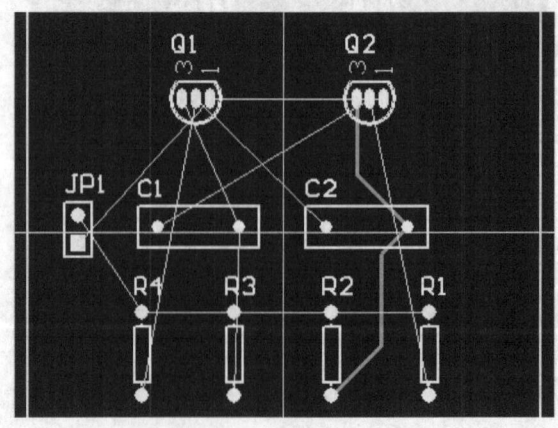

图 8-82　对选定网络进行布线

**注意**：一般以 Net 选项进行布线，选中某网络连线时，则与该网络相连接的所有网络线均被布线，如图 8-82 所示的布线即存在这种情况。

### 3．对两连接点进行布线

用户可以定义某条连线，然后执行 Auto Routing→Connection 命令，使程序仅对该条连线进行自动布线，也就是对两连接点之间进行布线。

1）执行 Auto Routing→Connection 命令。

2）执行该命令后，光标变成十字状，用户可以选取需要进行布线的一条连线（如 JP1 到 Q1），对部分连接点布线后的结果如图 8-83 所示。

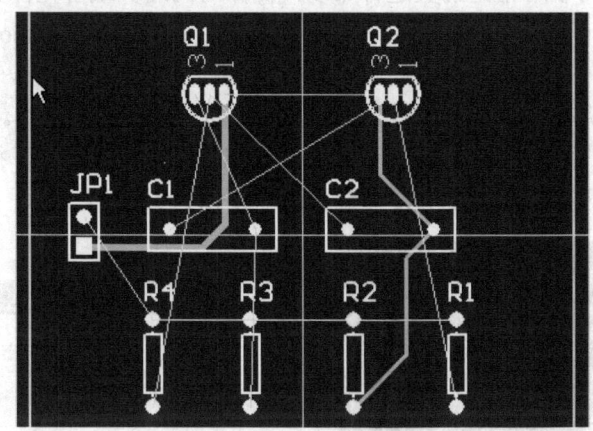

图 8-83 对部分连接点进行布线

### 4．对指定元件布线

用户定义某元件，然后执行 Auto Route→Component 命令，使程序仅对与该元件相连的网络进行布线。

1）执行 Auto Route→Component 命令。

2）执行该命令后，光标变成十字状，用户可以用鼠标选取需要进行布线的元件。本实例选取元件 Q1 进行布线，可以看到系统完成了与 Q1 相连的所有元件的布线，如图 8-84 所示。

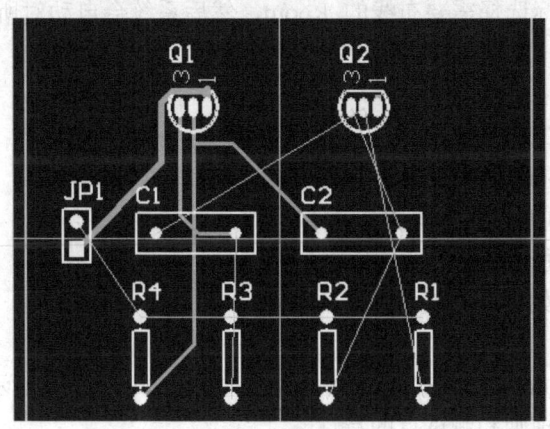

图 8-84 对指定元件 Q1 布线

5．对指定区域进行布线

用户自己定义好布线区域，然后执行 Auto Route→Area 命令，使程序的自动布线范围仅限于该指定区域内。

1）执行 Auto Route→Area 命令。

2）执行该命令后，光标变成十字状，用户可以拖动鼠标指定需要进行布线的区域，该区域包括 R1、R2、R3、R4、C1 和 C2，系统将会对此区域进行自动布线，如图 8-85 所示，可以看出与上述被包围的 6 个元件没有连线关系的元件没有布线。

6．对指定的类布线

Altium Designer 可以对指定的类进行布线，例如对网络类或者元件类。执行 Auto Route→Net Class 命令，就可以对网络类进行布线；执行 Auto Route→Component Class 命令，则可以对元件类布线。

例如，假设已经执行 Design→Class 命令，并定义了 Power 网络类。则执行 Auto Route→Net Class 命令后，系统会打开如图 8-86 所示的对话框，单击 OK 按钮即可对所定义的 Power 网络类进行布线。同理，也可以对已经定义的元件类进行布线。

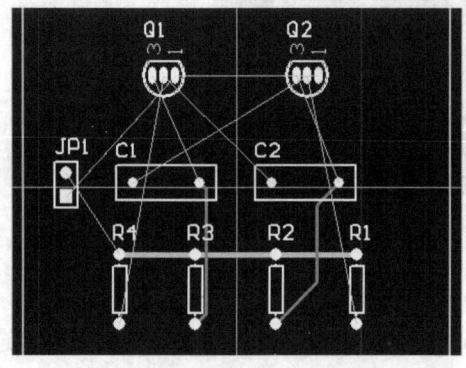 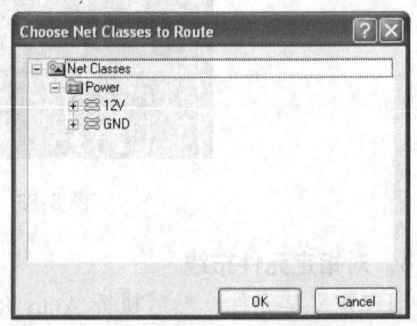

图 8-85　指定区域进行布线　　　　　图 8-86　选择布线的网络类

7．对指定的 Room 空间布线

Altium Designer 可以对指定的 Room 空间内的所有对象进行布线。执行 Auto Route→Room 命令，再使用鼠标选择需要布线的 Room，然后系统会自动对所选择的 Room 内部的对象进行布线。

8．其他布线命令

还有其他与自动布线相关的命令，各命令功能与操作如下。

- Stop：终止自动布线过程。
- Reset：对电路重新布线。
- Pause：暂停自动布线过程。
- Restart：重新开始自动布线过程。

9．自动布线设置

当用户执行命令 Auto Route→Setup 后，系统会弹出如图 8-78 所示的自动布线设置对话框。用户可以设置一些规则和测试点的特性。

## 8.12 手工调整印制电路板

Altium Designer 的自动布线功能虽然非常强大,但是自动布线时多少会存在一些令人不满意的地方。而一个设计美观的印制电路板往往都需要在自动布线的基础上进行多次修改,才能将其设计得尽可能完善,下面讲述如何手工调整 PCB。

### 8.12.1 手工调整布线

在 Tools→Un-Route 菜单下提供了几个常用于手工调整布线的命令,这些命令可以分别用来进行不同方式的布线调整。
- All:拆除所有布线,进行手动调整。
- Net:拆除所选布线网络,进行手动调整。
- Connection:拆除所选的一条连线,进行手动调整。
- Component:拆除与所选元件相连的导线,进行手动调整。

下面以 Net 命令为例来介绍调整布线的操作步骤。如图 8-87 所示的元件 Q2 的 3 引脚、C2 的 2 引脚和 R2 的 1 引脚之间,元件 JP1 的 2 引脚和 R4 的 2 引脚之间的连接线路进行手工调整。

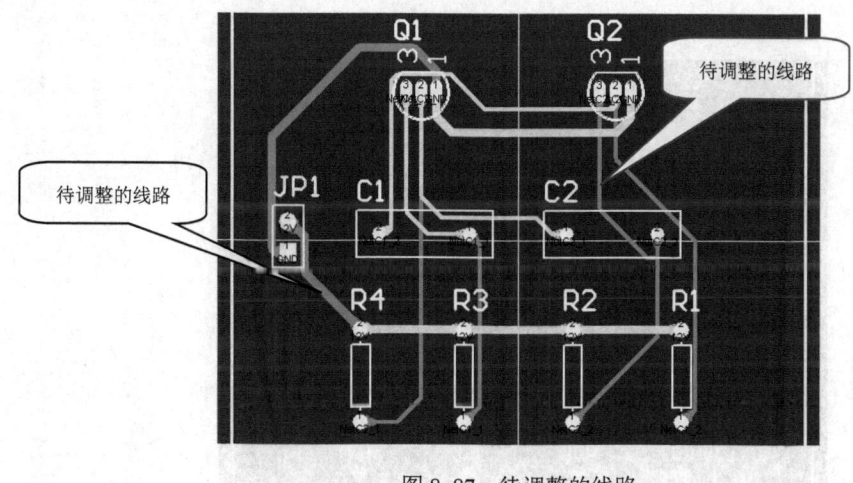

图 8-87 待调整的线路

1)使用鼠标在层选择标签上选择工作层,将工作层切换到顶层(Top Layer),使顶层为当前活动的工作层。

2)执行 Tools→Un-Route→Net 命令。

3)执行完该命令后,光标变成十字状,移动光标到要拆除的网络上,单击鼠标左键确定,这里选取元件 Q2 的 3 引脚、C2 的 2 引脚和 R2 的 1 引脚之间的连线。此时发现原先的连线消失。

4)将工作层切换到 Bottom 层,再执行 Tools→Un-Route→Net 命令,然后选取元件 JP1 的 2 引脚和 R4 的 2 引脚之间的连线,此时发现原先的连线消失。拆线过程结束,结果如图 8-88 所示。

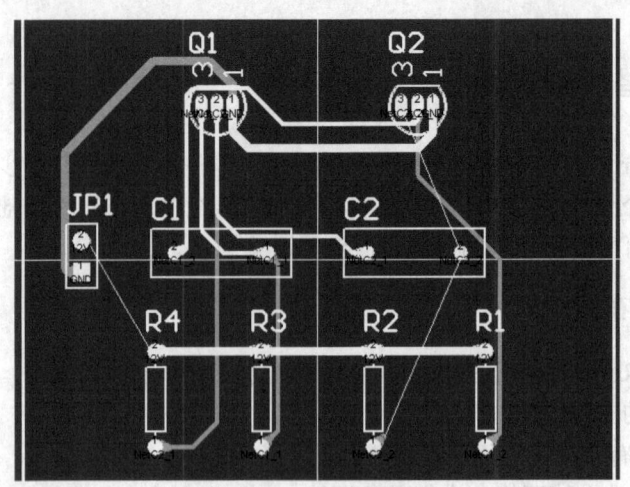

图 8-88 拆线后的结果

5）进入 Top 工作层，执行 Place→Interactive Routing 命令，将上述已拆除的 JP1 的 2 引脚和 R4 的 2 引脚之间的连线重新走线。

6）进入 Bottom 工作层，执行 Place→Interactive Routing 命令，将上述已拆除的 Q2 的 3 引脚、C2 的 2 引脚和 R2 的 1 引脚之间的连线重新走线，重新走线后的布线如图 8-89 所示。

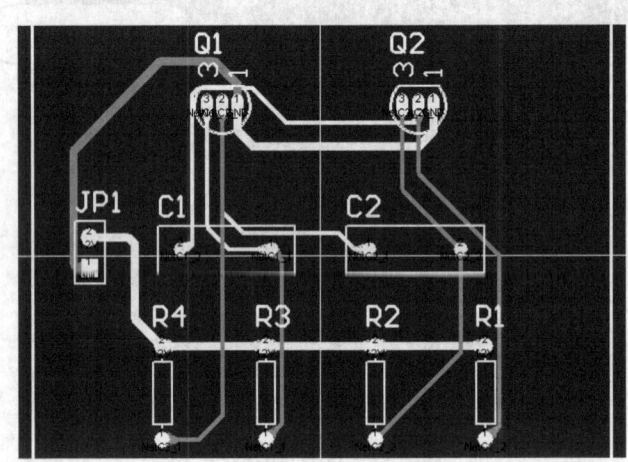

图 8-89 重新布线后的 PCB 图

### 8.12.2 对印制电路板敷铜

为了提高 PCB 的抗干扰性，通常要对要求比较高的 PCB 实行敷铜处理。敷铜可以通过执行 Place→Polygon Plane 命令来实现。下面以上面的实例讲述敷铜处理，顶层和底层的敷铜均与 GND 相连。

1）使用鼠标单击绘图工具栏中的按钮，或执行 Place→Polygon Pour 命令。

2）执行此命令后，系统将会弹出如图 8-90 所示的多边形平面属性对话框。

此时在 Connect to Net 下拉列表中选中 GND，然后分别选中 Pour Over All Same Net

Objects（相同的网络连接一起）和 Remove Dead Copper（去掉死铜）复选框，Layer 选择 Top Layer，其他设置项可以取默认值。

3）设置完对话框后单击 OK 按钮，光标变成十字状，将光标移到所需的位置，单击鼠标左键，确定多边形的起点。然后再移动鼠标到合适位置单击鼠标左键，确定多边形的中间点。

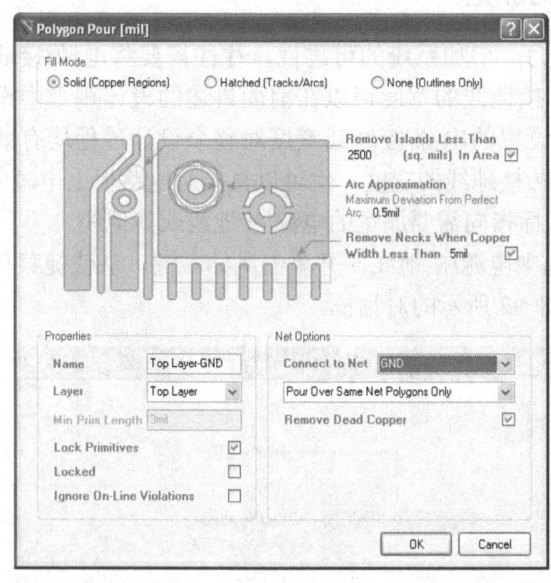

图 8-90 多边形平面属性对话框

4）在终点处单击鼠标右键，程序会自动将终点和起点连接在一起，并且去除死铜，形成电路板上敷铜，如图 8-91 所示。

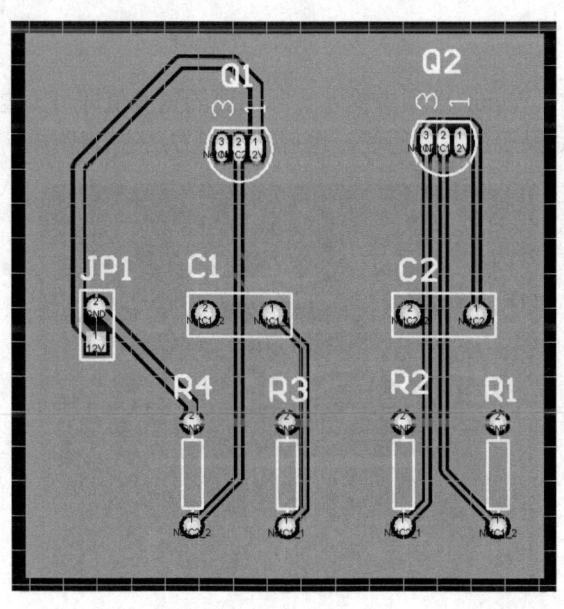

图 8-91 顶层敷铜后的 PCB 图

273

对底层的敷铜操作与上述类似,只是 Layer 选择 Bottom Layer。

> **注意**:敷铜操作时,应该选中 Lock Primitives(锁定图元)复选框,这样敷铜不会影响到原来的 PCB 布线。

### 8.12.3 电源/接地线的加宽

为了提高抗干扰能力,增加系统的可靠性,往往需要将电源/接地线和一些流过电流较大的线加宽。增加电源/接地线的宽度可以在前面讲述的设计规则中设定,读者可以参考前面的讲述,设计规则中设置的电源/接地线宽度对整个设计过程均有效。但是当设计完电路板后,如果需要增加电源/接地线的宽度,也可以直接对电路板上电源/接地线加宽。

1)移动光标,将光标指向需要加宽的电源/接地线或其他线。

2)使用鼠标左键选中电源/接地线,并单击鼠标右键,从快捷菜单中选择 Properties 命令,系统就会打开如图 8-92 所示的对话框。

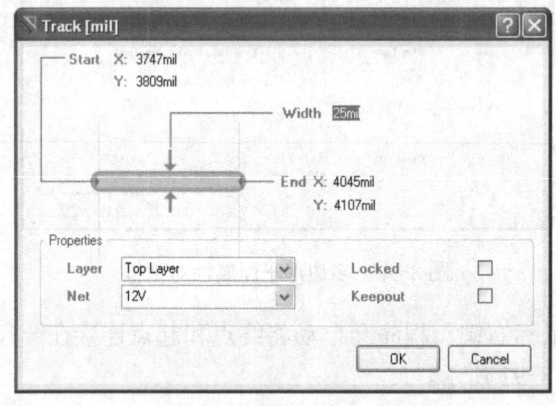

图 8-92 导线属性对话框

3)用户在对话框的 Width 选项中输入实际需要的宽度值即可。电源/接地线被加宽后的结果如图 8-93 所示,如果要加宽其他线,也可按同样方法进行操作。

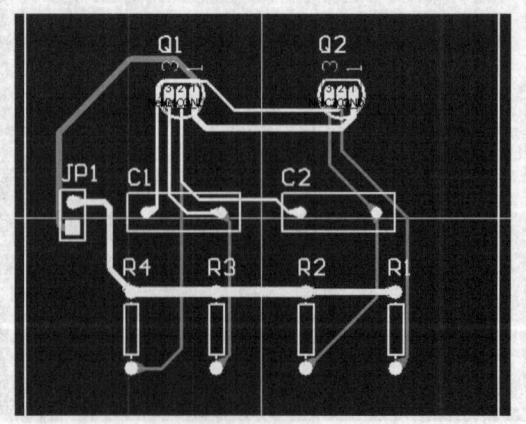

图 8-93 电源/接地线被加宽后的结果

## 8.12.4 文字标注的调整

在进行自动布局时,一般元件的标号以及注释等将从网络表中获得,并被自动放置到 PCB 上。经过自动布局后,元件的相对位置与原理图中的相对位置将发生变化,在经过手动布线调整后,有时元件的序号会变得很杂乱,所以经常需要对文字标注进行调整,使文字标注排列整齐,字体一致,使电路板更加美观。调整文字标注一般可以对元件进行流水号更新。

**1. 手动更新流水号**

1)移动光标,将光标指向需要调整的文字标注。

2)选中该文字标注,并单击鼠标右键,从快捷菜单中选择 Properties 命令,系统将会打开如图 8-94 所示的对话框。

3)此时用户可以修改流水号,也可根据需要,修改对话框中文字标注的内容、字体、大小、位置及放置方向等。

**2. 自动更新流水号**

1)执行 Tools→Re-Annotate 命令,系统将弹出如图 8-95 所示的选择流水号方式对话框。

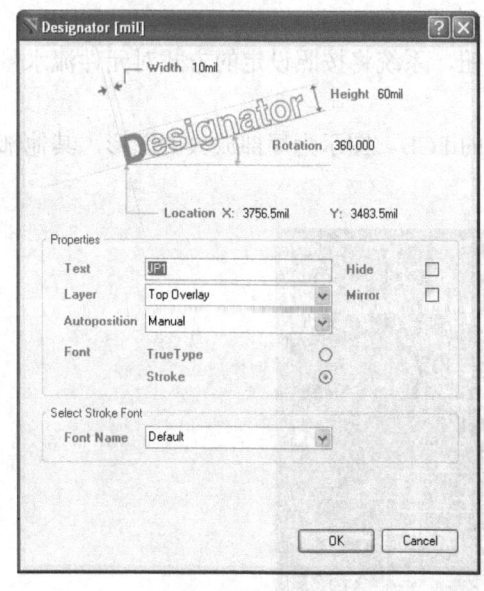
图 8-94 文字标注属性对话框

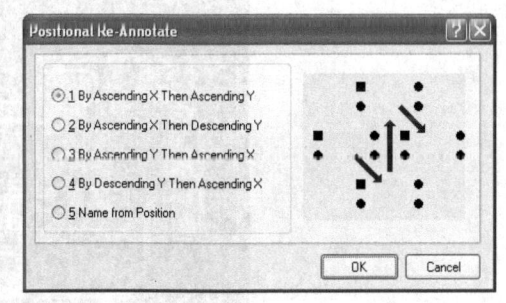
图 8-95 选择流水号方式对话框

系统提供了五种更新方式,下面分别说明。

- By Ascending X Then Ascending Y 选项,该选项表示先按横坐标从左到右,然后再按纵坐标从下到上编号,如图 8-96 所示。
- By Ascending X Then Descending Y:表示先按横坐标从左到右,然后再按纵坐标从上到下编号,如图 8-97 所示。
- By Ascending Y Then Ascending X:表示先按纵坐标从下到上,然后再按横坐标从左到右编号,如图 8-98 所示。

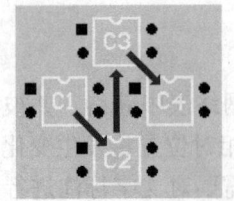
图 8-96  By Ascending X Then Ascending Y 方式

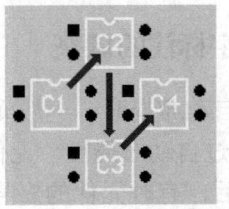
图 8-97  By Ascending X Then Descending Y 方式

- By Descending Y Then Ascending X：表示先按纵坐标从上到下，然后再按横坐标从左到右编号，如图 8-99 所示。

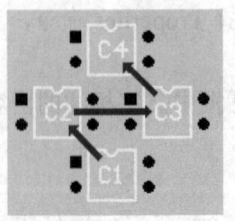
图 8-98  By Ascending Y Then Ascending X 方式

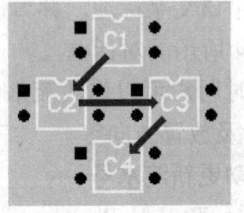
图 8-99  By Descending Y Then Ascending X 方式

- Name from Position：表示根据坐标位置进行编号。

2）当完成上面方式选择后，可以单击 OK 按钮，系统将按照设定的方式对元件流水号重新编号。这里选择第 1 种方式进行流水号排列。

元件经过重新编号后可以获得如图 8-100 所示的 PCB。图示为局部放大的图形，其他部分一样生成变化。

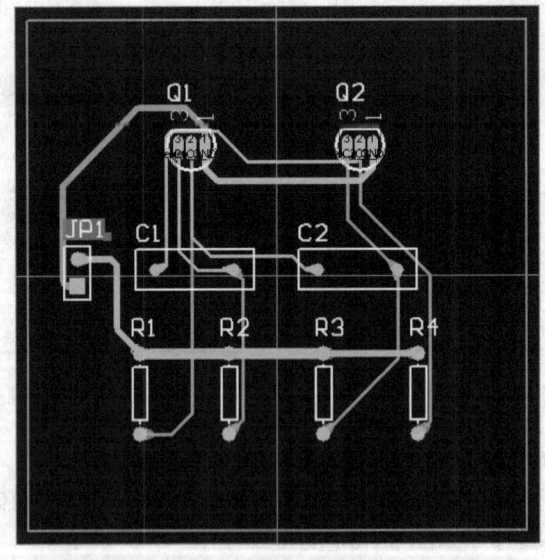
图 8-100  元件重新编号的 PCB

元件重新编号后，系统将同时生成一个 .WAS 文件，记录了元件编号的变化情况，本实例生成的 Design.WAS 文件如下。

| | | |
|---|---|---|
| R4 | R1 | （元件 R4 改变为 R1） |
| R3 | R2 | （元件 R3 改变为 R2） |
| R2 | R3 | （元件 R2 改变为 R3） |
| R1 | R4 | （元件 R1 改变为 R4） |

### 3. 更新原理图

当 PCB 的元件流水号发生了改变后，原理图也应该相应改变，这可以在 PCB 环境下实现，也可以返回原理图环境实现相应改变。

在 PCB 环境中更新原理图的相应流水号，其操作步骤如下：

1）执行 Design→Update Schematics in 命令，然后系统会弹出一个提示框，如果确认要更新原理图，则选择 Yes 按钮，然后系统将弹出如图 8-101 所示的工程改变顺序对话框。

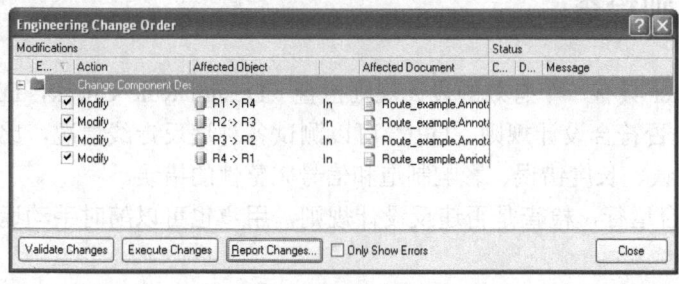

图 8-101 工程改变顺序对话框

2）在该对话框中，可以单击 Validate Changes 按钮使变化有效。

3）单击 Execute Changes 按钮，执行这些变化，此时原理图就接受了这些变化，其元件流水号就根据 PCB 的改变而变化了。

4）单击 Close 按钮结束更新操作，原理图进行相应的更新，如图 8-102 所示。

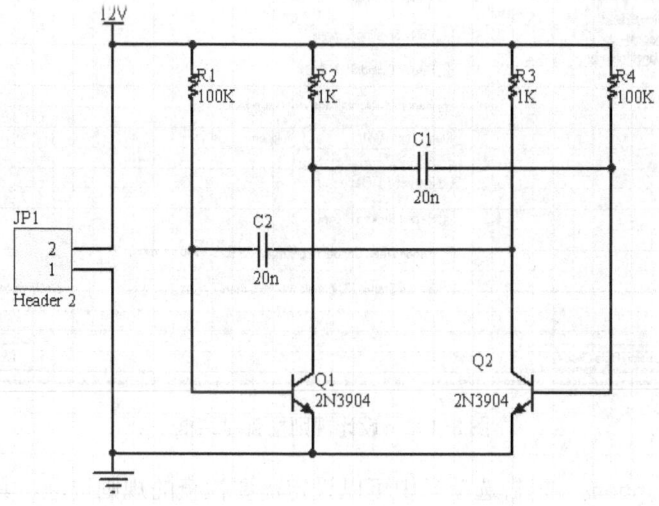

图 8-102 更新流水号的原理图

说明：同理，如果在原理图中改变了某些元件的序号，也可以对 PCB 进行更新。

### 8.12.5 印制电路板补泪滴处理

为了增强印制电路板（PCB）网络连接的可靠性，以及将来焊接元件的可靠性，有必要对 PCB 实行补泪滴处理。补泪滴处理可以执行 Tools→Teardrops 命令，然后从弹出的补泪滴属性对话框中选择需要补泪滴的对象，通常焊盘（Pad）有必要进行补泪滴处理。最后选择泪滴的形状，并选择 Add 选项以实现向 PCB 添加泪滴，最后单击 OK 按钮即可完成补泪滴操作。

## 8.13 设计规则检查

Altium Designer 具有一个有效的设计规则检查（Design Rule Check，DRC）功能，该功能可以确认设计是否符合设计规则。DRC 可以测试各种违反走线情况，比如安全错误、未走线网络、宽度错误、长度错误、影响制造和信号完整性的错误。

DRC 可以后台运行，检查是否违反设计规则，用户也可以随时手动运行来检查是否违反设计规则。

运行 DRC 可以执行 Tools→Design Rule Check 命令，系统将弹出如图 8-103 所示的 Design Rule Check（设计规则检查）对话框。下面讲述设计规则检查对话框的相关内容。

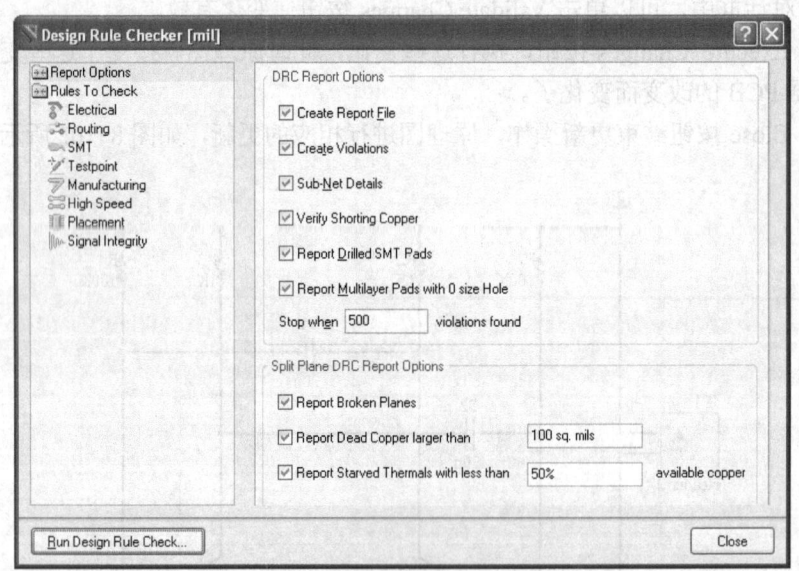

图 8-103　设计规则检查对话框

1）在 Report Options（报告选项）中可以设定需要检查的规则选项，具体包括：
- Create Report File（创建报告文件）。择该复选框，则可以在检查设计规则时创建报告文件。
- Create Violations（创建规则的违反报告）。选择该复选框，则在检查设计规则时，如果有违反设计规则的情况,将会产生详细报告。
- Sub-Net Details（子网络详细情况）。如果定义了 Un-Routed Net（未连接网络）规则,则选择该复选框可以在设计规则检查报告中包括子网络的详细情况。
- Internal Plane Warnings（内平面警告）。选中该选项,设计规则检查报告中包括内平面层的警告。
- Verify Shorting Copper（验证缩短铜）。选中该选项时,将会检查 Net Tie 元件,并且会检查是否在元件中存在没有连接的铜。

2）Rules to Check（需要检查的规则）选项中包括了将要检查的规则,如图 8-104 所示,设计人员可根据需要设定检查的规则。

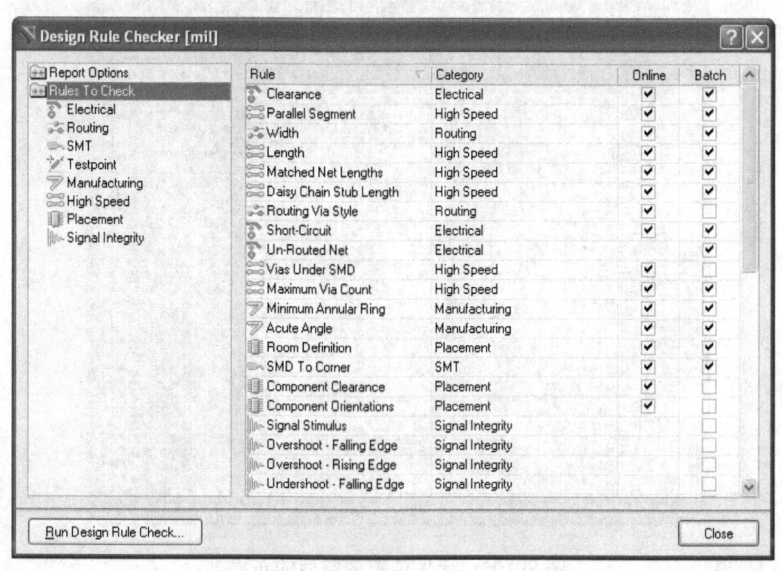

图 8-104　需要检查的设计规则设定

在如图 8-104 所示的对话框中,如果需要在线检查某项规则,可以选中该设计规则后的 Online 复选框;如果需要批量检查设计规则时,则可以选中 Batch 选项。

3）单击 Run Design Rule Check 按钮,就可以启动 DRC 运行模式,完成检查后将在设计窗口中显示任何可能违反规则的情况。

 **注意**：设计规则检查（DRC）是一个有效的自动检查手段,既能够检查用户设计的逻辑完整性,也可以检查物理完整性。在设计任何 PCB 时该功能均应该运行,对涉及到的规则进行检查,以确保设计符合安全规则,并且没有违反任何规则。

## 8.14　完成 FPGA 应用板的印制电路板

在 8.6 节和 8.7 节中,以第 4 章实例中设计的 FPGA 应用板原理图（4.13 节）为例加载了网络连接。8.8 节至 8.13 节使用了一个简单例子讲述了如何布线和规则设置。下面完成 FPGA 应用板的印制电路板设计。

### 8.14.1 印制电路板布线设计

1）加载元件网络表到当前印制电路板文件中后，执行自动布局命令（参考 8.6 和 8.7 节）后，得到如图 8-47 所示的元件布局。很明显，元件的排列还是混乱的，还需要进一步手动调整位置。可以执行移动、旋转等编辑命令，将所有元件的位置调整如图 8-105 所示，元件的精确位置和相对位置可以使用元件属性对话框的坐标来设置。

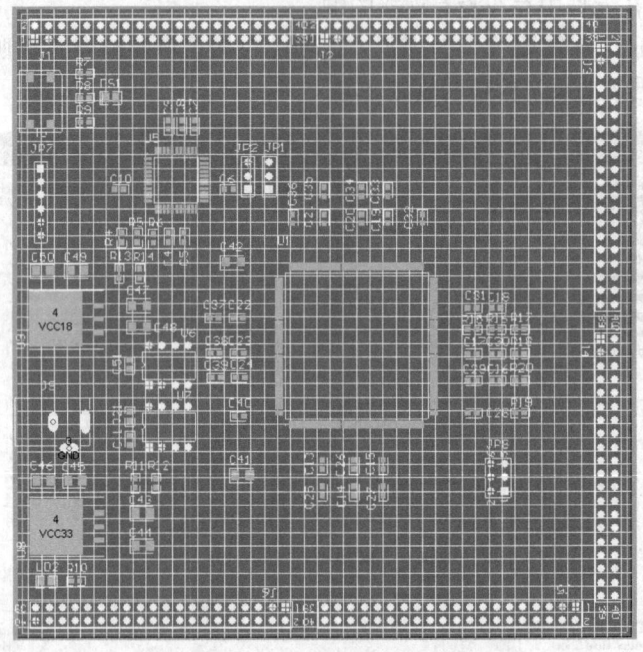

图 8-105　元件位置调整后的布局

注意：图 8-105 隐藏了所有网络飞线，可以执行 View→Connections→Hide All 命令隐藏网络连接飞线，执行 View→Connections→Show All 命令显示所有飞线。

2）设置板层。因为在生成 PCB 图时，选择了两信号层和两内部电源层。执行 Design→Layer Stack Manager 命令，在弹出的层堆栈管理器对话框中分别设置两个内部电源层所连接的网络为 VCC33 和 GND，如图 8-106 所示。

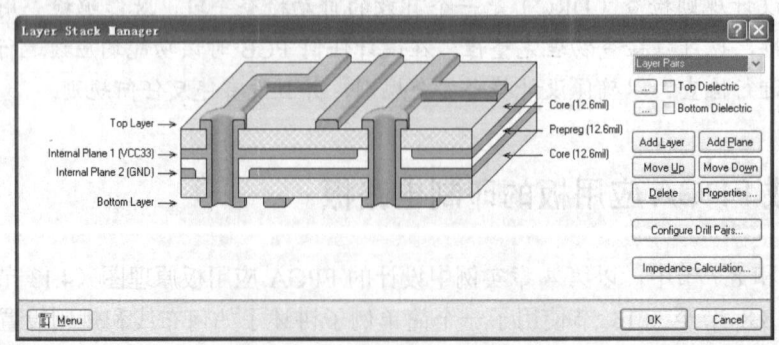

图 8-106　设置内部电源层所连接的网络

3）定义设计规则，参考 8.11 节，具体设置的参数如下，其他设计规则取系统默认。
- 定义一个新的导线宽度，对应的网络名为 VCC18，导线宽度为 10mil，最小值为 10mil，最大值为 30mil。
- 定义另一个新的导线宽度，对应的网络名为 VU，导线宽度为 15mil，最小值为 10mil，最大值为 30mi。
- 其他导线的宽度为 8mil，最小值为 8mil，最大值为 30mil。
- 导线间距为 8.5mil，最小值为 7mil，最大值为 12mil。
- 过孔参数，通孔直径为 18mil，外径为 36mil。

因为 VCC33 和 GND 已经连接到内部电源层，所以不用设置 VCC33 和 GND 导线的宽度，可以采用与普通导线一致的参数，即宽度为 8mil。

4）手动布线。先采用交互手动布线的方法，对输入的电源导线布线。输入的 5V 电源导线的布线宽度为 30mil。预布了电源输入段导线和部分 1.8V 网络后的布局如图 8-107 所示。

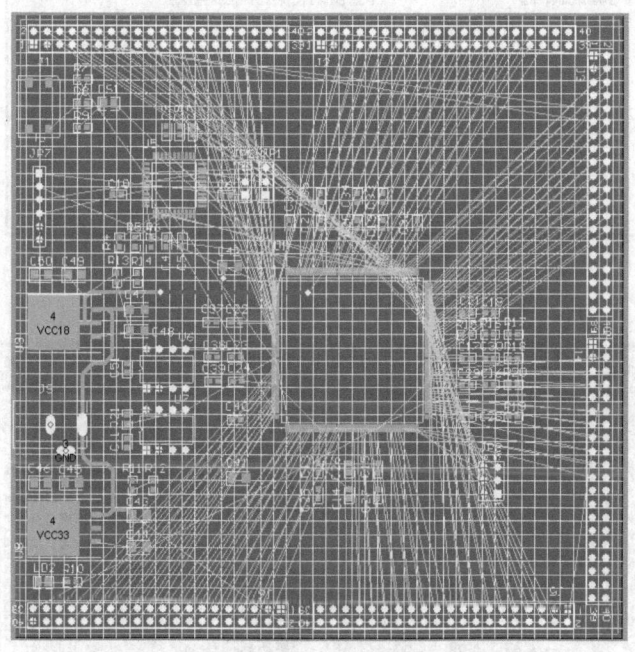

图 8-107　预布输入 5V 电源导线后的布局

5）自动布线。执行 Auto Route→All 命令，在系统弹出的对话框（如图 8-108 所示）中，选中 Lock All Pre-routes 复选框。如果存在违反设计规则的错误，将会显示在 Routing Setup Report 信息框中。如果需要修改布线规则，可以单击 Edit Rules 按钮，具体设置可参考 8.11 节。

然后单击 Route All 按钮，系统就会开始对所有网络连接进行布线。布线后的 PCB 如图 8-109 所示。

技巧：在布线时，设计人员可以根据需要，先对比较重要的网络连接进行手动布线，然后将这些布线锁定，再进行自动布线。

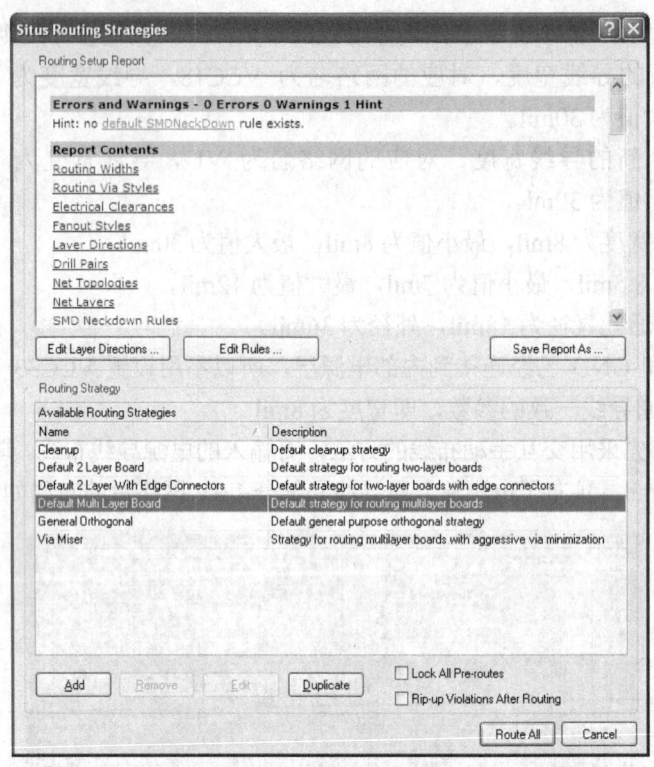

图 8-108 布线对话框

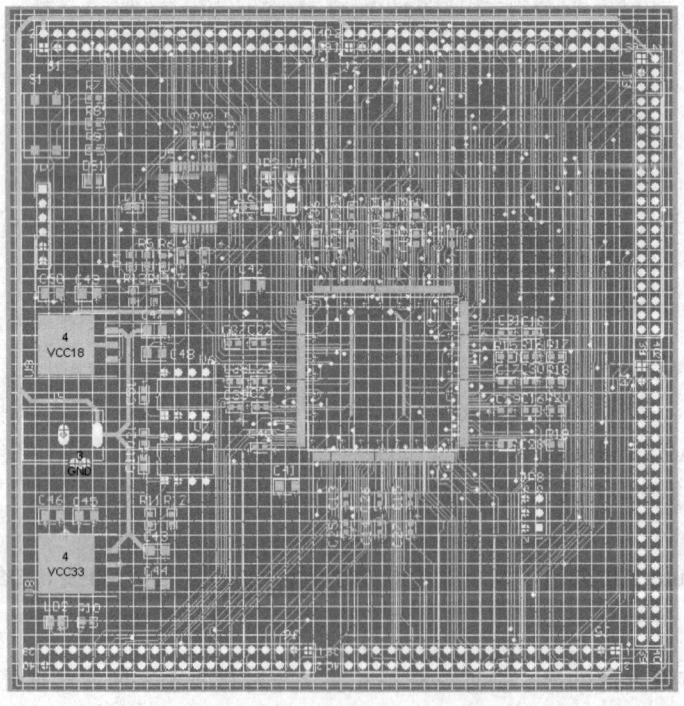

图 8-109 布线后的 PCB

最后可以对布线的 PCB 进行敷铜、补泪滴处理等，设计人员可以根据自己 PCB 的要求来进行这些处理。读者可以参考前面的讲解，这里就不再重述。

6）设计规则检查。完成了 PCB 的布线后，可以执行设计规则检查，以确认系统对当前 PCB 文件布线的正确性。执行 Design→Design Rule Check 命令，系统会弹出设计规则检查对话框，设计人员可以选择需要检查的设计规则，执行设计规则检查后，如果有违反设计规则情况，系统会提示用户进行修改。有时候，某些规则的违反并不影响设计的结果，所以请设计人员根据具体情况进行分析。

## 8.14.2　印制电路板的 3D 显示

Altium Designer 具有 PCB 的 3D 显示功能。使用该功能可以显示 PCB 的清晰的三维立体效果，不用附加高度信息，元件、丝网、铜箔均可以被隐藏、并且用户可以随意旋转、缩放、改变背景颜色等。PCB 的 3D 显示可以通过执行 View→Board in 3D 命令来实现，如图 8-110 即为本章实例制作的 PCB 的三维效果图。

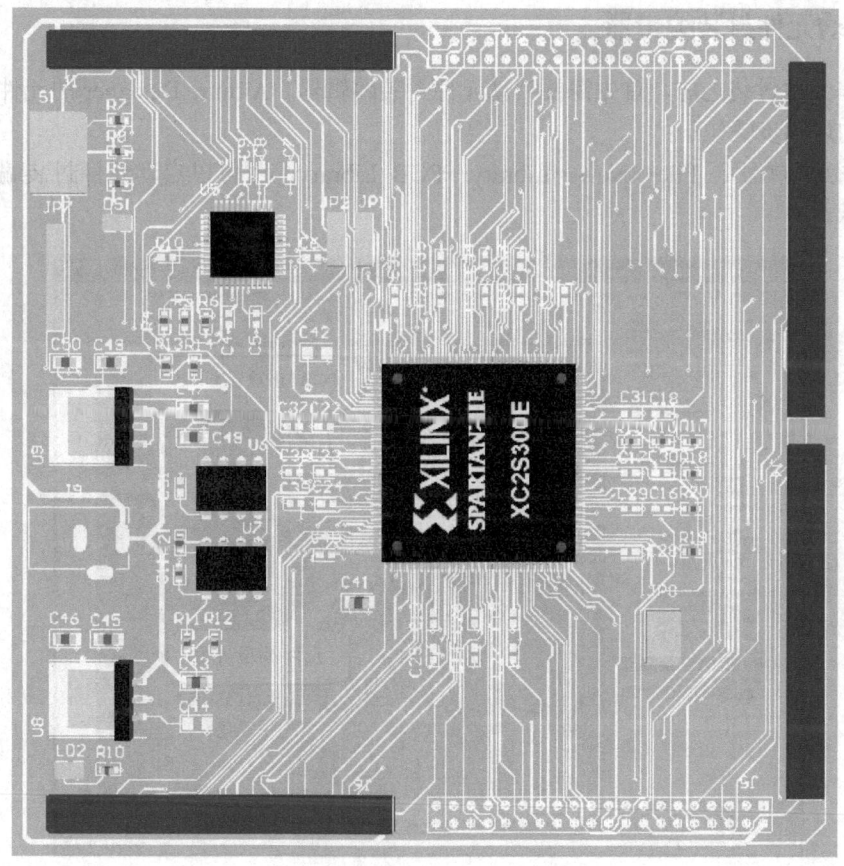

图 8-110　PCB 的三维效果图

# 第 9 章  制作元件封装

在前面介绍元件封装时,都是使用 Altium Designer 系统自带的元件封装。但是对于经常使用而元件封装库里又找不到的元件封装,或者系统元件库没有的其他封装,就需要使用元件封装编辑器来制作一个新的元件封装。在本章中,主要介绍使用 PCBLIB 制作元件封装的两种方法,即手工方法和利用向导(Wizard)方法。

## 9.1 元件封装编辑器

### 9.1.1 启动元件封装编辑器

在制作元件封装之前,首先需要启动元件封装编辑器。Altium Designer 的元件封装库编辑服务器的启动步骤如下:

1)执行菜单命令 File→New→Library→PCB Library,就可以启动元件封装编辑器,如图 9-1 所示。

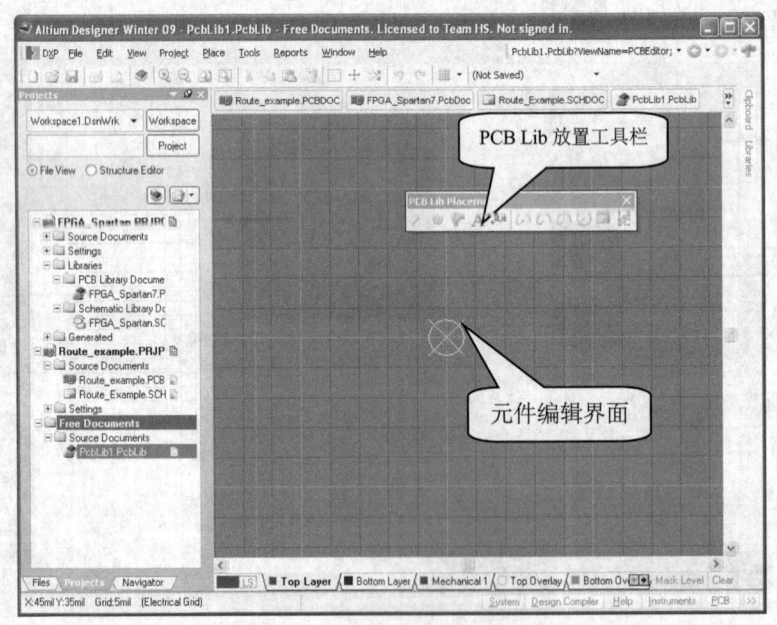

图 9-1  元件封装编辑器界面

2)将元件封装库保存起来,元件封装库文件的后缀名为.PcbLib,系统默认的文件名为 PcbLib1.PcbLib,保存时可以换名保存。然后就可以进行元件封装的编辑制作。

也可以直接在项目中创建一个新的元件封装库,只要选择项目文件,从右键快捷菜单中执行 Add New to Project→PCB Library 命令，系统就会为所选择的项目创建一个新的元件封装库。

### 9.1.2 元件封装编辑器介绍

PCB 元件封装编辑器的界面和 PCB 编辑器比较类似。下面简单地介绍一下 PCB 元件封装编辑器的组成及其界面的管理，使用户对元件封装编辑器有一个简单的了解。

图 9-1 所示是 PCB 元件封装编辑器的编辑界面，从图中可以看出，整个编辑器可以分为以下几个部分。

（1）主菜单

PCB 元件的主菜单主要是给设计人员提供编辑、绘图命令，以便于创建一个新元件。

（2）元件编辑界面（Components Editor Panel）

元件编辑界面主要用于创建一个新元件，将元件放置到 PCB 工作平面上，用于更新 PCB 元件库、添加或删除元件库中的元件等各项操作。

（3）PCB Lib 标准工具栏

PCB Lib 标准工具栏为用户提供了各种图标操作方式，可以让用户方便、快捷地执行命令和各项功能，如打印、存盘等。

（4）PCB Lib 放置工具栏（PCB Lib Placement Tools）

PCB 元件封装编辑器提供的绘图工具，同以往所接触到的绘图工具是一样的，它的作用类似于菜单命令 Place，即在工作平面上放置各种图元，如焊盘、线段、圆弧等。

（5）元件封装管理器

元件封装库管理器主要用于对元件封装库进行管理。单击项目管理器下面的 PCB Library 标签，则可以进入元件封装管理器，如图 9-2 所示为元件封装管理器。如果没有显示 PCB Library 标签，则可以选择 View→Workspace Panels→PCB→PCB Library 显示。

（6）状态栏与命令行

在屏幕最下方为状态栏和命令行，它们用于提示用户当前系统所处的状态和正在执行的命令。

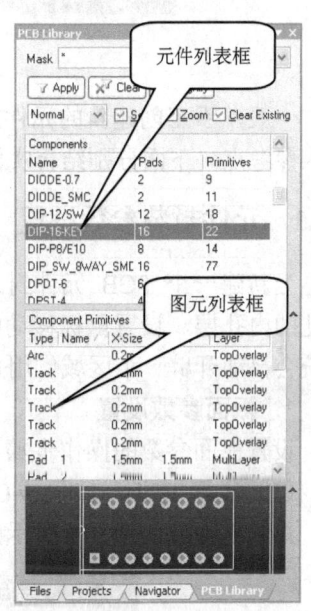

图 9-2 元件封装管理器

同前面章节所述一样，PCB 元件封装编辑器也提供了相同的界面管理，包括界面的放大、缩小，各种管理器、工具栏的打开与关闭。界面的放大、缩小处理可以通过 View 菜单进行，如选择菜单命令 View→Zoom In、View→Zoom out 等，用户也可以通过选择主工具栏上的放大和缩小按钮，来实现画面的放大与缩小。

## 9.2 创建新的元件封装

下面讲述如何创建一个新的 PCB 元件封装。假设要建立一个新的元件封装库作为用户自己的专用库，元件库的文件名为 FootPrint.PcbLib，并将要创建的新元件封装放置到该元件

*285*

库中。

下面以图 9-3 所示的实例来介绍如何手工创建元件封装。手工创建元件封装实际上就是利用 Altium Designer 提供的绘图工具，按照实际的尺寸绘制出该元件封装。

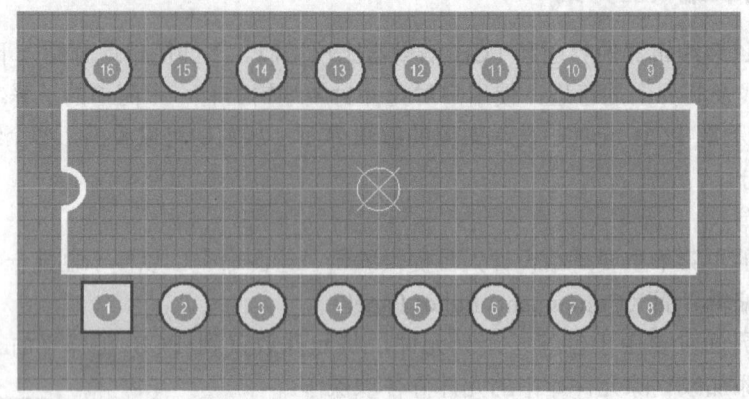

图 9-3　手工创建元件封装实例

一般，手工创建新的元件封装需要首先设置封装参数，然后再放置图形对象，最后设定插入参考点。下面分别结合实例进行讲解。

### 9.2.1　元件封装参数设置

当新建一个 PCB 元件封装库文件前，一般需要先设置一些基本参数，例如度量单位、过孔的内孔层、设置鼠标移动的最小间距等，但是创建元件封装不需要设置布局区域，因为系统会自动开辟一个区域供用户使用。

**1．板面参数设置**

设置板面参数的操作步骤如下。

（1）执行 Tools→Library Options 命令

系统将弹出如图 9-4 所示的板面选项设置对话框。

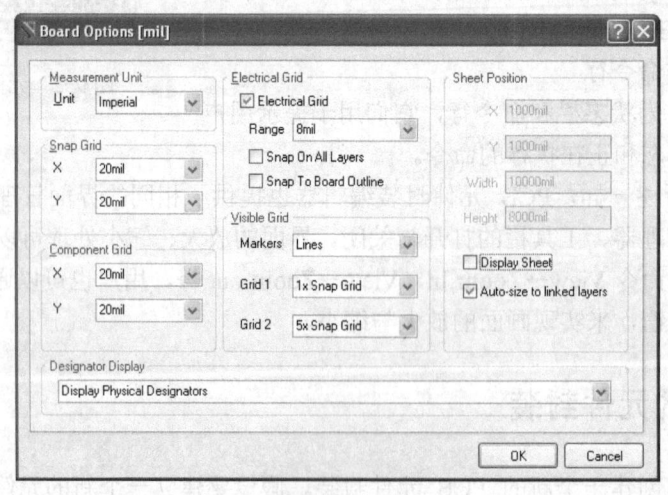

图 9-4　板面选项设置对话框

(2) 在该对话框中可以设置元件封装的板面参数

具体设置对象如下:

1) Measurement Unit (度量单位) 用于设置系统度量单位,系统提供了两种度量单位,即 Imperial (英制) 和 Metric (公制),系统默认为英制。

2) 栅格的设置包括移动栅格 (Snap Grid) 的设置和可视栅格 (Visible Grid) 的设置。移动栅格主要用于控制工作空间中的对象移动时的栅格间距,是不可见的。光标移动的间距由在 Snap Grid 编辑框输入的尺寸确定,用户可以分别设置 X、Y 向的栅格间距。

如果已经在设计 PCB 的工作界面中,可以使用〈Ctrl+G〉快捷键打开设置 Snap Grid 的对话框。

3) Component Grid 用来设置元件移动的间距。

- X: 用于设置 X 向移动间距。
- Y: 用于设置 Y 向移动间距。

4) 电气栅格 (Electrical Grid) 主要用于设置电气栅格的属性。它的含义与原理图中的电气栅格相同,选中 Electrical Grid 复选框表示具有自动捕捉焊盘的功能。Range (范围) 用于设置捕捉半径。在布置导线时,系统会以当前光标为中心,以 Range 设置值为半径捕捉焊盘,一旦捕捉到焊盘,光标会自动跳到该焊盘上。

5) Visible Grid 用于设置可视栅格的类型和栅距。系统提供了两种栅格类型,即 Lines (线状) 和 Dots (点状),可以在 Makers 列表中选择。

可视栅格可以用作放置和移动对象的可视参考。一般设计者可以分别设置栅距为细栅距和粗栅距。如图 9-4 所示 Grid1 设置为 20mil,Grid2 设置为 100mil。可视栅格的显示受当前图纸的缩放限制,如果不能看见一个活动的可视栅格,可能是因为缩放太大或太小的缘故。

6) Sheet Position (图纸位置)。该操作选项用于设置图纸的大小和位置。X/Y 编辑框设置图纸左下角的位置,Width 编辑框设置图纸的宽度,Height 编辑框设置图纸的高度。

- 如果选中 Display Sheet 复选框,则显示图纸,否则只显示 PCB 元件部分。
- 如果选中 Auto-size to linked layers,则可以链接具有模板元素 (如标题块) 的机械层到该图纸。

**2. 系统参数设置**

首先执行 Tools→Preferences 命令,系统将弹出 Preferences 设置对话框。元件封装编辑器系统参数的设置与 PCB 编辑器参数设置一样,读者可以参考 7.4 节。

## 9.2.2 层的管理

制作 PCB 元件时,同样需要进行层的设置和管理,其操作与 PCB 编辑管理器的层操作一样。

1) 对元件封装工作层的管理可以执行 Tools→Layer Stack Manager 命令,系统将弹出层管理器对话框,具体设置操作可以参考 7.3 节的介绍。

2) 定义板层和设置层的颜色。PCB 元件封装编辑器也是一个多层环境,设计人员所做的大多数编辑工作都将在一个特殊层上。使用 Board Layers & Colors 对话框可以来显示、添加、删除、重命名及设置层的颜色。执行 Tools→Layers & Colors 命令可以打开 Board Layers & Colors 对话框,在该对话框中可以定义工作层和层的颜色,该对话框的设置操作可以参考

7.3 节相关讲解。

对于层和颜色的设置，可以直接取系统的默认设置。

### 9.2.3 放置元件

下面通过实例来讲述创建元件封装的具体过程。手工创建的一般步骤如下：

1）执行 Tools→New Component 命令，创建一个新的元件封装，但是不使用向导操作，即在弹出的对话框中直接单击 Cancel 按钮，就可以创建一个空白的元件封装。

> **技巧**：也可以先进入元件封装管理器，单击项目管理器下面的 PCB Library 标签，则可以进入元件封装管理器，如图 9-2 所示。然后在元件列表处单击鼠标右键，从快捷菜单中选择 New Blank Component 命令，也可以创建一个新的元件封装。

2）执行 Edit→Jump→New Location 命令，系统将弹出如图 9-5 所示的对话框，在 X/Y-Location 编辑框中输入坐标值，将当前的坐标点移到原点，输入的坐标点为（0,0）。在编辑元件封装时，需要将基准点设定在原点位置。

3）执行 Place→Pad 命令，如图 9-6 所示。也可以单击绘图工具栏中相应的按钮。

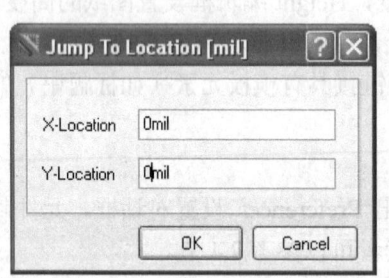

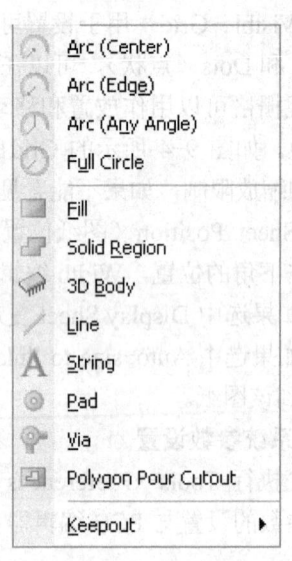

图 9-5  位置设置对话框            图 9-6  Place 菜单

4）执行该命令后，光标变成十字状，中间带有一个焊盘，如图 9-7 所示。随着光标的移动，焊盘跟着移动，移动到合适的位置后，单击鼠标将其定位。

在放置焊盘时，先按〈Tab〉键进入焊盘属性对话框，设置焊盘的属性。本实例焊盘的属性设置如图 9-8 所示。方形焊盘和圆形焊盘可以在 Shape 下拉列表中选定。其他参数选项取默认值。

在 PCB 的元件封装设计时，最重要的就是焊盘，因为将来使用该元件封装时，焊盘是其主要电气连接点。

5）按照同样的方法，再根据元件引脚之间的实际间距将其水平距离设定为 100mil，垂直距离为 300mil，1 号焊盘放置于（-350，-150）点，并相应放置其他焊盘，如图 9-7 所示。注意：1 号焊盘形状为矩形，其他焊盘的形状为圆形。

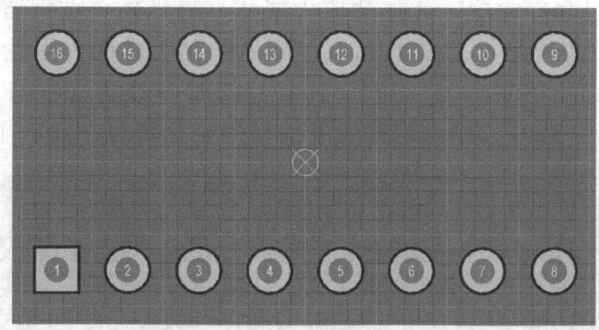

图 9-7　在图纸上放置焊盘

6）根据实际需要，设置焊盘的实际参数。假设将焊盘的直径设置为 59mil，焊盘的孔径设置为 35mil。如果用户想编辑焊盘，则可以将光标移动到焊盘上，双击鼠标，即会弹出如图 9-8 所示的对话框，通过修改其中的选项设置焊盘的参数。注意：焊盘所在的层一般取 Multi-Layer。

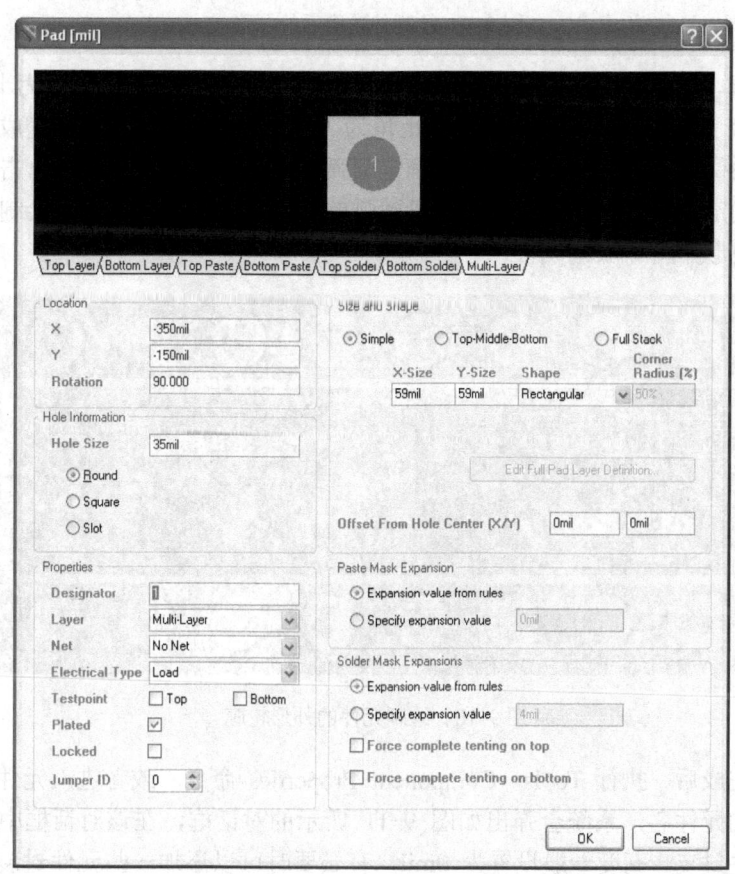

图 9-8　焊盘属性设置

7）将工作层面切换到顶层丝印层，即 TopOverlay 层，这只须在 TopOverlay 标签上选择即可。

8）执行 Place→Line 命令，光标变成十字状，将光标移动到适当的位置后，单击鼠标左键确定元件封装外形轮廓线的起点，随后绘制元件的外形轮廓，左下角坐标为（-390，-104），右上角的坐标为（390，104），如图 9-9 所示。左端开口的坐标分别为（-390，-25）和（-390，25）。这些线条的精确坐标可以在绘制了线条后再设置。

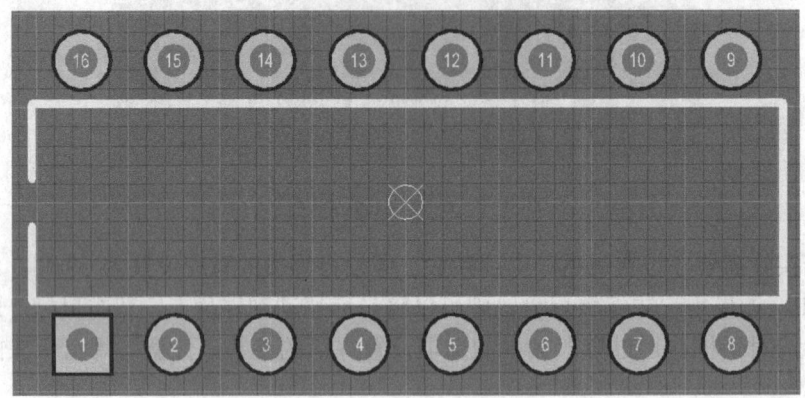

图 9-9　绘制外轮廓后的图形

9）执行菜单命令 Place→Arc，在外形轮廓线上绘制圆弧，圆弧的参数为半径 25mil，圆心位置为（-390，0），起始角为 270°，终止角为 90°。执行命令后，光标变成十字状，将光标移动到合适的位置后，先单击鼠标左键确定圆弧的中心，然后移动鼠标单击左键确定圆弧的半径，最后确定圆弧的起点和终点。这段圆弧的精确坐标和尺寸可以在绘制了圆弧后再设置，绘制完的图形如图 9-10 所示。

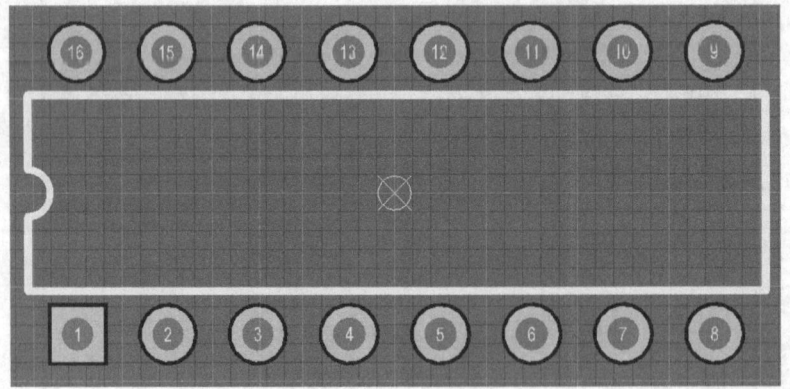

图 9-10　绘制元件的外形轮廓

10）绘制完成后，执行 Tools→Component Properties 命令，或者进入元件封装管理器，双击当前编辑的元件名，系统会弹出如图 9-11 所示的对话框，在该对话框中可以重新命名前面制作的元件封装，高度一般设置为 0mil，有必要时可以添加一些元件封装的相关描述。输入元件封装的名称后，可以看到元件封装管理器中的元件名称也相应改变了。

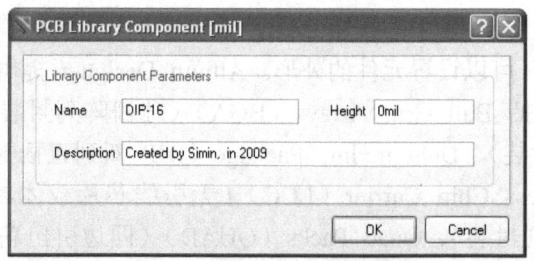

图 9-11　设定元件封装的属性

11）重命名以及保存文件后，该元件封装就创建成功，以后调用时可以作为一个块。

## 9.2.4　设置元件封装的参考点

为了标记一个 PCB 元件用作元件封装，需要设定元件的参考坐标，通常设定 Pin1（即元件的引脚 1）为参考坐标。

设置元件封装的参考点可以执行 Edit→Set Reference 子菜单中的相关命令。其中有 Pin1、Center 和 Location 三条命令。如果执行 Pin1 命令，则设置引脚 1 为元件的参考点；如果执行的是 Center，则表示将元件的几何中心作为元件的参考点；如果执行的是 Location，则表示由用户选择一个位置作为元件的参考点。

## 9.3　使用向导创建元件封装

Altium Designer 提供的元件封装向导是电子设计领域里的新概念，它允许用户预先定义设计规则，在这些设计规则定义结束后，元件封装编辑器会自动生成相应的新元件封装。

下面以图 9-12 所示的实例来介绍利用向导创建元件封装的基本步骤。

1）启动并进入元件封装编辑器。
2）执行 Tools→Component Wizard 命令。
3）执行该命令后，系统会弹出如图 9-13 所示的界面，这样就进入了元件封装创建向导，接下来可以选择封装形式，并可以定义设计规则。

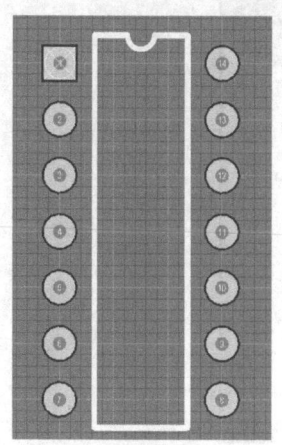

图 9-12　利用向导创建元件封装的实例

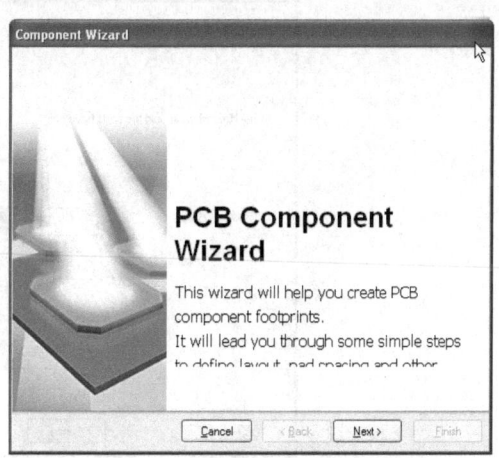

图 9-13　元件封装向导界面

4）用鼠标左键单击图 9-13 中的按钮 Next，系统将弹出如图 9-14 所示的对话框。

用户在该对话框中，可以设置元件的外形。Altium Designer 提供了 12 种元件封装的外形供用户选择，其中包括 Ball Grid Arrays（BGA）（球栅阵列封装）、Capacitors（电容封装）、Diodes（二极管封装）、Dual in-line Package（DIP 双列直插封装）、Edge Connectors（边连接样式）、Leadless Chip Carrier（LCC）（无引线芯片载体封装）、Pin Grid Arrays（PGA）（引脚网格阵列封装）、Quad Packs（QUAD）（四边引出扁平封装 PQFP）、Small Outline Package（小尺寸封装 SOP）、Resistors（电阻样式）等。

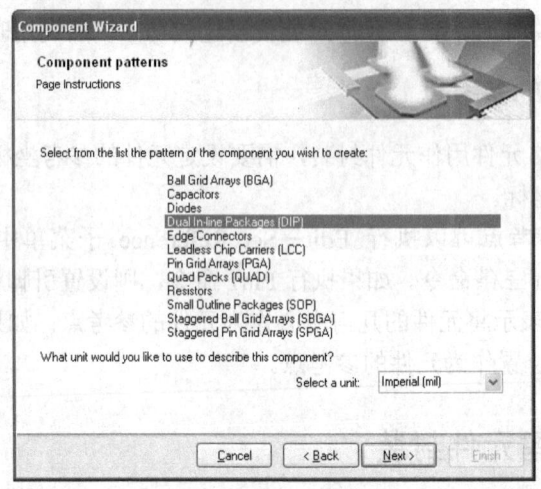

图 9-14　选择元件封装外形

根据本实例要求，选择 DIP 双列直插封装外形。另外在对话框的下面还可以选择元件封装的度量单位，有 Metric（公制）和 Imperial（英制）。

5）单击图 9-14 中的按钮 Next，系统将会弹出如图 9-15 所示的对话框。用户在该对话框中，可以设置焊盘的有关尺寸。用户只需在需要修改的位置单击鼠标左键，然后输入尺寸即可，设置焊盘尺寸如图 9-15 所示。

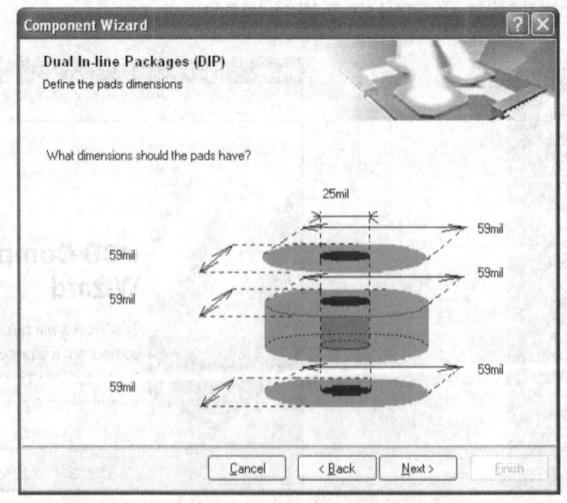

图 9-15　设置焊盘尺寸

6）单击图 9-15 中的按钮 Next，系统将会弹出如图 9-16 所示的对话框。用户在该对话框中，可以设置引脚的水平间距、垂直间距和尺寸。设置方法同上一步，设置焊盘尺寸如图 9-16 所示。

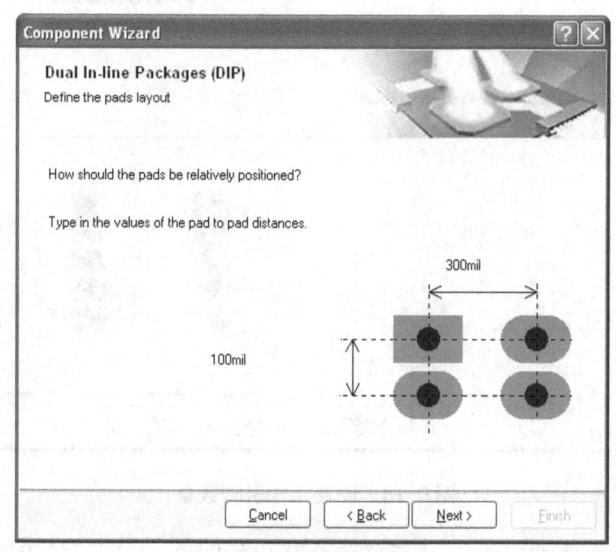

图 9-16　设置引脚的间距和尺寸

7）单击图 9-16 中的按钮 Next，系统将会弹出如图 9-17 所示的对话框。用户在该对话框中，可以设置元件的轮廓线宽。设置方法同上一步。

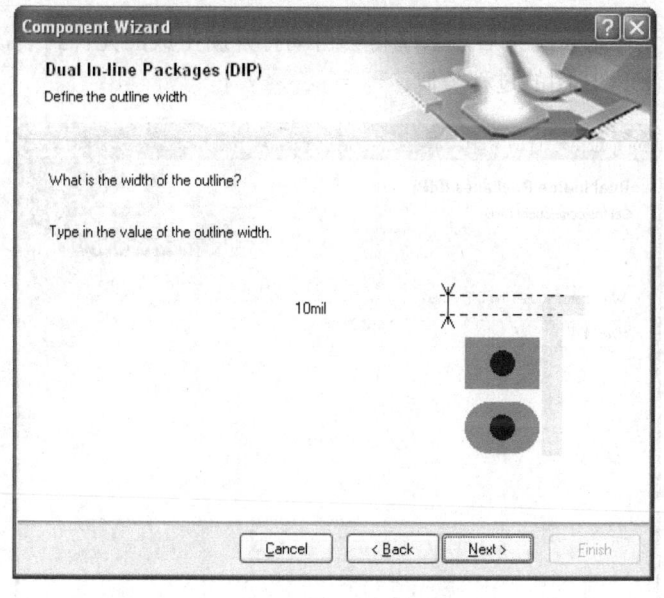

图 9-17　设置元件的轮廓线宽

8）单击图 9-17 中的按钮 Next，系统将会弹出如图 9-18 所示的对话框。用户在该对话框中，可以设置元件引脚数量。用户只需在对话框中的指定位置输入元件引脚数量即可。

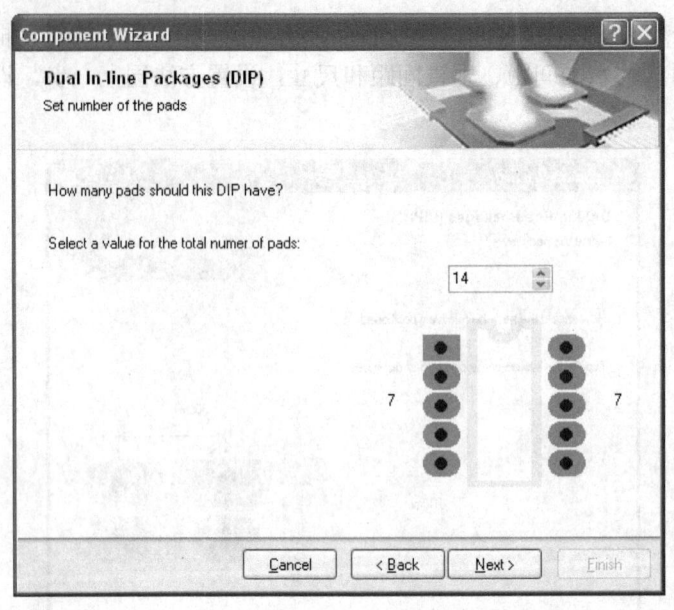

图 9-18　设置元件引脚数量

9）单击图 9-18 中的按钮 Next，系统将会弹出如图 9-19 所示的设置元件封装名称对话框。在该对话框中，用户可以设置元件封装的名称，在此设置为 DIP14。

10）此时再单击按钮 Next，系统将会弹出完成对话框，单击按钮 Finish，即可完成对新元件封装设计规则的定义，同时按设计规则生成了新的元件封装。完成后的元件封装如图 9-12 所示。

使用向导创建元件封装结束后，系统将会自动打开新生成的元件封装，以供用户进一步修改，其操作与设计 PCB 图的过程类似。

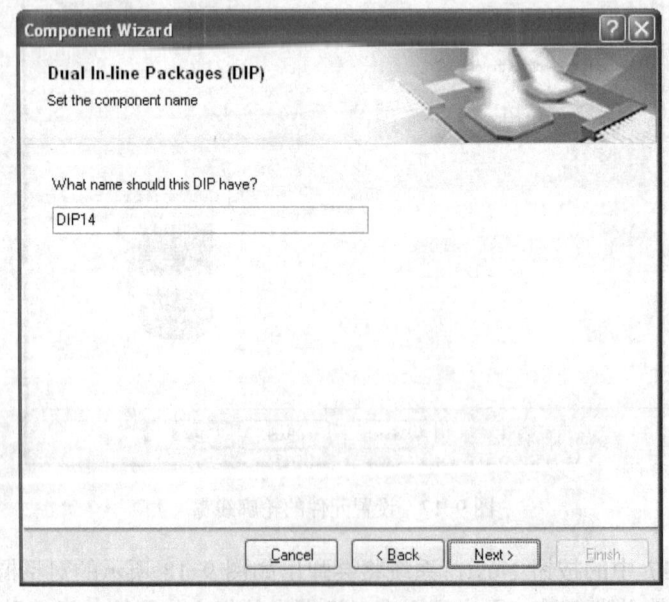

图 9-19　设置元件封装名称

## 9.4 元件封装管理

当创建了新的元件封装后,可以使用元件封装管理器进行管理,具体包括元件封装的浏览、添加、删除等操作,下面进行具体讲解。

### 9.4.1 浏览元件封装

当用户创建元件封装时,可以单击项目管理器下面的 PCB Library 标签,进入元件管理器,图 9-20 所示为元件封装浏览管理器。

1)在 PCB 浏览管理器中,元件过滤框(Mask 框)用于过滤当前 PCB 元件封装库中的元件,满足过滤框中条件的所有元件将会显示在元件列表框中。例如,在 Mask 编辑框中输入 D*,则在元件列表框中将会显示所有以 D 开头的元件封装。

2)当用户在元件封装列表框中选中一个元件封装时,该元件封装的焊盘等图元将会显示在 Component Primitives(元件图元)列表框中,如图 9-20 所示。

3)单击"Magnify(放大)"按钮可以局部放大元件封装的细节。

4)双击元件名,可以对元件封装进行重命名等属性设置。

5)在元件图元列表框中,双击图元可以对图元进行属性设置。

另外用户也可以执行 Tools→Next Component、Tools→Prev Component、Tools→First Component 或 Tools→Last Component 命令,选择元件列表框中的元件。

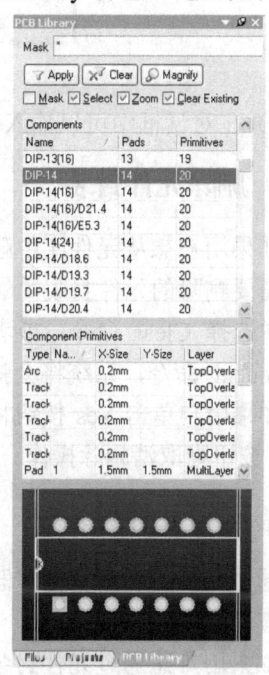

图 9-20 元件封装浏览管理器

### 9.4.2 添加元件封装

当新建一个 PCB 元件封装文档时,系统会自动建立一个名称为 PCBComponent_1 的空封装。添加新元件封装的操作步骤如下:

1)执行 Tools→New Blank Component 命令,系统将打开制作元件封装向导对话框。也可以在元件封装管理器的元件列表处单击鼠标右键,从快捷菜单中选择 New Blank Component 命令,创建一个新的元件封装。

2)此时如果单击 Next 按钮,将会按照向导创建新元件封装,这可以参考 9.3 节的讲解。如果单击 Cancel 按钮,系统将会生成一个 PCBComponent_1 空文件。

3)用户可以对该元件封装进行重命名,并可进行绘图操作,生成一个元件封装。

### 9.4.3 重命名元件封装

当创建了一个元件封装后,用户还可以对该元件封装进行重命名,具体操作如下:

1）在元件封装管理器的元件列表处选中一个元件封装，然后单击鼠标左键，系统将会弹出如图 9-21 所示的元件封装属性对话框。

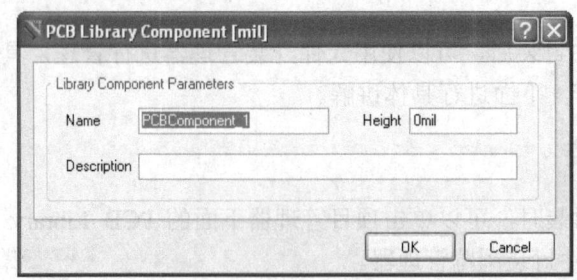

图 9-21　元件封装属性对话框

2）在对话框中可以输入元件封装的新名称，然后单击 OK 按钮完成重命名操作。

## 9.4.4　删除元件封装

如果用户想从元件库中删除一个元件封装，可以先选中需要删除的元件封装，然后单击鼠标右键，从快捷菜单中选择 Clear 命令，或者直接执行 Tools→Remove Component 命令，系统将会弹出如图 9-22 所示的提示框，如果用户单击 Yes 按钮将会执行删除操作，如果单击 No 按钮则取消删除操作。

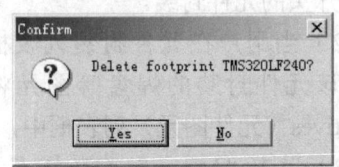

图 9-22　确认对话框

## 9.4.5　放置元件封装

通过元件封装浏览管理器，还可以进行放置元件封装的操作。用户也可以使用第 9 章讲述的方法放置元件封装。

如果用户想通过元件封装浏览管理器放置元件封装，可以先选中需要放置的元件封装，然后单击鼠标右键，从快捷菜单中选择 Place 命令，或者直接执行 Tools→Place Component 命令，系统将会切换到当前打开的 PCB 设计管理器，用户可以将该元件封装放置在合适位置。

## 9.4.6　编辑元件封装引脚焊盘

可以使用元件封装浏览管理器编辑封装引脚焊盘的属性，具体操作过程如下。

1）在元件列表框中选中元件封装，然后在图元列表框中选中需要编辑的焊盘。

2）双击所选中的对象，系统将弹出焊盘属性对话框，如图 9-8 所示。在该对话框中可以实现焊盘属性的修改，也可以直接双击封装上的焊盘进入焊盘属性对话框。

## 9.5　创建项目元件封装库

项目元件封装库是按照本项目电路图上的元件生成的一个元件封装库。项目元件封装库实际上就是把整个项目中所用到的元件整理，并存入一个元件库文件中。

下面以第 8 章创建的 FPGA_Spartan.PcbDoc 电路板为例，讲述一下创建项目元件库的步骤。

1)打开项目文件 FPGA_Spartan.PrjPCB,然后再打开 FPGA_Spartan.PcbDoc 电路板文件。

2)执行 Tools→Make Library 菜单命令。执行该命令后程序会自动切换到元件封装库编辑器,生成相应的项目文件库 FPGA_Spartan.PcbLib。在图 9-23 所示的元件封装管理器所列出的元件封装库中,包括 1608(0603)、DIP8、CAPC1608L、CAPC3126L 和 HDR2x20 等。

**注意:** 如果需要自己制作新的元件封装,一定要事先仔细阅读元件的产品信息,了解该元件的尺寸大小、封装类型,然后才能进行元件封装的绘制和定义。当绘制好了一个自定义元件封装后,还应该使用打印机按 1:1 的比例打印出来,与产品信息中元件的实际尺寸进行比较,如果正确则可以使用。

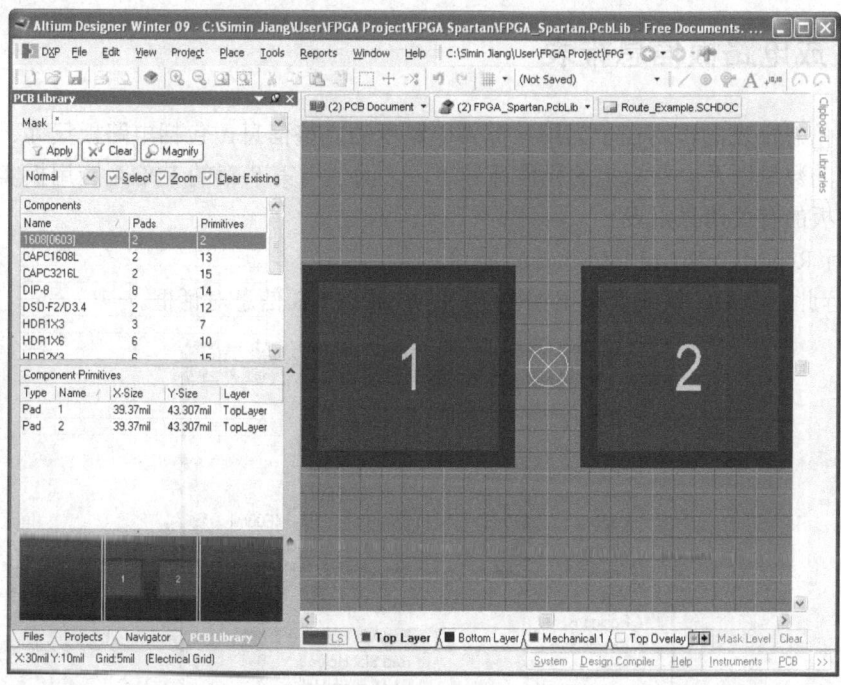

图 9-23 生成新的元件封装库

# 第10章 印制电路板报表

Altium Designer 的印制电路板设计系统提供了生成各种报表的功能，可以为用户提供有关设计过程及设计内容的详细资料。这些资料主要包括设计过程中的电路板状态信息、引脚信息、元件封装信息、网络信息以及布线信息等。完成了电路板的设计后，还需要生成 NC 钻孔报表，用于 PCB 的数控加工，打印输出图形，以备焊接元件和存档。

## 10.1 生成电路板信息报表

电路板信息报表的作用在于为用户提供电路板的完整信息，包括电路板尺寸、电路板上焊盘、过孔的数量以及电路板上的元件标号等，下面使用第 8 章的 FPGA 应用板实例讲述如何生成电路板的有关信息报表。

1) 执行 Reports→Board Information 命令。
2) 执行此命令后，系统会弹出如图 10-1 所示的 PCB 信息对话框。

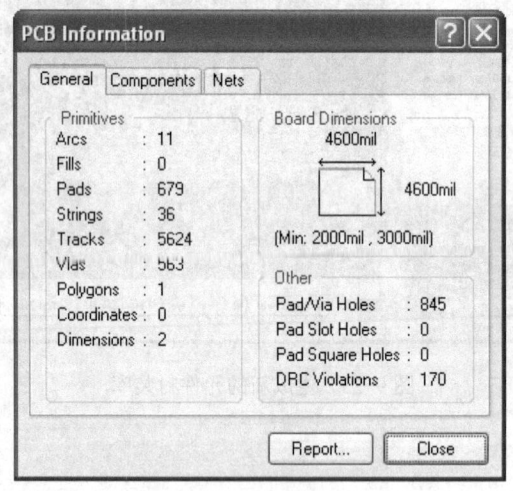

图 10-1　PCB 信息对话框

图 10-1 所示的对话框中包括三个选项卡，分别说明如下。
- General 选项卡。主要用于显示电路板的一般信息，如电路板大小、电路板上各个组件的数量（如导线数、焊盘数、过孔数、敷铜数、违反设计规则的数量等）。
- Components 选项卡。用于显示当前电路板上使用的元件序号以及元件所在的层等信息，如图 10-2 所示。
- Nets 选项卡。用于显示当前电路板中的网络信息，如图 10-3 所示。

如果单击 Nets 选项卡中的 Pwr/Gnd 按钮，系统会弹出如图 10-4 所示的内部平面层信息对话框。内部平面层信息对话框列出了各个内部平面层所连接的网络、过孔与焊盘以及过孔/焊盘和内部平面层间的连接方式。

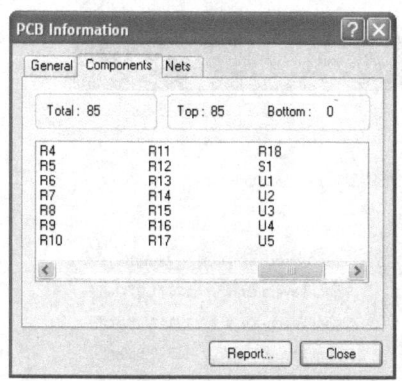 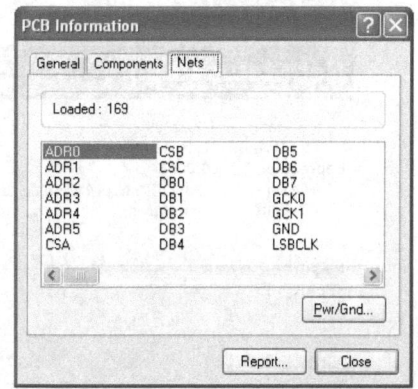

图 10-2  Components 选项卡　　　　　　　图 10-3  Nets 选项卡

本实例的电路板具有两层内部平面层网络，分别为 3.3V 的电源层和 GND 地电源层，所以在图 10-4 所示对话框中显示了两个内部平面层说明选项卡。

3）可以在任何一个选项卡中单击 Report 按钮，生成系统将弹出如图 10-5 所示的选择报表项目对话框，用户可以选择需要生成报表的项目，使用鼠标选中各项目的复选框即可。用户也可以选择 All On 按钮，选择所有项目；或者选择 All Off 按钮，不选择任何项目。另外，用户也可以选中 Selected Objects Only 复选框，只生成所选中对象的信息报表。

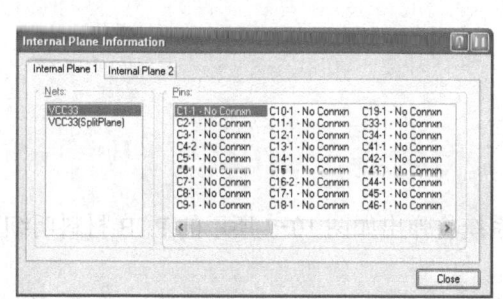 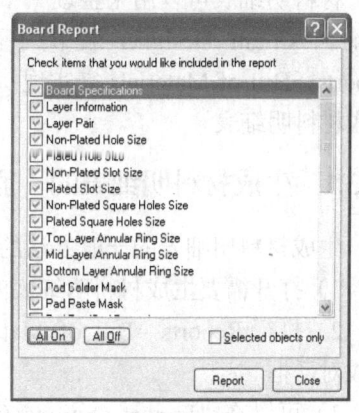

图 10-4  内部平面层信息对话框　　　　　　图 10-5  选择报表项目对话框

4）单击 Report 按钮，将电路板信息生成相应的报表文件，生成的文件以.REP 为后缀。

## 10.2  生成网络状态报表

网络状态报表用于列出电路板中每一条网络的长度。生成网络状态报表可以执行 Reports→Netlist Status 命令，系统将打开文本编辑器，产生相应的网络状态报表。下面为第 8 章实例 FPGA_Spartan.pcb 电路板生成网络状态报表，生成的文件以.html 为后缀名。

299

图 10-6 所示为生成的网络状态报表的部分内容。

Altium Designer

customize

**Net Status Report**

Date : 4/23/2009
Time : 12:14:42 AM
Elapsed Time : 00:00:00
Filename : C:\Simin Jiang\User\FPGA Project\FPGA Spartan\FPGA Spartan7.PcbDoc
Units : mm mils

| Nets | Layer | Length |
|---|---|---|
| ADR0 | Signal Layers Only | 12271.074mil |
| ADR1 | Signal Layers Only | 12143.451mil |
| ADR2 | Signal Layers Only | 11278.859mil |
| ADR3 | Signal Layers Only | 11286.270mil |
| ADR4 | Signal Layers Only | 11525.528mil |
| ADR5 | Signal Layers Only | 17080.615mil |
| CSA | Signal Layers Only | 3743.433mil |

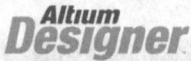

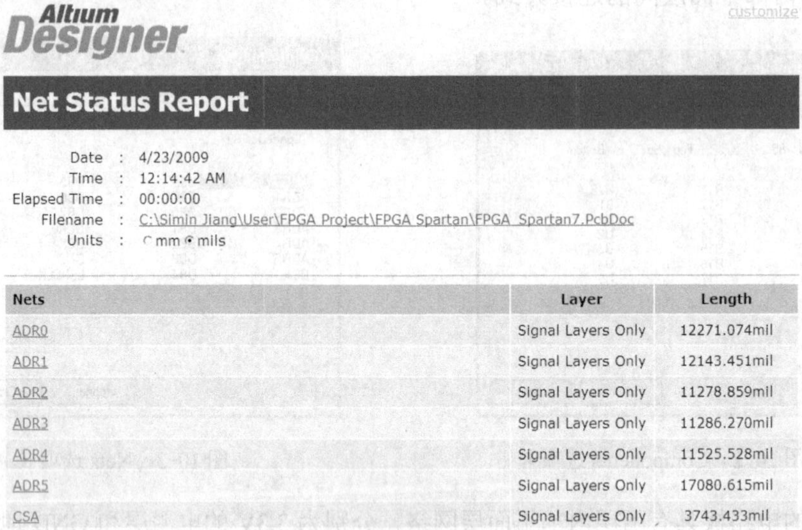

图 10-6　网络状态报表部分内容

## 10.3　生成材料明细表

材料明细表可以用来整理一个电路或一个项目中的元件，形成一个元件列表，以供用户查询。Altium Designer 提供了两种方法生成材料明细表，一种是一般方法，执行 Reports→Bill of Materials 来实现；另一种是简单的方法，执行 Reports→Simple BOM 命令来生成材料明细表。

### 10.3.1　生成材料明细表的一般方法

生成材料明细表的一般方法的操作过程如下：

1）打开需要生成材料明细表的 PCB 文件。

2）执行 Reports→Bill of Materials 命令，系统将弹出如图 10-7 所示的 PCB 材料明细表生成对话框。

3）可以在“Export Options（输出选项）”操作框的“File Format（文件格式）”列表中选择输出文本类型，包括 Excel 格式（.xls）、CSV 格式、PDF 格式、文本文件格式（.txt）、网页格式以及 XML 文件格式。

如果单击 Excel 按钮，系统会打开 Excel 应用程序，并生成以.xls 为扩展名的元件报表文件，不过此时需要选中“Open Exported（打开输出文件）”复选框。如果选择“Add to Project（添加到项目）”复选框，则生成的文件会添加到项目中。另外还可以在“Excel Options”操作区选择模板文件。

如果选中“Force Columns to View（强制栏在视图中显示）”复选框，则图 10-7 所示的窗口的所有列会被强制在视图中显示。如果选择“Include Parameters From Database”，则会包括来自数据库中的参数，但是该项目必须有数据库文件，否则就不能操作。如果选择"Include Parameters From PCB"，则会包括来自当前项目的 PCB 文件的参数，但是该项目必须有已经存在的 PCB 文件，否则就不能操作。

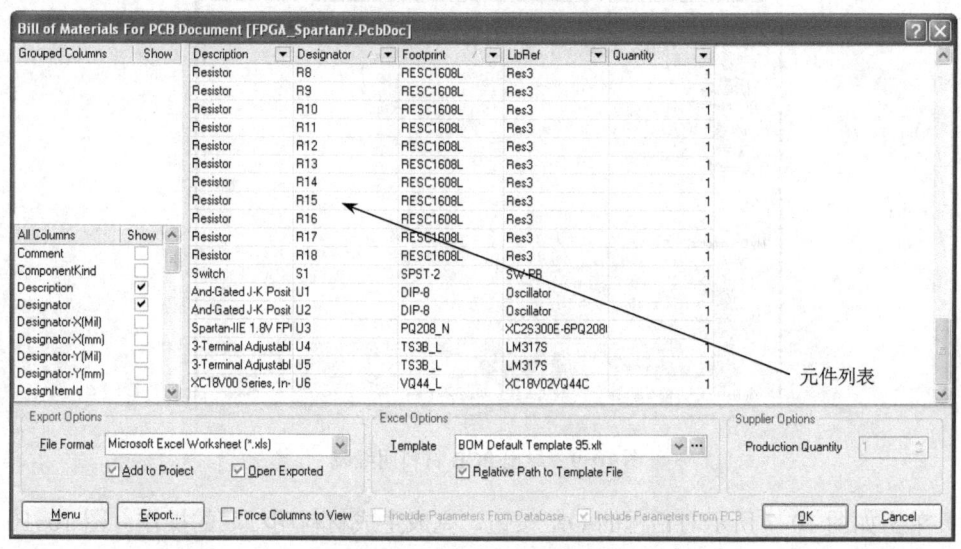

图 10-7　PCB 材料明细表生成对话框

当然，也可以从 Menu 菜单中选择快捷命令来操作，Menu 包括：Export（导出）命令，相当于上面的 Export 按钮； Report（生成报告）命令。

4）如果选择 Menu 菜单的 Report 命令，则可以生成预览元件报表，如图 10-8 所示。在该对话框中，可以单击 Print 按钮进行打印操作，也可以单击 Export 按钮导出元件报表。

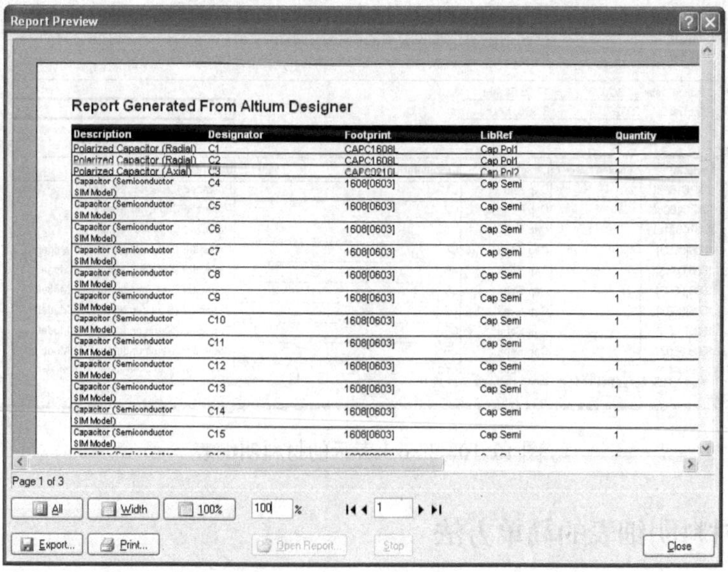

图 10-8　预览 PCB 材料明细表

如果直接在图 10-7 中选择了 Excel 文件格式后，单击 Export 按钮，则系统会打开 Excel 应用程序，并生成以.xls 为扩展名的元件报表文件，如图 10-9 所示。

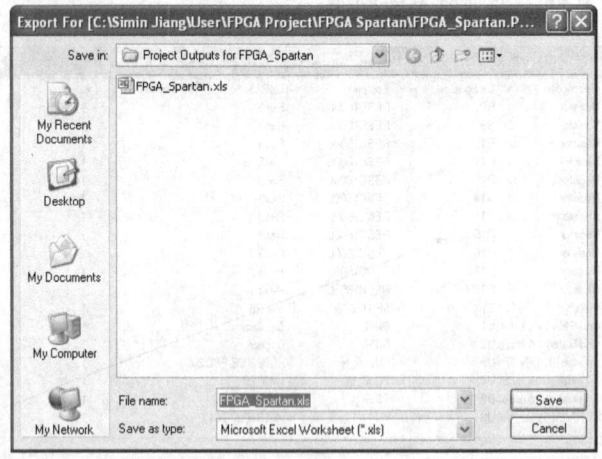

图 10-9　导出 PCB 材料明细表

5）单击如图 10-7 所示对话框的 OK 按钮，完成生成材料明细表的操作。图 10-10 所示为以 Excel 表格表示的材料明细表。

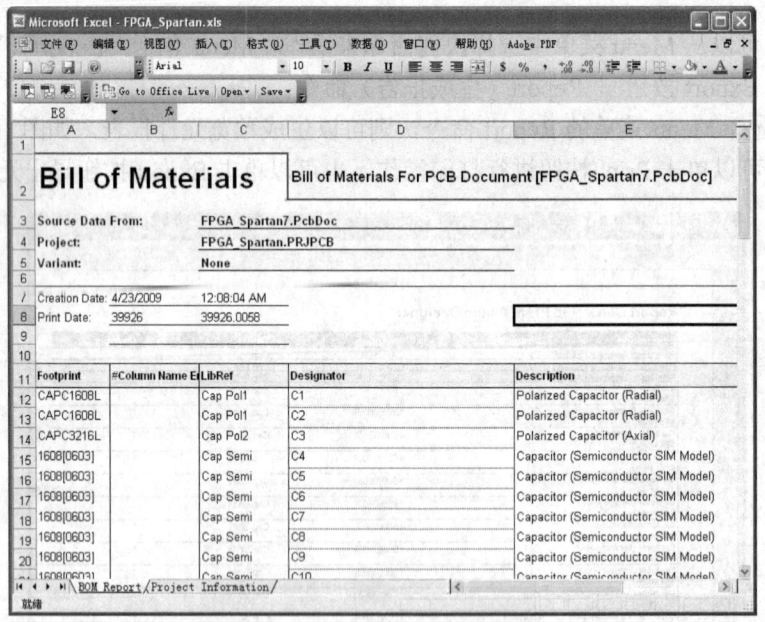

图 10-10　Excel 表示的材料明细表

## 10.3.2　生成材料明细表的简单方法

打开需要生成材料明细表的 PCB 文件后，执行 Reports→Simple BOM 命令就可以直接生成材料明细表。这种方法生成的材料明细表文件只有.BOM 和.CSV 两种，均以纯文本方式表示。生成的 FPGA_Spartan.BOM 文件在项目管理器的 Generated/Text Documents 目录中。

> **说明**：另外还可以执行 Reports→Project→Bill of Materials 或 Reports→Project→Simple BOM 命令来生成项目的 PCB 材料明细表。上面讲述的是针对单个 PCB 文件的材料明细表，而项目中可能有多个 PCB 文件，所以需要执行针对项目的生成材料明细表操作。

## 10.4 生成 NC 钻孔报表

NC 钻孔报表用于提供制作电路板时所需的钻孔资料，该资料可直接用于数控钻孔机，生成 NC 钻孔报表的具体操作如下：

1）执行 File→New→Output Job File 命令。

2）执行该命令后，系统将弹出如图 10-11 所示的输出文件工作面板。此时选择 Generate files 选项。

3）在 Data Source 列中，可以选择生成报表的数据源，通常包含有当前项目中的所有 PCB 文件。

4）选择需要生成的文件对象，在此选中 NC Drill Files 选项，即生成 NC 钻孔报表文件，也可以选择其他需要输出的报表文件选项，如光绘文件（Gerber Files）。

> **技巧**：Altium Designer 将所有输出文件功能集中在该管理器中来实现，前面所讲的所有文件报表均可以在这里选择输出。

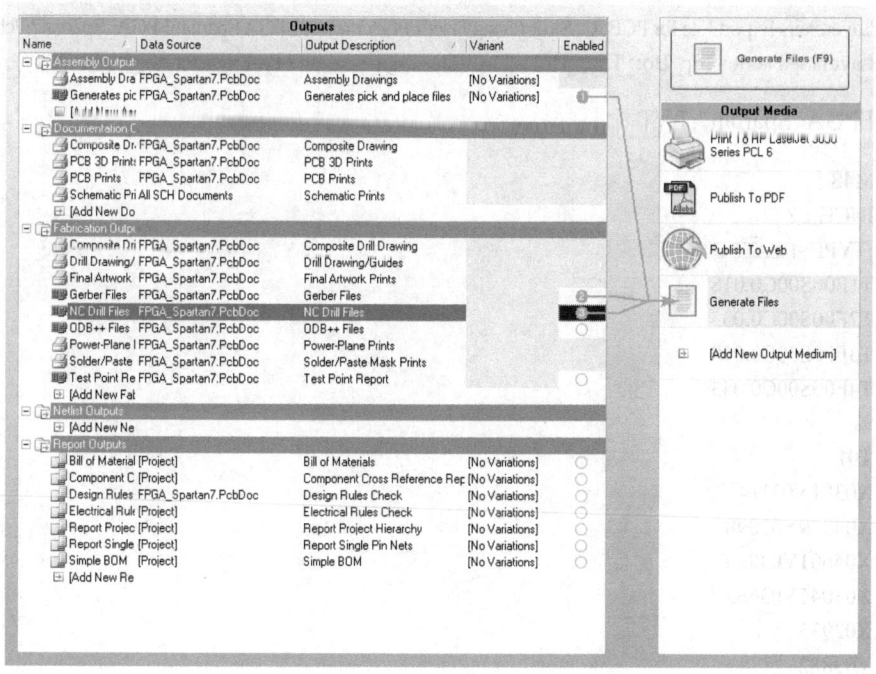

图 10-11　输出文件工作面板

5）选中了需要输出的文件对象后，就可以执行 Tools→Run 命令，然后系统就会生成选择的"NC 钻孔文件"。生成的"NC 钻孔文件"包括三个文件，即本实例的 FPGA_Spartan7.DDR、FPGA_Spartan7.LDP 和 FPGA_Spartan7.TXT，内容分别如下：

（1）FPGA_Spartan7.DDR 文件

```
NCDrill File Report For: FPGA_Spartan7.PcbDoc    4/23/2009    12:33:52 AM


Layer Pair : Top Layer to Bottom Layer
ASCII RoundHoles File : FPGA_Spartan7.TXT
EIA File       : FPGA_Spartan7.DRL


Tool       Hole Size              Hole Type       Hole Count Plated      Tool Travel

T1         25mil (0.635mm)        Round           563                    390.52 Inch (9919.27 mm)
T2         35.43mil (0.89992mm)   Round           274                    326.62 Inch (8296.17 mm)
T3         39.37mil (1mm)         Round           6                      289.76 Inch (7360.00 mm)
T4         43.31mil (1.10007mm)   Round           2                      288.74 Inch (7333.91 mm)

Totals                                            845                    1295.64 Inch (32909.34 mm)
Total Processing Time (hh:mm:ss) : 00:00:00
```

（2）FPGA_Spartan7.LDP 文件

```
Layer Pairs Export File for PCB: C:\Simin Jiang\User\FPGA Project\FPGA Spartan\FPGA_Spartan7.PcbDoc
LayersSetName=Top_Bot_Thru_Holes|DrillFile=fpga_spartan7.txt|LayerPairs=gtl,gbl
```

（3）FPGA_Spartan7.TXT

```
M48
INCH,LZ
;TYPE=PLATED
T1F00S00C0.018
T2F00S00C0.035
T3F00S00C0.039
T4F00S00C0.043
%
T01
X0381Y03114
X04279Y03098
X04601Y03085
X03045Y03662
X02935
Y03882
X03045
```

X03048Y0416
X02715Y04122
X02711Y0384
X02538Y03424
(这里只截取了一部分,后面还有)

这三个文件真正的数控程序以文本文件的方式保存为 FPGA_Spartan7.TXT。

# 第 11 章　电路仿真分析

Altium Designer 不但可以绘制原理图和制作印制电路板，而且还提供了电路仿真和 PCB 信号完整性分析工具。用户可以方便地对设计的电路和 PCB 进行信号仿真。本章将讲述 Altium Designer 的电路仿真以及电路仿真分析的基本方法。

## 11.1　仿真元件库描述

Altium Designer 为用户提供了大部分常用的仿真元件，这些仿真元件库在 Library/Simulation 目录中，其中：仿真信号源的元件库为 Simulation Sources.IntLib、仿真专用函数元件库为 Simulation Special Function.IntLib、仿真数学函数元件库为 Simulation Math Function.IntLib、信号仿真传输线元件库为 Simulation Transmission Line.IntLib。

### 11.1.1　仿真信号源元件库

**1．直流源**

在 Simulation Sources.IntLib 库中，包含了两个直流源元件：VSRC 电压源和 ISRC 电流源。

仿真库中的电压/电流源符号如图 11-1 所示。这些仿真源提供了用来激励电路的一个恒定的电压或电流输出。

**2．正弦仿真源**

在 Simulation Sources.IntLib 库中，包含了两个正弦源元件：VSIN 正弦电压源和 ISIN 正弦电流源。

仿真库中的正弦电压/电流源符号如图 11-2 所示，通过这些仿真源可创建正弦电压和电流源。

图 11-1　电压/电流源符号　　　　　图 11-2　正弦电压/电流源符号

**3．周期脉冲源**

在 Simulation Sources.IntLib 库中，包含了两个周期脉冲源元件：VPULSE 电压周期脉冲源和 IPULSE 电流周期脉冲源。

利用这些仿真源可以创建周期性的连续脉冲。周期脉冲源的符号如图 11-3 所示。

### 4．分段线性源

在 Simulation Sources.IntLib 库中，包含了两个分段线性源元件：VPWL 分段线性电压源和 IPWL 分段线性电流源。

图 11-4 所示是仿真库中的分段线性源符号，使用分段线性源可以创建任意形状的波形。

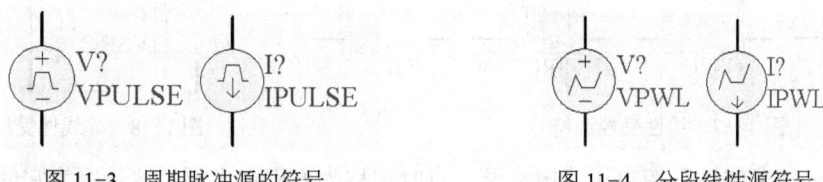

图 11-3　周期脉冲源的符号　　　　　　　图 11-4　分段线性源符号

### 5．指数激励源

在 Simulation Sources.IntLib 库中，包含两个指数激励源元件：VEXP 指数激励电压源和 IEXP 指数激励电流源。

图 11-5 所示是仿真库中的指数激励源符号，通过这些激励源可创建带有指数上升沿和（或）下降沿的脉冲波形。

### 6．单频调频源

在 Simulation Sources.IntLib 库中，包含两个单频调频源元件：VSFFM 单频调频电压源和 ISFFM 单频调频电流源。

图 11-6 所示是仿真库中的单频调频源符号，通过单频调频源可创建单频调频波。

图 11-5　指数激励源符号　　　　　　　图 11-6　单频调频源符号

> **注意**：波形将用如下的公式定义。
> $$V(t) = VO + VA*\sin[2*PI*Fc*t + MDI*\sin(2*PI*Fs*t)]$$
> 其中：
> t——当时时间；　　　　VO——偏置；　　　　VA——峰值；
> Fc——载频；　　　　MDI——调制指数；　　Fs——调制信号频率。

### 7．线性受控源

在 Simulation Sources.IntLib 库中，包含四个线性受控源元件：HSRC 线性电流控制电压源、GSRC 线性电压控制电流源、FSRC 线性电流控制电流源和 ESRC 线性电压控制电压源。

图 11-7 所示是仿真库中包括的线性受控源符号。

以上是标准的 Spice 线性受控源，每个线性受控源都有两个输入节点和两个输出节点。输出节点间的电压或电流是输入节点间的电压或电流的线性函数，一般由源的增益、跨导等决定。

### 8．非线性受控源

在 Simulation Sources.IntLib 库中包含两个非线性受控源元件：BVSRC 非线性受控电压

源和 BISRC 非线性受控电流源。

图 11-8 所示是仿真库中包括的非线性受控源符号。

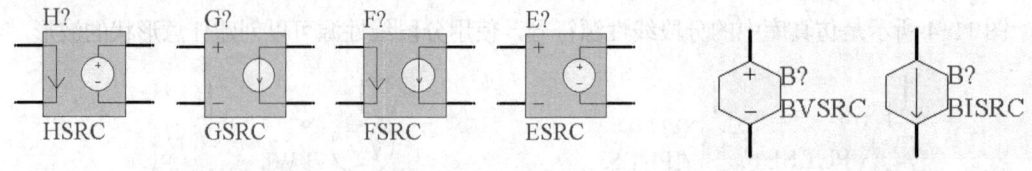

图 11-7　线性受控源符号　　　　　　图 11-8　非线性受控源符号

标准 Spice 非线性受控电压或电流源，有时被称为方程定义源，这是因为它的输出由设计者的方程定义，并且经常引用电路中其他节点的电压或电流值。

 **注意**：电压或电流波形：
　　　　V=表达式 或 I=表达式。
　　其中，表达式是在定义仿真属性时输入的方程。

设计中可使用标准函数来创建一个表达式，表达式中也可包含如下的一些标准函数：
ABS　LN　SQRT　LOG　EXP　SIN　ASIN　ASINH　SINH　COS　ACOS　ACOSH
COSH　TAN　ATAN　ATANH

为了在表达式中引用所设计电路中的节点的电压和电流，设计者必须首先在原理图中为该节点定义一个网络标号。这样设计者就可以使用如下的语法来引用该节点：

V(NET)　　表示在节点 NET 处的电压。

I(NET)　　表示在节点 NET 处的电流。

假设设计者已在原理图中定义了名为 IN 的网络标号，那么在 Part Type 中输入如下的表达式将是有效的。

V(IN)^3

COS(V(IN))

### 11.1.2　仿真专用函数元件库

Simulation Special Function.IntLib 元件库中的元件是一些专门为信号仿真而设计的函数元件，该元件库提供了常用的运算函数，比如增益、加、减、乘、除、求和、压控振荡源等专用的元件。

### 11.1.3　仿真数学函数元件库

Simulation Math Function.IntLib 元件库中的元件主要是一些仿真数学函数元件，比如求正弦、余弦、绝对值、反正弦、反余弦、开方等数学计算的函数，使用这些函数可以对仿真电路中的信号进行数学计算，从而获得自己需要的仿真信号。

### 11.1.4　信号仿真传输线元件库

Simulation Transmission Line.IntLib 元件库中的元件主要包括三个信号仿真传输线元件，

即 URC（均匀分布传输线）、LTRA（有损耗传输线）、LLTRA（无损耗传输线）元件，如图 11-9 所示。

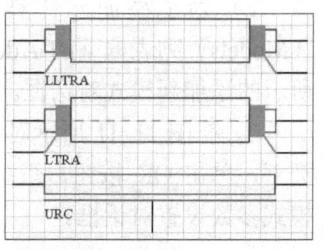

1）LLTRA（无损耗传输线）。该传输线是一个双向的理想的延迟线，有两个端口。节点定义了端口正电压的极性。

2）LTRA（有损耗传输线）。单一的损耗传输线将使用双端口响应模型，这个模型属性包含了电阻值、电感值、电容值和长度，这些参数不可能直接在原理图文件中设置，但设计者可以创建和引用自己的模型文件。

图 11-9　传输线元件类型

3）URC（均匀分布传输线）。分布 RC 传输线模型（即 URC 模型）是由 L.Gertzberrg 在 1974 年所提出的模型上导出的。该模型由 URC 传输线的子电路类型扩展成内部产生节点的集总 RC 分段网络而获得。RC 各段在几何上是连续的。URC 必须严格地由电阻和电容段构成。

## 11.1.5　常用元件库

Altium Designer 为用户提供了一个常用元件库，即 Miscellaneous Devices.IntLib。该元件库包括电阻、电容、电感、振荡器、三极管、二极管、电池、熔断器等，所有元件均定义了仿真属性，仿真时只要选取默认属性或者修改为自己需要的仿真属性即可。

## 11.1.6　编辑元件仿真属性

在电路仿真时，所有元件必须具有仿真属性，如果没有，那么在电路仿真操作时会产生警告或错误信息。下面讲述如何为元件添加仿真属性。

如果当前元件没有定义仿真属性，则使用鼠标双击该元件，打开元件属性对话框后，在元件的模式列表框中不会显示 Simulation 属性，否则在元件的模式列表框中会显示仿真属性，如图 11-10 所示。

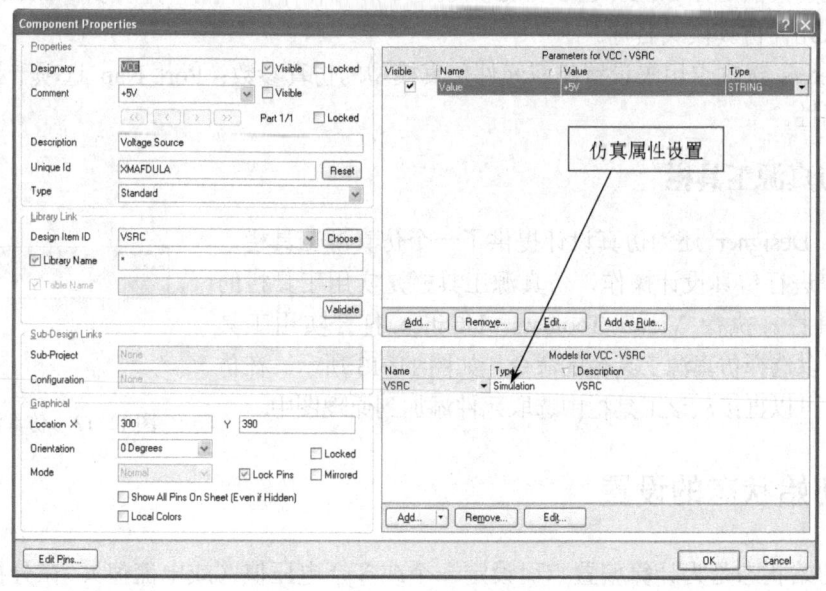

图 11-10　元件属性对话框

1)为了添加元件具有仿真特性,可以单击模式(Models)列表框下的 Add 按钮,系统将弹出如图 11-11 所示的添加新模式对话框。

2)在图 11-11 所示对话框中选择 Simulation(仿真)类型,单击 OK 按钮,系统会打开如图 11-12 所示的仿真模式参数设置对话框。

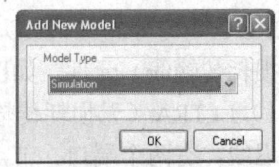

图 11-11 添加新模式对话框

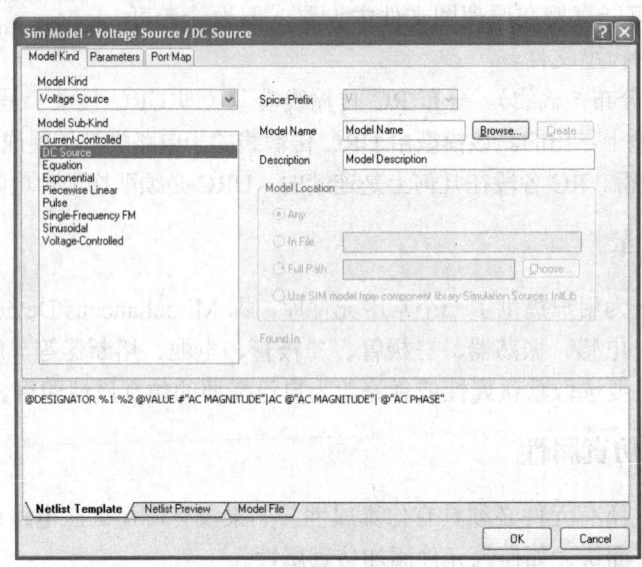

图 11-12 仿真模式参数设置对话框

其中,Model Kind 选项卡显示的是一般信息,用户可以在 Model Kind 下拉列表中选择元件的总类别,然后在 Model Sub-kind 列表框中选择模型的子类,并可以在 Model Name 编辑框中输入元件仿真模式名称。

Parameters 选项卡用来设置相应元件仿真模型的仿真参数;Port Nap 选项卡显示元件引脚的连接属性。

### 11.1.7 仿真源工具栏

Altium Designer 还为仿真设计提供了一个仿真源工具栏,以方便用户进行仿真设计操作,仿真源工具栏是实用工具栏的一个子工具栏。执行 View→Toolbars→Utilities 打开实用工具栏,然后可以选择仿真源工具栏的命令,如图 11-13 所示。在仿真设计时,可以直接从该工具栏中选取元件添加到原理图中。

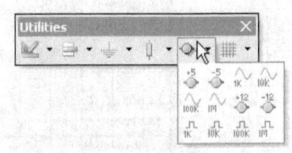

图 11-13 仿真源工具栏

## 11.2 初始状态的设置

设置初始状态是为计算偏置点而设定一个或多个电压值(或电流值)。在分析模拟非线性电路、振荡电路及触发器电路的直流或瞬态特性时,常出现求解的不收敛现象,当然实际电路是有解的，其原因是点发散或收敛的偏置点不能适应多种情况。设置初始值最通常的办法就是在两个或更多的稳定工作点中选择一个，使仿真顺利进行。

### 11.2.1 节点电压设置

该设置使指定的节点固定在所给定的电压下，仿真器按这些节点电压（NS）求得直流或瞬态的初始解。

该设置对双稳态或非稳态电路收敛性的计算是必须的，它可使电路摆脱"停顿"状态，而进入所希望的状态。一般情况下，设置是不必要的。

节点电压可以在元件属性对话框中设置，即打开如图 11-10 所示的对话框后，对元件仿真属性进行编辑，系统打开如图 11-12 所示的对话框，在 Model Kind 下拉列表中选中 Initial Condition 选项，然后在 Model Sub-Kind 列表框中选择 Initial Node Voltage Guess 选项，然后进入 Parameters 选项卡设置其初始值。

### 11.2.2 初始条件设置

该设置是用来设置瞬态初始条件（IC）的，不要把该设置和上述的设置相混淆。NS 只是用来帮助直流解的收敛，并不影响最后的工作点（对多稳态电路除外）。而 IC 仅用于设置偏置点的初始条件，它不影响 DC 扫描。

瞬态分析中，一旦设置了参数 Use Initial Conditions 和 IC 时，瞬态分析就先不进行直流工作点的分析（初始瞬态值），因而应在 IC 中设定各点的直流电压。如果瞬态分析中没有设置参数 Use Initial Conditions，那么在瞬态分析前要计算直流偏置（初始瞬态）解。这时，IC 设置中指定的节点电压仅当做求解直流工作点时相应的节点的初始值。

仿真元件的初始条件设置与节点电压的设置类似，具体操作如下：

首先打开如图 11-10 所示的对话框后，对元件仿真属性进行编辑，系统会打开如图 11-12 所示的对话框，在 Model Kind 下拉列表中选中 Initial Condition 选项，然后在 Model Sub-Kind 列表框中选择 Set Initial Condition 选项，然后进入 Parameters 选项卡设置其初始值。

另外，Altium Designer 在 Simulation Sources.IntLib 库中还提供了两个特别的初始状态定义符（见图 11-14）：

1）.NS。即 NODE SET（节点设置）。

2）.IC。即 Initial Condition（初始条件）。

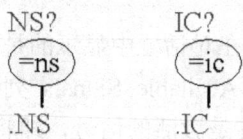

图 11-14 节点设置和初始条件状态定义符

这两个特别的符号可以用来设置电路仿真的节点电压和初始条件。只要向当前的仿真原理图添加这两个元件符号，然后进行设置，即可实现整个仿真电路的节点电压和初始条件设置。

综上所述，初始状态的设置共有三种途径："IC"设置、".NS"设置和定义元件属性。

在电路模拟中，如有三种或两种共存时，在分析中优先考虑的次序是：定义元件属性、".IC"设置、".NS"设置。如果".NS"和".IC"共存时，则".IC"设置将取代".NS"设置。

## 11.3 仿真器的设置

在进行仿真前，设计者必须选择对电路进行哪种分析，需要收集哪个变量数据，以及仿真完成后自动显示哪个变量的波形等。

### 11.3.1 进入分析主菜单

当完成了对电路的编辑后，设计者可对电路进行仿真分析对象的选择和设置。

执行 Design→Simulate→Mixed Sim 命令，或者从 Mixed Sim 工具栏中选择按钮 进入电路仿真分析设置对话框，如图 11-15 所示。

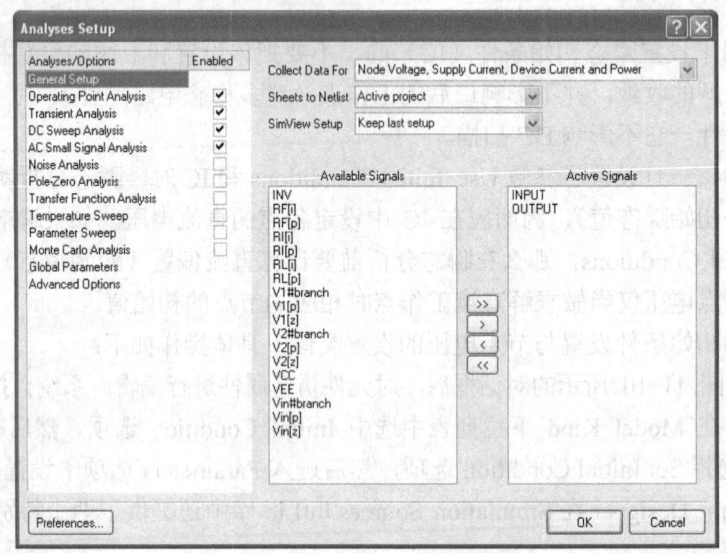

图 11-15　仿真分析设置对话框

### 11.3.2 一般设置

选择 General Setup 选项，那么在对话框中显示的是仿真分析的一般设置，如图 11-15 所示。设计者可以选择分析对象，在 Available Signals 列表中显示的是可以进行仿真分析的信号；Active Signals 列表框中显示的是激活的信号，即将要进行仿真分析的信号；单击 和 按钮可添加或移去激活的信号。

### 11.3.3 瞬态特性分析

瞬态特性分析（Transient Analysis）是在从时间零开始到用户规定的时间范围内进行的。设计者可规定输出的开始到终止的时间和分析的步长，初始值可由直流分析部分自动确定，所有与时间无关的源使用它们的直流值，也可以用设计者规定的各元件的电平值作为初始条件进行瞬态分析。

在 Altium Designer 中设置瞬态分析的参数，可以通过激活 Transient/Fourier 选项，在如图 11-16 所示的瞬态分析/傅里叶分析参数设置对话框中进行设置。

瞬态分析的输出是在一个类似示波器的窗口中，在设计者定义的时间间隔内计算变量瞬态输出的电流或电压值。如果不使用初始条件，则静态工作点分析将在瞬态分析前自动执行，以测得电路的直流偏置。

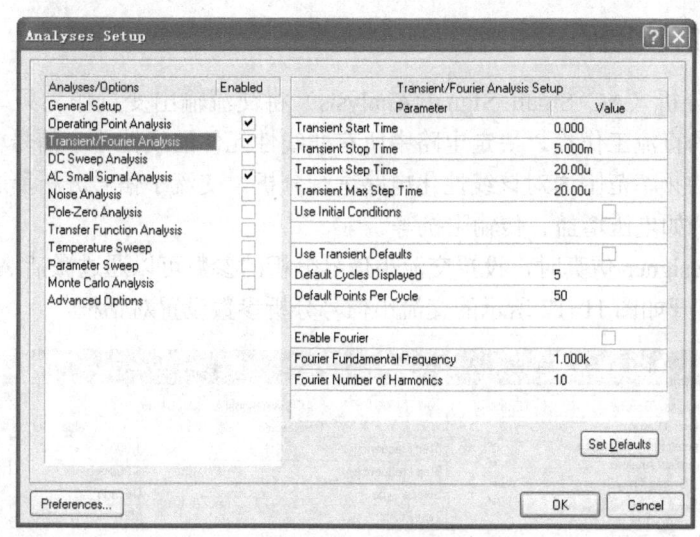

图 11-16 瞬态分析/傅里叶分析参数设置对话框

瞬态分析通常从时间零开始。在时间零和开始时间（Start Time）之间，瞬态分析照样进行，但并不保存结果。在开始时间（Start Time）和终止时间（Stop Time）的间隔内将保存结果，以用于显示。

步长（Step Time）通常是用在瞬态分析中的时间增量。实际上，该步长不是固定不变的。采用变步长，是为了自动完成收敛。最大步长（Max Step Time）限制了分析瞬态数据时的时间片的变化量。

瞬态分析中，如果选择了 Use Initial Conditions 选项，则瞬态分析就先不进行直流工作点的分析（初始瞬态值），因而应在 IC 中设定各点的直流电压。

仿真时，如果设计者并不确定所需输入的值，可选择默认值，从而自动获得瞬态分析用参数。开始时间（Start Time）一般设置为零。Stop Time、Step Time 和 Max Step Time 与显示周期（Cycles Displayed）、每周期中的点数（Points Per Cycle）以及电路激励源的最低频率有关。如选中 Use Transient Defaults 选项，则每次仿真时将使用系统默认的设置。

## 11.3.4 傅里叶分析

傅里叶分析（Fourier Analysis）是计算瞬态分析结果的一部分，可得到基频、DC 分量和谐波。不是所有的瞬态分析结果都要用到，一般只用到瞬态分析终止时间之前的基频的一个周期。若 PERIOD 是基频的周期，则 PERIOD＝1／FREQ，就是说，瞬态分析至少要持续

*313*

1 / FREQ (s)。

如图 11-16 所示，要进行傅里叶分析，必须选中 Transient/Fourier Analysis 选项。在此对话框中，可设置傅里叶分析的参数：

- 选中 Enable Fourier，则可以进行傅里叶分析。
- Fourier Fundamental Frequency：设置傅里叶分析的基频。
- Fourier Number of Harmonics：设置所需要的谐波数。

傅里叶分析中的各次谐波的幅值和相位信息将保存在 Filename.sim 文件中。

### 11.3.5 交流小信号分析

交流小信号分析（AC Small Signal Analysis）将交流输出变量作为频率的函数计算出来。先计算电路的直流工作点，决定电路中所有非线性元件的线性化小信号模型参数，然后在设计者所指定的频率范围内对该线性化电路进行分析。交流小信号分析所希望的输出通常是一个传递函数，如电压增益、传输阻抗等。

在 Altium Designer 仿真时，设置交流小信号分析的参数可以通过激活 AC Small Signal Analysis 选项，打开如图 11-17 所示的交流小信号分析参数设置对话框。

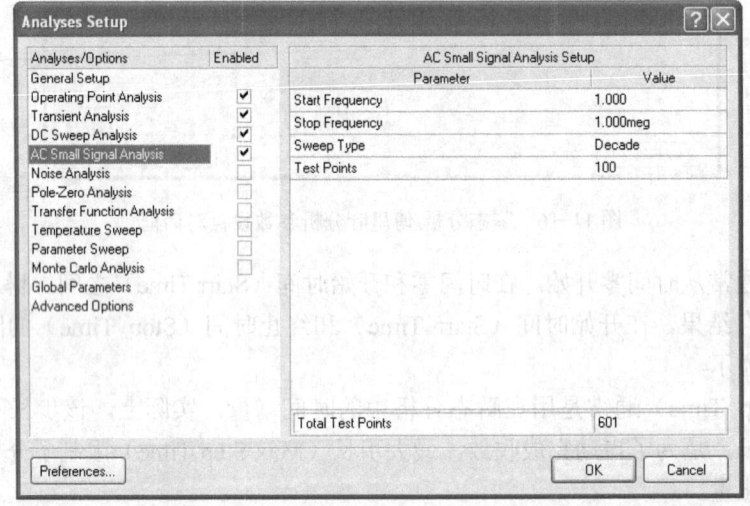

图 11-17 交流小信号分析参数设置对话框

图中的扫描类型（Sweep Type）和测试点数目（Test Points）决定了频率的增量。关于它们的定义见表 11-1。

表 11-1 扫描类型和测试点数的定义

| 扫 描 类 型 | 测试点数定义 |
| --- | --- |
| Linear | 定义扫描中线性递增的测试点总数 |
| Decade | 定义扫描中以 10 的倍数递增的测试点总数 |
| Octave | 定义扫描中以 8 的倍数递增的测试点总数 |

在进行交流小信号分析前，原理图必须包括至少一个交流源，且该交流源已适当设置。

## 11.3.6 直流分析

直流分析（DC Sweep Analysis）产生直流转移曲线。直流分析将执行一系列的静态工作点的分析，从而改变前述定义的所选源的电压。设置中，可定义可选辅助源。

在 Altium Designer 仿真时，设置直流分析的参数可以通过激活 DC Sweep Analysis 选项，打开如图 11-18 所示的直流分析参数设置对话框。

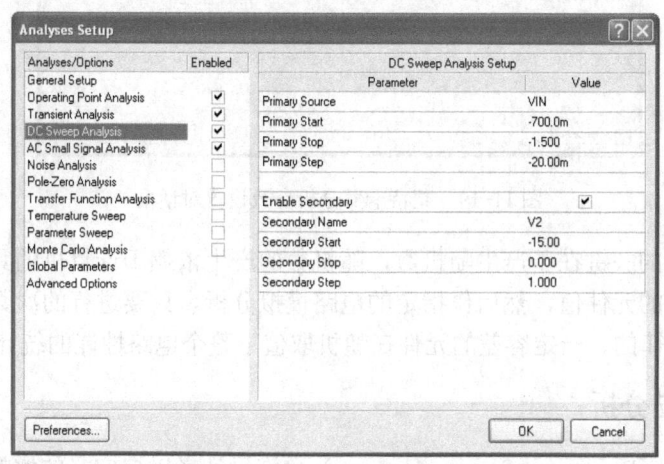

图 11-18 直流分析参数设置对话框

图 11-18 中的 Primary Source 定义了电路中的主电源，选中 Enable Secondary 选项可以使用从电源；Primary/Secondary Start, Primary/Secondary Stop 和 Primary/Secondary Step 定义了主/从电源的扫描范围和步长。

## 11.3.7 蒙特卡罗分析

蒙特卡罗分析（Monte Carlo Analysis）是使用随机数发生器按元件值的概率分布来选择元件，然后对电路进行模拟分析。蒙特卡罗分析可在元件模型参数赋予的容差范围内，进行各种复杂的分析，包括直流分析、交流分析及瞬态特性分析。这些分析结果可以用来预测电路生产时的成品率及成本等。

在 Altium Designer 仿真时，激活 Monte Carlo Analysis 选项，打开如图 11-19 所示的蒙特卡罗分析参数设置对话框，进行蒙特卡罗分析参数设置。

蒙特卡罗分析用来分析在给定电路中各元件容差范围内的分布规律，然后用多组的随机数对各元件取值。Altium Designer 中元件的分布规律（Distribution）包括如下内容。

- Uniform：平直的分布，元件值在定义的容差范围内统一分布。
- Gaussian：高斯曲线分布，元件值的定义中心值加上容差±3，在该范围里呈高斯分布。
- Worst Case：与 Uniform 类似，但只使用该范围的结束点。

对话框中的 Number of Runs 选项，为设计者定义仿真数，如定义 10 次，则将在容差允许范围内，每次运行将使用不同的元件值来仿真 10 次。设计者如果希望用一系列的随机数来仿真，则可设置 Seed 选项，该项的默认值为-1。

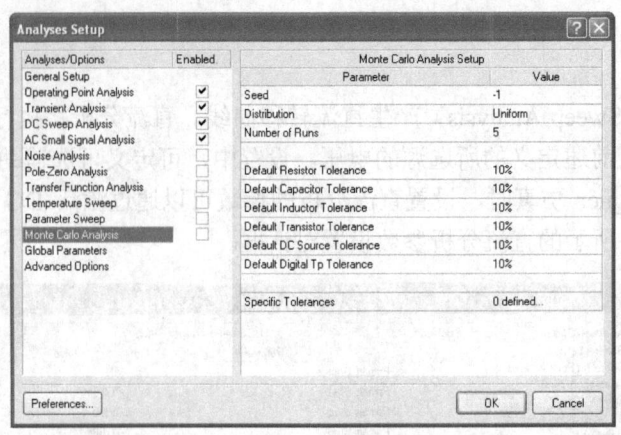

图 11-19　蒙特卡罗分析参数设置对话框

蒙特卡罗分析的关键在于产生随机数，随机数的产生依赖于计算机的具体字长。用一组随机数取出一组新的元件值，然后作指定的电路模拟分析。只要进行的次数足够多，就可得出满足一定分布规律的、一定容差的元件在随机取值下整个电路性能的统计分析。

### 11.3.8　参数扫描分析

参数扫描分析（Parameter Sweep Analysis）允许设计者以自定义的增幅扫描元件的值。参数扫描分析可以改变基本的元件和模式，但并不改变子电路的数据。

设置参数扫描分析的参数，可通过激活 Parameter Sweep 选项，打开如图 11-20 所示的参数扫描分析对话框进行操作。

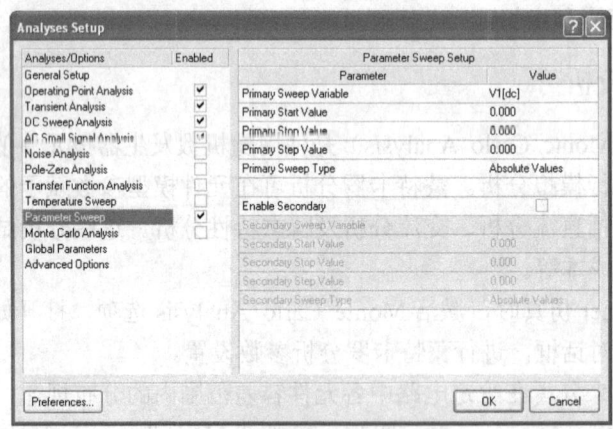

图 11-20　参数扫描分析对话框

在 Primary Sweep Variable（参数域）中输入参数，该参数可以是一个单独的标识符，如 R1；也可以是带有元件参数的标识符，如 R1[resistance]，可以直接从下拉列表中选择。

Primary Start Value 和 Primary Stop Value 定义了扫描的范围，Primary Step Value 定义了扫描的步幅。

设计人员可以在 Primary Sweep Type（扫描类型）项中选择扫描类型。如果选择了 Use Relative Values 选项，则将设计者输入的值添加到已存在的参数中或作为默认值。

## 11.3.9 温度扫描分析

温度扫描分析（Temperature Sweep Analysis）是和交流小信号分析、直流分析及瞬态特性分析中的一种或几种相连的，该设置规定了在什么温度下进行仿真。如设计者给了几个温度，则对每个温度都要作一遍所有的分析。

设置温度扫描分析的参数，可通过激活 Temperature Sweep 选项，打开如图 11-21 所示的温度扫描分析对话框进行操作。

- Start/Stop Temperature 定义了扫描的范围，Step Temperature 定义了扫描的步幅。
- 在仿真中，如要进行温度扫描分析，则必须定义相关的标准分析。
- 温度扫描分析只能用在激活变量中定义的节点计算。

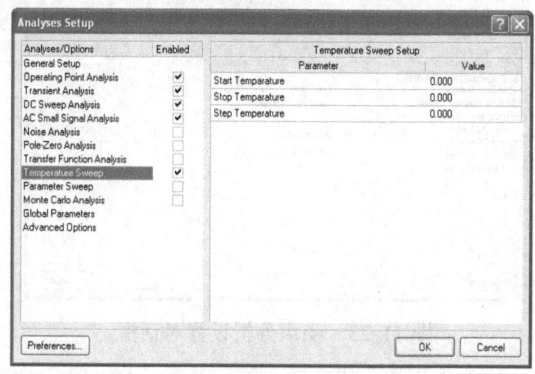

图 11-21　温度扫描分析对话框

## 11.3.10 传递函数分析

传递函数分析（Transfer Function Analysis）用来计算直流输入阻抗、输出阻抗以及直流增益。设置传递函数分析的参数，可激活 Transfer Function Analysis 选项，打开如图 11-22 所示的传递函数分析对话框进行操作。

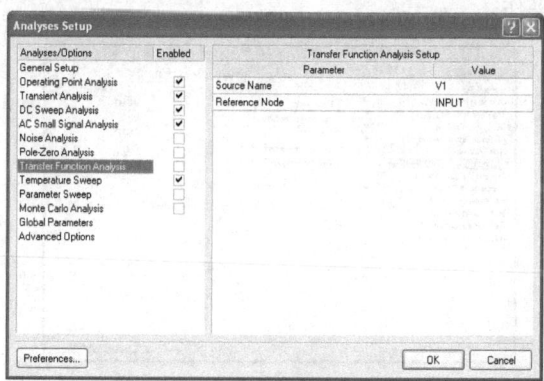

图 11-22　传递函数分析对话框

Source Name 中定义了参考的输入源；Reference Node 设置了参考源的节点。

### 11.3.11 噪声分析

噪声分析（Noise Analysis）是同交流分析一起进行的。电路中产生噪声的元件有电阻器和半导体元件，对每个元件的噪声源，在交流小信号分析的每个频率上计算出相应的噪声，并传送到一个输出节点，所有传送到该节点的噪声进行 RMS（方均根）值相加，就得到了指定输出端的等效输出噪声。同时计算出从输入端到输出端的电压（电流）增益，由输出噪声和增益就可得到等效输入噪声值。

设置噪声分析的参数，可激活 Noise Analysis 选项，打开如图 11-23 所示的噪声分析设置对话框来操作。

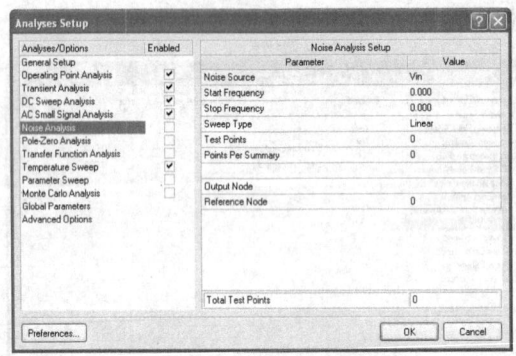

图 11-23　噪声分析设置对话框

在该对话框中，可以设置噪声源（Noise Source）、起始频率、中止频率、扫描类型、测试点数、输出节点和参考节点等参数值。

### 11.3.12 极点-零点分析

极点-零点分析（Pole-Zero Analysis）是针对设定的分析对象，分析其输入输出的信号，并获取其极点-零点的相关分析信息。

设置极点-零点分析的参数，可激活 Noise Analysis 选项，打开如图 11-24 所示的极点-零点分析设置对话框来操作。

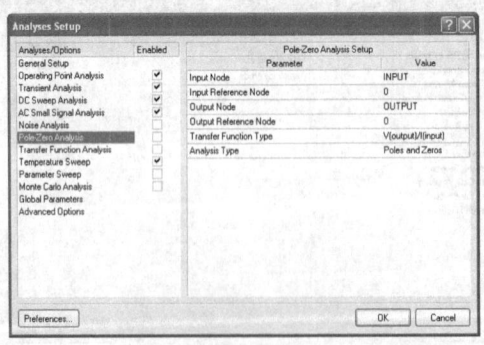

图 11-24　极点-零点分析设置对话框

在该对话框中可以设置输入节点（Input Node）、输入参考节点（Input Reference Node）、输出节点（Output Node）、输出参考节点（Output Reference Node）、传递函数类型

（Transfer Function Type）、分析类型（Analysis Type）等参数值。

## 11.4 设计仿真原理图

### 1. 仿真原理图设计流程

采用 Altium Designer 进行电路仿真的设计流程如图 11-25 所示。

在仿真原理图文件前，该原理图文件必须包含所有所需的信息。以下是为使仿真可靠运行而必须遵守的一些规则：
- 所有的元件需定义适当的仿真元件模式属性。
- 设计者必须放置和连接可靠的信号源，以便仿真过程中驱动整个电路。
- 设计者在需要绘制仿真数据的节点处必须添加网络标号。
- 如果必要的话，设计者必须定义电路的初始仿真条件。

设计仿真原理图的一般流程如图 11-26 所示。

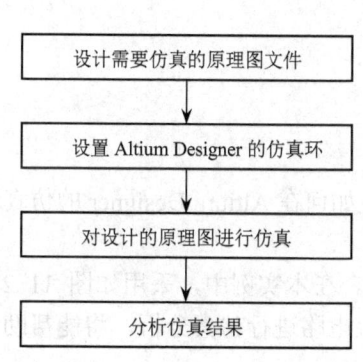 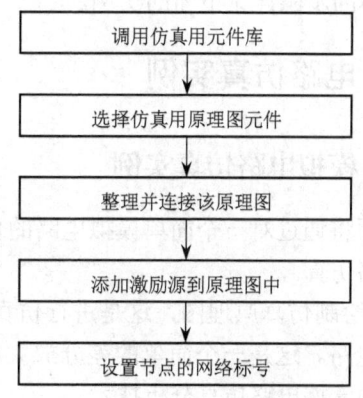

图 11-25 电路仿真的一般流程　　　图 11-26 仿真原理图设计的一般流程

接下来将简单介绍仿真原理图的创建，在此，对于一般的操作将不作详细的介绍，读者可参阅本书中关于原理图设计的章节。

### 2. 调用元件库

在 Altium Designer 中，默认的原理图库包含在一系列的设计数据库中，每个数据库中都有数目不等的原理图库。设计中，一旦加载数据库，则该数据库下的所有库都将列出来。原理图仿真用元件在 C:\Altium\ Library \ Simulation 目录中。

在仿真用元件库加载后，就能从元件库管理器中选择调用所需要的仿真元件。

### 3. 选择仿真用原理图元件

为了执行仿真分析，原理图中放置的所有元件都必须包含特别的仿真信息，以便仿真器正确对待所放置的所有元件。一般情况下，原理图中的元件必须引用适当的 Spice 元件模型。

创建仿真用原理图的简便方法是使用 Altium Designer 仿真库中的元件。Altium Designer 提供的仿真元件库是为仿真准备的。只要将它们放在原理图上，该元件将自动地连接到相应的仿真模型文件上。

另外，Altium Designer 还为大部分元件生产公司的常用元件制作了标准元件库，这些元件大部分都定义了仿真属性,只要调用这些元件,就可以进行仿真分析。如果仿真检查时发现有元件没有定义仿真属性,则设计者应该为其定义仿真属性。

通常,在进行电路仿真时,一般可以直接选择仿真用原理图元件。

#### 4．仿真原理图

设计完原理图,并对该原理图进行 ERC 检查,如有错误,返回原理图设计。

 **注意:** 在绘制仿真原理图时,必须为原理图添加下面的元件或网络:

1) 激励源。给所设计电路一个合适的激励源,以便仿真器进行仿真。

2) 网络标号。设计者须在需要观测输出波形的节点处定义网络标号,以便于仿真器的识别。

然后设计者就须对该仿真器设置,决定对原理图进行何种分析,并确定该分析采用的参数。设置不正确,仿真器可能在仿真前产生警告信息,仿真后将仿真过程中的错误写入 Filename.err 文件中。

仿真完成后,将输出一系列的文件,供设计者对所设计的电路进行分析。具体的输出文件和具体的步骤详见下面的实例。

## 11.5 电路仿真实例

### 11.5.1 模拟电路仿真实例

下面将通过对一个简单模拟电路的仿真,具体讲述如何在 Altium Designer 的仿真环境下进行电路仿真。

1) 绘制仿真原理图,这是进行仿真的基础和前提。在本实例中,采用如图 11-27 所示的模拟电路。这是一个简单的差分放大电路,通过对该电路进行仿真分析,将能帮助读者更加深入地掌握电路仿真分析技术。

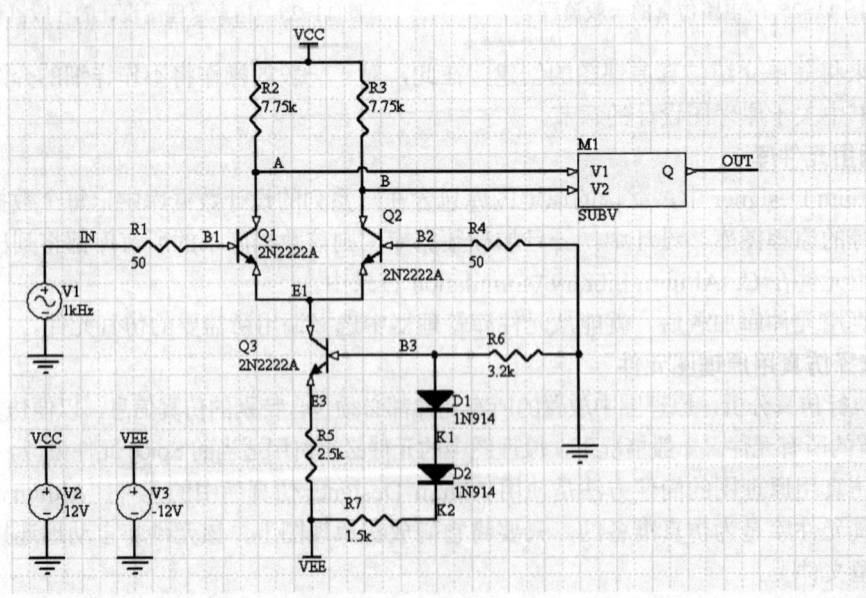

图 11-27　差分放大电路

在该电路中定义了一个幅值为 100mV，频率为 1kHz 的正弦波激励源，即图中 V1。激励源的这些参数需要在元件的属性对话框中定义。可以先打开元件属性编辑对话框，然后编辑仿真属性，选择激励源选项（如图 11-28 所示），然后进入其参数选项卡，设置该激励源的参数（如图 11-29 所示）。

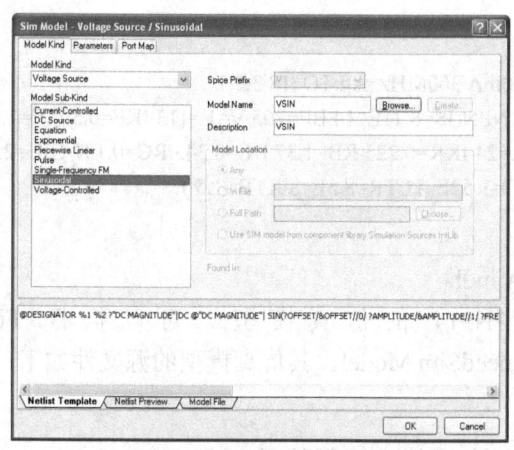

图 11-28　仿真模式设置的一般选项卡

同时，在需要显示波形的几处添加网络标号，用于显示输入波形、输出波形以及一些中间波形，如图 11-27 所示。

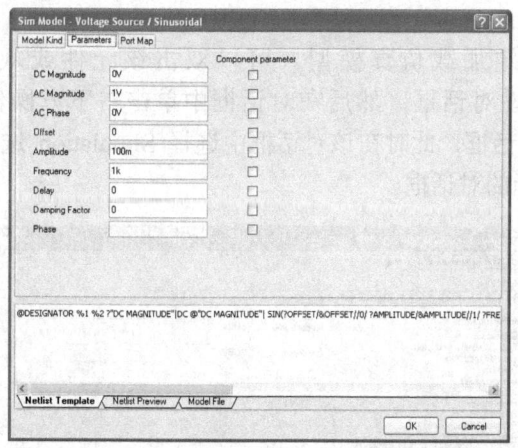

图 11-29　仿真模式设置的参数选项卡

2）为没有仿真模型的元件添加仿真模型。在这里对元件 SUBV、元件 2N2222A 和元件 1N914 添加仿真模型。首先建立仿真库文件。

- SUBV 元件的仿真模型。实际上该元件是一个子电路，即输出等于两输入的差值。可以执行 File→New→Mixed-Signal Simulation→AdvancedSim Sub-Circuit。其仿真模型的源文件如下：

```
*Subrtact Voltages
.SUBCKT SUBV 1 2 3
BX 3 0 V=V(1)-V(2)
```

.ENDS SUBV

文件保存为 SUBV.ckt。
- 三极管元件 2N2222A 的仿真模型。可以执行 File→New→Mixed-Signal Simulation→AdvancedSim Model。其仿真模型的源文件如下：

*2N2222A
*Si 500mW 40V 800mA 300MHz pkg:TO-18 3,2,1
.MODEL 2N2222A NPN(IS=8.11E-14 BF=205 VAF=113 IKF=0.5 ISE=1.06E-11
+ NE=2 BR=4 VAR=24 IKR=0.225 RB=1.37 RE=0.343 RC=0.137 CJE=2.95E-11
+ TF=3.97E-10 CJC=1.52E-11 TR=8.5E-8 XTB=1.5 )
Origin: Mcebjt.lib

文件保存为 2N2222A.mdl。
- 二极管元件 1N914 的仿真模型。可以执行 File→New→Mixed-Signal Simulation→AdvancedSim Model。其仿真模型的源文件如下：

*1N914 MCE
*100V 80mA Si Switching Diode pkg:DIODE0.4 1,2
.MODEL 1N914 D(IS=7.075E-9 RS=0.78 N=1.95 TT=7.2E-9 CJO=4E-12 VJ=0.657
+ M=0.4 BV=100 IBV=0.0001 )
Origin: Mcediode.lib

文件保存为 1N914.mdl。

3）为仿真元件指定加载仿真模型。可以双击该元件或从右键快捷菜单中选择 Properties1 打开元件属性对话框，然后在对话框中单击右下方操作框中的模型添加按钮 Add，系统会弹出一个对话框，此时在该对话框中选择 Simulation 选项，单击 OK 按钮，系统会弹出如图 11-30 所示的对话框。

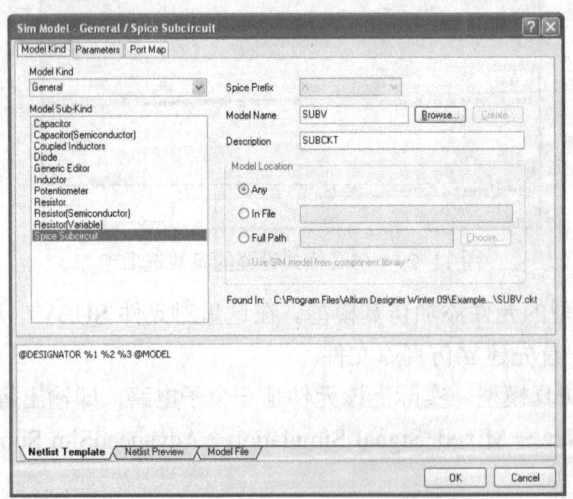

图 11-30　SUBV 仿真模式设置

- 为 SUBV 元件添加仿真模型。如图 11-30 所示，先在 Model Kind 列表中选择 General 选项，然后选择 Spice Subcircuit 选项，在 Model Name 编辑框中输入仿真模型名称，本实例为 SUBV。然后单击 OK 按钮即完成了该元件的仿真模型的添加。
- 为三极管元件 2N2222A 添加仿真模型。如图 11-31 所示，先在 Model Kind 列表中选择 Transistor 选项，然后选择 BJT，在 Model Name 编辑框中输入仿真模型名称，本实例为 2N2222A。然后单击 OK 按钮即完成了该元件的仿真模型的添加。

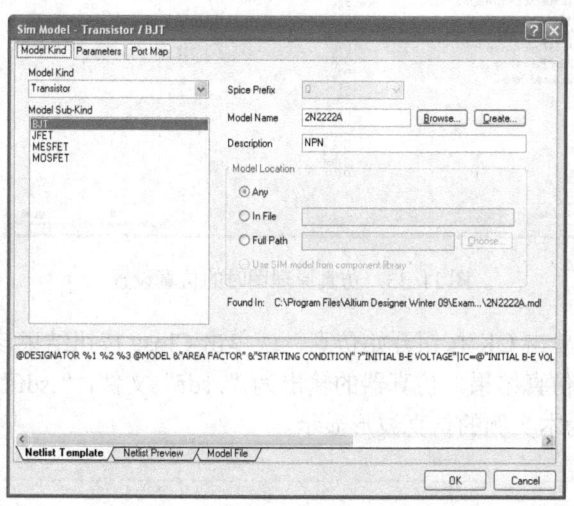

图 11-31　2N2222A 仿真模式设置

- 为二极管元件 1N914 添加仿真模型。如图 11-32 所示，先在 Model Kind 列表中选择 General 选项，然后选择 Diode，在 Model Name 编辑框中输入仿真模型名称，本实例为 1N914。然后单击 OK 按钮即完成了该元件的仿真模型的添加。

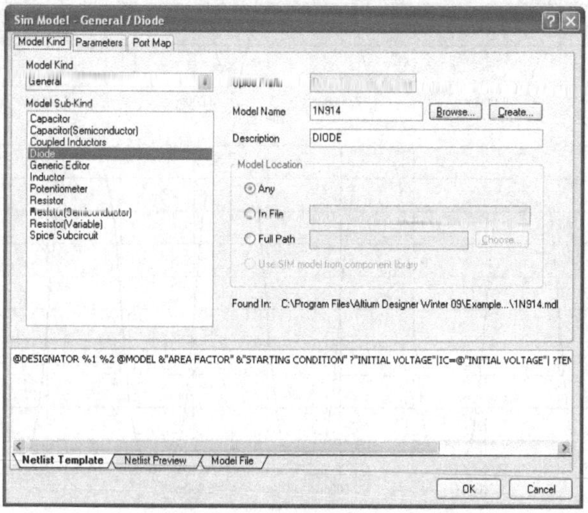

图 11-32　1N914 仿真模式设置

4）执行 Design→Simulate→Mixed Sim 命令，进入电路仿真分析设置对话框。在本次仿真中，采用如图 11-33 所示的仿真设置，即分别设置瞬态分析和交流小信号分析参数，对这两种模拟信号特性进行分析，并对 A、B、IN 和 OUT 网络的信号进行仿真分析。

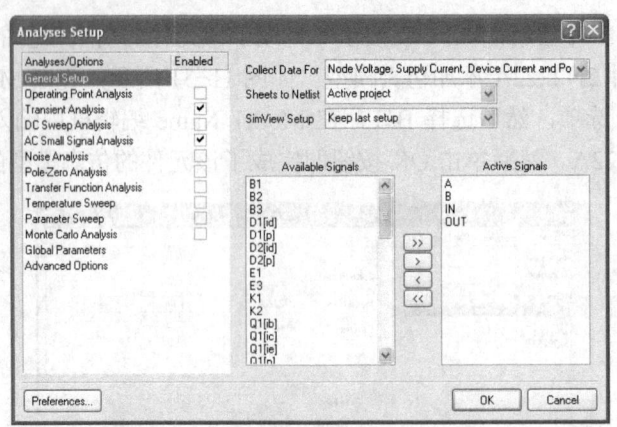

图 11-33 仿真原理图时的仿真设置

5）设置完以后，单击 OK 按钮开始仿真，或单击 Close 按钮结束该设置。

6）仿真器将输出仿真结果。仿真器的输出为". sdf"文件，".sdf"文件为输出波形的显示，如图 11-34 所示为本实例的仿真波形显示。

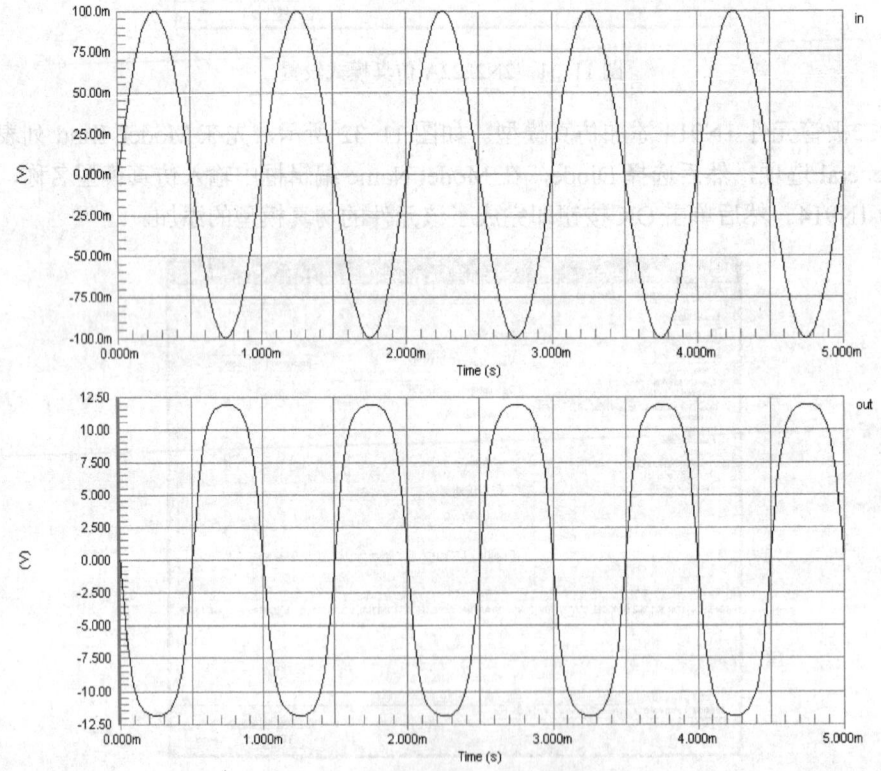

图 11-34 瞬态分析仿真波形显示

图中显示的是瞬态分析结果，如果需要查看交流小信号分析结果，则可以单击下面的 AC Analysis 标签。

7）在仿真的过程中，系统会同时创建 Spice 网络表。在电路仿真过程中，为了便于设计者通过该文件更好地完善原理图的设计,可以创建 Spice 网络表。仿真分析后,仿真器就生成一个后缀为".nsx"的文件,".nsx"文件为原理图的 Spice 模式表示,如图 11-35 所示。

```
Differential Amplifier
*SPICE Netlist generated by Advanced Sim server on 4/25/2009 1:11:55 AM

*Schematic Netlist:
D1 B3 K1 1N914
D2 K1 K2 1N914
XM1 A B OUT SUBV
Q1 A B1 E1 2N2222A
Q2 B B2 E1 2N2222A
Q3 E1 B3 E3 2N2222A
R1 IN B1 50
R2 A VCC 7.75k
R3 B VCC 7.75k
R4 0 B2 50
R5 E3 VEE 2.5k
R6 0 B3 3.2k
R7 VEE K2 1.5k
V1 IN 0 DC 0V SIN(0 100m 1k 0 0) AC 1V 0V
V2 VCC 0 12V
V3 VEE 0 -12V

.SAVE 0 A B B1 B2 B3 E1 E3 IN K1 K2 OUT VCC VEE V1#branch V2#branch V3#branch
.SAVE @V1[z] @V2[z] @V3[z] @D1[id] @D2[id] @Q1[ib] @Q1[ic] @Q1[ie] @Q2[ib] @Q2[ic]
.SAVE @Q2[ie] @Q3[ib] @Q3[ic] @Q3[ie] @R1[i] @R2[i] @R3[i] @R4[i] @R5[i] @R6[i] @R7[i]
.SAVE @D1[p] @D2[p] @Q1[p] @Q2[p] @Q3[p] @R1[p] @R2[p] @R3[p] @R4[p] @R5[p] @R6[p]
.SAVE @R7[p] @V1[p] @V2[p] @V3[p]

*PLOT AC -1 1 A=A A=B A=IN A=OUT
*PLOT TRAN -1 1 A=A A=B A=IN A=OUT

*Selected Circuit Analyses:
.AC LIN 3 1 4
.TRAN 2E-5 0.005 0 2E-5

*Models and Subcircuits:
.MODEL 1N914 D(IS=7.075E-9 RS=0.78 N=1.95 TT=7.2E-9 CJO=4E-12 VJ=0.657 M=0.4

.SUBCKT SUBV 1 2 3
EX 3 0 V=V(1)-V(2)
.ENDS SUBV

.MODEL 2N2222A NPN(IS=8.11E-14 BF=205 VAF=113 IKF=0.5 ISE=1.06E-11 NE=2 BR=4
+ VAR=24 IKR=0.225 RB=1.37 RE=0.343 RC=0.137 CJE=2.95E-11 TF=3.97E-10 CJC=1.52E-11
+ TR=8.5E-8 XTB=1.5 )

.END
```

图 11-35 仿真器生成的".nsx"文件

打开".nsx"文件,此时系统切换到仿真器界面,此时执行 Simulate→Run 命令,即可实现电路仿真,这种方式和直接从原理图进行仿真生成的波形文件相同。

8)瞬态分析。下面将通过这个波形显示器显示仿真后的一系列波形。对原理图进行瞬态分析后,可得到如下的一些信号波形:

● 输入信号 IN 的波形,如图 11-36 所示,该输入信号为周期约为 1ms,幅值为 100mV 的正弦波信号。

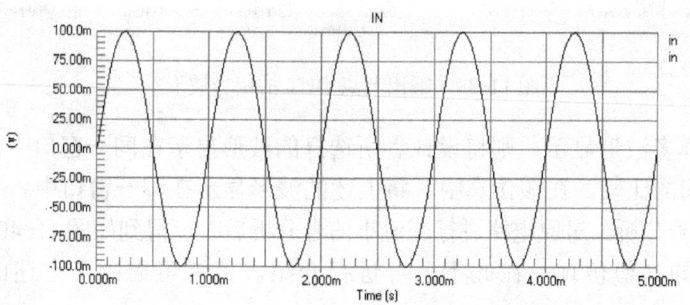

图 11-36 输入的周期正弦波信号波形

- 差分放大电路的节点 A 的波形，如图 11-37 所示。

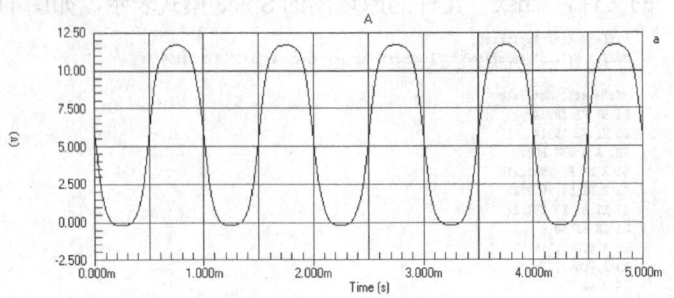

图 11-37 节点处的信号波形

- 差分放大电路的节点 B 的波形，如图 11-38 所示。

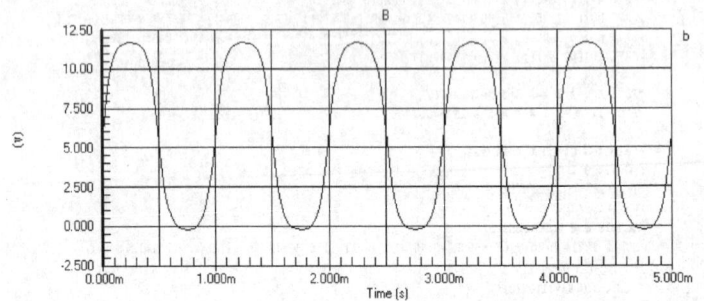

图 11-38 节点 B 的信号波形

- 差分放大电路的节点 OUT 的波形，如图 11-39 所示。

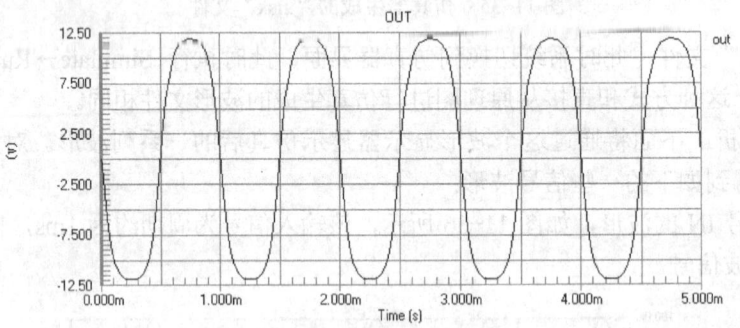

图 11-39 输出节点 OUT 的信号波形

设计者如选择多波形显示，则将设计者所选择的波形显示在同一窗口中，如图 11-34 所示，这便于信号间的比较。在该仿真中，将上述的波形显示在同一窗口中。

9）交流小信号分析。对原电路进行交流小信号分析后，可得到如图 11-40 所示的波形。

关于原理图的其他仿真，在此不一一进行介绍。读者可借助于上述的例子和步骤加以研究。

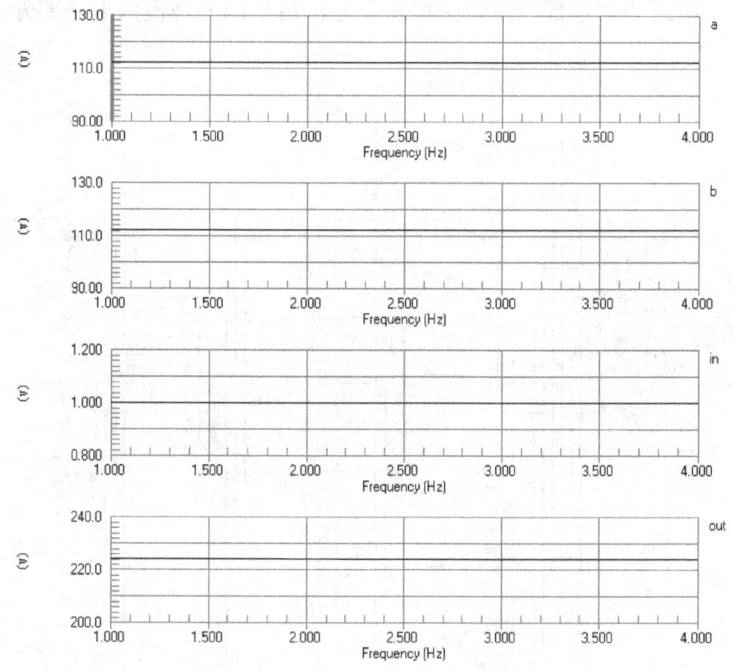

图 11-40 交流小信号分析得到的波形

10）设计者通过仿真完善原理图的设计。

 说明：对于仿真显示窗口的菜单，与第 12 章所讲述的类似，读者可以参考 PCB 信号完整性分析的讲解。

仿真器输出了一系列的波形，设计者借助这些波形，可以很方便地发现设计中的不足和问题。从而不必经过实际的制板，就可以完全了解所设计原理图的电气特性。

## 11.5.2 数字电路仿真实例

在实际应用中，除了模拟电路外，还有数字电路和数字/模拟混合电路。与模拟电路不同，在数字电路中，设计者主要关心的是各数字节点的逻辑状态（也称逻辑电平）。

数字节点就是仅与数字电路元件相连的节点，仿真该电路就是计算电路中各个节点的值，对于数字节点，这些值就是逻辑电平（如"1"、"0"、"X"）。

大多数的数字电路元件有两种模型，第一种模型是计时模型，它描述元件的计时特性；第二种是 I/O 模型，它描述元件的负载和驱动特性，有几个特殊的数字电路元件仅有 I/O 模型。数字电路元件所起的作用和电阻等在模拟电路中所起的作用相似，每个元件有一个或多个输入及一个或多个输出，而且有些元件（如触发器）具有记忆功能。

数字电路元件的计时特性是由计时模型和 I/O 模型共同决定的，计时模型用来设置像建立和持续时间那样的时间约束条件。传播延迟设置为计时模型中的延迟和由电路负载所决定的附加延迟之和，对于每个元件，其负载延迟由其负载及引线电容共同决定。

1）绘制原理图。在此实例中，采用如图 11-41 所示的数字/模拟混合电路，该电路用来显示一个 BCD 码。电路的前半部分是数字电路部分，后半部分是模拟电路部分。

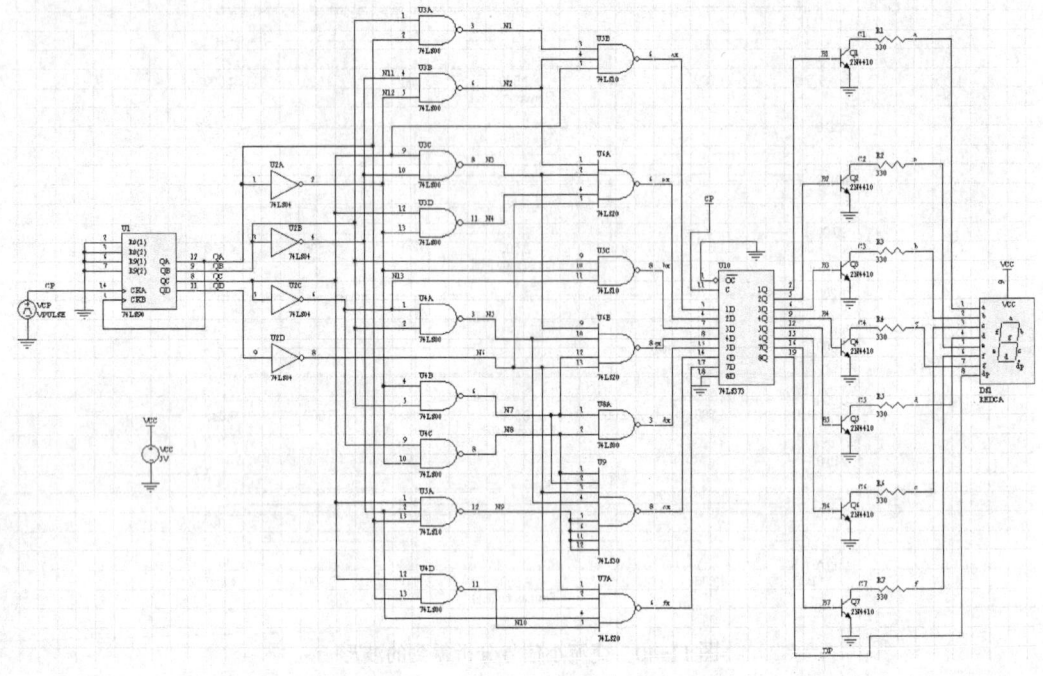

图 11-41　一个数字/模拟混合电路实例

说明：图 11-41 所示的原理图采用的是 Altium Designer 的仿真实例图形，该文件位于 C:\Altium\Examples\Circuit Simulation\BCD-to-7 Segment Decoder 目录中，读者可以直接调用进行仿真操作。

2）仿真器的设置。与上例不同的是，数字/模拟混合电路将不进行静态工作点的分析。在此仅选择瞬态分析，其他的分析以此类推。仿真器的设置如图 11-42 和图 11-43 所示。

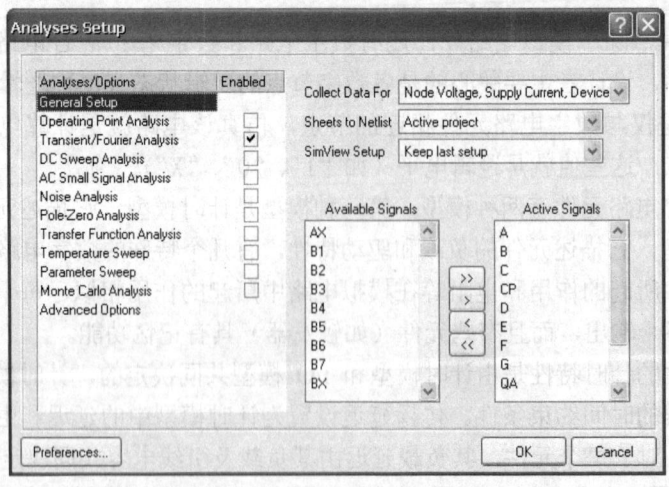

图 11-42　仿真器的一般设置

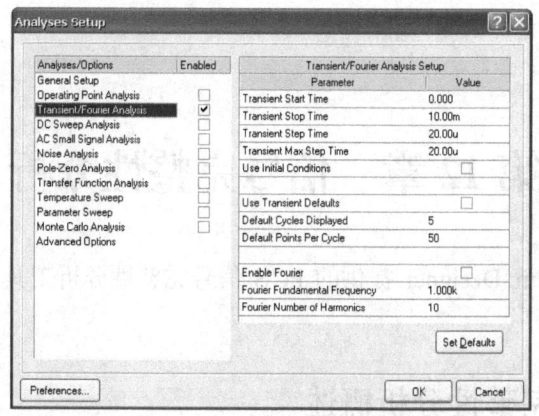

图 11-43 仿真器的瞬态分析设置

3）设置完毕后，单击 OK 按钮，系统就会进行仿真电路的信号仿真。仿真器输出仿真结果，并保存为".sdf"的波形文件，在其中显示仿真的结果。

4）通过该文件的波形显示，可以更清楚地了解原理图电路的时序关系。各节点的仿真波形显示如图 11-44 所示。

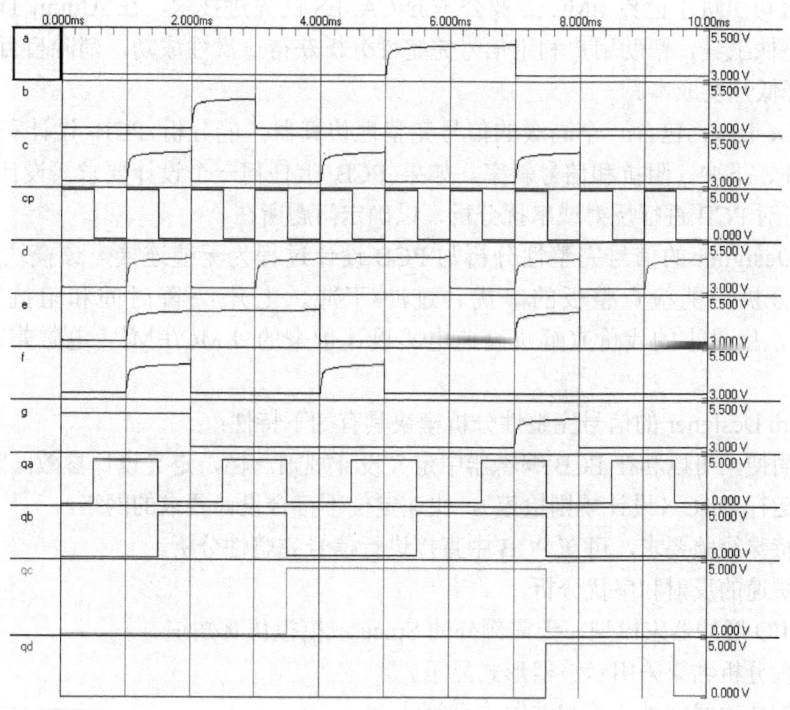

图 11-44 各节点的仿真波形

5）设计者通过仿真完善原理图的设计。通过上述的波形，可以使设计者不必通过元件的连接，就可以知道各部分的时序关系。从而检查所设计的电路与所期望的电路功能是否一致，从而很方便地完成原理图的设计。

综上所述，Altium Designer 提供了一种方便的电路仿真方式。设计者通过该仿真程序可以在制板前发现原理图设计中可能存在的问题，减少重复设计的可能性。

# 第12章 信号完整性分析

本章主要讲述 Altium Designer 提供的 PCB 信号完整性分析工具，以及信号完整性分析的基本方法。

## 12.1 PCB 信号完整性分析概述

如今的 PCB 设计日趋复杂，高频时钟和快速开关逻辑意味着 PCB 设计已不止是放置元件和布线。网络阻抗、传输延迟、信号质量、反射、串扰和 EMC（电磁兼容）是每个设计者必须考虑的因素，因而进行制板前的信号完整性分析更加重要。本章主要讲述如何使用 Altium Designer 进行 PCB 信号完整性分析。

Altium 公司引进了世界 EMC 专业公司 INCASES 的先进技术，在 Altium Designer 中集成了信号完整性工具，帮助用户利用信号完整性分析获得一次性成功，消除盲目性，以缩短研制周期和降低开发成本。

Altium Designer 包含一个高级的信号完整性仿真器，能分析 PCB 设计和检查设计参数，测试过冲、下冲、阻抗和信号斜率。如果 PCB 上任何一个设计要求（设计规则指定）有问题，即可对 PCB 进行反射或串扰分析，以确定问题所在。

Altium Designer 的信号完整性分析与 PCB 设计过程为无缝连接，该模块提供了极其精确的板级分析，能检查整板的串扰、过冲/下冲、上升/下降时间和阻抗等问题。在 PCB 制造前，用最小的代价来解决高速电路设计带来的 EMC/EMI（电磁兼容/电磁抗干扰）等问题。

1) Altium Designer 的信号完整性分析模块具有如下特性：
- 设置简便，可以和在 PCB 编辑器中定义设计规则一样，定义设计参数（阻抗等）。
- 通过运行 DRC（设计规则检查），快速定位不符合设计要求的网络。
- 无需特殊经验要求，可在 PCB 中直接进行信号完整性分析。
- 提供快速的反射和串扰分析。
- 利用 I/O 缓冲器宏模型，无需额外的 Spice 或模拟仿真知识。
- 完整性分析结果采用示波器形式显示。
- 成熟的传输线特性计算和并发仿真算法。
- 用电阻和电容参数值对不同的终止策略进行假设分析，并可对逻辑系列快速替换。

2) Altium Designer 的信号完整性分析模块中的软件 I/O 缓冲器模型具有如下特性：
- 宏模型逼近，使仿真更快更精确。
- 提供 IC 模型库，包括校验模型。
- 模型同 INCASES EMC－WORKBENCH 兼容。
- 自动模型连接。

- 支持 I/O 缓冲器模型的 IBIS 2 工业标准子集。
- 利用完整性宏模型编辑器可方便、快速地自定义模型。
- 引用数据手册或测量值。

## 12.2 设置信号完整性分析规则

Altium Designer 中包含了许多信号完整性分析规则，这些规则用于在 PCB 设计中检测一些潜在的信号完整性问题。信号完整性分析基于布好线的 PCB。

在打开的需要进行信号完整分析的 PCB 文档中，首先需要执行 Design→Rules 命令设置信号完整性规则，系统将弹出如图 12-1 所示的 PCB 规则设置对话框。

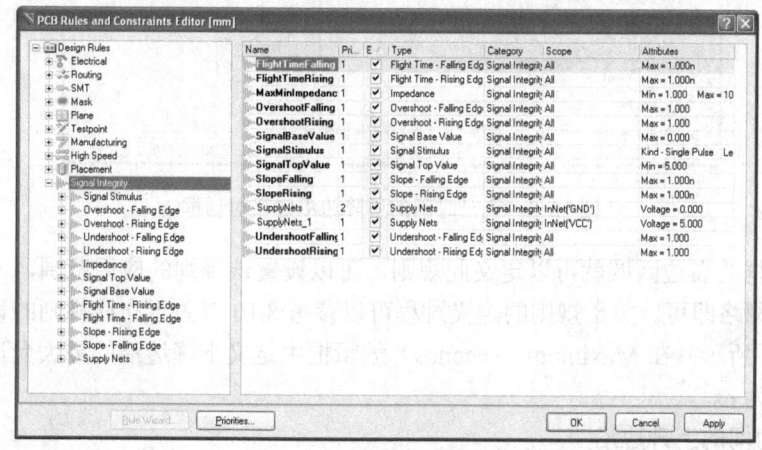

图 12-1　PCB 规则设置对话框

在该对话框的 Signal Integrity 选项中，设计者可以选择信号完整性分析的规则，并对所选择的规则进行设置。

在系统默认状态下，信号完整性分析规则没有定义。当需要进行信号完整性分析时，可以选中 Signal Integrity 选项中的某一项，单击鼠标右键选择快捷菜单中的 New Rule 命令，即可以建立一个新的分析规则。然后双击建立的分析规则即可进入规则设计对话框。

Altium Designer 信号完整性分析主要包括如下 13 条信号分析规则：

### 1. 飞升时间的下降边沿

飞升时间的下降边沿（Flight Time－Falling Edge）是相互连接结构的输入信号延迟，如图 12-2 所示。它是实际的输入电压到门限电压之间的时间，小于这个时间将驱动一个基准负载，该负载直接与输出相连。

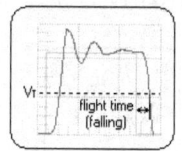 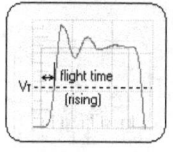

图 12-2　信号飞升时间的下降边沿和上升边沿示意图

*331*

这条规则定义了信号下降边沿的最大允许飞行时间。规则定义的操作如下：

选中 Flight Time－Falling Edge，单击鼠标右键选择快捷菜单中的 New Rule 命令，即可建立一个新的分析规则。然后双击建立的分析规则，即可进入规则设计对话框。飞升时间的下降边沿的信号分析规则定义对话框如图 12-3 所示。

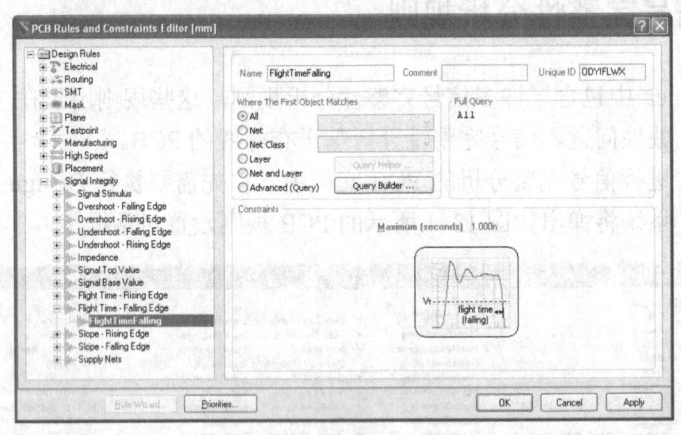

图 12-3　飞升时间的下降边沿定义对话框

在该对话框的右边区域就可以定义此规则，可以设置该规则的应用范围，一般只需要选择应用于哪些网络即可。关于规则的定义过程可以参考 8.10 节关于布线规则的设置。

如图 12-3 所示，在 Maximum（seconds）编辑框中定义下降边沿的最大允许时间。该时间的单位一般为 ns。

### 2．飞升时间的上升边沿

这条规则定义了信号上升边沿的最大允许飞行时间。信号飞升时间上升边沿（Flight Time－Rising Edge）的定义如图 12-2 所示。

关于飞升时间上升边沿的分析规则设置对话框和图 12-3 类似。

### 3．阻抗约束

阻抗约束（Impedance Constraint）定义了所允许的电阻的最大值和最小值。阻抗是导体几何形状、电导率、导体周围的绝缘材料以及电路板的物理性状（在 Z 平面中导体之间的距离）的函数。上述的绝缘材料包括板的基材、多层间的绝缘层以及助焊膜等。

阻抗约束规则定义对话框与图 12-3 所示对话框类似。在对话框的编辑框中，设计者可以定义阻抗的最大值（Maximum）和最小值（Minimum），其他设置可参考 8.10 节。

### 4．信号过冲的下降边沿

信号过冲的下降边沿（Overshoot－Falling Edge）定义信号下降沿允许的最大过冲值。图 12-4 直观地表示了信号过冲的下降边沿和上升边沿。

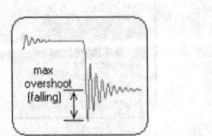 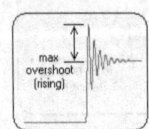

图 12-4　信号过冲的下降边沿和上升边沿示意图

信号下降边沿最大过冲值分析设置对话框和图 12-3 类似。设计者可以在对话框的 Maximum(Volts)编辑框中设置信号完整性分析中的最大过冲值，其他设置可参考 8.10 节。

### 5．信号过冲的上升边沿

该规则定义信号上升边沿允许（Overshoot－Rising Edge）的最大过冲值，如图 12-4 所示。信号上升沿最大过冲分析设置对话框和图 12-3 类似。

### 6．信号基值

信号基值（Signal Basic Value）是信号在低电平状态时的最小电压，如图 12-5 所示。该规则定义了允许的最大基值。信号基值设置对话框和图 12-3 类似。

设计者可以在该对话框的 Maximum(Volts)编辑框中设置信号完整性分析中的最大信号基值，其他设置可参考 8.10 节。

### 7．激励信号（Signal Stimulus）

激励信号（Signal Stimulus）是在信号完整性分析中使用的激励信号的特性，如图 12-6 所示。

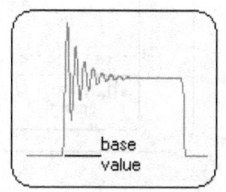
图 12-5　信号基值示意图

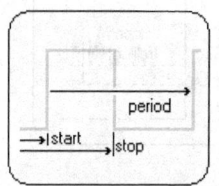
图 12-6　激励信号示意图

激励信号属性设置对话框如图 12-7 所示。通过该对话框，设计者可以定义所使用的激励信号的属性。如激励信号的种类（包括单脉冲、周期脉冲和常值）；该信号起始电平（高电平或低电平）；该信号的起始时间、终止时间和周期等。其他设置可参考 8.10 节。

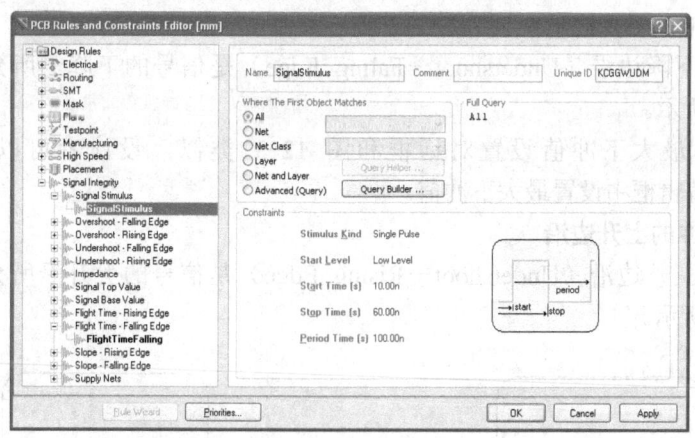
图 12-7　激励信号属性设置对话框

### 8．信号高电平

信号高电平（Signal Top Value）是信号在高电平状态时的电压值，如图 12-8 所示。使用这个规则定义此电压的最小值。

信号高电平属性对话框和图 12-3 类似。设计者可以在该对话框的 Minimum(Volts)编辑框设置信号完整性分析中的信号高电平的最小值,其他设置可参考 8.10 节。

### 9. 下降边沿斜率

下降边沿斜率(Slope－Falling Edge)是信号从门限电压 $V_T$ 下降到一有效低电平的时间,如图 12-9 所示。这条规则定义了允许的最大时间。定义下降边沿斜率对话框和图 12-3 类似。

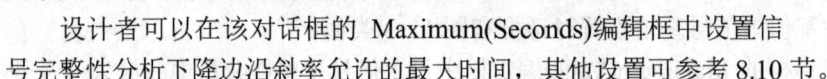

图 12-8 信号高电平电压值示意图

设计者可以在该对话框的 Maximum(Seconds)编辑框中设置信号完整性分析下降边沿斜率允许的最大时间,其他设置可参考 8.10 节。

### 10. 上升边沿斜率

上升边沿斜率(Slope－Rising Edge)是信号从门限电压 $V_T$ 上升到一有效高电平的时间,如图 12-10 所示,这条规则定义了允许的最大时间。

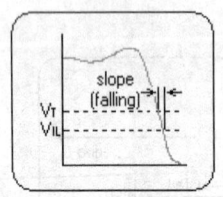 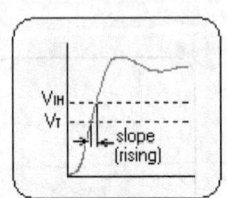

图 12-9 下降边沿斜率示意图　　　　图 12-10 上升边沿斜率示意图

### 11. 电源网络标号

电源网络标号(Supply Nets)用来定义电路板上的供电网络标号。信号完整性分析时需要了解电源网络标号的名称和电压。电源网络标号设置对话框和图 12-3 类似。

在电压(Voltage)编辑框设置该网络标号所对应的电压值,其他设置可参考 8.10 节。

### 12. 信号下冲的下降边沿

信号下冲的下降边沿(Undershoot－Faling Edge)是信号的下降沿所允许的最大下冲值,如图 12-11 所示。

下降边沿的最大下冲值设置对话框和图 12-3 类似,设计者可以在该对话框的 Maximum(Volts)编辑框中设置最大下冲值。

### 13. 信号下冲的上升边沿

信号下冲的上升边沿(Undershoot－Rising Edge)是信号的上升沿所允许的最大下冲值,如图 12-12 所示。

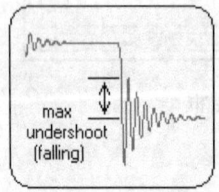 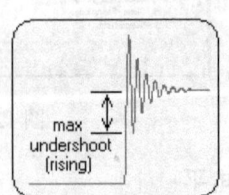

图 12-11 信号下冲下降边沿示意图　　　图 12-12 信号下冲上升边沿示意图

通过以上的设置，完成信号完整性分析的规则配置。在以后的信号完整性分析中将使用这些规则。

## 12.3 PCB 信号完整性分析器

信号完整性问题不仅是出现在高速时钟频率设计中。信号完整性问题是从元件输出的边缘频率（上升/下降时间）就开始考虑，而不只是考虑元件的时钟速度。用上升时间为 1ns 的元件进行设计时，对于 2MHz 或 200MHz 的时钟频率会产生同样的信号完整性问题。传输延时、网络干扰、信号反射和串扰不再是局限于高频设计的特殊要求了。

元件制造商总是努力造出更快更小的元件，结果造成了元件边缘率的上升。随着低速逻辑元件正从厂商的库存中消失，在不久的将来，所有的设计人员将不得不在设计和布线时考虑信号完整性问题。对设计者来说，在制板前进行信号完整性问题的检测是非常重要和必要的。

Altium Designer 包括了一个高级信号完整性分析器，它能精确地模拟分析已布线的 PCB。测试网络阻抗、下冲、上冲、过冲、信号斜率和信号水平的设置与 PCB 设计规则一样容易实现。

信号完整性分析器使用典型的线阻抗、传输线计算和 I/O 缓冲器模型信息作为仿真输入，它基于一个快速反射和串扰，是经工业标准证明能产生精确结果的仿真器。

### 12.3.1 启动信号分析器

下面以如图 12-13 所示的 PCB 为例，说明如何进行信号完整性分析操作。该 PCB 是 Altium Designer 的一个实例。该 PCB 文件为 C:\Altium Designer\Examples\Reference Designs\4 Port Serial Interface\4 Port Serial Interface.PcbDoc，读者可以直接打开，用来学习如何进行 PCB 信号完整性分析。

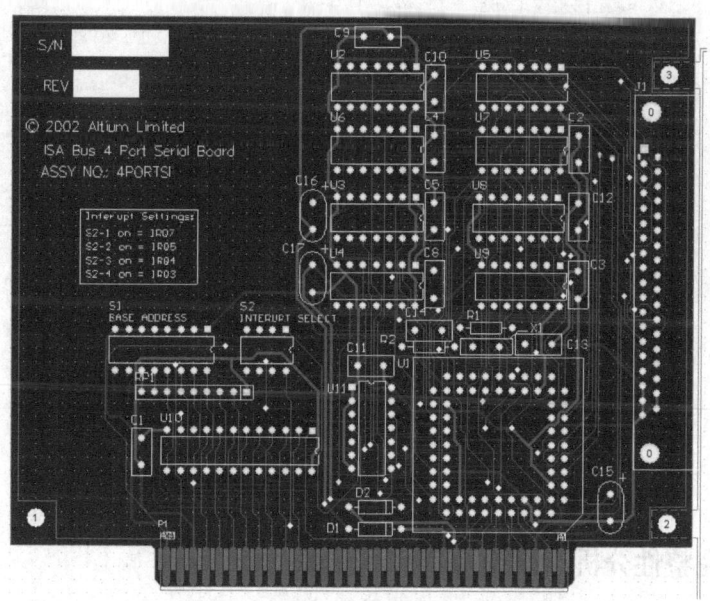

图 12-13　信号完整性分析的 PCB

1）在 Altium Designer 中，打开该 PCB 文件。然后执行 Tools→Signal Integrity 命令，启动信号完整性分析器。如果有元件没有定义信号完整性属性的话，系统会发出警告。此时可以进入对应的原理图，修改该元件的属性，添加信号完整性属性，然后更新原理图即可。

当没有警告存在时，或者有警告但可继续后面的操作时，系统将会弹出如图 12-14 所示的信号完整性设置选项对话框。

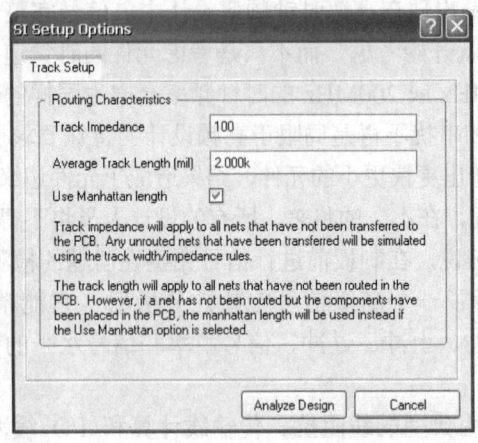

图 12-14　信号完整性设置选项对话框

此时可以设置导线阻抗（Track Impedance）和平均线长度（Average Track Length）等参数。

2）单击图 12-14 所示对话框中的 Analyze Design（分析设计）按钮，系统即可启动信号完整性分析器，如图 12-15 所示。使用这个分析器就可以对所设计的 PCB 进行仿真。

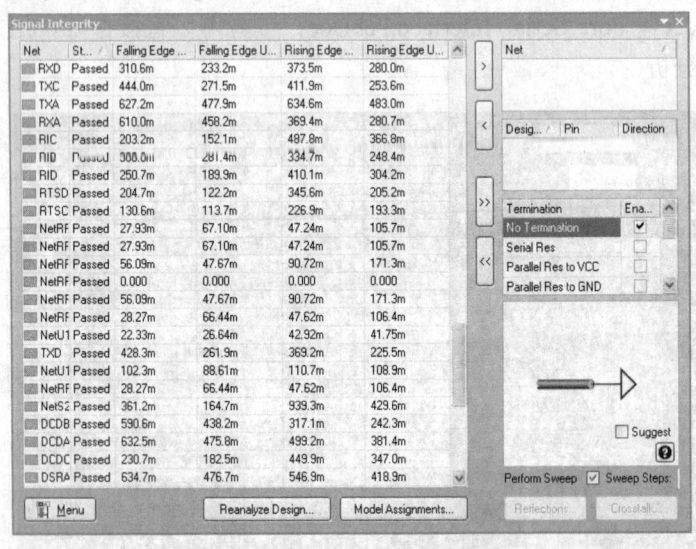

图 12-15　信号完整性分析器界面

### 12.3.2　信号完整性分析器设置

下面将对该分析器进行简单的介绍。

1）在图 12-15 所示对话框的左边是 PCB 所有网络的列表，在信号分析前，可以将需要分析的网络添加到右边的 Net 列表中。

2）在 Net 列表框中列出的是将要进行信号分析的网络。

选中左边的某个需要分析的网络，然后单击☐按钮即可添加到待分析的网络列表中；在 Net 列表中选中某个网络，然后单击☐按钮即可将该网络从待分析的网络列表中移去。如果单击☐按钮可将所有网络添加到待分析的网络列表中；单击☐按钮可将所有网络从待分析的网络列表中移去。

3）在 Designator 列表框中显示的是在 Net 列表中选中的网络所连接的元件引脚，并可以显示信号的方向。

4）在 Termination 列表框中可定义终止条件。默认情况下，没有终止条件。该设置对反射或串扰分析有效，对 Screening（屏蔽）模式无效。在分析器中有如下的 7 种终止模型可供选择：

- 串阻输出驱动器的串阻在点对点的连接中是一个非常有效的终止技巧。这将降低外来的电压波形的幅值。正确的终止线能消除接收器的过冲现象，这种终止模式适合于 CMOS 技术。图 12-16 所示的模式中，R1=ZL－Rout，Rout 是缓冲器的输出电阻。
- 电源 VCC 端并联电阻，如图 12-17 所示。在电源 VCC 输入端并联的电阻是和传输线阻抗相匹配的。对于线路信号反射，这是一种比较完善的终止条件，但也将不断有电流流过这个电阻，这增加了电源的消耗，将导致低电平电压的升高。该幅值将根据电阻值的不同而变化，这将有可能超出在数据区定义的操作条件。

图 12-16 串阻模型的终止模式　　　　图 12-17 电源 VCC 端并联电阻的终止模式

- 地端并联电阻，如图 12-18 所示。并联在地输入端的电阻将和传输线阻抗相匹配。和电源端并联电阻一样，这也是一种终止线路信号反射的方法，同样将增大电源消耗，导致高电平电压的减小。
- 地和电源端都并联电阻，如图 12-19 所示。这种类型的终止条件，对于 TTL 总线系统是可以接受的。这种模式的最大缺点在于将有一比较大的直流电流通过电阻。为了避免和所定义的数据相违背，这两电阻的电阻值应当小心分配。大多数情况下，可以找到一个折衷方案。

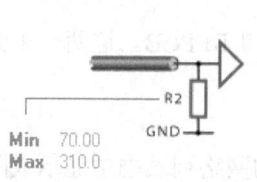 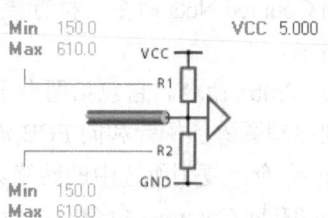

图 12-18 地端并联电阻的终止模式　　　　图 12-19 地和电源端都并联电阻的终止模式

- 地端并联电容，如图 12-20 所示。在接收输入端对地端并联电容可以减少信号噪声。这种方式的缺点在于波形的上升和下降沿可能变得太过平坦，增加了上升和下降时间，这可能会导致时间上的问题。
- 地端并联电阻和电容，如图 12-21 所示。并联电容和电阻的优点在于在终结网络中没有直流电流流过。当时间常数 RC 为延迟时间的 4 倍左右时，大多数情况下，传输线可以被充分终结。图中 R2 的值将等于传输线的典型阻抗值。

图 12-20　地端并联电容的终止模式　　　　图 12-21　地端并联电容和电阻的终止模式

- 并联肖特基二极管，如图 12-22 所示。在传输线终结的电源和地端并联二极管可以减少接收的过冲和下冲值。大多数标准逻辑集成电路的输入电路都包含有肖特基二极管。

5）如果选中 Perform Sweep（执行扫描）选项，则信号分析时会对整个系统的信号完整性进行扫描，后面的 Sweep Steps 选项设置扫描的步数。一般选择 Perform Sweep（执行扫描）选项，扫描步数设置为 10 即可。

6）Menu 菜单有多个命令可以用来进行辅助分析，如图 12-23 所示。

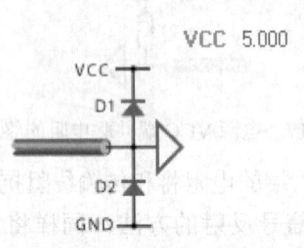 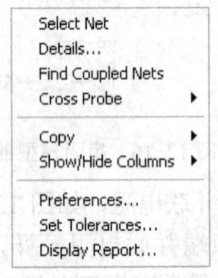

图 12-22　并联肖特基二极管的终止模式　　　　图 12-23　Menu 菜单

- Details 命令。执行该命令将会打开如图 12-24 所示的对话框，在该对话框中会显示在左边网络列表框中所选中的网络的详细情况，其中包括定义的分析规则的详细情况。
- Find Coupled Nets 命令。执行该命令将能找到所有与选中的网络有关联的网络，并高亮显示。
- Cross Probe 命令。它包括两个子命令 To Schematic 和 To PCB。这两个子命令分别表示向原理图添加探针和向 PCB 添加探针。
- Copy 命令。复制所选中的网络。
- Show/Hide Columns 命令。该命令可以用来在左边的网络列表框中显示或隐藏某些列属性。

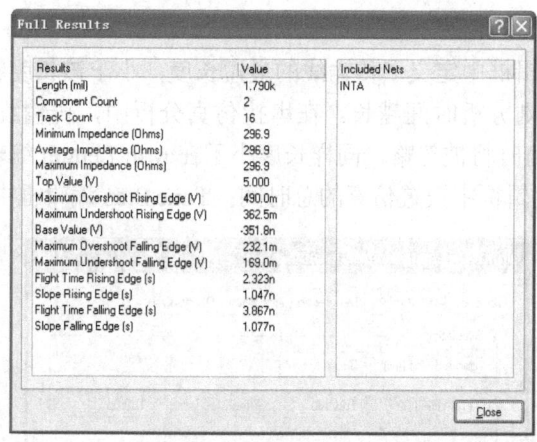

图12-24 所选中网络的详细情况

- Preferences 命令。执行该命令，系统将打开如图 12-25 所示的信号完整性参数设置对话框，在该对话框中可以设置相关信号分析的参数。

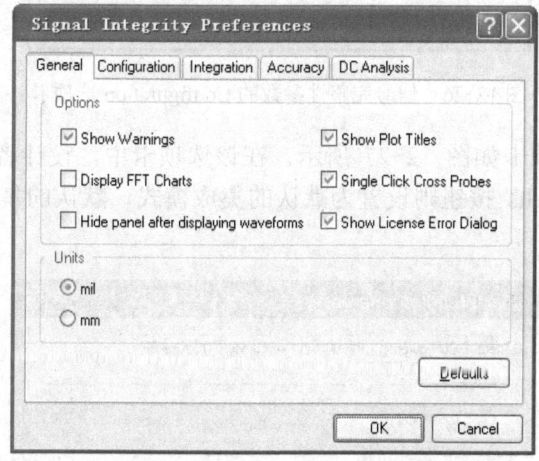

图12-25 信号完整性参数设置对话框

➢ General 选项卡如图 12-25 所示，通过该选项卡，用户可以设置信号分析的一般选项，包括以下内容。

Show Warnings：选项选中后，则信号分析时会显示相关的警告。

Show Plot Titles：选项用于显示图的标题。

Display FFT Charts：选项用于显示 FFT（快速傅里叶变换）图。

Single Click Cross Probes：选项用于设定单击交叉探测点有效。

Hide panel after displaying waveforms：选项选中后，则在显示波形后隐藏工作面板。

Show License Error Dialog：选项用于显示许可证错误对话框。

Units：选择框用来选择分析时所用到的单位。

➢ Configuration 选项卡如图 12-26 所示，通过该选项卡，用户可以设置信号分析选项配置。

在 Ignore Stubs 编辑框中定义了传输线的最短长度，小于该长度的，在仿真时将被视为零。传输线长度越短，则分析时间越长。在串扰仿真分析中，传输线间的距离大于在 Max Dist 编辑框中所定义的值时将被忽略，同样长度小于在 Min Length 编辑框中所定义的值的也将被忽略。Total Time 编辑框中设置仿真的总时间；Time Step 编辑框中设置仿真时序。

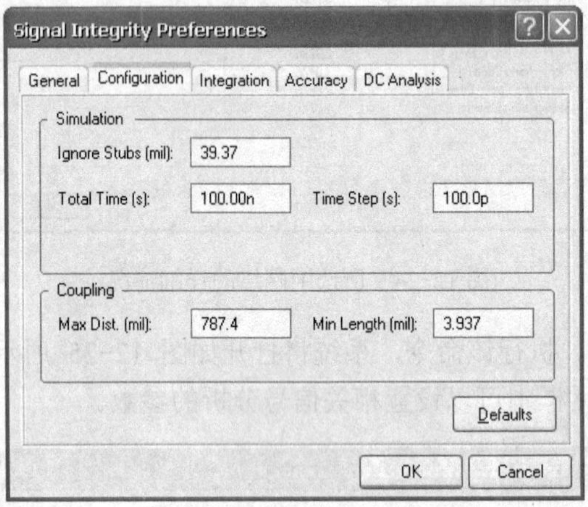

图 12-26　信号完整性参数的 Configuration 选项卡

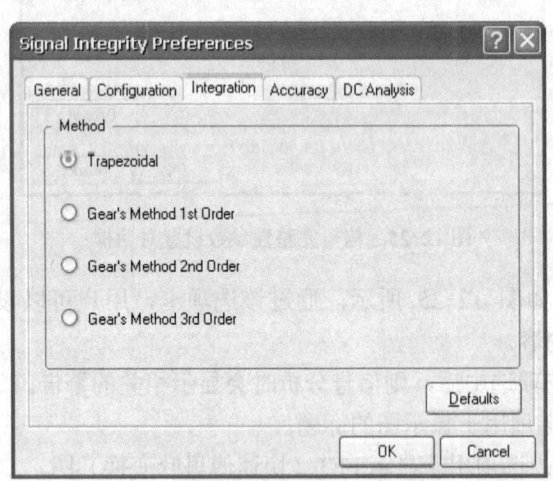

- Integration 选项卡如图 12-27 所示，在该选项卡中，设计者可以选择仿真集成模式。单击 Defaults 按钮则设置为默认的集成模式，默认的集成模式为 Trapezoidal（梯形模式）。

图 12-27　信号完整性参数的 Integration 选项卡

- Trapezoidal 模式相对速度最快，并且最精确，但是在一定条件下容易产生振荡。其他方式需要更长的仿真时间，但是易于稳定。
- Accuracy 选项卡如图 12-28 所示，在该选项卡中设置仿真精度。该选项卡可以设置如下的仿真精度。

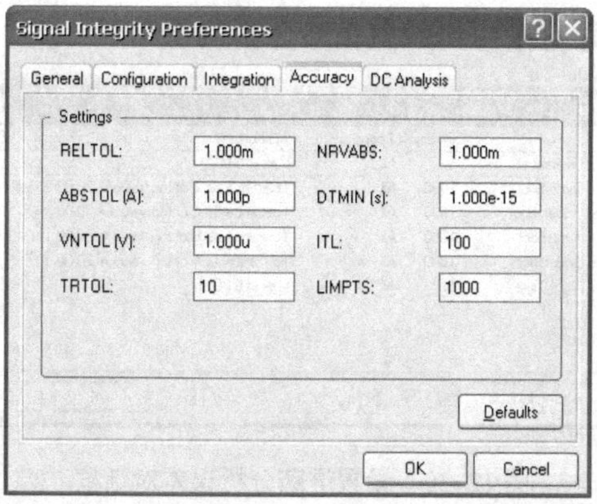

图 12-28　信号完整性参数的 Accuracy（精度）选项卡

RELTOL：定义计算电压和电流值的相对误差。
ABSTOL：定义计算电流值的绝对误差。
VNTOL：定义计算电压值的绝对误差。
TRTOL：定义影响集成估算错误的因数。
NRVABS：运用 Newton-Raphson 算法的错误边界。
DTMIN：允许的最小步进时间。
ITL：运用 Newton-Raphson 算法允许的最大重复数。
LIMPTS：输出文件中的每个电压曲线允许的电压最大值。
➢ DC Analysis（直流分析）选项卡如图 12-29 所示，可以用来设置直流分析参数。

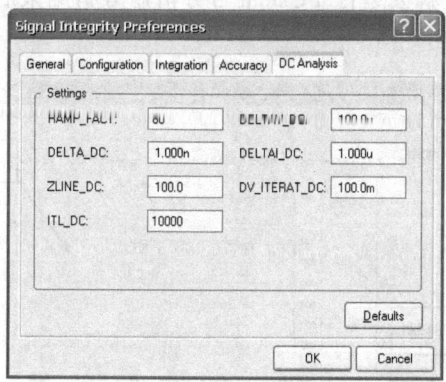

图 12-29　信号完整性参数的 DC Analysis（直流分析）选项卡

RAMP_FACT：斜坡长度控制。
DELTA_DC：步进时间宽度。
ZLINE_DC：传输线阻抗值。
ITL_DC：重复的最大数。
DELTAV_DC：两次步进时间的电压绝对容差。
DELTAI_DC：两次步进时间的电流绝对容差。
DV_ITERAT_DC：每次重复的电压绝对容差。
● Set Tolerances 命令。执行该命令后，系统将弹出如图 12-30 所示的设置屏蔽分析误差对话框，在该对话框中可以设置信号分析的误差。

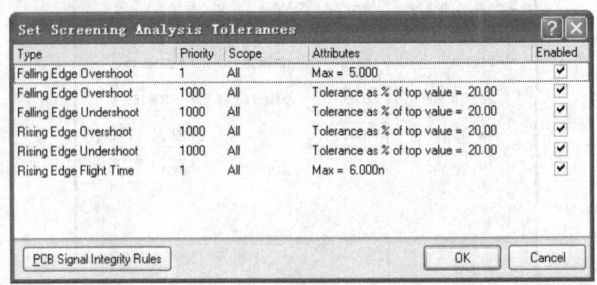

图 12-30　设置屏蔽分析误差对话框

7）单击 Reflections 按钮将启动波形分析器（将在 12.4 节讲解），就可以进行信号分析。

8）单击 Crosstalk 按钮将对选中的网络标号进行串扰分析。结果同样将以图形方式显示在波形编辑器中。

## 12.4　PCB 信号波形分析

Altium Designer 波形分析器能方便地显示出信号完整性分析的结果，可以直接在波形上执行一系列的信号观察和测量，以供分析比较。

按照 12.3 节介绍的设置相关选项，并选择需要进行仿真分析的网络后，单击图 12-15 中的 Reflections 按钮，系统就会进行 PCB 信号分析，分析结束后弹出如图 12-31 所示的波形分析器。

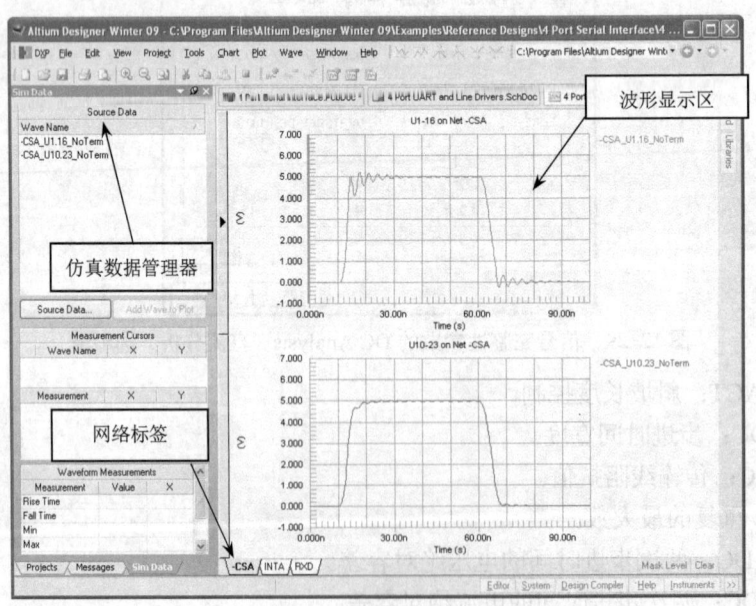

图 12-31　波形分析器窗口

在波形分析器窗口中显示分析的图形结果，如图 12-31 所示，连接网络所有引脚的波形均会在波形显示区显示出来。在仿真数据管理器中可以选择波形名，选择不同的波形名，则在波形显示区会显示不同的仿真波形结果。如果需要观查不同的网络仿真分析结果，单击下部的网络标签即可。

波形分析器窗口提供了多个菜单，用来进行波形分析的辅助操作。

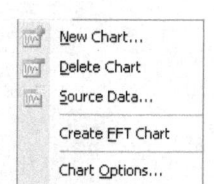

1）Chart 菜单。该菜单如图 12-32 所示，其中有 5 个命令，下面分别进行简单介绍。

图 12-32  Chart 菜单

- New Chart：执行该命令后，系统将弹出如图 12-33 所示对话框，在该对话框中可以输入图名、X 轴的标签和单位。设置好了相关参数后，单击 OK 按钮，即可建立一个新图。
- Delete Chart：执行该命令后，可以删除当前打开的仿真图形。
- Source Data：执行该命令后，可以向当前波形分析管理器添加新的数据源，并且可以创建新的图形。
- Create FFT Chart：执行该命令后，可以对当前打开的网络波形进行 FFT 变换。图 12-35 所示是对图 12-31 的一个波形进行 FFT 变换后的结果。
- Chart Options：执行该命令后，可以打开如图 12-34 所示的对话框，在对话框中可以设置图形的相关属性。

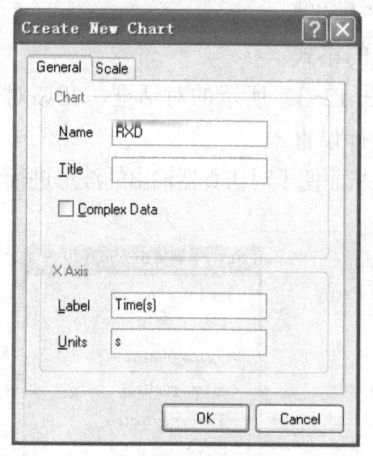

图 12-33  创建新图对话框

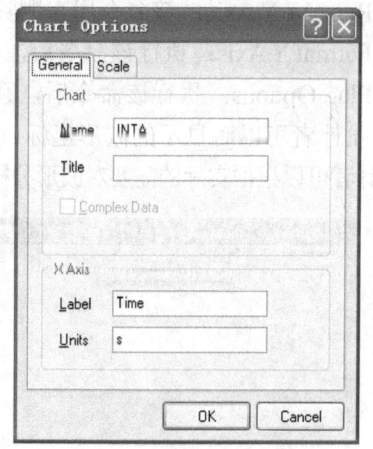

图 12-34  图形属性选项对话框

2）Plot 菜单。该菜单的命令主要用来对当前打开的图形进行编辑，其命令功能分别介绍如下。

- New Plot：该命令可以在当前打开的图形中，创建新的波形图。执行该命令后，系统将弹出如图 12-36 所示的创建新的波形向导，单击 Next 按钮就可以分步创建新的波形图。

*343*

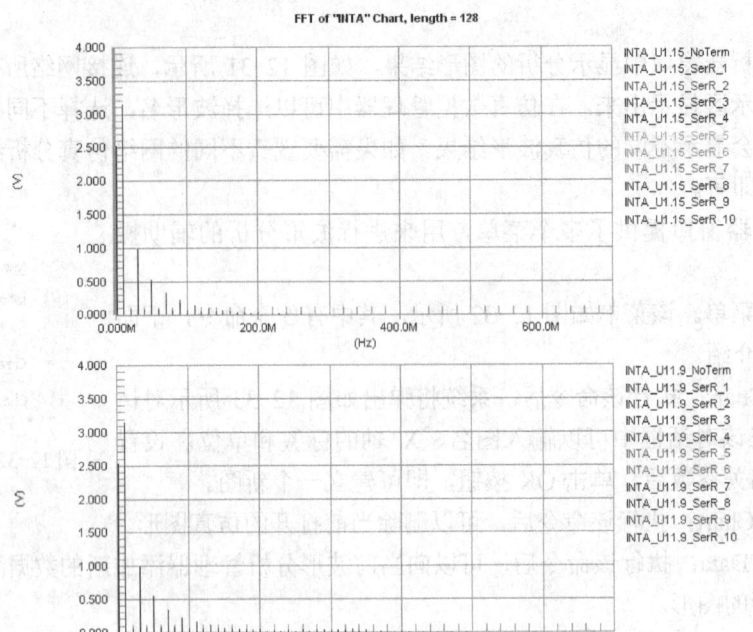

图 12-35　FFT 变换后的波形以及计算的参数值

- Delete Plot：执行该命令后，可以从当前打开的图形中删除波形图。
- Add Y Axis：执行该命令后，可以向波形图中添加 Y 轴坐标。
- Remove Y Axis：该命令用来删除波形图中的 Y 轴坐标。
- Format Y Axis：执行该命令后，可以设置 Y 轴的格式。
- Plot Options：执行该命令后，系统将弹出如图 12-37 所示的对话框，在该对话框中设计者可以对显示的波形坐标、栅格大小等进行设置。

设计者可以根据实际的需要对波形分析器进行设置，从而便于对仿真器输出的波形进行分析。

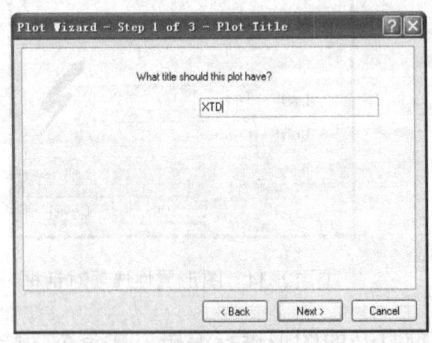

图 12-36　创建新的波形向导

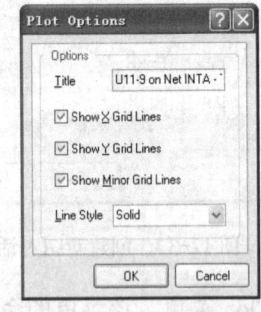

图 12-37　波形选项属性对话框

3）Wave 菜单。该菜单如图 12-38 所示。其各个命令主要用来向波形图中添加新的波形。
- Add Wave：该命令可以向当前波形图添加新的波形，执行该命令后，系统将弹出如图 12-39 所示的对话框，然后可以选择波形对象，并可以增加计算函数，最后系统按照设置的表达式向波形图中添加新的波形。

- Edit Wave：该命令用来编辑某个波形图中的波形。
- Remove Wave：该命令用来移去某个波形图中的波形。
- Clear Filer：该命令用来移去波形图中的滤波器。
- Format Wave：该命令用来编辑某个波形图中波形的格式。
- Cursor A/B：该命令可以向波形图添加 A 和 B 图标。

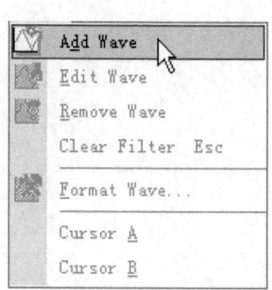

图 12-38　Wave 菜单

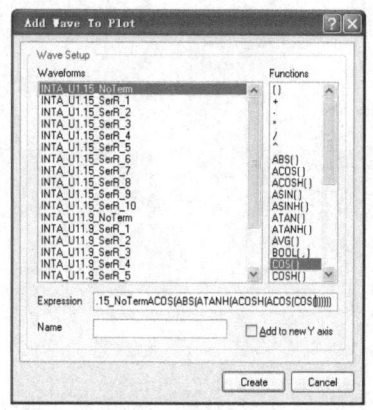

图 12-39　向波形图添加新波形对话框

4）Tools 菜单。该菜单中的命令用来保存波形图或调用波形图，其命令分别如下。
- Store Waveform：该命令可以保存当前的波形图。
- Recall Waveform：该命令可以调用已经保存的波形图。
- Copy to Clipboard：执行该命令可以将当前的波形图复制到剪贴板中。

根据上面介绍的操作就可以完成一个 PCB 项目的信号完整性分析。

本章详细介绍了 Altium Designer 的信号完整性分析器的设置和使用，向用户提供了详细的信号完整性分析规则以及其他的一些选项设置，并简略介绍了波形分析器的使用等。